人民·联盟文库

人民·联盟文库

中国美学史话

李翔德　郑钦镛　著

山西人民出版社

人民出版社

中国美术史论

郑饮镛

李翔德

男，1927 年生于福建省福清县。
中华全国美学会会员。
福建省美学研究会副会长。
福建省福清一中语文教研组长。

主要著作：

《中国伦理美学史话》，福建人民出版社
2006 年版。

《中国美学史话》，河北人民出版社 1987
年版。

《中国美学史话》（修订版），山西人民出
版社 2010 年版。

男，山西省洪洞县赵城镇人，农历 1934
年 4 月 20 日生。原山西人民出版社总编辑、
编审。现任山西省美学学会会长，山西大学商
务学院客座教授，太原师院文学院客座教授。
山西省社科院特邀研究员、首席美学专家。首
届山西孔子研究会名誉顾问。

著有《美的哲学》、《毛泽东美学时代》、《万
水千山总是情——李翔德游记摄影作品系列》
(《根在中华》《情系德国》《"疯"在印度》《醉
在澳洲》)、《悟在希腊》、《撼在罗马》、《畅在美
国》、《中国美学史话》（合著）、《中国用人史》（合
著）、《人口素质论》（合著）、《中欧莱茵之邦——
德国》（合著），等等。主编《当代青工》、《现
代行政管理》、《新时期思想政治工作》、《美的
修养》等大型丛书。主持出版大量学术著作与
通俗社科读物。入载《山西人名词典》、《中国
出版人名词典》、《当代中国社会科学家词典》、
《当代中外文学评论家词典》及《中国杂文鉴赏
词典》。

1980年，作者李翔德（左）与朱光潜（中）、朱一智在一起。

1980年6月，全国首届美学大会期间，李翔德同著名美学家李泽厚（左二）、上海人民出版社编辑朱一智（右二）、上海文艺出版社文艺编辑室主任吴中杰（左一，现任复旦大学教授）在昆明大观楼合影。

　　1983年3月，原中国社会科学院研究员汝信先生来山西讲学时，作者陪同汝信先生及其夫人赴大同云冈参观时留影。

　　2010年3月，作者赴京看望原中国社会科学院副院长、学部委员、中华全国美学学会会长汝信先生时留影。

2009年3月8日，李翔德在北京301医院看望季羡林先生。

美学研究先有合自己

月的著眼立我却觉

得必须立足于美有

这一客观需要同财正

必须顾及地域性特征

山西在审美对象和

美学思想方

性令人的结当代美学

家定将发挥这一地方

优势为社会主义文化

建设作出富有学术

个性的贡献

一九九一年四月十九日

1991年4月19日，李翔德在京拜访著名美学家、中华全国美学学会会长王朝闻先生时获题词。

6

昨夜西风凋碧树独上高楼望尽天涯路衣带渐宽终不悔为伊消得人憔悴众里寻他千百度暮然回首那人却在灯火阑珊处

萧德先生雅存 录王国维语人生三境界句 宋富盛书

中国书法家协会理事、山西省名人书画院院长、山西省书法家协会副主席、山西美术馆馆长宋富盛先生题赠书作。

7

一、本书的彩图部分与本书内容相匹配，神话传说——石器时代——彩陶——青铜器——金银玉器——建筑——雕塑——书法——壁画——明清家具——社会模式。

二、力求选用文物中的珍品极品，且造型美观、风格独特，能够反映不同时代和不同民族审美情趣的遗存和器物。青铜器和彩塑以及藏族风格的礼器成为最灿烂的篇章。

三、介绍了山西洪洞赵城古城、临汾平阳古城的伏羲、女娲传说与尧舜文化，太原市堪与意大利庞贝古城相媲美的晋阳古城和一个古国——古蜀国。其中，尤其以古蜀国最具魅力。通过三星堆和金沙遗址出土的大量珍稀文物，展现了一个梦幻、神奇、诡谲、美轮美奂、独具特色的古蜀国的大美境界。

四、对于不同社会模式则选取了尧舜社会——中华人民共和国、希腊雅典城邦和华盛顿缔建的美利坚合众共和国。各以一两张建筑图片作为象征。至于联合国，它至少在当今还是各国借以维护和平与协商国际事务的一个机构，所以也选择了本人 2009 年 5 月去美国拍摄的一些照片。

五、内文插图最具特色的是一系列的组合图片。如《图腾时代》插入我国各民族信仰图案；《尧天舜日》插入尧庙、华门及羊獬"三月三"迎娘娘活动的系列图片；《万亿化身》插入我国历代佛像、金铜鎏金佛造像、藏传佛像系列图片等，并加入了文字说明，使读者在阅读中得到更多艺术享受。

八卦铜镜

伏羲、女娲像

汉墓石刻伏羲女娲人面蛇身图

山西省洪洞县卦地村
碑刻与八卦石

9

女娲抟土做人邮票

后山圣母庙（舜耕历山并娶尧女儿为妻，后人因此而建此庙）

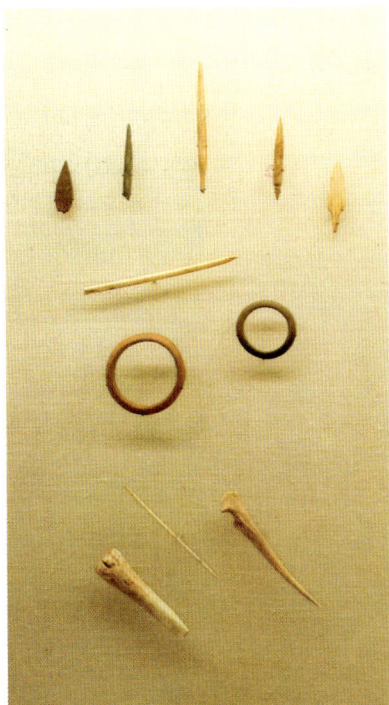

远古人们用石、陶、骨、角、蚌等做成的工具石核、尖状器、直刃刮削器、砍削器、石球、骨针等（新石器）。

彩陶罐彩陶盆（下马遗址·新石器）

荀侯匜（西周）

舞饶（商）

偏壶及局部铭文
（西周）

小方鼎（西周）

铜匜鼎（西周）

吴王光剑（春秋）

鸟尊（春秋）

大方鼎（商代早期）

雁鱼灯（汉）

竹父已尊（商）

鸮卤（商）

三鱼涡纹盘（商）

牺背立人擎盘（春秋）

龙形觥（商）

雷纹斝（商）

彩钉纹瓿（商）

兽面纹瓿（商）

兽嘴盉（春秋）

晋阳钫（汉）

兽面纹觥（商）

刖人守囿挽车（西周晚期）

平斛（汉）

19

鸭形熏炉（汉）

安邑宫鼎（汉）

胡傅鎏金温酒樽（西汉晚期）

陈喜壶（春秋晚期）

安国君印（汉）

编钟夔龙夔凤纹局部（春秋）

晋侯邦壶（西周晚期）

匏壶（春秋晚期）

夔凤纹壶（春秋晚期）

钮钟（战国早期）

三足瓮（商）

庚儿鼎（春秋）

虞侯政壶（西周晚期）

鎏金高雕高足铜杯（北魏）

赵卿墓纯金带钩（春秋）

王子于戈（春秋）

董矩甗（西周晚期）

镜善镜美

　　青铜器艺术的生命，在铜镜这一品种中持续最为久远，而且一直绵延到现代。其美学意蕴也最为浓厚。

　　镜子与人们的社会地位、审美情趣以及当时社会的物质、文化生活均有密切联系。美善统一，在古近代镜文化中有鲜明的反映。它不仅是为了形象美的需要，同时制作也力求精美，从龙凤、牡丹、玄武、八卦、咒文、铭文、诗赋、十二生肖、犀牛望月、海水行舟、孔子行教到打马球等的游戏，都镌刻其中，力求增加其文化艺术内涵，将主人的审美情趣浓缩其中。中国铜镜起始于齐家文化，一开始就在镜背中心设钮，形成自己的传统。历经春秋战国、西东汉、三国魏晋南北朝、隋唐五代宋辽金以至元明清，达四千余年。根据考古发现，我国最早的铜镜是齐家文化铜镜，且只有三面，一面是素镜，两面是几何纹镜。殷商时期，有植物纹镜。西周晚期的铜镜，出现了动物纹镜——鸟兽纹铜镜。春秋战国时期，铜镜不仅有圆的，还有方形的，且增加了钮座。铜镜的镜面，除饕餮纹外，还有人物纹镜，如金银错狩猎纹镜中骑士与猛虎搏斗的画面。在纹饰的表现手法上有浅浮雕、高浮雕、透浮雕、金银错、镶玉石等多种。制作中心为楚国。

　　东汉时期，铜镜得到进一步发展。在制作上，这一时期铜镜以四乳钉为基点，将镜背分四区，主题纹饰居中，并出现了透光镜。铭文在铜镜中盛行，种类也日益增多，官方制作的铜方镜有"尚方铭"，民间个人所制的铭镜有纪年铭、纪地铭、"日光铭"、"照明铭"、"清白"铭、"善铜"铭、"铜华"铭等，简直有百"铭"齐放、百家争"铭"之势。汉人的广告意识，对福、禄、寿、孝敬父母、夫妻恩爱、国泰民安、化道成仙、长生不老的企望以及对西王母、东王公的故事的向往，都被体现在铜镜之中。美善统一，在铜镜中得到进一步的体现。

　　三国魏晋南北朝时期，由于战乱，铜镜制造渐趋衰落，工艺也粗糙简略，在形制纹饰等方面，南方流行神兽镜，北方流行变形四叶镜，凤纹镜。由于道教盛行，还出现了照妖镜、占卜镜，铜镜还被作为信物。一些优美的传说、故事也以镜为题材流传开来，如破镜重圆、玉台镜、千秋镜、石镜的故事等。西王母在民间被誉为长生不死和掌握不老仙药的神人，也是美的化身。有的铜镜即与此传说相关。

花朵形镜（明）

东王公·西王母人纹图铜镜（东汉）

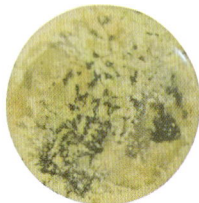
伍子胥龙虎画像镜（东汉）

星云镜（西汉）

十二生肖纹镜（隋）

李氏铭镜（东汉）

玄武纹镜（宋）

荣启奇铭镜（唐·荣与孔夫子对话）

打马球纹镜（唐）

蟠龙纹镜（元）

海水行舟纹镜（元）

准提咒文铭镜（明）

鎏金龙凤纹镜（明）

至顺辛未铭镜（元）

龙纹镜（唐）

隋唐时期是铜镜发展的鼎盛时期，铜镜在形制、纹饰上都有所创新，别具一格，出现了方形、菱花形、葵花形镜，纹饰上以瑞兽葡萄纹及花鸟纹最具代表性。宋辽金元时期的铜镜较重实用，轻装饰。宋代铜镜上常有铸镜者的字号，如湖州镜。纹饰图案多以缠枝花草、神仙人物故事为内容，制作水平走向衰落之势。金代流行人物故事与双鱼铜镜。双鱼镜的流行源自女真文化习俗，是民族文化交融的产物。明清时期，随着科学技术的进步，工艺水平又有了新的发展，铜质非常精细，有厚重之感，图案纹饰也日益讲究，从其中可以看出社会时尚、文化、审美情趣，如吉祥、福善、科举、八卦、诗文等，力求美善统一。质地也日益讲究，在皇室内还铸造了一批掐丝珐琅镜、漆背镜等宫廷特色鲜明的铜镜。在明代，填漆工艺被经常使用，即在铜镜铸造完成后，又在纹饰周围凹陷处全部填入黑漆，成为一种独特的镜艺品（以上参见故宫铜镜展说明及曾甘霖著《铜镜史典》，重庆出版社 2008 年版）。

镜中有哲学，镜中有美学。中国儒、释、道的思想，无不在铜镜中得到体现。历代的人们均力求把这些伦理与美学思想镌铸在铜镜这种美的形式中。

瑞兽葡萄纹方镜（唐）　　　　　薛忠公造方镜（清）

侯瑾之路方镜（唐）　　　　牡丹凤凰纹镜（元）

瑞兽纹镜

"日光"单列单层
草叶纹镜（西汉）

双蝠菱形镜（明）

鎏金"吾作"对置式
神兽镜（东汉）

玄宗御制铭镜（清）

鎏金犀牛望月镜架（宋）

黑釉花瓶（辽）

饕餮纹鼎（商）

高柄小方壶（春秋晚期）

29

酱釉刻花梅瓶（五代）

青釉堆花盖壶（清）

伯矩鬲·西周（房山区
琉璃河西周口燕都遗址出土）

法华人物镂空罐（明）

彩陶（青海）

景泰蓝刘海戏金蟾香熏

景德镇窑青白釉戏剧舞台人物纹枕（元代戏曲流行此瓷枕雕镂成
戏台形式，珠帘漫卷，融建筑、舞台与瓷塑于一炉）

陶俑群（司马金龙墓）

黄釉人物狮子扁壶

景德镇窑珊瑚红地珐琅彩花鸟瓶（清·雍正）

三彩琉璃蟠龙香火炉（明）

金铜莲花烛台（库狄回洛墓）

鎏金长颈瓶（库狄回洛墓）　　　　金铜三足器　　　　鎏金酒杯

景德镇窑青花海水白龙八方纹梅瓶（元）

景德镇窑青花釉里红云龙纹天球瓶（清·雍正）

景德镇窑青白釉水
月观音菩萨像（元）

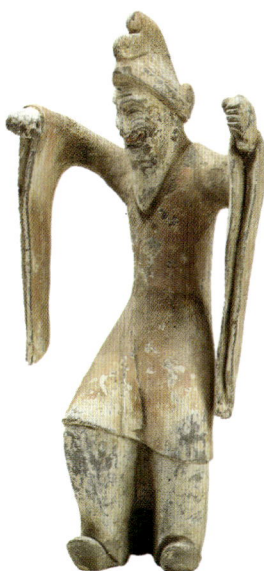

库狄回洛墓陶舞俑（北齐）

景德镇窑彩瓶（清）　　　　　景德镇窑松石绿地粉彩番莲纹多穆壶（清·乾隆）

青玉镂花耳牡丹花熏（清）

舞马衔杯纹金花银壶（唐）

双狮戏嬉金碗（北京大学赛尧桥博物馆藏）

嵌宝石桃形金杯（明）

金丝冠（金）

环耳金杯（唐）

御用马鞍

北京大学赛格勒博物馆馆藏的金铜器及马鞍

部分包银刻佛母
法螺（清）

包银双身护法
刻法螺（清）

无银包刻大黑天法螺（清）

部分包银刻佛素面法螺（清）

嘎巴拉碗（人头盖骨制作的碗）

祭器

明清铜鎏金镶玉、水晶、珊瑚、玛瑙及铜胎掐丝珐琅带扣、带首

39

应县木塔

山西万荣县后土祠秋风楼

北京故宫延禧宫（清）

40

天坛祈年殿及塔顶·藻井

祭祀礼仪图（天坛）

北京故宫铜雕

铜刑

铜登

光绪官窑祭兰釉刻花瓷簋

光绪官窑祭兰釉刻花瓷簋

平遥古城墙

山西解州关帝庙

永济蒲津渡唐代铁牛

山西大同云冈石窟（北魏）

五台山龙泉寺祖师塔

山西五台山龙泉寺石牌坊

山西浑源悬空寺（明）

山西洪洞广胜寺飞虹塔

麦积山敦煌石窟建筑雕塑及壁画

敦煌雕塑及壁画

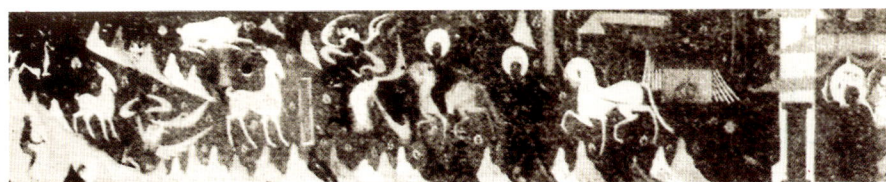

敦煌壁画九色鹿

山西平遥县双林寺菩萨殿千手观音像（明）

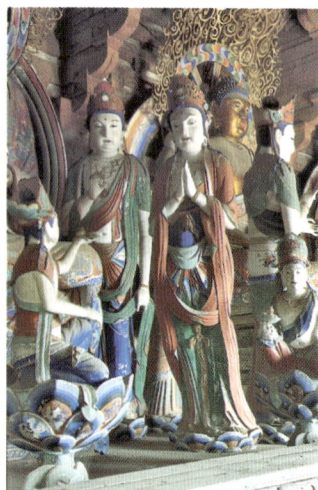

五台山佛光寺彩塑（唐）

山西五台山显通寺彩塑

五台山开花显佛

山西隰县小西天大雄宝殿雕塑（明）

黄檀木观音像（清）

弥勒菩萨像（元）

八大菩萨（清）

明清鎏金佛像及金刚造像，
含藏传风格及印度、尼泊尔风格

52

铜鎏金骑龙人物像（清）

铜鎏金菩萨像（清）

金面具（清）

铜鎏金四佛同列（清）

喀尔喀蒙古造像（清）　　　金刚萨埵像（元）　　　喀尔喀蒙古造像（清）

铜鎏金金刚像（清）

寿山石罗汉

铜鎏金密集金刚像（清）

大型琉璃观音菩萨像（明·嘉靖）

线的艺术

郑思肖（元初）无根兰花碑刻（桂林叠采峰岩洞）

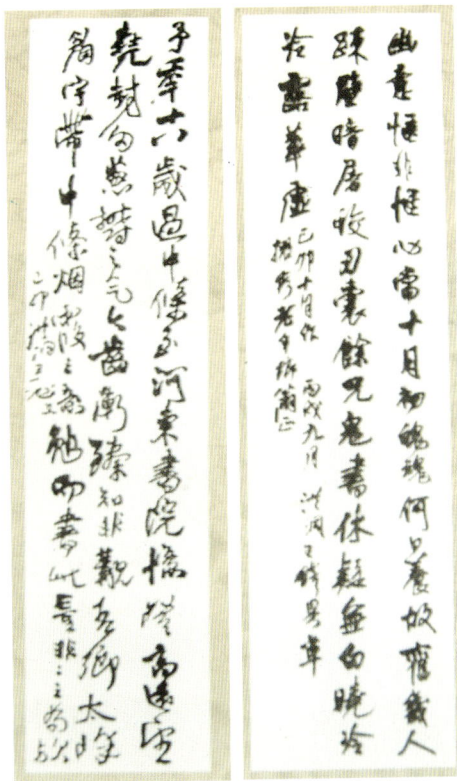

王铎书法

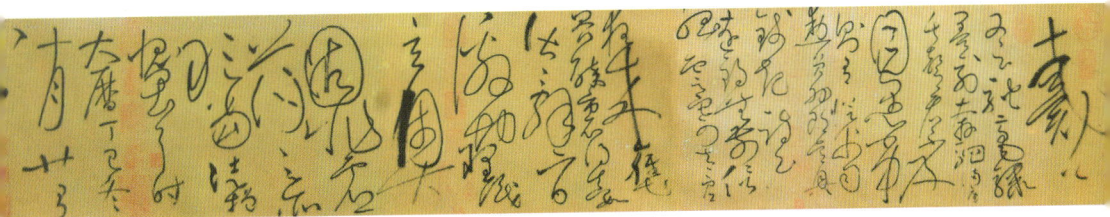

怀素草书（局部）

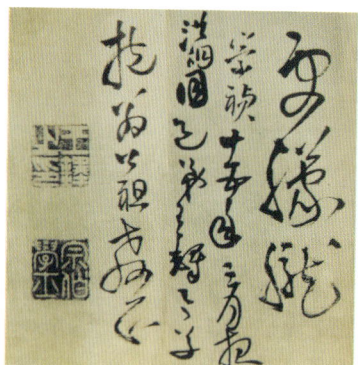

王铎书

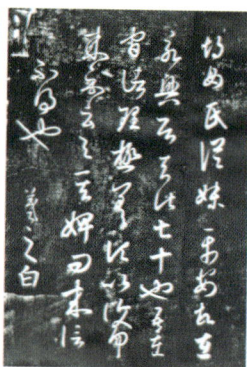

王羲之书

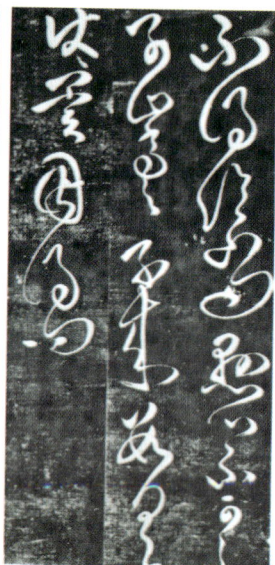

傅山书

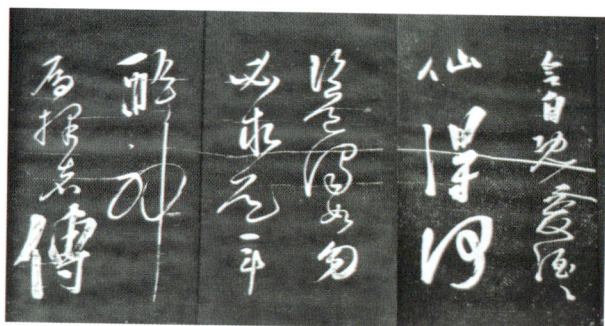

李太白书

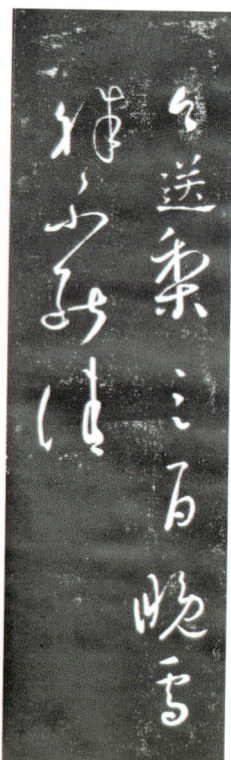

唐太宗书

晋武帝书

58

山西洪洞赵城广胜寺水神庙戏剧壁画

明清家具

龙城晋阳

晋阳，太原故城，始建于春秋周敬王二十三年（497），焚毁于北宋太平兴国七年（979），最早见于《左传》鲁定公十三年"秋，赵鞅入于晋阳以叛"。历史上晋阳城军政地位特殊，曾作为赵国初都、汉晋于城、东魏霸府、北齐别都、盛唐北京而享誉江河南北。在民族发展史中，晋阳城是中原农耕与北方游牧文化交流、融合的纽带和舞台，也是各族人民长期共同生活谋求发展的和睦家园。

晋阳古城城池遗址、古墓葬遗址、宗教祭祀遗址以及出土文物珍品，都显示了它昔日的辉煌。2008年文物部门在太山龙泉寺发掘到一处唐代大型塔基，使塔基下佛舍利五重宝函昭然出土。这些遗存不仅说明佛教文化在太原地区的绵延发展，也印证了唐代晋阳城号为"北都"、"北京"的史实。有专家称，晋阳古城地下丰富的遗存可以和著名的"庞贝城"相媲美。

太原永祚寺双塔

太原太山龙泉寺木胎鎏金铜椁

晋阳古城遗址

61

山西太原晋祠圣母殿（下），武士像、仕女像（中），鱼沼飞梁（上）

天龙山漫山阁

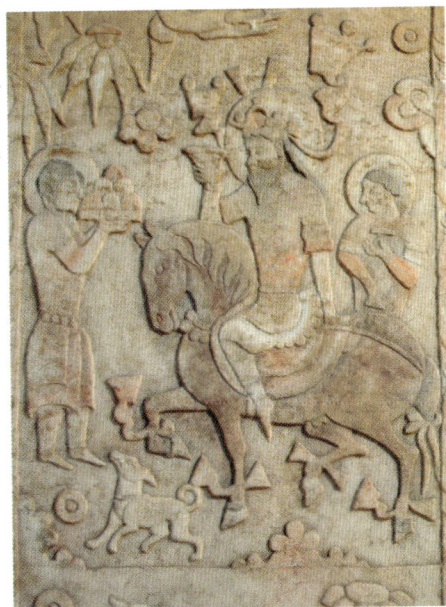

徐显秀墓室北壁壁画 宴饮图

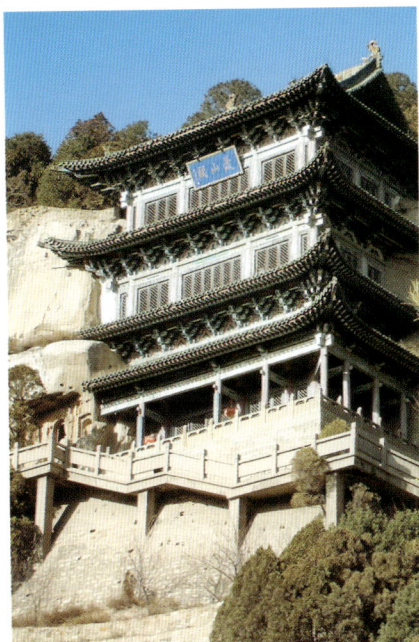

虞弘墓椁壁浮雕

63

梦幻古蜀

三星堆与金沙遗址出土文物珍品

晋蜀两地博物馆联合举办的《三星堆与金沙遗址出土文物展》，展示了被国家文物局公布为中国文化遗产标志的太阳神鸟金箔（晚商至西周），三星堆遗址出土的商时期神秘诡谲的铜立人像、铜纵目面具、戴金面罩青铜人头像、铜太阳形器、铜眼形器，庞大的青铜神树和用于装饰神树的各种金箔、青铜饰件，以及金沙玉璧和形式多样的祭祀美玉、象牙和美石等 156 件，托出了一个神话般的世界，使我们从中看到 3000 年前古蜀国的辉煌和先民们对天地人的理念，与神沟通的奇妙方式，他们的审美理想与审美情趣。美即善的象征，在这里被表现得淋漓尽致。特别是那株青铜神树，真是太神奇诡谲了。《阿凡达》中的"生命之树"，只不过是一种艺术幻景，而三星堆的"青铜神树"却是一种真实的创造。不难想象，围绕它演示的祭祀活动，是如何盛大、隆重、神秘、森严而又热烈、迷狂。是如何的壮观。他们所有用于祭祀的器物，均力求品质高贵，造型既善且美，尽善尽美，力求把对天、神的崇拜，用无与伦比的美 的形式表现出来。与此同时，也显示了古蜀国富饶的物产和高超的技艺以及恢弘的远古中华文明。

铜贝、铜鸟

铜神树枝头花蕾及立鸟

陶鸟头勺把

铜鸟

铜人首鸟身像

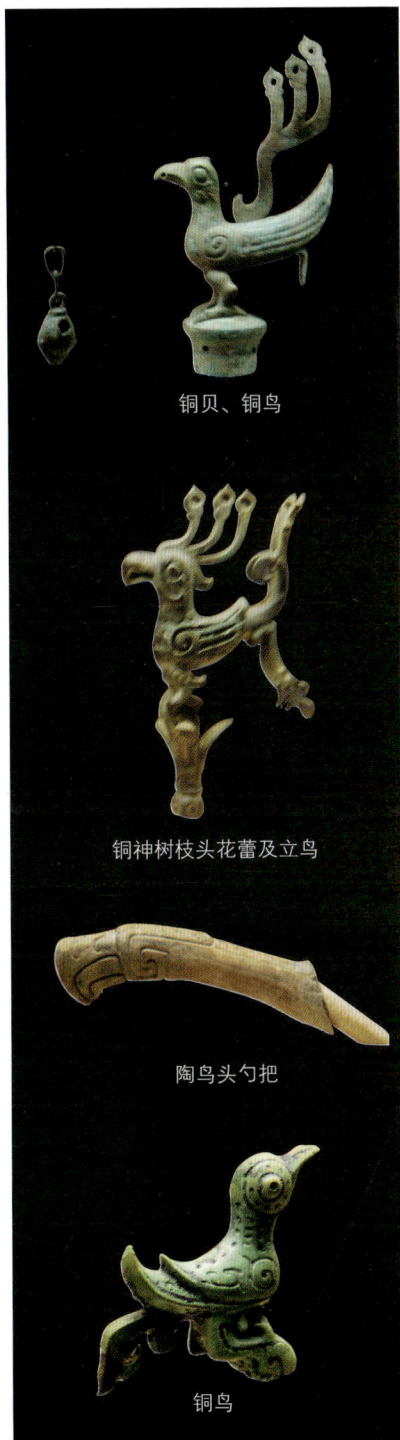

用于祭祀的美石

三星堆青铜神树

金箔饰件

陶盉

陶敞口盉

陶高领壶

陶尖底杯

铜柄豆

青铜盉

陶小平底罐

小瓶底罐

铜铃、铜圆形挂饰、铜鹰形铃、
铜扇贝形挂饰

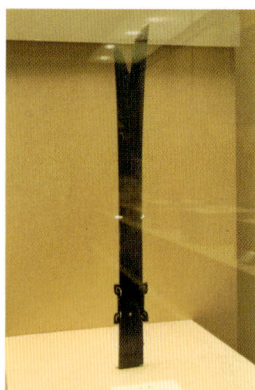
玉边璋

玉剑

玉戈、玉璋

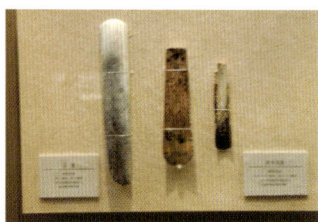
玉戈、玉璋

玉璧

玉琮

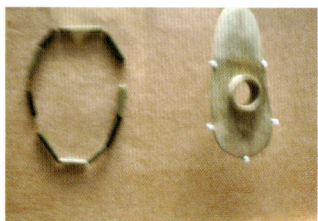
玉管

玉凿

玉瑗　玉刀

68

青铜大立人像

金人面像

戴金面罩青铜人头像

铜跪坐人像　　　　　　铜人女　　　　　铜跪坐人像

戴冠纵目面具，以眼球呈柱状外凸，双耳角尺状向两侧充分展开，有的面具额部正中还有一方孔，冲天而上。整个造型显示千里眼、顺风耳，神威通天。

青铜纵目面像

青铜人头像

铜太阳器

太阳神鸟金饰

铜梯形器

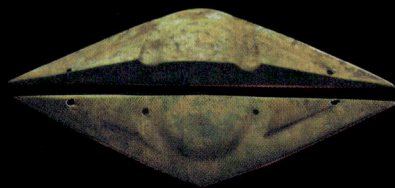

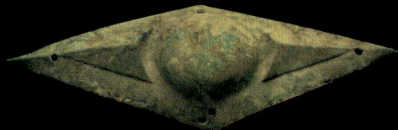

铜眼形器

铜挂饰

铜挂饰

铜方孔器

铜方孔器

铜铃

铜有领壁形器

金蛙形器

铜虎形器

铜虎

石虎

铜龙形器

铜牛首

铜兽面

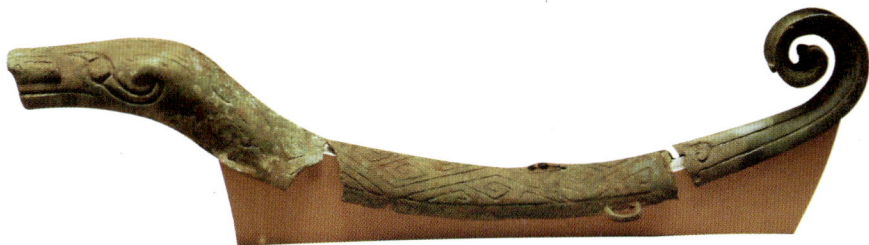

铜蛇

山西临汾尧庙

北京天安门

北京鸟巢

北京水立方

希腊宙斯神殿

希腊雅典卫城

美国独立宫与自由钟

美国纽约联合国总部

出版说明

　　人民出版社及全国各省市自治区人民出版社是我们党和国家创建的最重要的出版机构。几十年来，伴随着共和国的发展与脚步，他们在宣传马克思列宁主义、毛泽东思想、邓小平理论、"三个代表"重要思想，深入贯彻落实科学发展观，坚持走有中国特色社会主义道路方面，出版了大量的各种类型的优秀出版物，为丰富人民群众的学习、文化需求作出了不可磨灭的贡献，发挥了不可替代的作用。但由于环境、地域及发行渠道等诸多原因，许多精品图书并不为广大读者所知晓。为了有效地利用和二次开发全国人民出版社及其他成员社的优秀出版资源，向广大读者提供更多更好的精品佳作，也为了提升人民出版社市场联盟的整体形象，人民出版社市场联盟决定，在全国各成员社已出版的数十万个品种中，精心筛选出具有理论性、学术性、创新性、前沿性及可读性的优秀图书，辑编成《人民·联盟文库》，分批分次陆续出版，以飨读者。

　　《人民·联盟文库》的编选原则：1. 充分体现人民出版社的政治、学术水平和出版风格；2. 展示出各地人民出版社及其他成员社的特色；3. 图书主题应是民族的，而不是地区性的；4. 注重市场价值，要为读者所喜爱；5. 译著要具有经典性或重要影响；6. 内容不受时间变化之影响，可供读者长期阅读和收藏。基于上述原则，《人民·联盟文库》未收入以下图书：1. 套书、丛书类图书；2. 偏重于地方的政治类、经济类图书；3. 旅游、休闲、生活类图书；4. 个人的文集、年谱；5. 工具书、辞书。

《人民·联盟文库》分政治、哲学、历史、文化、人物、译著六大类。由于所选原书出版于不同的年代、不同的出版单位，在封面、开本、版式、材料、装帧设计等方面都不尽一致，我们此次编选，为便宜读者阅读，全部予以统一，并在封面上以颜色作不同类别的区分，以利读者的选购。

人民出版社市场联盟委托人民出版社具体操作《人民·联盟文库》的出版和发行工作，所选图书出版采用联合署名的方式，即人民出版社与原书所属出版社共同署名，版权仍归原出版单位。《人民·联盟文库》在编选过程中，得到了人民出版社市场联盟成员社的大力支持与帮助，部分专家学者及发行界行家们也提出了很多建设性的意见，在此一并表示诚挚的感谢！

《人民·联盟文库》编辑委员会

目录

总序/季羡林 ·················· 1

原版序/蒋孔阳 ·················· 1

修订版序/汝信 ·················· 1

祝辞/申维辰 ·················· 1

修订版自序/李翔德 ·················· 1

神话传说　美善源头

一、女阴崇拜 ·················· 3

二、以粪为美 ·················· 12

三、以黑为美 ·················· 16

四、龙凤呈祥 ·················· 20

五、美的化身 ·················· 25

六、智慧之星 ·················· 30

尧天舜日　文明之光

七、审美光晕 ·················· 37

八、尧天舜日 ·························· 44

九、文明之光 ·························· 55

十、图腾王国 ·························· 65

十一、人神天鬼 ························ 74

十二、几何图案 ························ 80

十三、线的艺术 ························ 87

理性曙光 《易》远流长

十四、理性曙光 ························ 93

十五、大象无形 ························ 100

十六、阴柔之美 ························ 102

十七、兴、观、群、怨 ················· 106

十八、乐以治国 ························ 110

十九、"伪"为中心 ····················· 117

二十、美从礼出 ························ 123

二十一、物性比德 ····················· 131

二十二、结构功能 ····················· 138

二十三、中和质量 ····················· 150

二十四、统摄一切 ····················· 153

二十五、近取诸性 ····················· 157

二十六、玄览极致 ····················· 159

辞赋先声 浪漫情怀

二十七、缘物起情 ····················· 165

二十八、拟容取心 ····················· 167

二十九、穷通思变 ················ 170

三十、铺采摛文 ················ 172

三十一、辞赋先声 ················ 175

三十二、比兴明性 ················ 178

瑶台鹿苑 人间歌舞

三十三、瑶台鹿苑 ················ 183

三十四、人间歌舞 ················ 187

汉魏情性 风神气韵

三十五、史官文化 ················ 193

三十六、情性之辨 ················ 196

三十七、泊然无感 ················ 199

三十八、风神气韵 ················ 203

儒道参禅 万亿化身

三十九、儒道参禅 ················ 207

四十、佛教之花 ················ 209

四十一、规律探索 ················ 212

四十二、秀骨清相 ················ 216

四十三、万亿化身 ················ 221

机趣顿悟 百花齐放

四十四、机趣顿悟 ················ 235

四十五、清水芙蓉 …………………………… 240

四十六、格律气势 …………………………… 244

四十七、闲适讽喻 …………………………… 249

四十八、清丽委婉 …………………………… 251

四十九、作意好奇 …………………………… 254

五十、娱心劝善 ……………………………… 256

五十一、天风海雨 …………………………… 259

五十二、高蹈远引 …………………………… 261

五十三、因物则性 …………………………… 263

五十四、自然高妙 …………………………… 266

五十五、虚实相生 …………………………… 269

五十六、有我之境 …………………………… 271

蕴藉风流　深沉激荡

五十七、愁恨道情 …………………………… 277

五十八、蕴藉风流 …………………………… 281

五十九、深沉激荡 …………………………… 287

六十、哀乐之真 ……………………………… 291

六十一、虚实结合 …………………………… 294

六十二、以此贯彼 …………………………… 297

六十三、喜闻乐见 …………………………… 301

六十四、地下戏曲 …………………………… 307

六十五、程式典范 …………………………… 313

六十六、一分而殊 …………………………… 318

心灵觉醒　正气凛然

六十七、妍丽工致 …………………………… 325

六十八、舍筏登岸 ································· 328

六十九、心灵觉醒 ································· 332

七十、孤峭狂傲 ··································· 335

七十一、神奇瑰丽 ································· 338

万古性情　风吹浪涌

七十二、万古性情 ································· 343

七十三、风吹浪涌 ································· 346

七十四、带泪的笑 ································· 348

七十五、神灯独照 ································· 350

七十六、神疏则逸 ································· 354

七十七、生气高致 ································· 356

七十八、哭的艺术 ································· 359

七十九、综合特征 ································· 363

悲剧震撼　应用再起

八十、悲剧震撼（概念世界） ················· 369

八十一、悲剧震撼（有无之争） ··············· 375

八十二、悲剧震撼（黄金时代） ··············· 381

八十三、悲剧震撼（巅峰境界） ··············· 385

八十四、悲剧震撼（应用再起） ··············· 390

天人合一　气为主体

八十五、天人合一 ································· 405

八十六、"气"为主体 ························· 412

八十七、浩然之气 ························· 418

和谐社会 和谐世界

八十八、诚信之美 ························· 425

八十九、美善统一 ························· 431

九十、共同理趣 ························· 439

九十一、至美大同 ························· 444

九十二、美在崇高 ························· 449

九十三、美在和谐 ························· 453

九十四、和谐世界(模式寻求) ················· 459

九十五、和谐世界(全球时代) ················· 465

九十六、和谐世界(奋斗纲领) ················· 470

九十七、"科学皇后"(结束语) ················· 473

附 录

两个春天的回忆
　　——沉痛悼念朱光潜先生 ················· 489

以博大胸怀拥抱世界的人
　　——沉痛悼念著名史学家、思想家季羡林先生 ····· 493

思想界的一盏明灯
　　——回忆哲学大师任继愈 ················· 506

从"寿平"到寿平
　　——国画大师董寿平逝世九周年祭 ··········· 517

穿越时空的崇高之美
　　——评顾棣编著《中国红色摄影史录》················· 539

美学研究的崭新维度
　　——伦理美学 ································· 548

我省文化建设的一次展示　新闻出版界的一件盛事
　　——李翔德《美的哲学》座谈会发言摘要 ········· 554

后　记··· 569

总　序

季羡林

　　李翔德系山西人民出版社政治理论编辑室主任，后任总编辑。今年也75岁了。早在20世纪80年代初，他就主持出版《中国现代社会科学家传略》达10卷，为几百名著名学者"树碑立传"。当时许多学者尚未正式被平反、恢复名誉。我于1980年6月20日所写的传略，被收入首卷之中，并在书前特意刊登了我的照片。这是新中国成立后尤其在"文化大革命"之后，首次出版的中国现代社会科学家的传略，是一个大胆举措，当时即在海内外引起强烈反响。但我一直未同李翔德见过面。直到今年3月8日他来京看望我，我们才得以相见，相识恨晚矣。

　　但可喜的是，李翔德也是一位执著的学者，在工作之余，写了不少哲学与美学的文章，提出了许多新的思想，特别是他面向现实社会，紧跟时代节拍，对伦理美学与和谐社会，做了一系列探讨，这是很有现实意义和深远意义的。他的游记和摄影作品，也很富有情趣。他所写德国、印度及希腊等国的游记和照片，勾起了我对往日岁月的许多回忆。

　　现在，他的《图文系列》就要相继出版了。在《美的哲学》（上、下卷）出版后，又要出版《中国美学史话》、《美学中国——中国伦理美学史》、《美学社会学》以及游记与摄影作品《万水千山总是情》系列中的《根在中华》、《情系德国》、《"疯"在印度》、《悟在希腊》等作品。

我感到高兴。他作为一个业余社会科学研究者，而且在古稀之年，仍笔耕不缀，产生这么多成果，亦很不容易，精神可嘉，特予祝贺。

2009 年 3 月于北京

（季羡林：著名语言学家、思想家、北京大学教授）

原版序

蒋孔阳

　　大约五六年前，李翔德同志来找我，说他与郑钦镛同志合作，准备写一部《中国美学史话》（以下简称《史话》），问我有什么意见。当时中国美学史的研究刚刚开始，这方面的著作不多，因此，我对他们的计划很感兴趣，鼓励他们写。但近几年来，记忆力衰退，事情过去也就忘记了。想不到李翔德同志他们非常认真，经过几年辛勤努力，终于把稿子全部写出来了。半年前，翔德同志来信，说他们的书，"蒙你关怀"，因此，要我写篇序。我那时正忙于其他事情，而且预订有两三个月时间要外出开会，因此，我回信说，恐怕一时写不出。就这样给耽搁下来了。

　　现在，"残腊收寒，三阳初转"，转眼已是春节前夕。我整理积压的来稿，又把翔德同志他们的《史话》取了出来，重新翻读。我觉得和五六年前比，今天虽然已经出了五六本中国美学史方面的著作，而且各有长处，但都是大部头的、专门性的。像翔德同志他们这样通俗而又有趣味的《史话》却还没有看到。这样，为说明他们这本书的特点，我又禁不住写下一点个人的读后感，以作祝愿。

　　首先，用《史话》的形式来写中国美学史，我就觉得颇有特点。记得读大学时，我于文艺作品之外，喜欢读哲学。可是哲学著作一般都很难懂，要完全理解更是困难。忽然有一天我发现一部威尔·都兰写的《哲学史话》（The Story of Philosophy），他结合生平传记等故事，来讲柏拉图、亚里士多德、康德、黑格尔等人的哲学思想。于是，我就读得津津有味了。"史话"的名字，来源于宋明的小说。"话"是"故事"的意思。当时的小说，就是讲故事，讲小说称为"说话"。讲"话"的底本，称为"话本"；讲话的人称为"话人"。讲话的内容有历史、烟粉、棍棒等等。翔德同志他们利用"史话"这一名称，而又灵活加以运用，把中国古代的美学思想，糅合种种神话、传说、故事等之中，从而写出一部自有特色的《中国美学史话》。仅仅这一点，我认为就应当加以肯定。

其次，美无处不在，美学思想也无处不在。哲学著作、文学艺术、文物风俗以至生活行止之中，无不有美以及关于美的美学思想。一般的中国美学史，多是从哲学著作和文学艺术中，去探讨中国美学思想的发展。翔德同志他们的这本《史话》，固然也不忽略哲学著作和文学艺术，但在此之外，他们却另辟蹊径，更多地从文物和风俗方面，来探讨中国富有民族特色的美学思想。例如在《龙的传人》一文中，他们就从我国蛇与青鸟的图腾文化，谈到我国古代有关龙凤的美学观念的诞生。在《几何图案》一文中，他们又探讨了中国古代青铜礼器和陶器的纹饰，是怎样从图腾的动物形象"转化成抽象的、符号的、规范化的几何纹饰"。应当说这些讲法都不是他们首创的，一些考古学者已经做了探讨。但是，他们利用了这些考古学上的成就加以通俗化，用来说明中国古代的美学思想。他们的功劳也是不能磨灭的。

此外，本书还有一个特点。那就是它虽然不是系统地讲述中国美学史，但却把中国美学思想史中一些有代表性的概念和范畴拈出来，进行阐释和发挥。例如，在《兴、观、群、怨》和《关关雎鸠》中，他们对孔子的美学思想进行了阐述；在《大象无形》中，他们又对老子的美学思想进行了阐述。在阐述的过程中，他们又不限于谈孔子和老子，而是古今糅合，如波浪一样，连成一片。这样，它既照顾到了点，又涉及了面。

　　总之，我感到这本书不管它资料翔实性以及理论的深刻性究竟如何，但却是自有特色的。作为一部通俗读物，作为一部"史话"，它是完成了它的任务的。

1987 年 1 月 27 日于上海

　　（蒋孔阳：著名美学家、复旦大学教授）

修订版序

汝　信

　　欣闻新版《中国美学史话》即将问世，该书新版在旧版的基础上增加了许多新的丰富内容，篇幅扩充了数倍，这是李翔德同志继《美的哲学》之后与郑钦镛同志合作的又一美学巨著，为我国美学园地添加了一枝艳丽的花朵。

　　《中国美学史话》是一部很有特色的美学著作，它不是单纯从理论上抽象地谈中国历史上的美学思想和观点，而是通过历史上许多具体生动的实例去阐发中国美学思想的重大成就，并结合理论的探讨，追本溯源，观察其流变，揭示其深层的意蕴。除了深入浅出、通俗易懂的文字说明外，还配以大量精美的插图，可以说做到了图文并茂，情理相融，熔思想性、知识性、学术性与趣味性于一炉，使人读后受到一次形象化的审美教育和美的享受。

　　从本书的出版使我联想到有关当前我国美学研究发展的一些问题：一是更加重视美学研究的中国化。我们生活在改革开放和经济全球化的时代，当然要面向全世界努力开展文化交流，借鉴和吸收人类文明的一切优秀成果，在美学研究方面也不例外。但是，中国美学的发展必须植根于中国的历史和现实的土壤。我国有悠久的美学思想传统和非常发达的审美文化，这是我们祖先创造的宝贵的文化遗产和精神财富，也是当前美学研究所依赖的丰富资源和取之不竭的思想源泉。脱离了这一基础，中国美学就不可能茁壮成长。二是要努力实现美学的大众化。美学本来是和生活密切相连的，应该为大众所理解和接受。但是，有些美学研究严重脱离实际，脱离群众，沉溺于抽象的思辨王国而不能自拔，甚至从国外引进一些普通人谁也不懂的名词、概念故弄玄虚，令人莫测高深，这样的美学是没有生命力的。只有下决心走出象牙之塔，更贴近生活，更贴近人民大众，美学才有光明的发展前途，才能对我国社会主义精神文明建设作出应有的贡献。《中国美学史话》在美学中国化和大众化的道路上迈出了坚实的一步，其成功的经验对我们广大美学工作者提供了有益的启示。在该书出版之际，谨致以良好的祝愿。

汝　信
2010 年 3 月于中国社会科学院

（汝信：原中国社会科学院副院长、学部委员、国务院学位委员会委员，著名哲学家、美学家。）

祝 辞

申维辰

　　李翔佳先生是一位资深出版人，也是宣传文化工作者。我前几年也算是宣传战线的一个兵，但当时因先生已退休故未曾多交往。最早引起我注意并使我很感动的，是先生以古稀之年却又青春焕发的姿态走南闯北，甚至远涉重洋，为摄影创作。在乎遥国际摄影大展上云集并展示其精彩之作，引起业内外人士嘖嘖称赞。

　　乙酉年末，我受命到太原市委工作。

惊逢李朝佳先生大作《美的哲学》将要付梓，应先生之约，我也撰写了一段语，后作为这本书的一个序言。书出版后在社会引起很好的反映。当时我想，机关干部工作之余也多读读一读美学方面的书，不仅陶冶情操也能开阔视野，增加生活情趣。因此，建议太原市委有关部门召开推读会，约请有关人士畅谈本书的特色及读书体会，以期引导广大干部了解并阅读这本书。今后通过媒体宣传，确有不少人翻阅又读《美的哲学》。

汪吉祥

今年是共和国六十年诞，在举国同庆，为国争光的念头中，李翰庭先生又有力作问世，真让人感动又钦佩。"中国美学史语"可称得上本学科中煌煌巨著。对于普及美学知识将会起到指导的作用。国庆之后见到先生，先到本书竟见到季羡林先生的遗作，心中十分感慨。更让我认识到大师的风范。李翰庭先生再三要托为本书写几句话。我实在觉得力所不及，可又不忍冷落先生一片热心。思前想后，写下上地一些话，以表示祝贺。

二〇〇九年十一月十九日
于中央党校 申维辰

（申维辰：中共山西省委常委、太原市委书记）

修订版自序

李翔德

这部《中国美学史话》的缘起，要追溯到 28 年前。1980 年在昆明召开的首届中华全国美学大会上，时为福建省福清县一中校长的郑钦镛先生，将他关于中国美学史的长文作为论文交给大会。他当时就想出书，但在 3 年后，1983 年厦门第二次中华全国美学大会召开时，尚未实现这个凤愿。我作为山西人民出版社理论编辑室的主任，很想帮他以"史话"的形式出这本书，但作为地方出版社要求书稿更大众化一点，这需要作一定的修改。郑先生想把这个任务交给我，由两人合作出版这本书。我作了一些修改，为的是使书稿比较通俗一些。为了表示我不是"吃白饭"，还新写或改写了《龙的传人》、《佛教之花》、《哭的艺术》、《美善统一》、《共同理趣》等篇。然后，我托我社编辑亲赴石家庄送交河北人民出版社，于 1987 年 9 月出版。全部费用，由我支付。之所以未在我社出版，当然是为了避嫌。我非常感谢河北人民出版社的同仁，同时又留下了深深的遗憾：

一是著名美学家蒋孔阳先生为本书写的序言未来得及收入。

二是未能对本书做更多更大的修改、充实，心中一直快快不快，总想在什么时候再补上这一课，使本书以新的面貌再版问世。

直到去年（2007 年），我下定了决心，郑先生也拿定了主意，将本书全部的修改、补充、再版的任务交给了我。上次以他为主，这次以我为主。

现在呈现在我们面前的这本书，与 1987 年版本相比，有下列六大变化：

一、字数从十来万字增加到五十余万字，增加了四倍。

二、原 61 章，现 97 章，增加了 35 章，对原来有些章节也做了较大修改、补充。内容向前推到神话传说，后延至当代。

三、将 97 章分为 14 部分：（1）神话传说，美善源头；（2）尧天舜日，文明之光；（3）理性曙光，《易》远流长；（4）辞赋先声，浪漫情怀；（5）瑶台鹿苑，人间歌舞；（6）汉魏情性，风神气韵；（7）儒道参禅，万亿化身；（8）机趣顿悟，百花齐放；（9）蕴藉风流，深沉激荡；（10）心灵觉醒，正气凛然；（11）万古性情，风吹浪涌；（12）悲剧震撼，应用再起；（13）天人合一，气为主体；（14）和谐社会，和谐世界。

四、收进蒋孔阳先生、申维辰书记为本书所作的序言、祝辞。

五、收入季羡林先生为本书的题字、题词和为我图文系列写的总序言。

六、原为 787×1092 mm 的 32 开本，现为 890×1240 mm 大 32 开本。加入大量彩色和黑白插图，包括一些很珍贵的文物图片。这些图片是我多年在各地包括故宫博物院、首都博物院、天坛、世纪坛、军事博物馆、山西省博物馆、北京大学赛克勒博物馆、敦煌石窟、云冈石窟、五台山寺庙、临汾的尧庙、华门、洪洞的羊獬、大槐树以及希腊、美国等地方拍摄的，涵括了我一生的积累。还有文物专家、摄影家薛超、李瑞芝、王永先、高玉柱以及原山西省文物局局长张希舜等朋友提供的，亦来之不易。

一般美学史，都写到明清为止，当我们把美学写到抗日战争、解放战争、中华人民共和国诞生前后、经济全球化、和谐社会、和谐世界时，人们会感到有些诧异，甚至觉得奇怪。好象今天的事，应该留给并不很了解今天的后人去写。其实，这种认识才让人感到奇怪。因为连司马迁的《史记》也写他的当代、他的同僚或朋友，写他们的思想、风貌和遭遇。倘若他当时没有写，我们今人也难以看到这些珍贵的、绘声绘色、颇富感染力的史文了。

不久前在太原市为我《美的哲学》一书出版召开的座谈会上，太原市委常委、宣传部长范世康特意提醒大家，在重视挖掘、整理华夏五千年文明史、两千五百年太原建城史时，千万不要忘记中国共产党领导的这一段文化史。他说："好在我们大多数跟共产党打天下，构建那一段历史的人还健在，但是确实年事已高，对过去的一段，我们要抢救要挖掘要保护，那对这一段呢？也不可忽视啊！""我们不仅要挖掘优秀的传统文化，树立它，为我们今天的现实服务，……传承中华文明。对共产党的这一段，我们要抓紧时间去树立！"这段话讲得精辟极了！是呀！现在我们能做的，为什么要让后人去"抢救"呢？！

美在社会。在众说纷纭、五花八门的美的形态中，塑造一个真、善、美的社会，才是最最重要的。因为它关系到亿万人的生存与发展。"和谐"——从古希腊美学家毕达哥拉斯最早提出，它就是一个美学命题，而今天它成了中国内政外交的大课题。我们进入了经济全球化和构建社会主义和谐社会、构建多极的和谐世界的时代。美学又一次被推上"皇后"的宝座。历史发展的指南针，指善针，尤其是指美针，从未像今天这样明显。从神话传说开启的美善源头，经过漫长曲折、千回百转的艰难历程，如今又在更高层次上向善美复归。条条道路通善美。至善至美的社会和世界，历史的列车必将驶进这里。我们写历史，也不应停止在过去，停留在故人堆里，而应顺着历史发展的逻辑进程，一直进到当今这个生气勃勃的活人的世界，进到"经济全球化时代"美学的前沿，回答人们最关心的美学问题。

当然，作为美学史话，我们不可能也无必要去面面俱到，平铺直叙，系统阐述中国美学的历史，而只是对中国美学的历程作"蜻蜓点水"，浮光掠影式的巡礼。只是把一些有代表性的、闪光的美学思想，筛选出来做一些介绍，并力求追踪其流变，揭示其意蕴。

本书中所涉及的一些美学思想、命题，一般都是附丽在一定的历史文化背景上的，或与一定的美学思潮相联系，有的则代表着一个时代。如和谐与崇高的历史转换，即从儒家以和谐为主体的大美学时代发展到毛泽东以崇高为主体的大美学时代，再转变到今天正在构建社会主义和谐社会这个阶段，即代表了三个不同的时代背景或历史阶段。辩证法的规律：对立统一——量变质变——否定之否定——由低级向高级发展的规律，均得到了充分体现。两个不同历史阶段的和谐貌似相同，实际上有质的区别，现在是在更高境界上追求社会和谐。人类社会总是会由低级向高级发展的，虽然要经过千曲百折。

对于悲剧震撼的写法，从概念世界——有无之争——黄金时代——巅峰境界——应用再起，从郭沫若到毛泽东，也会出乎人们的所料，但通过刨根问底，中西对比，一直写到现代，并对毛泽东的悲剧思想予以系统分析，无疑会使我们对悲剧有一种更深刻的认识。

本书在写法上力求自由、活泼、通俗易懂；力求把知识性、趣味性与学术性融合在一起，并充分运用了文物考古和国内外的一些新的文献资料。

再就是对书中插图，我形成了一个新的认识：插图不只是为了好看、美观，更重要的是帮助读者对理论概念有更具体深刻的理解。对作者来说，图片的选用，反映了作者从对具象的研究上升到抽象理念之后，又由抽象理念重新回到具象，这是认识上的又一次飞跃，同时也是一个艰苦的过程。这也是我得到的一个新的收获。

本人对杂文和散步式美学情有独钟，文风亦颇受此影响，加之，由两人合作，文风不一，在所难免，尚请读者谅解。由于我们思想理论修养所限，书中出现的错误论断亦请读者与专家学者予以批评指正。

2010 年 1 月 20 日于太原书苑小居

神话传说 美善源头

一、女阴崇拜

研究历史特别是美学，创世神话，是一个不可回避的问题。没有文字记载的神话传说，虽不能给我们的研究提供确凿的根据，但它无疑是一种文化存在，观念形态的存在，反映着人类心灵发展的历程，影射着某种真实的存在。有人把神话称为"真实的最高形式"，其中不无道理。例如女阴生殖崇拜，无疑是人类历史上切实存在或不得不承认的问题。亚当、夏娃，伏羲、女娲等故事是否完全真实并不那么重要。重要的是我们必须承认中国甚至人类总有那么一个"开天辟地初创世"的时代，虽无文字记载，却并非没有那一段历史存在。而文化观念、神话传说所反映的文化观念，也是一种存在——文化与精神之存在。它对于我们研究美学也是颇为重要甚至十分珍贵的。

神话传说也有层次之分，因为它是随着历史的发展而不断演变的，越演变就越离谱，离其原貌越远。古人对古代以及远古的认识，一般说来要比今人更切近那时的语境，原因很简单，因为他们与远古的距离较近。因此，我们应当从众多神话传说中过滤出最早、最古老、最原始的神话传说。

伏羲、女娲炼石补天、抟土造人，还有大禹治水等等，这确实反映了古人伦理美的思想，因其做了善事，且非同小可，所以是最美的，最值得崇仰热爱的。但这并非更为原始的人类的观念，所以不应当是更为原始的神话传说。而洪水神话"沉城——陷湖"与葫芦故事，应该更为原始的创世说。

洪水神话是一种创世神话，人类起源的神话，且有一次创世、二次创世之说，不仅流传于中国，而且遍及全球。它们所讲的都是神或上帝如何在大洪水中创造了世界——大地、万物及人类。而二次创世则注入了因果报应的伦理思维，说由于人类道德的败坏与精神的堕落，神或上帝便以洪水毁灭了世界，予以惩戒。但神或上帝却筛选出像伏羲、女娲或亚当、夏娃这样的男女，甚至原本属于一母所生，有血缘关系的男女，钻进葫芦或登上方舟、高山，得以免遭洪水一劫，从而又延续了人类的生命。《旧约·创世纪》中所讲挪亚方舟的故事和印度《百道梵书》中摩奴救助神鱼的故事以及我国关于伏羲、女娲的传说都属于这种因果报应类的洪水神话，二次创世说。从文化与审美内涵上讲，二次创世使人类成为文化的人、伦理的人、审美的人，成为具有文化、伦理与审美的人类。神话的核心即天与人、自然与人——文化的人的关系，是作为文化的人、精神的人、人格的人的再生与延续成长的问题，因此也是美学不能不研究的问题。

然而，若只是从表层上接受神话传说，那就必然陷入误区，因为它的真正价值在于它的深层结构、象征性、寓意性后面的东西。去掉具体的人和故事，其实都是在说明一件事，即自然生育。这正是原始神话关于创世说的密码。

......

妹打主意难哥哥，各人爬上一高坡，

对山烧火火烟绞，两烟相绞把亲合。

两股火烟相绞了，妹妹还是不愿合。

妹想合亲急出火，出点主意逗哥哥。

隔河梳头隔河拜，头发绞合亲也合。

哥哥下水就过河，哥上一坡妹一坡。

隔河梳头隔河拜，哥妹头发绞成坨。

头发成坨妹又变，看哥硬石几经磨。

隔河种竹隔河拜，竹尾相交把亲合。

哥哥拜亲妹也拜，两根竹尾绞成坨。

哥哥你莫欢喜早，我的主意有蛮多。

对门对岭对过坡，各把磨石滚下坡，

两扇磨石叠合起，磨石相合人也合。

妹妹对山滚石磨，果然磨石叠合了。

两扇磨石合拢了，看妹主意有好多？

磨石合了我不合，围着大树绕圈捉，

若是哥哥追着我，妹拉哥哥把亲合。

……

这是湖南瑶族的一首古歌《发习冬奶》伏羲兄妹成婚的故事：

哥哥追妹妹，从"日出追到日落"，"绕了一天没追着"。后来是乌龟献计，教哥哥突然转身迎面拦截，才使妹妹落入了哥哥的怀抱。不久，妹妹有了身孕，不想却产下一个大肉球。夫妻俩把肉球切成无数小碎块，包起来带着去攀登天梯，哪知刚到半空，忽然一阵大风吹来，吹得小肉块四散飞扬，瞬间就都变成了人。落在树叶上的，便姓叶；落在木头上的，姓木；落到什么上，就拿什么来做姓氏。这就是伏羲造人的故事。

其实，经过滔天洪水幸存的两个人，原本没有名姓，因为是从葫芦里存活下来的，所以起名叫"伏羲"。"伏羲"就是"匏瓠"，也就是"葫芦"。男的叫伏羲哥，女的叫伏羲妹，亦即"葫芦哥哥"和"葫芦妹妹"。

闻一多在《伏羲考》中说："伏羲"即"葫芦"，"女娲"即"女葫芦"。古代，在人类的心目中，生殖活动是一件十分神圣、崇高、庄严的大事。所以，原始人类崇拜生殖器就成为一种遍及世界的历史现象。黑格尔就曾说："在讨论象征型艺术时我们早已提到，东方所强调和崇敬的往往是自然界的普遍的生命力，不是思想意识的精神性和威力而是生殖方面的创造力。特别是在印度，这种宗教崇拜是普遍的。它也影响到佛里基亚和叙亚，表现为巨大的生殖女神的像，后来连希腊人也接受了这种概念。更具体地说，对自然界普遍的生殖力的看法是用雌雄器的形状来表现和崇拜的。这种崇拜主要在印度得到发展，据希罗多德的记载，它对埃及也不陌生。"（黑格尔著，朱光潜译：《美学》，第三卷上册，商务印书馆1997年版，第40页）在印度，许多寺庙中均可见到高高凸起的石坊、尖塔、铁柱，这同生殖崇拜也不无联系。印度开始建的是非中空性的生殖器形石坊，后来又分出外壳和核心，变成了塔。有男性生殖器形的石坊，也有女性生殖器形的石坊。而后越来越精致。在汉皮的一个印度教神庙，一进庙门，便是"当头一棒"——一个男性生殖器的石雕，顶部还点燃着油灯。印度著名的克久拉霍，被称为人体雕塑的殿堂。神庙内布满了各式各样男女雕像，神庙的基座以及塔身周围也遍是装饰精美的雕像，大多以女性和男女性爱为主题。它把神话题材与世俗题材，尤其是性爱题材融为一体。女性大多为全裸或半裸，丰满的胸部、圆润的乳房、肥大的臀部、纤细的腰肢以及多情的眼神，充满性感，而且直接表现男女甚至人兽相交的各种性行为，充分表现了人们对女性生殖力的崇拜和敬畏，对女性美的仰慕。在我国，阳物崇拜虽也有所表现，但主要表现为对女阴的崇拜和敬畏，而且在表现其自然意义的同时明显表现出其伦理的意义。女性美总是同慈善美紧密联系在一起的。

在《楚辞·天问》中即有"伊尹生于空桑"的传说，不过非常简略，只说到"水滨之木，得被小子"。东汉之王逸作了注释：伊尹母妊身，梦神女告之曰："臼灶生蛙，亟去无顾！"居无几何，臼灶中生蛙，母去东走，顾视其邑，尽为大水。母因溺死，化为空桑之木。水干之后，有小儿啼水涯，人取养之。既长大，有殊才。（《楚辞补注》，中华书局1983年版，第108页）

《吕氏春秋·本味》也曾记述"伊尹生于空桑"的故事：有先氏好采桑，得婴儿于空桑之中，献之其君。其君令烰人养之。察其所以然，曰："其母居伊水之上，孕，梦有神告之曰：'臼出水而东走，毋顾！'明日，视臼出水，告其邻。东走十里，而顾其邑尽为水。身因化为空桑。故命之曰伊尹。此伊尹生空桑之故也。长而贤。"（陈奇猷：《吕氏春秋校释》第2册，学林出版社1984年版，第739页）

《吕氏春秋》之后，东汉王充的《论衡·吉验》、晋张湛的《列子·天端》以及《水经·伊水》等也有记载，而《搜神记》与《大姆记》更为一致，只是演绎得更详细了。

晋干宝《搜神记》卷二十记载了"古巢老姥"的传说：

古巢，一日江水暴涨，寻复故道。港有巨鱼，重万斤，三日乃死。合郡皆食之，一老姥独不食。忽有老叟曰："此吾子也，不幸罹此祸。汝独不食，吾厚报汝。若东门石龟目赤，城当陷。"姥日往视，有稚子讶之，姥以实告。稚子欺之，以朱傅龟目。姥见，急出城。有青衣童子曰："吾龙之子。"乃引姥登山，而城陷为湖。（干宝撰、汪绍楹校注：《搜神记》第20卷，中华书局1979年版，第239页）

《大姆记》则是这一传说的繁本，内容更为详细：

究地理，今巢湖，古巢州也，或改为巢邑。一日，江水暴泛，城几没。水复故道，城沟有巨鱼，长数十丈，血鬣金鳞，电目赭尾，困卧浅水，倾郡人观焉。后三日，鱼乃死，郡人脔其肉以归，货于市，人皆食之。有渔者与姆同里巷，以肉数斤遗姆，姆不食，悬之于门。一日，有老叟霜鬓雪鬚，行步甚异，询姆曰："人皆食鱼之肉，尔独不食，悬之何也？"姆曰："我闻鱼之数百斤者，皆异物也。今此鱼万斤，我恐是龙焉，固不可食。"叟曰："此乃吾子之肉也，不幸罹此大祸，反膏人口腹，痛沦骨髓，吾誓不舍食吾子之肉也。尔独不食，吾将厚报尔。吾又知尔善能拯救贫苦，若东寺门石龟目赤，此城当陷。尔候之，若然，当急去，勿留也。"叟乃去。姆日日往视，有稚子讶姆，问之，姆以实告。稚子欺人，乃以朱傅龟目，姆见急去出城。俄有小青衣童年子曰："吾，龙之幼子。"引姆升山，回视全城，陷于惊波巨浪，鱼龙交现。大姆庙今存于湖边，迄今渔者不敢钓于湖，箫鼓不敢作于船。天气晴朗，尚闻水下歌呼人物之声；秋高水落，潦静湖清，则屋宇阶砌尚隐见焉，居人则皆龙氏之族，他不可居，一何异哉！（刘斧：《清琐高识》，董氏诵芬室校士礼居本。转引自吕微：《神话何为》，社会科学文献出版社 2001 年版，第 24 页）

弗洛伊德认为，原始社会是一个"性欲化"的社会，原始人类以人自身的生理结构与行为方式观察世界，因而倾向于用性的眼光认识、理解世界。日本学者伊藤清司也说："神话去掉性，就失去了本质。因此神话常常谈到性。谈性是为了谈与性有关的事，而不是猥谈。神话中的性具有写实性与象征性，它与生育观念密切相连，这似乎就是性的本质。"（弗洛伊德著，杨庸一译：《图腾与禁忌》，志文出版社，第 115 页）生殖与性，正是打开创世说秘密的一把钥匙。

《旧约》中说亚当、夏娃由于偷吃了圣果，所以被上帝逐出了伊甸园，并以此为借口再次毁灭了人类，只是由于挪亚一家人遵守性的规则，是"干净"的，才作为"义人"成为上帝筛选出来的"遗民"。"沉城——陷湖"那场大洪水中，也是由于人类违反了神的禁忌，才爆发此大劫的。

以上故事中所说的女主人公"臼出水而东走毋顾"或"臼灶生蛙，亟去无顾"，而女主人公因为"顾视其邑，身因化为空桑之木"，都是关于违反性禁忌的意思。同时，主人公多为女性，且是老年或成年的女性，如所称之老姥、老妪、老媪、大姆。她们是洪水劫难后的幸存者，并且具有生儿育女的生理机能，所以可以承担延续人类、使之重新繁荣的大任。也因此在"伊尹生于空桑"的故事中，大姆可以一变而为伊尹的生母，成为一个有文化生育功能或生育具有伦理智慧的后代的文化英雄。所谓木、石在远古中国文化中均为生育现象。被禁忌以食的鱼、蛇、鳖、海兽，它们都是神异之动物，或神的化身。食了它们则灾祸来临，洪水泛滥。闻一多也认为古代汉语中的"食鱼"一词本为性行为的隐语，开荒犁地这种隐喻性"切口"，至今仍然在许多民族中流传。纳西族东巴经神话所告诫人们的正是人类的乱伦导致了天神的惩罚。乱伦不仅是洪水的结果，而且其本身就是洪水的起因。只不过比"沉城——

陷湖"洪水故事讲得更为明白了然。这也是象征主义者之所以把民俗研究看做心理学的原因。他们都认为洪水滔天不是真有那么一场大洪水，而是母体在生殖过程中必有一场生殖之大洪水，因为婴儿总是要从胎膜中的羊水中得以呱呱坠地。对于避水工具葫芦的认识也是这样的。它代表的是母胎，而洪水则代表胎水。两个小孩——伏羲、女娲进入瓜内避过了洪水之灾，从而再生，又再生了人类。

如果不从性与生殖解释，把它们理解为"产前征兆"，洪水故事中的"臼出水"、"灶生蛙"、"门阃有血"、"龟眼出血"、"龟口出血"、"龟目发赤"等，除了具有美学的价值，并不再有民俗文化的意义。当用"产前征兆"的眼光看它时，它们的真实含义才被揭示出来。臼、灶、门、眼、口这些凹陷的、中空型式之物，其实皆为女性生殖器官的象征。出水、出血即是妇女临盆前的"破水"与"见红"。（吕微：《神话何为》，社会科学文献出版社 2001 年版）

芮遗夫、闻一多亦曾指出同胞配偶式神话传说中所说的避水工具——葫芦以及瓜、桶、臼、筐、鼓、船以及登山上坡，均系女阴及母体的象征。

如果说葫芦等关于女阴的解释只是一种分析和猜测，那么，考古发现则应该是更为确切的例证。如新石器时代的彩陶上多有三角形的图案，三角形

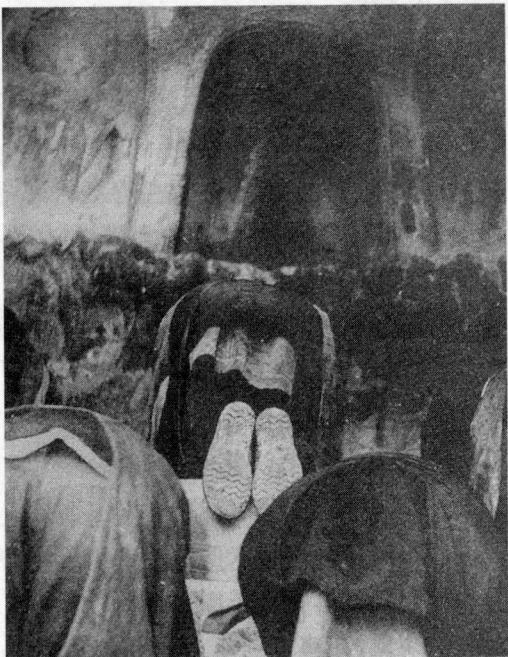

祭阴图（白族妇女祭"阿秧白"（女性生殖器）以求生儿育女）

妈托儿（山西省洪洞赵城镇民俗献食）

的花纹，专家们认为这只能解释为是女阴和女阴崇拜的佐证。在我国多处母系氏族社会遗址出土的陶器上刻绘着鱼形纹，西安半坡出土的彩陶尤为典型。闻一多曾在他所撰写的《说鱼》中，援引《诗经》、《周易》、《楚辞》、古诗、民谣以及其他资料后得出结论认为，中国人从上古起即以鱼象征女性、配偶和情侣。这一思维既与鱼的轮廓——即双鱼的轮廓相似有关，又与鱼的生殖力最强，鱼腹多子有关。还有专家认为，考古出土的蛙纹甚至植物、花卉等纹样，也都是远古女性生殖崇拜的表现形式。远古人崇尚圆、中和对称，这也与女性崇拜不无关系。

人类最初的美感，既来自饥饿时获得美食、狩猎时猎获野味的那种兴奋感觉，又来自性交过程中身心俱醉和婴儿从母腹中脱阴而出、呱呱坠地时的那种感觉。这种美感至今还在人们生活中反复出现和被验证。一些古老的习俗，亦已然存在和流传。古时祈子的妇女总是要被送上九层的高台。我的家乡山西洪洞县赵城镇侯村的女娲陵，一个像馒头似的坟塚，妇女们爬上去刨一种棱形的石子，以求生子。这可能也与这种高台或坟塚与大地母体的象征有关。当地现在仍流传的一种食品——妈托儿的外形，无疑是女阴的象征。女阴崇拜源远流长，即使在人们认识到生殖并非女性单方面的行为和出现父系氏族后也未消失。女性、两性的魅力始终是人们注重形象、形体、服饰以及在狩猎、生产、战争、运动中显示勇敢、智慧和才能的一个重要因素或动力，自然也是审美意识产生的重要源头。

人类进化是自然进化的结果。人类美感与动物性快感有根本区别，但也有些相联系的因素。人类美感恰恰是动物性快感基础上演变、发展、升华而来的。"民以食为天",以性交为传宗接代之本。食与性乃人类最初也是最基本的生存方式,人类的审美意识,亦应首先起源于这两个方面。食的方面涉及劳动、生产,性的方面则由动物性快感向人类美感升华,日益与动物性拉开距离。

这里有一个有趣的现象,即早在动物进化为人之前,就已经具备了对美的爱好与欣赏能力。这一点集中表现在择偶时的选择,即选美上。有的动物,如雄鸟在雌鸟面前展示其羽毛之美,而雌鸟亦能有所领悟。达尔文曾以此说明动物亦能领略异性的色相之美。当代科学家的最新实验结果证明:不仅人靠衣裳,动物也靠"衣裳"——化妆后的家燕更性感,更具魅力。这种实验似乎也不复杂,即把雄性家燕胸部的深褐色羽毛涂成黑色,它便更吸引雌燕,交配也更频繁。30 只家燕均被涂黑后一周,它们体内的睾丸激素水平竟提高了 36%。(《参考消息》2008 年 6 月 6 日第 7 版刊载美联社华盛顿 6 月 3 日电,题为:《化妆后的家燕更性感》)这显然也是在证明有的动物在择偶时显示出一种"选美"的能力或感觉。可惜达尔文已不得而知了。但我们要讲的是动物尚且如此,人类更不成问题。人类在性的选择上,由动物的快感向人类美感、由感官的愉悦到精神的追求的演进与升华,无疑这正是审美意识的一个重要起源。

二、以粪为美

以粪为美，是今人难以想象的。对我而言，却是立刻可以接受的。因为我种过庄稼，而"庄稼一枝花，全靠肥当家。"粪是庄稼生长的重要动力。庄稼人把粪——人粪、牛粪、羊粪、骆驼粪以及由陈土、木灰等杂物沤成的粪，奉为至宝，认为它是美的，这是一种很自然的事。以粪为美，与农耕文化有关，代表着人类的进化。不仅如此，它还同创世神话一脉相承。这两种含义集中体现在"息壤"这个词上。

何谓"息壤"？用我们现在的话说，就是肥沃的土壤。但远古人们把它看做神性之土。其神性功能表现在它既可以治水、止水，又可以肥田。按唐人的注释，"息壤"是一个复合词汇，其中既包含着原始神话的理念，又有农耕文化和农耕民族关于土壤的认识。所以，我们说它体现了上述两重含义。

首先，它同原始神话中关于"动物潜水取土造地"的故事一脉相承。

鲧、禹以息壤、息土、息石造地的神话故事见于《山海经》、《淮南子》等公元前的汉语典籍。《海内经》云：

禹鲧是始布土均定九州。洪水滔天，鲧窃帝之息壤以堙洪水，不待帝命。帝令祝融杀鲧于羽郊。鲧复生禹。帝乃命禹卒布土以定九州。郭璞注："布犹敷也。《书》曰：'禹敷土，定高山大川。'《开筮》曰：'滔滔洪水，无所止极。伯鲧乃以息石息壤以填洪水。'"（袁珂：《山海经校注》，上海古籍出版社 1980 年版，第 472 页）

在《诗》、《书》中也有类似的记载：

"禹敷土，随山刊木，奠高山大川。"（《今古文尚书全译》，贵州人民出版社1990年版，第70页）

"洪水芒芒，禹敷下土方。"（袁梅：《诗经译注》，齐鲁书社1982年版，第642页）

在《礼记》、《史记》等书中也有"禹敷土，主名山川……平九州……治天下。"（《大戴礼记解诂》，中华书局1983年版，第122—125页）

"舜命禹：女平水土。禹乃遂与益、后稷奉帝命，命诸侯百姓兴人徒以傅土，行山表木，定高山大川。"（《史记·夏本纪》第3册，中华书局1982年版，第938页）

这里把"息壤"称为"土"或"土方"，但都是在说明一件事：即在那个洪荒时代，是由于鲧与禹在洪水中布土或敷土、敷下土方，即湮洪水而形成大地。所以大地又被称为禹迹（绩）或禹绪。也是禹把世界厘定为九州的。而禹死后被奉为社神，亦即土神——大地之神。这就是《淮南子·范论》所说的"禹劳天下，死而为社。"到了《山海经》，鲧、禹所用之土才被称为"息壤"。后来又被泛称为大地本身，并根据天圆地方的宇宙观念将其称为"方形之物"。再往后，"方形之物"之"息壤"又演化为"五行"和"洪范九畴"。"洪"，大也。"范"，常也，法也。这种说法最早可能是由西汉末年的纬书如《尚书·中侯》提出来的。

原始神话传说，鲧、禹不仅治水，还修建了城市。如《吕氏春秋·君守》说："夏鲧作城。"《行论》说："鲧比兽之角，能以为城。"（陈奇猷：《吕氏春秋校译》第3册，学林出版社1984年版，第1051页）

《淮南子·原道》也说："昔者夏鲧作三仞之城。"（《淮南鸿烈集解》上册，中华书局1989年版，第14页）

昆仑的概念也脱颖而出。《山海经》中所说的"帝之下都"，即昆仑，其方向在西北，方远800里，高万仞。《天问》将其描述为"增城九重"、"四方之门"。（闻一多：《天问疏证》，生活·读书·新知三联书店1980年版，第34—35页）这个"城"也可能就是那时人们想象中的宇宙的模式。

对"息壤"的崇拜，是沿着两条线发展的。一是对其治水、止水功能的拓展，以至中古甚至近代，人们兴建土木时，总要在建筑物底下瘗埋，或修建息壤祠把"息壤"模型予以供奉，以免遭遇雨洪之灾。据说在秦国都城咸阳东郊还有以"息壤"命名的地方。它本是大禹治水在荆州古城留下一处遗迹，位于南门外西侧城墙脚踏实地边，长约40米，宽约10米的土丘，其上有石柱四根，以示标志。而有些史书却认为"息壤"在荆州之南门，众说纷纭。如唐五代·范资《玉堂闲话·江陵书生》云："江陵南门之外，雍门之内，东垣下有小瓦堂室一所，高尺许，具体而微。询其州人，曰：'此息壤也'。"

类似的记述一直延续到了明清时期。据《续博物志》记载："息壤在荆州南门外，状若屋宇，陷土中而犹见其脊，旁有石记云：不可犯，犯之颇致雷雨，有妄意掘发，水岔上不可制。考东坡诗序亦然。康熙乙丑春，余晤太康王司训钿于汝上，言壬寅岁从其先大人官荆南时，值大旱，土人请掘息壤，初不之信，阅三月不雨，不得以从其请。出荆州南门外堤上，掘不数尺，有状若屋而从其请。出荆州南门外堤上，掘不数尺，有状若屋而露其脊，复下尺许，启屋而入，见一物，正方上锐下广，近视，非木非土非石非金，其纹如篆。土人云：此即息壤也。急掩之，其夜暴雨不止，历四十余日，大江泛滥，遂决万城堤，几陷荆州。可为前志之证，石记今亦不存。"（《笔记小说大观》第8本，第17册，江苏广陵古籍刻印社1984年版，第43页）

从五代到明清都记载了荆州南门"息壤"之存在和曾经发生过的事情。湖北江陵8号墓还曾出土了一副装有泥土的竹筒；167号汉墓出土了用绛红色绢包裹着的一枚长方形土块，登记此殉葬器物的遗册称其为"溥土"（或薄土），也被称为"敷土"，均为"息壤"的象征。在此"敷土"旁还葬有绘有禹、契神像的龟盾，说明它是象征"息壤"治水、镇水、防水的意思。

对"息壤"崇拜的另一条线是沿着农耕文化的发展而发展的。由于一些氏族由狩猎发展到较为稳定的农耕种植，在生产实践中，日益发现了"息壤"对庄稼的奇异功能，不仅可以治水，还可以"淤田"。"息壤"变成了肥沃的土壤，灌溉之后，便成为有益农耕的"沃土"，并认为在"沃土"上生活的人也是美的。《大戴礼记·易本命》所说的"息土之人美"被注解为"息土，谓沃衍之田。……地有美恶，故生人有好丑也。"(《大戴礼心解诂》，中华书局1983年版，第259页)《淮南子·地形》也说："息土人美"。(《淮南鸿烈集解》上册，中华书局1989年版，第142页)《管子》曾分析过关中土壤的成分，把土壤分为五个等级，而关中的地址肥沃，农耕发达，有丰厚的衣食之源，所以，人的形体也美。(《中国农学史》上册，科学出版社1959年版，第143—145页)《诗·邶风·简兮》说："云谁之思，西方美人。彼美人兮，西方之人兮。"(《诗经译注》，齐鲁书社1982年版，第159页)

西陲或西方之地，多为周人，土地肥沃，生活富庶，人长得也漂亮，所以，"息土人美"，"西（周）土人美"。虽然这种地理概念并不一定准确。因为神话中的西土，并非周人实际居住的土地。

与原始神话联系的"息壤"、青泥、芦有一个共同的功能，即可肥田，所以均可统称为粪。都是农家心目中的美物。人粪与畜粪也相继被视为美粪，神粪。它们虽属污秽之物，但却是世界创世神话中被崇拜的东西。如在"动物潜水取土造地"的神话中，秽物崇拜的对象主要是粪便，此外，还有神从耳朵、鼻孔、肚脐眼、指甲缝中抠出的污垢，或从皮肤上搓下的汗泥。它们都被奉为神圣的化身，因此具有强大的止水作用和促进作物生长的功能。具有无限的创造力，生育力。所以，神粪至上，神粪为美的思想之产生，是毫不足为怪的。弗洛伊德也认为，对神圣事物的崇拜与对不洁、可怖事物的接触禁忌，往往是原始信仰中相辅相成的正反两个方面，对神圣事物的这种矛盾心理构成了原始信仰威权的支柱。当然，也有这种情形：正因神粪是神圣的，有的民族则把它视为不可接触之物。而"息壤"神话却铸造了汉民族特殊的神粪至上的理念，并促进了中国农耕文化意识的形成和发展。(本文主要参考文献：吕微：《神话何为》，社会科学文献出版社2001年版)

三、以黑为美

与以粪为美相联系的是以黑为美。

土壤的黑代表一种质量。"息壤"越黑，其所含的肥与水越密结，性能越肥沃，越具有生长力。淤田之所以土质肥沃，是因为河流的淤泥充溢其中所致。其色亦黑。创世动物龟鳖从海底取出来的淤泥，即青泥，也是黑的。用"息壤"所造之大地——昆仑，也是黑的，被称为黑山。其梵语 kala，kalas；突厥语 kara；藏语哈拉（kala，cara）；蒙语喀拉（kala，cala）；日语ユロ或ヶロ（koro，kuro），均是黑色的意思。Kala 即昆仑之对音。喀喇即昆仑。山西方言中至今说土块即土喀喇，或土圪拉。喀喇的本义即黑土块。史书中称它"色青黑而沃壤"。"女娲积芦灰以淫水"中的"垆，黑也"。"垆者，黑也"。"息壤"、青泥、芦灰，都象征的是神赐的肥沃土壤。再加一条，神粪也是黑的。在本草中，还有黑色的止血药物。《史记·夏本纪》引《括地志》中一段话还把黑色与寿命联系起来："淄州淄川县东北七十里原山，淄水所出。俗传云，禹理水功毕，土石黑，数里之中波若漆，故谓之淄水也。"（《史记》第 1 册，中华书局 1982 年版，第 56 页）有学者认为，这里的黑水源于昆仑山，能把人染黑。被染黑的人，可成为"不死之民"，或长寿不死。这样，"息土人美"，"垆土人大"，黑土人不仅大、美，还长寿不死，更为神奇。由此步步递进，一直到出现黑面之神。福建有的村庙中的主神"法主公"，面也是黑的，头发蓬乱，手持利剑，腰缠一条蛇。（据王铭铭

1994年在福建省安溪县美法村之调查资料。转引自吕微：《神话何为》，社会科学文献出版社2001年版）。其实，这种神话在印度触目皆是，所不同的是，这同印度人的肤色与习俗有密切联系。你若去印度，不用到达目的地，在飞机上即可遇见褐色皮肤、漂亮的大眼睛的印度大人和小孩。再参观寺庙、雕塑，褐色、黑色皮肤的神像，比比皆是。佛陀的头像（阿马拉瓦蒂出土）面为褐色，犍陀罗的佛像面部更黑（贵霜时代），白沙瓦博物馆藏犍陀罗坐佛像，就是一个典型；菩萨像面亦为褐色；比哈尔苏丹甘吉出土的佛陀立像（笈多时期），全身肤色为褐色；婆罗贺摩尼像（朱罗时代）面为黑色。在印度吠陀罗时期，印度被崇拜的神灵即形成一个庞大的体系，学者们把他们分为天、地、空三界。空界的雷神因陀罗（帝释天）是一个巨人，褐色皮肤，褐色毛发，满脸痘痕，以白象为坐骑，威武无比；被称为湿婆的护持神毗湿奴，肤亦为黑色（也有的为深蓝），或端坐莲花，或坐在七头巨蛇上，专为保护万物，降妖除魔的。他也以鱼神出现。传说大洪水泛滥，洪水滔滔，人类始祖面临灭顶之灾时，一条巨鱼从大浪中跃出，拯救了人类，这位鱼形神即毗湿婆。所以，他显得可敬可爱。由于印度是佛教的发源地，汉魏以来，随着佛教由印度传入，佛像中出现了许多"黑佛"。唐代山西五台的佛光寺东大殿的獠蛮像是一张黑脸；辽代山西大同下华寺合掌露

黑脸关公

17

山西平遥双林寺天王像

山西大同下华严寺天王像

山西朔州崇福寺弥陀殿金刚像

山西大同下华严寺菩萨像

齿菩萨像是一张黑脸，牙齿显得格外的洁白；有的虽不露齿，黑脸红唇显得也很美；天王像黑脸庞大眼睛，雄壮而又善良。金代崇福寺弥陀殿金刚像，面色黑红，佛光寺文殊殿獠蛮像，黑红的脸还留了一个八字胡。加之传道的印度僧人，又多为褐色皮肤，善与黑无形中被联系起来，以黑为美的观念，更日益广为流传。随着印度黑衣（着黑色袈裟）

僧的到来，"黑衣"成为普度众生的形象。明清以来，民间信仰的黑面神，如四川的黑面坛神、贵州的黑神，都属于善神。汉族信仰的财神赵公明，也被称为黑神。他是由恶变善的一位善神。元代的玉皇庙本是中国式神庙，神像中也不乏"黑神"。山西解州的关帝庙里，关公也成了黑脸。青天大老爷包公，"黑旋风"李逵，杨家将中的杨七郎，秦叔宝的后代秦英，薛刚反朝中的薛刚，也都是黑脸，或老百姓称的"黑花脸"。从佛到神到人，从寺庙、佛龛到舞台，无形中刮起了一股"黑旋风"。黑色成为一种塑造善与美不可缺少的元素。黑成为善的象征。

当然，另一种对黑的反面认识却与以黑为善、以黑为美的认识同时存在，并行发展。无论在印度还是在中国，过去还是现在，都有对黑的另一种解释，如黑业、黑帮、黑道、黑钱、黑店、黑货、黑幕、黑市、黑手、黑窝、黑心、黑信、黑社会等。而这并不影响黑脸或褐面佛在人们心目中的地位，也不影响人们对黑脸包公的崇拜，他始终是正义、公正、铁面无私的象征，善的象征，美的象征。

四、龙凤呈祥

　　关于伏羲、女娲人面龙身的神话传说，应该是稍后的事。也就是说，应在沉城——陷湖与葫芦等创世说之后继之而起并进一步加上了后人臆测的神话传说。《龙的传人》——这是海内外同胞都很熟悉、也很爱听的一首歌，许多音乐会开头都唱这首歌。我们也常脱口而出："我们是龙的传人!"但这却是不科学的。确切地说，不是龙传了人，而是人传了龙，是我们祖先在劳动中，在同大自然的斗争中，产生了龙的观念和形象，并把它神圣化、图腾化、艺术化而顶礼膜拜，把它看做希望、力量和美的化身。

　　中华民族的图腾是由蛇而演变到龙的。这个图腾观念并不是凭空产生的。中华民族发源于黄河流域，逐水草而生，与蛇的关系特别密切，因蛇而龙，再加上人们丰富的想象，这种由蛇幻化了的龙也就能够腾云驾雾，冲天而起。于是，一个神奇的被美化了的图腾形象便逐渐产生了。历史的资料告诉我们：华夏民族是以蛇和青鸟为主要图腾的氏族联盟，前者发展为对龙的崇拜，后者发展为西王母的传说。

　　这些神话、传说虽都近于不经之谈，但它们却能帮助我们理解与推想远古图腾活动的依稀面目。

　　往古之时，四极废，九州裂，天不兼覆，地不周载，蛇虫鱼龙到处横行，所以有："宓羲氏之世，天下多兽，故教民以猎。"（《尹子·君治》）之说。他们既畏惧蛇虫的为害，又要征服这些蛇虫，因而把自己比拟为较蛇虫更为勇敢而有智慧的动物。
那些在征服自然时能够控制住蛇虫
为害的民族首领，即被视为超越蛇
虫功能的神人。所以说："女娲，
古神女而帝者，人面蛇身，一日中
七十变。"（《山海经·大荒西经·郭璞
传》）《山海经》是后世人写的，所
以以之为神，以之为帝。一日中七
十变，正是写她的神力或本领。而
人面蛇身则是亦人亦蛇的图腾形
象。《帝王世纪》也写道："燧人之
世，……生伏羲，……人首蛇身。"
这种以"人面蛇身"为图腾的氏
族，由于对蛇的神化和通过想象将
他与"有角的蛇"的形象，拼凑在
一起，其图腾逐渐演变为"龙"。

据刘敦愿《马王堆西汉帛画中
的若干神话问题》考证："最早的
龙就是有角的蛇，以角表示其神异
性，甲骨文中所见的龙字都是如

伏羲与女娲（汉代砖雕画像）

此。"（《文史哲》1978 年第 4 期）《竹书纪年》也说，属于伏羲氏系统的有
所谓长龙氏、潜龙氏、居龙氏、降龙氏、水龙氏、青龙氏、赤龙氏、白
龙氏……，其中"凡北山经之首，自单孤之山至于堤山，凡二十五山，
五千四百九十里，其神皆人面蛇身。"（《北山经》）"凡北次二经之首，自
管涔之山至于敦题之山，凡十七山，五千六百九十里其神皆蛇身人面。"
（《北山经》）"凡首阳之山，自首山至于丙山，凡九山，二百六十七里，
其神状皆龙身而人面。"（《中山经》）

《山海经·大荒北经》还记载："西北海之外，赤水之北，有章尾

山，有神，人面蛇身而赤……是谓烛龙。"《山海经·海水北经》还写道："钟山之神，名曰烛龙，视为昼，瞑为夜，吹为冬，呼为夏，不饮不食不息，息为风，身长千里，……其为物，人面蛇身赤色。"

可见龙的名称可能由蛇身的"赤"繁衍而来，而这种龙显然又是"蛇"被夸张的结果。

闻一多曾指出，作为中华民族象征的"龙"的形象，是蛇加上各种动物而形成的。它以蛇身为主体，接受了兽类的四脚，马的毛，鬣的尾，鹿的角，狗的爪，鱼的鳞和须（《伏羲考》）。人们还认为伏羲、女娲是兄妹为婚，反映的是血族群婚制。由于氏族的不断合并，族内群婚就扩展为族外群婚。随着氏族社会组织的扩大，氏族的图腾也出现了融合的现象。想象所依据的现实基础，正是中国作为"龙"的国度的形象的原始根源。这正是美学家们所讲的"自然的人化"，"人化的自然"。"龙"，抽去了它的神秘的外衣，无疑是典型的原始艺术结晶。仰韶文化遗址出土的人首蛇身壶盖，即是这种神异龙蛇的较早的造型艺术。

北京故宫龙凤浮雕

氏族的最大合并与联盟则是龙与凤图腾的结合。与"蛇身人面"一样，凤图腾的氏族是"人面鸟身"。《说文》说："凤，神鸟也。天考日，凤之象也：鸿前麐后，蛇头鱼尾，龙文龟背，燕颔鸡喙，五色备举，出于东方君子之国……"《诗经·商颂》载："天命玄鸟，降而生商。"一些学者也认为：玄鸟就是凤凰，正如"龙"是蛇的夸张，"凤"也是鸟的夸张。它们经过长期的争斗，逐渐融合

龙凤木雕（五台山南山寺）

统一，正如黄帝之战蚩尤，他们可能就是作为氏族的蚩尤的后裔，融合之后，图腾也开始融合。《山海经》中所谓"人面鸟身，践两赤蛇"，即这种融合的体现。

总之，一个是炎黄集团，一个是夷人集团，一个在黄河上游，一个在黄河下游，通过种族的流徙、征战、掠夺而合并，传到后代，"庖羲氏"也就"凤姓"了。战国的楚帛画中绘有在龙凤之下祈祷着的生灵。这说明这两种形象的结合终于被固定下来，成为华夏子孙一直敬仰的图像。到了汉代，从世上庙堂到地下宫殿，从南方的马王堆帛画到北国的卜千秋墓室，帛画与壁画的题材也都是"龙蛇九日，鸱鸟飞鸣"，前有人面鸟身的凤鸟开道，后有人面蛇身的伏羲压阵。他们一个化为西王母，一个变成东王公。

这样从自然的"人化"到人化的"自然"，从人的神化到神的人化，从图腾开始的神话、传说，也随着"人"在物质世界地位的确立而不断改变着它们的内容。艺术形象的历史反映了人类改造自然的历史。

五、美的化身

　　女娲与伏羲，历来被人们视为神，或被列为神话传说中的形象。但越传离我们越近，甚至近在身边。近年来，随着旅游与考古热的兴起，学者们热烈探讨他们究竟是神，还是人？也就是说是否确有此人，后来才被人们尊崇为神？观点都是通过考察一些寺庙、遗存及文史资料而确立的。不论最终结论如何，其在民间影响至广至深，这一点是毫无疑问的。

　　关于女娲是人是神，其故里何处，往往同当地祭祀女娲的遗存和传说有关。而女娲庙陵，在全国很多地方都有，如河北涉县娲皇宫，山西境内洪洞县赵城镇侯村有娲皇陵、辛村有女娲庙，山西临汾浮山有女娲炼石补天台的"娲皇窟"，平定东浮化山有女娲"补天台"，吉县壶口瀑布处，有"女娲岩画"。洪洞县赵城镇有娘娘庙即女娲庙。庙后还有陵墓，都很壮观。庙陵之中，老柏成

山西洪洞县赵城侯村新塑女娲像

林，善男信女络绎不绝，不仅敬香，还烧枷——这是一种用高粱秆做成的三角形的枷，上面包上一层锯齿形的黄裱（一种专供敬神用的黄纸）。这种纸是剪成棱边的，如同皂角树枝上的刺。好像是小孩生日时戴的，是为了防止老鹰攻击的示意性饰物。孩子长大了，不怕飞禽攻击了，便到女娲庙里烧掉。庙中陪殿院中专设一个高 1 米、直径 2 米的"烧枷池"。每年农历三月初十是娲皇生日，也是民间庙会。晋南天热，阳春三月，春暖花开，人们充满希望，成群结队，来这里祭祀。脖子上戴着黄枷的孩子们，由大人领着到庙内烧枷。这对孩子来说就像行冠礼，而对大人们来说，则主要是求嗣，生儿育女。他们在庙里敬完香，便爬到娲皇陵——我们叫它坟圪冢上，用双手在土里刨石子。我印象中是一种摺角石，形状不同则男女有别。圆的代表女性，方的代表男性，已记不太清楚。总之，是刨出了石子便认为是娲皇赐给了孩子。据《赵城县志》记载：娲皇庙，赵城有二：一在县城内信义坊，为下庙；一在县东八里霍峰乡县东八里侯村，并有陵墓，正副各一，皆在庙后，东西相距四十九步，各高二丈，周四十八步，居左者为正陵，其副陵相传葬衣冠者。陵前古柏一百单八，树多八九人围，俗言鸟雀不粪、虫蚁不蚀。正陵右有补天石。宋乾德四年（966）诏给守陵五户。宋以后代有祀典。守土官每岁春秋二祀。牲用羊豕笾簋笾豆如制。庙中旧塑女像，衮冕执圭，旁侍嫔御，乾隆十七年（1752），以太常卿金德瑛奏撤之去，更设木主。每年三月，村民祭神于庙。妇女求嗣者，穴陵上土，得小石，帛裹之，石方者为男，圆者为女。《金史·礼志》载：章宗未有子，尚书省臣奏行高禖之祀，乃以春分日祀青帝伏羲、女娲、简狄、姜嫄。则求嗣于女娲，其由来亦久矣。八角井在侯村里，朝不盈二尺，至夕常盈，相传娲皇饮马于此，也叫娲皇井。

根据以上记载，不仅百姓，皇帝也来这里求嗣。1190 年登基的金朝第四代皇帝章宗，因婚后几年无子，也特来侯村娲皇庙求子，确证了索石的民俗："方者为男，圆者为女。"章宗也在女娲坟上刨出了显示为男性的"摺角石"，回宫后恭放在皇后床头。

　　根据当地现存的《大宋新修女娲庙碑》记载，娲皇庙和寝陵，在宋以前就有了。《赵城县志·卷二七》："该庙建于汉代建和年间（147—149），距今近2000年的历史。"又据《平阳府志》：唐天宝六年（747）重修女娲庙所记，大约始建于3000年前。古柏也是见证者。庙中古柏原有108棵，这是有讲究的，就像梁山的108将。新中国成立前，还有百把棵，解放战争时期才被砍伐。现仅存三棵，内院那棵最粗，腰围达8.5米，前院两棵也在4—5米。它们的树龄约在3000年以上。

　　宋元碑文记载"南北百丈，东西九筵"；明代碑文记载"庙貌宏敞，周围约五里许"；宋碑记载"一日爰茸，千室俄成；长廊窈窕以临风，大厦峻赠而拂汉"；明代碑文记"前庙五楹，后宫三楹，厨库门垣毕备"。火焚重修后，"复添两廊、厨库、斋房、三门、钟楼等百余楹"。其建筑布局系沿庙宇中轴线，迭建戏台、女娲宫后宫寝殿及寝陵。两旁有钟鼓楼、耳房、廊房，左右相对称而建，院落则由南而北依地势由低到高分为三进。每进一座院，都有并排的三道门——两边小，中间大。第一进院落的大门称为"仪门"，由三个高大木牌楼构成。第二进中门，平时关闭，在有重大祭祀活动时才准开，称为"午门"。庙宇红墙，宫殿黄瓦，金碧辉煌，亦非同凡响。女娲宫中，圣母彩塑，"衣冕执圭，旁侍嫔御"。院内两侧，宋元御碑，高达5.7米，碑座伏龟，碑额雕龙，充分显示出建筑的皇家气派和圣母至高无上的威严。

　　前面我讲过，赵城当地有一种传统食品，叫"妈托儿"，逢年过节时用以献神祭祖，也叫"献食"。此乃对女娲的崇拜，应是母系氏族社会的遗风。状似女阴。乃女娲故里一绝。

　　距赵城镇侯村30余华里的洪洞县辛村乡的辛南村，也有一座南娲皇庙，原庙始建于北宋元祐年间（1086—1093），位于辛南乡龙泉村。明成化元年（1465）敕迁建于现在的辛南村，明嘉靖五年（1526）和清道光二十六年（1846），修建过几次，使规模逐渐扩大。

　　重要的不仅在于这些庙宇遗存，而且在于历代统治者对它们的态度。关于祭祀的礼仪为吉礼，在中国传统文化五种礼仪（吉礼、嘉礼、军礼、宾礼、凶礼）中居首位。明清两朝规定，祭祀分大祀、中祀和群祀三个等级。大祀由皇帝亲自到场或派亲王、皇太子代行祭祀；中祀一般派遣尚书级（省部级）官员代皇帝行祭，有时皇帝也亲临行祭，称"遣官致祭"或御祭；群祀一般派遣掌管礼仪的官员或地方官代行祭典。历代有功于民的帝王陵属于遣官致祭的范围。历代帝王陵也分四个等级：三皇五帝属第一类，置守陵五户，每年春秋两祭，地点分别为：河南淮阳伏羲陵，山西赵城县侯村娲皇陵，湖南炎陵县炎帝陵，陕西桥山黄帝陵，河南濮阳县颛顼陵，河南内黄县帝喾陵，山西平阳府帝尧陵和湖南零陵九嶷帝舜陵。商中宗至隋文帝等十陵属于第二类，置守陵二户，三年一祭。周旦王至唐泰帝等38陵属于第四类，禁止樵采。

明代礼制规定，每隔三年皇帝遣官祭一次娲皇陵。清代礼制规定，每遇重大事件，皇帝必遣官祭娲皇陵。康熙四十二年（1703）十一月初四，康熙大帝曾亲自来赵城祭娲皇陵，并留下了御撰祭文。这一年，刚好是康熙帝"知天命"的五十寿诞。赵城侯村人至今仍把康熙大帝当年走过的路称"御路"。明清两朝26位皇帝，历时544年，遣官致祭山西赵城娲皇陵、中镇庙，河南伏羲陵和陕西黄帝陵。祭文之多，颇为罕见。

这些数据确凿地说明了赵城侯村娲皇陵和娲皇在历史帝王心目中的崇高地位。至于在民间广大百姓之中的影响就更不必赘言了。

那么，原因何在呢？很简单，就因为传说她造福于民，功盖天下。

三国皇甫谧（215—282）所撰《帝王世纪》说："女娲氏，风姓也，当火化之初，以木德而王。像日月以明临照。肇嫁娶以序人伦。分定九州，自我而始。变化万物，非圣而何！天有阙，于是炼石以补之；地有顷，于是断鳌以立之。故得天无不覆，地无不载，万世之下仰之如神明。"与皇甫谧同一时代的曹植（192—232）也赋诗盛赞女娲："古国之君，造簧作笙。礼物未就，轩辕篡成。或云二皇，人首蛇形。神化七十，何德之能！"（《女娲赞》）

《帝王世纪》的上述记载被引用刻入侯村女娲庙内《大宋新修女娲庙碑》的碑文中。不过，早于《帝王世纪》的淮南鸿烈亦称《淮南子》

一书记载得更为详细。

这部书是汉代皇室贵族淮南王刘安广招门客编纂的融合儒、道等各家学说，宣扬"以道为竿，以德为纶，礼乐为钩，仁度为饵"的集大成的百科全书式著作，也是一部难得的伦理美学著作。而女娲便成了它推崇伦理美的最完美最古老的形象，伦理美的始祖和化身。

"往古之时，四极废，九州裂；天不兼覆，地不周载；火爁炎而不灭，水浩洋而不息；猛兽食颛民，鸷鸟攫老弱。于是女娲炼五色石以补苍天，断鳌足以立四极，杀黑龙以济冀州，积芦灰以止淫水。苍天补，四极正；淫水涸，冀州平；狡虫死，颛民生；背方州，抱圆天；和春阳夏；杀秋约冬，枕方寝绳；阴阳之所壅沉不通者，窍理之。逆气戾物、伤民厚积者，绝止之。当此之时，卧倨倨，兴眄眄；一自以为马，一自以为牛；其行填填，其视眽眽。

侗然皆得其和，莫知所由生。蠉飞不知所求，魍魉不知所往。当此之时，禽兽蝮蛇，无不匿其爪牙，藏其螫毒，无有攫噬之心。考其功烈，上际九天，下契黄垆。名声被后世，光晖熏万物。乘雷车，服驾应龙，骖青虬，援绝瑞，席萝图，黄云路，前白螭，后蟒蛇，浮游逍遥。道鬼神，登九天，朝帝于灵门，宓穆休于太祖之下。然而不彰其功，不扬其声，隐真人之道，以从天地之固然。何则？道德上通，而智故消灭也。"这段绘声绘色描绘了远古的先祖们与自然作斗争的生动情景。（《淮南子》）

这是一个多么美的形象，一幅多么美的图画啊！女娲成为人们心目中伦理美的化身，美与善集于一身的华夏始祖，同时也是华夏文化的源头。就算这是后人塑造出来的形象，也无关紧要，也不妨碍我们得出以下的结论：华夏文化的源头就是美善统一的伦理美思想。几千年来，华夏文化无论如何演变亦没有脱出这个窠臼。而这也正是历代百姓和帝王以及今人永远崇拜娲皇的缘由。（本文主要参考文献：刘北镇：《娲皇·娲皇陵及其祭祀》；辛中南：《华夏始祖女娲与伏羲》；孟繁仁：《女娲造人与大槐树寻根》）

六、智慧之星

　　伏羲与女娲是夫妻，女娲故里被认为是山西省洪洞县赵城镇的侯村，那么，伏羲故里又在何处呢？这也有很多说法，但有的学者认为也是在这个赵城镇的北伏牛村。

　　伏牛村最先不叫伏牛，而是叫伏龙。北伏牛羲皇庙碑文记有："初，伏牛名曰伏龙。"曰伏龙者，据说就是因为天降神人伏羲氏于此，并长期在此"服牛乘马"而得名。"谓龙者，帝王之象"。"伏"字与"服"字，古文通用，故"伏龙"又有"服龙"之嫌，乃更名曰"伏牛"。这样既无帝王忌讳，又不埋没羲皇"服牛乘马"之功德。故而"伏"牛这个村名就这样一直沿用下来。

伏羲像

　　据说，康熙年间的一次大水，把伏牛村变成了几块。自此，才分开了南、北、中三个伏牛，成了现在的南伏牛、北伏牛、伏牛堡三个自然村。由于多数古庙，特别是伏羲古庙建在现北伏牛村，所以北伏牛就当然的成为伏牛历史文化的代表。

伏羲是怎样"伏牛乘马"的呢？关于伏羲"伏牛乘马"的故事，乡间多有传说。人们现在饲养的牛、马等家畜，在远古时期都是野兽。当时，它们不时地伤害着人，人们也不断地猎杀着它们。由于野牛、野马的性格比较温和，不太凶猛，成了人们猎杀的主要对象。再加之猛兽的伤害，它们面临着即将灭绝的危机。在这种情况下，伏羲氏在他的驻地"伏牛村"，以绳结网，把野牛、野马统困在"伏龙"岗下，圈起来驯养。场地内，设有卧（伏）牛台、饮牛池，把它们集中在这里调教、驯化。由于野牛的性格比较刁顽，在驯养时，不断咬人，所以，伏羲氏在伏龙岗下挖一坑，把牛驯跪在坑中，取掉了它的上牙齿，直到现在仍流传牛不长上牙的说法。这个伏羲"伏牛"的典故，"羲皇庙"碑文也有所载："伏龙岗下有一坑，曰伏跪坑，云，伏牛时，取其上齿之地也。"

伏羲氏，先教伏牛村民，耕种、渔猎，即"教佃渔"，然后周边。牛马驯养成功后，让牛帮人耕田，马让人乘骑，帮人拉车，这就是史料中记载的"结网罟，兴畜养"，"耕者不劳其耕，车者不劳其车"的伏羲氏功绩。北伏牛羲皇庙壁画中，也画有关于伏羲氏的这些功德。有关伏羲氏"伏牛乘马"的传说，文献史料北宋《太平环宇记》卷四三、《帝王世纪》、《世本作篇》、《赵城县志》卷二十七，羲皇庙碑都有所载。

在伏牛周围，形成了一个远古遗存的小文化圈。即其东北的侯村、东南的卦地和西南的辛南。在其东北间距九里（华里）十三步，建有女娲庙和女娲陵，与伏牛羲皇庙均系同一时代所建。据考证和推测，约在三四千年以前。两处均为帝王定期拜谒之地，规格很高。

在伏牛西南约20余华里的辛村乡辛南村亦建有规模宏大的女娲庙。在伏牛东南孔峪乡的卦地村，乃人称伏羲画八卦的地方。据《洪洞县志·古迹》中记载："卦地，相传伏羲画卦地，故名。"《坛庙》中记载："伏羲庙，在县东南卦地村，元大德十年建。庙后有冢，东南有画卦台，相传为伏羲画卦处。"清学者王楷苏在《重建画卦台记》中也说："洪洞县治之东南四十里，有村曰卦地，相传为伏羲画卦之所地。村东有伏羲庙，其东有画卦台，而地处山陬，人鲜知者。"在"伏羲画卦台"的碑文中，还记载着距今五千年前"易文化的遗迹"。更神秘的是卦地村周围有八个村庄，距卦地村均为八华里，呈"米"字形分为八处。站在卦台上，可以看到这四面八方八个村庄，与伏羲当年画八卦的故事不谋而合。而且这八个村庄均以姓氏为名，代表了八卦中乾、坎、震、巽、离、刊、兑、艮，先后代表天、水、雷、风、火、地、泽、山。卦地村又分为南卦地和北卦地，其地形就像八卦阴阳鱼。这幅景象，今日仍可看到。而当年的卦地村内，还有两座梳妆楼，则是日月两仪的标志。卦地至今仍可看到"伏羲画卦碑"和伏羲、女娲庙的遗址。有一位叫李存葆的先生，并非洪洞县人，但他来这里视察后，非常惊奇。他深有所感地说，全国还有数处曾有伏羲庙、陵，但像洪洞如此配套成龙者，却极为罕见，或者可以说仅此一地。

说到这里，我们不得不再一次加以说明，不论伏羲也好，女娲也好，尽管民间和史书传说很多，包括对其故乡等的猜测等等，我们还是把他们划在神话传说的领域。"美的化身"、"智慧之星"，都具有极大的象征性。我们说伏羲是三皇之一，且与女娲是夫妻，是我们中华民族的始祖，也是就神话传说而言的。但从这些传说中，我们确实隐隐寻找到了中华民族思想文化的源头。如果说我们从女娲身上感到的是慈爱，那么，从伏羲身上突出感觉到他的智慧。古希腊哲学家认为最理想的国家和哲王必须具备的一个条件即智慧。伏羲就是中华民族的人文始祖，智慧之星。"易经"和八卦，即是中华民族的最早也是最高的智慧。《易传》的作者认为《易经》的作者即伏羲。《史记·日者列传》中说："自伏羲氏作八卦，周文王演三百八十四爻，而天下治。"刘安《淮南子·要略》则认为伏羲氏不仅作八卦，而且将八卦相重而为六十四卦。而后经神农氏、黄帝、尧、舜及后世圣人如周文王等完成的。我们所以说《易经》和八卦是中华民族最早也是最高的智慧，就在于它的内容极为精深、博大、恢弘，包含了宇宙观、自然观、社会观、变易观。唯物辩证法最根本的思想，即认为一切都是变化的，只有变才是不变的。易即变的意思，《易经》即发展变化的学说。老子、庄子、孔子的学说均来源于《易经》。它是真正的中华民族思想文化的源头。它自然也影响到中国的自然科学、社会科学、医学、人才学、体育、武术与气功。《周易》的一元论即气一元论。世界乃是气的世界，世界的统一即在于气。造化的原机即是气。道即是气。"天机"即是气。因此古代有气功的人更能敏锐、深刻地感悟气、认识气、道、"天机"。伏羲不但是古代的圣人，而且还被认为是气功大师。正如《易大传》所说："古者伏羲氏之王天下也，仰或观象于天，俯则观法于地，观鸟兽之纹与地之宜，于是始作八卦。"（《易大传·系辞》）

《周易》不仅对中国古今医学和自然科学有众多的影响，在国际上也曾引起强烈的反响。如《周易》中的象数思维方法，被国外学者称之为"东方神秘主义"。17世纪德国著名哲学家、数学家莱布尼茨，宣称他发明的二进制算术，是受了《周易》的启发，他所看到的就是宋代人邵雍构造的《周易》图像。当代分子生物学家，发现生物遗传密码，共有六十四个型号，正好可以借用《周易》六十四卦的卦象来对译。20世纪30年代，有位中国勤工俭学的留洋学生，在法国研究天文学，博士论文是《八卦象数论和现代天文学》，经过答辩，取得了法国博士学位，论文的内容是借《周易》象数推导出宇宙间尚未为人发现的第十大行星。

现代最伟大的科学家爱因斯坦和玻尔，也对中国古代科技的成就感到震惊。爱因斯坦在写给一位友人的信中说："西方科学的发展是以两个伟大的成就为基础，那就是希腊哲学家发明形式逻辑体系（在欧几里得几何学中），以及通过系统的实验，发现有可能找出因果关系（在文艺复兴时期），在我看来，中国的贤哲没有走上这一步，那是用不着惊奇的。令人惊奇的倒是，这些发现（在中国）全部做出来了。"（《爱因斯坦文集》第一卷，第574页）。量子力学的创始人，诺贝尔奖获得者N.玻尔，倾倒于阴阳的相反相成的并协互补原理，在国家授勋时选用了太极图作为他奖章的图案。从这里可以看出，现代最伟大的科学家已经觉察到在东方文明的背后蕴藏着一个神秘而独特的科学哲学同步的思想体系。我国一些学者认为，这个东方文明和东方神秘主义相结合的思想体系就是易学象数理、气、占统一的理论结构和思维方法及其对世界本质的认识。（本文主要参考文献：孟伟哉：《洪洞探古》；李存葆：《古槐》；《十月》1999 年第 5 期；武晋、王永生编著：《周易百题问答》，山西人民出版社 1989 年版）

尧天舜日　文明之光

七、审美光晕

　　人类审美心理、审美意识和美学的产生与发展，是一个漫长的过程。

　　中国旧石器时代文化，可以追溯到 170 万—180 万年以前。这个时期先人们使用的石器，日益呈现出多样化的特点。如下川文化遗址出土的近 2000 件石器，就有 50 多类，石核、石片、雕刻器、尖状器、石镞、刮削器、锤、钻、石锯、琢背小刀等，其功能和形状也各有不同。许家窑人、蓝田人、庙后山人打制的石球，已经有意朝圆整造型方面发展。山西早已发现的旧石器文化遗址有 255 处。其数量之多，文化内涵之丰富实为罕见。早期部分，主要在山西南部、黄河北岸、汾河两岸的芮城、万荣、襄汾、垣曲等地。芮城西侯度遗址，距今有 170 万年。在其早期地层中，出土了打制的石制品 30 余件，具有明显加工痕迹的鹿角两件，还有表面呈深灰色的哺乳动物肋骨、鹿角和马牙的烧骨。它的发现，不仅大大提早了中国旧石器的历史，而且大大提前了人类用火的历史。芮城河遗址、距今五六十万年，出土的由人工打制的宽大石片石器，最具代表性，其中三棱大尖状器，无论在器型或打制方法上都对其以前的西侯度文化与其后的丁村文化，具有承前启后的性质。旧石器中期的丁村文化，距今有 20 万年。在这里发现的 2000 余件石制品中，以角页岩制作的石片石器为主体，包括砍砸器、刮削器、小尖状、三棱尖状器以及手斧、石球等。三棱尖状器最有特色，被称为"丁村尖状器"。阳高许家窑是旧石器文化遗存最丰富、规模最大的遗址之一。出土的人类化石和石器有14200余件，石器最多，形状小巧，主要是刮削器，还有尖状器和雕刻器。旧石器晚期，考古发现更多，制作日益进化。朔县峙峪遗址（距今28000年），石制品有20000余件，精致而细巧。如扇形石核、斧形小石刀和石镞，工艺已与前大不相同。它还说明当时人们已掌握了弓箭，狩猎方式有了新的发展。

旧石器晚期最典型的文化遗址是北京周口店龙骨山山顶洞发现的山顶洞人化石与石、骨、角等生产工具，距今18000多年。其中石器主要是砍斫器、刮削器和两端刃器，骨、角器中的骨针和鹿角矛最具代表性。装饰品虽只有一件，但最具意味。特别是在河北兴隆一石灰场收集到的一件已石化的鹿角器（残损），上阴刻有复杂的几何图案作为装饰，年代距今约13000年，但它的审美价值极高。这个已石化了的鹿角器残片，长12.4厘米，像是在磨制后雕刻的，尔后又加以染色涂红。雕刻（削刻）的图案分为三组：①由直线、斜线和连弧纹组成；②由互相平

从其质地、形态、各类、精细程度、使用痕迹与制作工艺，
可以看出其生产、生活、经济、艺术与审美思想的发展。

行的密集的弧线组成一个"8"字形纹；③由四组密集的曲线构成，形成对称性很强的图案。有人认为此器是一个工具柄，有人认为是一根魔棒，用于指挥狩猎。但这并不重要，重要的是它的显明的装饰性和审美情调。它的艺术性突出地表现在其线条粗细均匀，平滑流畅，构图讲究。

总之，旧石器中期尤其后期，在工具制作和使用的过程中，先人们不仅关注其使用效果，也开始注重材料质地、色泽的选择。各种色彩斑斓、晶莹夺目的石器及其颇有意味的造型，已经引起史前人类的视觉愉悦之感，或称为一种合目的的愉悦感。这种有效的功用和使人感到悦目的愉悦，体现了"审美的光晕"。

在旧石器末期向新石器过渡时期以及新石器早期，距今约 7000—8000 年这一时期，各种工具与器物，艺术性又有了进一步的发展，尤其是彩陶，其色彩瑰丽、图纹优美、造型多样、工艺精湛、数量巨大、分布地域广阔，可以更为有力地说明人类审美心理甚至审美意识的发生和发展。它显示的已不是"审美的光晕"，而是"形式美的光芒"了。

审美与艺术是密切相连的。文化包括艺术，但文化并不完全等同于艺术。艺术是人类文化中有意识的创造具有审美特性或审美价值的有意味的形态。它反映了人们劳动生产的美、形体美、生活美、自然美、科学技术、技巧美，凝结着人们的思想感情，表现为具有审美功能、价值，能唤起人们愉悦之感的视觉艺术、听觉艺术、想象艺术或视听与心领神会体感的综合艺术。只有原始艺术，才更易说明原始社会先人们审美心理、审美意识及其产生与发展的历程。根据这样的原则，有的学者对我国原始艺术划分为三个时期：

早期（约 60000 多年前—10000 多年前）：相当于旧石器时代晚期。历经萌芽、产生和成长三个阶段：萌芽阶段（约 40000 年前），尚未发现实物；产生阶段（约 40000—13000 年前），于辽宁仙人洞发现距今40000—20000 年前的骨针和穿孔骨装饰品，又于峙峪遗址发现的距今28000 年的线刻直线、斜线的骨片与刻画简单图像的骨雕及在北京山顶洞发现穿孔石、骨、蚌等装饰品即是这个产生阶段的标志；成长阶段（约 13000—10000 年前），于河北兴隆发现距今 13000 年的角雕，其上刻饰有构图复杂的几何形图案，又于福建平和发现距今 10000 多年的石雕人面像为其标志。

中期（10000 多年—8000 多年前）：相当于新石器时代早期。原始艺术中期已进入初步发展阶段，陶器的发明、玉雕装饰品和建筑艺术的出现和初步发展，是其主要标志。

晚期（8000—4000 年前）：相当于新石器时代的中晚期。原始艺术晚期又历经发展、鼎盛及成熟三个阶段。发展阶段（8000—6500 年前），其发展的主要表现是陶器造型较规整，种类增多。新见陶衣陶、彩陶、彩绘陶，装饰品种类、造型增多，新出现牙雕、木雕、陶雕艺术，建筑艺术也有所提高。鼎盛阶段（6500—5000 年前），彩陶艺术、陶塑艺术、雕刻艺术、建筑艺术进入发达阶段，装饰品种类和数量显著增多，陶器造型和装饰纹样复杂多样。如石蚌摆塑艺术、镶嵌艺术等。成熟阶段（5000—4000 年前），原始艺术发展到这一阶段，已趋于成熟，并得到新的发展，主要表现有：在陶器制造上普遍运用快轮，产量大，器物造型更加规整；素陶装饰虽不大追求纹饰装饰美，但却更加讲究造型美，如良渚文化中的雕刻装饰之精致，雕刻技艺之高，出乎人们的意料；彩陶方面，虽多数地区诸多原始文化已衰退乃至绝迹，但西北地区的马家窑文化彩陶则一直在发展，其数量之多，图案之繁缛，是此前所无法比拟的；雕刻艺术中的玉雕艺术更是经久不衰，分布地区广、器类多、制作精，并已成为独立的手工业部门；建筑艺术则不仅发明夯筑技术、板筑技术和烧制石灰为建材，而且还出现了大型的庙宇建筑。此外，还新出现了青铜艺术等。（引自吴诗池：《中国原始艺术》，紫禁城出版社 1996 年版）

其实，不仅西北地区之马家窑的彩陶，山西晋南等地区的陶器包括彩陶文化遗存，亦非常丰富，而且晋南襄汾的陶峙，更是以生产陶器而著名的陶乡。山西新石器早期的磁山类型与仰韶类型，晚期的龙山文化类型的遗存，北至长城脚下，南到黄河之滨，分布广阔，内容丰富，时代连贯，有石器、骨器、陶器，尤以陶器为遗存之冠。时间分别距今5000—6000，及7000年左右。

1982年在山西垣曲县古城东关发掘的仰韶文化早期遗址，器物大多为陶器，陶质以夹粗砂粒的红褐陶为主，胎厚、器体大、火候低，次有泥质红陶，器表磨光，胎薄，纹饰以弦纹、细线纹、附加堆纹、剔刺纹为主；器形大多为小平底器和圆底器，少量圈足器和三足器，圆底钵，小口平底罐等。芮城县东庄村半坡类型遗址和西王村庙底沟类型遗址，属于仰韶文化中期，前者发掘出的陶器上彩绘的动物和鱼纹，颇为美观；后者陶器的纹饰多以勾叶纹为主，其他为条纹、弧线纹、弧线三角纹、圆点纹和网纹组成。二者分别显示出对鱼和植物花卉的崇仰，和渔猎、农耕不同的生产、生活方式，代表了其氏族群体的审美趣味。

距今四五千年左右的属于新石器晚期的龙山文化遗存，属于上述原始艺术分期的晚期的鼎盛甚至成熟的时期，陶器以晋南陶峙类型为代表。陶色有灰、褐、黄、红、黑等，彩绘陶器，斑斓绚丽，器物由中期的连釜灶、斝发展到中期的陶鬲，晚期的泥质灰陶和夹砂灰陶等，接着便出现了石耜和铜器。墓葬品日益增多，玉琮、鼍鼓、石盘、龙盘等礼器，也大量被发现。龙盘不仅显示墓主人生前的社会地位，而且反映了氏族的图腾信仰。

在国外，日本最早的绳纹陶，时间约在公元前8000年左右；伊朗甘尼·达勒和土耳其的沙塔尔·休于出土的陶器约在公元前7000年左右。在欧洲，最早出土的陶器，是希腊半岛上马其顿的涅亚·尼科麦得亚，时间约在公元前6000年至公元前5000年。在美洲大陆，已发现的陶器约在公元前6000年左右，基本上属于新石器时代甚至绵延于青铜器时代。而作为一门研究人类审美思想的学问、理论形态，在古希腊最早也要算到公元前580年至公元前500年的毕达哥拉斯及其学派，而且真正形成美学体系的也并非毕达哥拉斯，而是其后的柏拉图。

在中国，学者们认为先秦是中国美学史的起点。从170万年前到

仰韶文化庙
底沟类型的彩陶，
最早发现于河南
陕县庙底沟，在
豫西与晋南一带
均有发现，造型
有曲腹体、曲腹
盆、曲腹碗、尖
底瓶、平底瓶等。

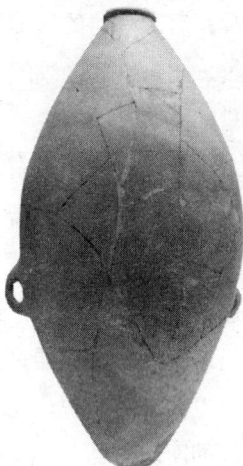

5000年前的仰韶文化是中华史前文明时期，是一个以器质创造为唯一审美形态的时期，仰韶彩陶是其代表性的审美成果；公元前16世纪至公元前11世纪的商代，是中华文明从器质文化向观念文化过渡的时期，以青铜器为代表；公元前11世纪至公元前476年的周代，是一个观念文化大发展的时期，《诗经》是这个时期审美性观念的杰出成果；公元前475年至公元前221年，是中华审美观念文化理性化阶段，《庄子》是美学的典型文本，当然还有荀子的《乐论》，共同代表了中国美学的产生，但还不是具有完整体系的理想的美学专著。

　　真是"千呼万唤始出来"，而且还有点"犹抱琵琶半遮面"。美学的产生真可谓难矣、晚矣。

　　为什么？一个重要原因就是人类对功用的需要先于审美的需要，人类审美心理的发生后于其他的心理，如先祖们对食物需求以图温饱的心理，防御野兽袭击以保生命安全的心理等。尽管"衣食足而知荣辱"的说法有其片面性，但在人类刚刚脱离动物界之后，在生存都难以保障的条件下，是不可能先去追求形式之美的。审美心理的发生落后于其他心理，是很自然的。随着人类谋生手段的发展，审美心理才逐渐萌生，逐渐内化、独立。形式美才成为与功用同时被追求甚至被优先考虑的东西。如果要像行为科学那样，把人的需要分开层次，那么，"美"字应当居于最高层次、顶尖。特别是与真、善统一的那种伦理美。正是由于审美心理、审美意识发生和发展的这种滞后性，同时也是美作为比真、善更高一个层次的需要，因此，姗姗来迟的美学及其缓慢的发展，也就是完全可以理解的了。人类在历史发展很晚的时候才登上美学的宝座，也是完全合乎历史发展逻辑的。

八、尧天舜日

　　唐尧、虞舜的时代，属于原始氏族社会的末期，他们被后人传颂，主要表现在三个方面：一是不脱离生产劳动，生活同普通氏族成员没有多大差别，生产资料公有，在生活上尚未出现一个特殊化阶层；二是人事民主，实行民主选举和禅让制；三是为民造福，能虚心纳谏。简而言之，就是美政，美俗。因此，后人提起这个时代就觉得那是一个美好的、晴朗的、阳光普照的和谐的时代。这也正是它的美学意义。

　　当然，那时社会生产力很低，个人的生产品仅供个人所需，还没有较多的剩余劳动、剩余产品，供少数人所占有或享用，这是当时的客观条件。氏族首长也参加生产劳动，生活也和大家没有多大区别。史书所说："尧有天下，饭于土簋，饮于土铏"（《韩非子·十过》）；"尧之王天下也，茅茨不翦，采椽不斫；粝粢之食，藜藿之美；冬日麑裘，夏日葛衣"（《韩非子·五蠹》）；"古者舜耕历山，陶河滨渔雷泽"（《墨子·尚贤中》）以及说舜"自耕、稼、陶、渔以至为帝"（《孟子·公孙丑上》）等，都说明尧舜的生活俭朴、不脱离劳动，是同当时的生产力水平相吻合的，加上尧舜禅贤、人事民主，这对后人来说，则更具美感和富有诗意。

　　根据史书记载，当时选人的标准不是财富，不是权势，也不是其他方面的优越，而是看"贤"和"能"，以及为人们作出的贡献。即勤劳勇敢，能力卓越，甘于为民族牺牲，才能为大家所拥戴。而且，无论男女都可当选，没有性别的区分。如传说中的黄帝，靠的就是战功。当时，炎帝在位，榆罔欲侵凌部落首领，部落首领益叛之。黄帝便修德振兵，与榆罔战于阪泉之野，三战而捷。蚩尤因好兵喜乱，暴虐天下。黄帝运用妙法，不迷方向，擒杀了蚩尤。因此，被部落首领们尊其为天子。尧之前，帝挚在位 9 年，荒淫无度，不修善政，于是，部落首领们将其废掉，推尊尧为天子。（《纲鉴易知录》第 1 册，第 8—17 页）舜小时候受继母和父亲以及弟弟的虐待，甚至想把他杀死。但他"不失子道，孝而慈于弟"，20 岁时，就以孝而闻名天下了。他在历山种地，历山的人都互相让地界；他在雷泽渔鱼，雷泽的人都互相让住处……真是"桃李不言，下自成蹊"。他所在的地方，一年成聚（村落），二年成邑，三年便发展成都市了。尧发现他后，便起用了他。传说中的"有巢氏"、"燧人氏"、"伏羲氏"和"神农氏"之所以被选为氏族领袖，都是他们有智慧、有能力，为氏族人类做了一些好事。如"有巢氏""构木为巢"，教会人们在树上搭棚子，提高了防御风雨寒热和毒蛇猛兽的能力；"燧人氏""钻木取火"，教人熟食，不但强壮了身体，而且促进了狩猎和防御；"伏羲氏"教人们结网、捕兽捕鱼，驯养牲畜，经营嫁娶，以及画八卦、刻文字，取代"结绳纪事"；"神农氏"教人制耒耜，种植五谷，尝百草，发明医药，并"耕而作陶"，教会人们"耕而食"、"织而衣"。总之，都是当时又"贤"又"能"又有贡献的人。

在原始社会的部落联盟中，重要事务都是通过联盟议事会讨论决定的，而联盟议事会又是由参加联盟的各部落首领组成的。部落联盟的首领则是由这种议事会选举产生，据说还有罢免权。因为当时会议多涉及军事，而部落首领也就是军事首领，所以又称"军事民主制"。

据史料记载，我国原始社会，起码在原始社会的中后期，民主选举大致有以下几种形式和程序：

（1）由部落首领在联盟会议上提出推举继任人的问题，然后由长老们讨论推荐，舍取的原则是"德"、"才"及功。

如《尚书·尧典》记载：帝尧说："诸位，谁为我寻访能顺应天时、治理百姓的人，我将擢用他。"放齐说："你的儿子丹朱天性开明，可以擢用。"帝尧说："唉，不行。他为人傲虐，既无忠信之言，又好争辩，怎么能行呢？"

又载：帝尧说："诸位，谁为我访求能顺应并成就我的事业的人请推举出来。"谨兜说："共工可以。他能团结大众，功劳是有目共睹的。"帝尧说："不行呵，共工言行不一，况且表面恭敬，心中却傲恨极了。"

又载：在鲧治水 9 年失败之后，联盟会议再次推荐继任人选时，帝尧说："四岳呵（四岳即四个大部落的首领），我担任联盟首领已经多年了，你们之中有谁能承袭天命，接替我的职位呢？"四岳回答说："我们德行不够，不能辱没这个崇高职位。"尧说："（那么）请你们不拘贵贱，唯德是举吧。"大家就向尧推荐虞舜，说这个人虽鳏居在下位，为人却很好，而且有能力，等等。尧便同意试之以事。试的办法是：①把自己的二女嫁给虞舜，以观其内；②授虞舜以"微庸"、"总揆"、"宾门"等分职，以试其功；③"纳于大麓，列风雷雨弗迷"。经过三年"历试诸难"，才选舜作为继任人。

从上述记载可以依稀窥见当时在联盟议会上民主推举继任人的一些情形。也可以看出被提名推荐者，未必就被承认通过，有的就被否决了，丹朱和共工就是被否决了的。同时，即使会上被认可的，也并不是立即成为继任人，还要经过一系列考察和考验。虞舜就是这样在试之以事、以职后，才被选任的。

关于舜，在《舜典》中也有类似的记载：

帝舜说："四岳呵，你们中谁能继承帝尧的事业并加以发扬光大，我将委以百揆之任，以使各种事务与品类得到和顺和昌明。"各位长老都说："伯禹现任司空之职，可以委以百揆之任。"帝舜说："好，禹呵，你在任司空时有治水的大功，现在委你百揆之职，希望你努力干啊。"

在《大禹谟》中："帝舜说：'来，禹啊，我居帝位 33 年，现在年已老迈，力不从心，而你应勤勉不息，努力奋斗，担起领导群众的重任。'"又"帝舜说：'来，禹啊，上天降下洪水，是天意对我警告，（你奏言承担治水任务）言而有信，力事而能成功。你真是一个贤达的人啊。不仅为邦国勤奋工作，而且在家庭也自奉节俭，毫无松懈自满之心，你真是一个贤达的人啊。因为你不自夸才能（你的才能自然不可磨灭），天下人没有谁能比得上你；由于你不自负功劳（你的功劳自然不会埋没），天下人没有谁能有你的功劳大。所以，我光大你的盛德，嘉美你的丰功。我深知天命必然降临在你的身上，你最终一定会升任此首领重位。"

禹不像舜那样经过多次考验，这可能是因为禹已任司空，治水有功，已有业绩的缘故。

（2）第二次选举：即联盟会议推荐出来的人选或继任人，还必须经过联盟人民大会的选举，"公诸于民"，为"民受之"，让广大群众接受。同时还要"荐之于天"，经过传统的宗教仪式，为天地鬼神所接受、所承认。经过这些程序，才能被选为部落联盟首领。

（3）关于普通酋长的选任，选鲧治水，可算一例。

当时，洪水泛滥，民受其害。尧在一次部落联盟会议上提出治水的人选问题。有人推荐共工，尧不同意，说他巧言邪僻，不能胜任。他又征求各位长老的意见："咨四岳，汤汤洪水方割，荡荡坏山襄陵，浩浩滔天，下民其咨，有能俾乂？"四大部落首领说："于鲧哉。"即让鲧担任吧。尧又说鲧的德行不好。四大部落首领说："试可乃已。"即试试再看吧。尧只好"往钦哉"，按大家的意见办。于是，用鲧治水，鲧失败后，又启用鲧的儿子禹。

（4）关于首领生前推选继任人：这起码在原始社会后期是这样做的。当时的首领没有任期，可以说一般都是终身制，在生前，首领即通过联盟会议推选继任人，类似咱们现在说的未接班的接班人，第二梯队似的。所谓尧荐舜，舜相尧，二十有八载；舜荐禹于天，十有七载；禹荐益于天，七年，都说明尧、舜、禹是在生前通过选举确立了继任者的。（以上参见《南京大学学报》1981 年第 2 期载屠武周《古代典籍中所见尧舜禹时代军事民主选举制的若干问题》一文）

（5）回避制：即继任人在就任新首领之前，都要回避前任首领之可。史称"舜避尧之可于南河之南"，"禹避舜之可于阳城"，"益避禹之可于箕山之阴"，等。原始社会的这种制度之美一直被世人传为佳话。

当然，原始社会的人事民主，并不是没有斗争。特别是在原始社会的后期更是如此。如禹先确立皋陶为继任人，皋陶死后，又确立伯益为继任人，平时却抑制伯益，不让他做重要的事情，使伯益"施泽于民未久"，在各部落中没有足够的威望，同时，在暗中却扶植自己儿子夏启的势力，造成对启有利的形势，结果在选举时启便战胜了伯益。这个时候，民主选举制的丧钟也就敲响了，继而兴起的是王权世袭制。

关于尧建都于何地？这也是学者们所格外关注的问题。许多学者、专家尤其是山西临汾地区的人们，均认为山西省临汾市，即唐尧建都之地，历史上被称为平阳府，又称尧都，还建有尧庙。

据《水经注》称："汾水侧有尧庙，庙前有碑。"它原来的位置应在平阳府城河（汾河）西，西晋元康年间，迁至汾河东岸，以此推算，此庙的历史应在 1600 年以上。唐高宗李治显庆三年（658），此庙又从府城西南再迁至府城南 5 里处，距今也在 1300 年有余。它同临汾城内的鼓楼成南北一条线。

新中国成立后，1965 年，尧庙被山西省人民政府列为省级文物保护单位。1987 年，国家又拨专款将尧庙大殿即广运殿落架重修。它是尧庙的主体建筑，是尧皇之宫。而 1998 年 4 月 4 日被人纵火烧毁后，海内外各界又捐资修复了此殿。1999 年，又在此基础上重修了尧、舜、禹三座宫门和尧宫中轴线上的仪门，重修了帝尧寝宫。2002 年，又新增了 21 吨重的中华帝尧钟和创吉尼斯纪录的天下第一大鼓。翌年，修建了钟楼和鼓楼。2001 年，临汾市尧都区人民政府建成 10 万平方米尧都广场，北部由宫前广场和华表广场组成，南部由观礼广场和文化商务区组成。创建了象征华夏文明的尧都华表、全国最大中国地形微缩景观和全国首座千家姓纪念壁。2002 年，临汾市尧都区政府按照明清形制，复建了舜殿、禹殿，并新塑了帝舜、帝禹雕像；将帝尧及四大臣塑像改

铸铜像。落架重修了五凤楼；新建300米长尧典壁；中轴线青石镌刻龙
凤甬道。宫内铺墁青石面积1万平方米；将尧井亭改造恢复了元代尧井

尧庙正殿前的龙盘石雕

尧王

尧王尧后像

诽谤木

尧井

华表

山西临汾市尧庙

台形制；主宫道两侧设置了 26 件陶峙时期出土文物仿制石雕。规模日益扩大，设施越来越完善，成为一个气势恢弘的建筑群。

我们不是导游，没有必要详细介绍尧庙的景观，但有几点，与尧时的国风有关的内容是不能不提的：一是高大的华表，它是威仪的象征，也是崇高美的象征。大凡在王公贵族的宫殿和陵墓以及神庙区，均可看到华表。天安门前的汉白玉华表，更是世人皆知的中国式雕塑。但这里与众不同的是，它兀立在它的创始人的殿前。也就是说，是帝尧缔造了华表，而临汾即华表的故里。而且华表并非单图其表，供帝王装模作样的，而是廉政的一个重要标志。据《辞海》解释：华表亦称桓表，是古代王者用以表示虚心纳谏或指路的木柱。崔豹《古今注·问答释义》："程雅问曰：'尧设诽谤木柱何也？'答曰：'今之华表木也。以横木交柱头，状若花也，形似桔槔，大路交衢悉识也，亦以表识衢路也。'"华表上方的蹲兽为朝天吼，故宫前面南者为望君归，盼望在民间考察的皇帝早日归来料理朝政，不要沉溺于山水之间忘了国政。故宫后朝北的叫盼君出，意思是皇帝不能耽于深宫享乐，要深入民间体察百姓疾苦，以国家社稷为重。

今日之华表，正是昔日之诽谤木。尧为何设诽谤木？正是要博纳众谏，广泛听取民众的意见，以便改进朝政。

本来，在尧都建尧庙本身就是天下第一，而今尧庙除庙殿之外还有八个"天下第一"。

第二个是天下第一鼓，又称中华帝尧鼓。它象征的是民主政治。是由帝尧时期的"敢谏鼓"沿袭而来，与诽谤木共为帝尧时代民主政治的象征。襄汾红跃鼓厂总经理卫红跃历时半载，踏遍十三省，觅得巨牛，制成直径 3.11 米、高 1.2 米、重 300 余公斤的巨鼓，其大堪称天下之最，被誉为天下第一鼓。2000 年 3 月 27 日，上海大世界吉尼斯总部认定其为大世界吉尼斯之最。

第三是天下第一井——尧井。它象征的是为民造福。由于帝尧时期出现了异常干旱的气候，出现了传说十日并出的天象，焦杀庄禾，渴死

尧钟

此古钟为清朝康熙年间铜与铁合铸而成，既是地位、权力、伟大、虔诚、平安吉祥之灵物，又是尧天舜日、百姓和谐、开启灵运、开华智慧之神器。声音洪亮深远、悠扬悦耳，能唤起人们追求博大欢乐、幸福的无限遐想。

人畜。在此恶劣的气候环境下，帝尧广凿水井，全面推广，解除了人民的痛苦。

井的推广使用，是人类减少对自然依赖走向文明的重大进步。尧时期开始了利用地下水资源，人类依井而居，形成村落，渐渐形成城市，由此产生的文明叫市井文明。在中国人的乡土文化中，还蕴涵着故乡的含义，常常把背井离乡连在一起使用。后世为纪念帝尧的功绩，在尧庙凿井筑台，清代建亭。

第四是天下第一棋——围棋。它象征的是智慧。据史书记载，"尧造围棋，丹朱善之"（先秦史官《世本·作篇》），"尧造围棋，以教丹朱。或云：舜以子商均愚，故作围棋以教之"（晋张华《博物志·佚文》）。宋罗泌《路史》中也记载，帝尧为教育丹朱，"为制弈棋，以闲其情"。史家大都认为围棋是帝尧创造的。在尧都区境内发现遗存的古围棋盘有三处：一处在姑射山风景区，南仙洞危岩留存17道围棋盘石刻图；另一处在古平山顶，今称棋盘岭，留存一大一小两处围棋盘石刻图，大图已

羊獬"三月三"迎送亲活动

迎亲活动

花轿

毁，小图今仍在。小图为14道、13道特异棋盘图。围棋从简单到复杂，四千余年漫长的发展过程中，由9道、11道、13道、15道到17道、19道。但是棋盘岭的特异棋盘天下罕见。2002年尧庙复建，为纪念帝尧创造围棋，特于五凤楼前建造300平方米的围棋广场。（以上据2004年7月16日《太原日报》临汾市尧都区文物旅游局：《尧德泽后世 唐风著千秋》）

随便号称"天下第一"是很令人反感的。但这四个"天下第一"，均与尧时廉政有关，更重要的是它告诉了后人一个治国的美学标准，所以，即使属于传说，也应记载一笔的。

柏拉图为他的理想国制定的第一个美学标准便是德性，而德性包括四个要素：智慧、勇敢、节制与公正，智慧被列于首位。帝尧治国的原则中，德性是首位，而智慧亦包含其中，并渗透于各个方面。或者说，他的德性是通过智慧表现出来的，在智慧体现了勇敢、节制与公正。一个华表——诽谤木，即体现了全部德性——智慧、勇敢、节制与公正、廉明。显示了他的政治智慧，政治勇敢，政治文明。尧井是利民的创举，也是生产、生活、经济智慧的象征。至于围棋的发明，更说明帝尧也像伏羲一样，是中华智慧之星。而且尧也是沿着伏羲所创立的易经和八卦的思路演绎出来的。

学者认为围棋起初也是一种占卜的工具。古代只有君王才能占卜。占卜是根据八卦的规则组合推演的。正是作为一位帝王，运用易经的阴阳之理、变易之道，将围棋由占卜的工具，演变为教育、娱乐、养性、训练思维、提升智慧艺术。它集中体现了帝尧以及中华民族的智慧，包含着极其丰富、深刻的文化内涵。它被称为"木野狐"，因为它太狡猾多变，魅力无穷了。它被称为"烂柯"，因为樵夫看上童子下围棋，入迷而忘返，当他想到了回家时，它的斧头把子（木柄）已经烂掉了。它攻击防卫，变化无穷。黑白相间，阴阳交错，可围子，也可围地，有战略，亦有战术，对立而统一，抽象而具体，像自然、宇宙，又像人类社会，像和平又像战争，像军事又像艺术，像音乐又像绘画，虚幻而模糊，像哲学又像精密数学与自然科学。若要看中华文明的广度、深度和高度，就请看棋吧。隋唐时期，人们根据棋力与棋艺的高低，分为九级，如今人们分为九品：入神、坐照、具体、通幽、用智、小巧、斗力、若愚、守拙。大智若愚，大巧若拙，这个愚拙才是最高的境界。它像太极图、水墨画，美不胜言。它还不分将帅、车马炮象，身份没有高低贵贱，最能体现自由平等。它只分黑白，在横竖各十几条线上起落，这些就如同地球上的经纬线。它是中国的，又是世界的，全球的。全球化最早的可能就是它——围棋，帝尧所创造发明的天下第一棋。帝尧的智慧由此可见矣。

然而，尧都的人们虽然列出了帝尧时代的八个第一，但却还是丢了一个很重要的第一，即"接姑姑迎娘娘"的习俗，这也是一个"天下第一"。

山西省洪洞羊獬村，传说系尧的女儿女英的出生地。唐尧晚年，选虞舜为他的接班人,将大女娥皇、二女女英嫁给在洪洞历山耕地的农民舜,这样历山与羊獬人也成了姻亲。羊獬人称娥皇、女英为姑姑,历山人称她们为娘娘。每年农历三月三,羊獬人要到历山接姑姑回娘家祭祖,到了农历四月二十八日尧的生日那天,历山人则来羊獬迎娘娘,这一"接姑姑迎娘娘"的习俗,坚持了三千余年,直至今日。在"文化大革命"期间,也并未间断。2009 年的"三月三",本人亲赴当地观看了这一"接姑姑"的热闹场面。

身着彩服的羊獬村民,组成一个"接姑姑"的礼仪长队,抬着銮驾,擎着执事,抬着护凤辇,举着万民伞,手持金瓜斧钺朝天蹬、金锤、银锤,抬着猪羊,挑着献食、美酒,从羊獬村出发,向 70 里外的历山行进,路经各村,加入的人越来越多,队伍越拉越长,还有那数百人组成的锣鼓队,有男有女,身着杏黄色或红色短装,边行边敲锣打鼓,或停下来"斗打"、"跳打",震天动地,威震山岳。特别是到了历山圣母庙前和攀登高高的台阶时,威风锣鼓表演更达到了高潮,接迎亲的羊獬和历山的群众以及像赶会而来的四方观众游客,人山人海,加上那抢着拍照的摄影记者们,如海如潮,使整个历山霎时间沸腾了……

我顿时感悟:尧天舜日,乃美政美俗,犹如天地日月,照耀泽润这块大地和它的人民。这也正是其审美价值传遍中华大地,至今历久不衰的原因。

九、文明之光

　　关于文明的评价与判断，在国际和国内是有明确的标准的。1958年美国芝加哥大学东方研究所召开的《近东文明起源学术研讨会》上，一位叫克拉克洪的学者提出了文明的三条标准，英国学者格林·丹尼尔把这三条标准写进了他于1968年出版的《最初的文明》这本书中，从而把这三个考古学上通行的关于衡量文明的标准传遍了全球。这三个标准就是：第一即要有城市，而不是一般原始小聚落，而且这个城市要能容纳5000人以上。第二是文字。第三是要有复杂的礼仪建筑，这种建筑不是仅仅为了一般生活需要，而是为了宗教的、政治的或者经济的原因而特别建造的。而东方的考古学家认为这三条还不完满，又加了一条，即冶金术的发明和使用。这就形成了文明的四条标准。

　　根据以上四条标准，特别是都邑遗址，已经为我国考古学家和历史学家肯定的有四个遗址：第一个是考古最早发现的古代都邑殷墟。1899年发现了甲骨文，1928年开始发掘殷墟。抗日战争前，发掘了15次，新中国成立后，1950年恢复了考古工作，把殷墟列为首位，继续发掘，至今没有间断。这个商代的都邑，完全符合上述四个标准，不存在争议。

　　第二个是20世纪50年代发现的郑州商城，经过一段争论，在"文化大革命"之后最后确定下来了。它比殷墟面积小，但时间要早。

　　第三个是前几年发现的河南堰师的商代都城，学者们认为是汤的首都。

第四个是偃师二里头。从 20 世纪 50 年代开始，经过多年的发掘、考查，证明偃师二里头遗址和器物，也符合文明的四个标准。它有大型宫殿和很多墓葬、青铜器、玉器、陶器，并刻有文字类的符号。它与夏所处的时代、地理位置和文献上的有关夏的记载均相符合。大多数学者均认为是夏的遗址，代表夏文化。这已经很了不起，因为夏代一直是考古学界未能发现和定论的问题。这个问题基本得以解决，但能否把考古发现再推得更远，比如推到帝尧时代，这是一个阻力位，卡壳之处。但山西回答了这个问题——这就是在千禧之年山西襄汾陶寺遗址的考古发现。真是"而今迈步从头越"，越过了二里头，一下把中国文明推到了公元前 2600 年至前 2200 年。距今 4000 余年，早于夏代，恰值尧舜禹时代，是属于考古学上龙山文化的晚期。这真是一个伟大的发现，是山西对中国文明与考古的突破性重大贡献。以文明的四个标准衡量：

第一，它有城邑，而且面积很大。现在襄汾可看到的陶寺遗址，是 300 余万平方米的田野，都城的面积略比这个数字小一点，有大城、小城之分，时间先后之别。早期的小城不过 56 万平方米，中期的大城，则达到 280 万平方米。城中有宫殿区、祭祀区、仓储区以及墓葬区的遗迹。它的面积和规模堪称中原地区龙山文化城址之中最大的。其中面积在 1000—3000 平方米的夯土单体建筑有 3 座，面积在 7000—9000 平方米的生土台基有两座。已经发掘和试掘的白灰面房屋数十座，窑洞式院落 1 处，大型墓地两处，大型窖穴两座以及陶窑、跪土、水井、石器加工遗址、壕沟等。遗址文化层堆积一般在 2—4 米左右，深者达 9 米，分早、中、晚三期。其都邑城墙均在今地表以下。早期城墙残长 1041 米，中期大城城墙残长 4900 米。在这个都城中，容纳 5000 人是没问题的。

第二，有大量墓葬。它们亦分早、中、晚三期，大致为公元前 2500—前 2000 年所造，体现不同等级的死者。也就是说，在 4500 年前，这个社会已形成金字塔式的等级结构和阶级层次。处于金字塔顶端

陶寺观象台

的是大墓的主人。墓中有棺木，棺内撒着朱砂，随葬品多达一二百件，且很贵重、精美。金字塔的中部是中墓的主人，亦有随葬品，但为数较少，只有二三件，价值一般，大都为彩绘之木器、陶器。金字塔的底部是众多的小墓，占到墓葬的 80% 以上，大多数没有什么陪葬品，若有也是骨笄一类的小物件，不少墓主或缺手，或失足，或头骨有伤。这些中墓和小墓，均分布在大墓的附近，像众星捧月一样拥簇着大墓的主人。专家们认为，这类大墓主人生前执掌着当时最重要的社会职能——祭祀和征伐；中墓的主人似乎都掌握有不同的领兵之权，或立过战功，地位高于一般平民；小墓主则是一般平民，不是在战争中受过伤，便是受过刑。这表明原始共产社会业已崩溃，阶级开始出现，这正是国家——一个阶级统治另一个或几个阶级的工具产生的萌芽。

第三，文字、礼器与冶金术的出现。如在大墓中出土了成套的礼器磬、土鼓、陶盘等。磬是三角形的，挂起来可以奏乐，鼓是陶土烧制而成，圆筒形，上面覆以鳄鱼皮，敲击即可作响。陶盘很大，上面画着一条盘旋的龙，在构造艺术上同后来的商周青铜器类似，说明后者由前者发展演化而来。龙纹即中国远古文明的标志。最近又发现了铜环，如同齿轮一般，很规范，是一种用砷青铜制作的艺术品。这说明那时已使用冶金术了。还有出土的背壶，像军用水壶一样，一面是扁的，另一面是鼓的，带在身上很方便，而最重要的是在这个残破的背壶上，有一个用毛笔蘸上朱砂写的"文"字，字形又大又清晰。这显示了那时的文字。特别是前几种文物——特磬、鼓，乃陶氏的乐器，是陈于庙堂之上的王室之器，既是礼器，用于祭祀，又同时象征着威严与权力，还是艺术的象征，乐为中心的美学时代的象征。而陶盘上的蟠龙图案和背壶上的"文"字，则既显示着陶唐氏所崇仰的赤龙图腾，又显示他们与周围部落结成联盟后华夏民族的共同图腾——龙。再从彩绘龙纹陶盘及圆底腹斝到三袋足捏合成的鬲的序列原型等来看，陶寺文化汲取了当时南北各种文化——燕山红山文化，山东大汶口文化，华山仰韶文化，大青山河套文化，是一次智慧的化合与聚变的产物。

第四，科技创造——观象台。这是最近的一个重大发现。它位于陶寺古城的宫殿区，也是宗教中心，集祭祀、观测等多功能于一体。在这里，考古工作者已按土质、土样、地层叠迹，清理出几百平方米的地方，出现了一个扇面形的建筑，前面则是半圆的。这个建筑分为三层，最里面的一层，有夯土桩的遗迹，排列紧密，柱与柱之间留着缝隙。之所以认为它是观象台，是因为2003年冬至的那一天，发现从一个缝隙里正好观察到日出。后来又有由北京来的几位考古学家、天文学家在此模拟观测几个农时节令的日出，进一步证实这里确实是一个观象台。"人生犹如白驹之过隙"。地球公转在三四千年的时间里，是不会有多大变化的。现在的观测同三四千年前也差不了多少。这同《尧典》所讲观象守时也是一致的。《尧典》一书主要内容即观测天象，确定历法。即所谓"历象日月星辰，敬授人时"。据称当时已有366天的历法和闰月的测定。帝尧的年代也是这个年代，尧都也在这里。所以，帝尧不仅告先民日月轮回，一年有366天，而且告先民们何时立秋，何时春分。"白露种高山，寒露种平川"；"清明前后，种瓜点豆"等民谚，也相继出现并流行了。

专家认为，陶寺观象台是天文考古学上的重大发现。它将我国观象授时的天文考古产生的时间，往前推至 4100 年前。

上述四点，足以说明陶寺遗址是完全符合文明的四个标准的。说明这里不仅曾是一个文明古国，而且是一个在文化、艺术、科技、建筑、农耕、手工业、冶金业等方面均达到较高品位的文明古国。正如著名考古学家苏秉琦在《中国文明起源新探》中所说，陶寺文化已进入更高一层的"方国"时代。陶寺是尧都所在之地，是最早的中国，或者说是中国之源。

陶寺之名从何而来呢？它是与禹的父亲鲧相联系的。文献中称鲧为"崇人鲧"，表明他是由陕甘一带迁居来的夏民族，同来的还有黄帝族，鲧是黄帝族的另一支系。他们从陕西寿丘迁到洪洞一带时，称这里也是寿丘。在陕西寿丘所依之山为崇山，迁到山西塔尔山下后，仍称塔尔山为崇山。鲧的职业主要是制陶，祖宗乃陶正，也是制陶业之祖，死后被尊为陶神。以陶为业的鲧的部族，敬奉陶神，便在崇山脚下建了"陶神寺"，这里的村落也就被称为陶村。这就是陶寺的由来。这里所称的寺也并非佛寺，只是祭祀神灵的意思，如"大理寺"、"太常寺"等。而"中国"一词，是"居天下之中"的意思，而"国"的含义即城的意思。"帝王所都为中，故曰中国"。再进一步说，帝尧所都为中，所以称中国。

史书称尧都平阳。平阳早先被称为冀。《竹书纪年》称尧、舜、禹即位皆居冀，以冀为国都。古人以冀为中，所以称为中国。但在古时，冀或平阳的概念均非只指现在的临汾，它还包括襄汾、翼城、曲沃、侯马、洪洞、赵城、浮山等地。《晋世家》也指出陶唐"在河汾之东，方百里"。

那么，在"方百里"之中，尧的都邑究竟在哪里呢？原以为就是平阳府，即现在的临汾城。但现在的考古发掘给它定了位——不是平阳府临汾城，而是襄汾县的陶寺城。陶唐，陶唐，终于水落石出，即陶寺。"尧"即"陶"。甲骨文中的"陶"即"缶"，"陶"的古音即"窑"，与

"尧"音相同。《说文解字》说："尧,高也,从垚在兀上,土高远也"。
"垚,土高也,兀,山高也"。"尧,本为高"。"高山仰止,景行行止",
伟大,崇高。这就是尧,是尧之名,也是人们对尧的崇仰之称。而唐的
象形字就像在陶缶之上,有一个枝条编织的盖子,煮物时可以保持缶内
温度,又不会因汤沸滚溢于缶外(何光岳)。汤沸时响声大,故与汤的意
义相通,尧即被称为陶唐。史称帝尧早年封于唐。又称尧居于陶,受封
于陶。《路史·后记》中也记载:尧受于陶。改国于唐,"陶唐以为号,
尧之言至高也。"加之一座陶寺古城的遗址就在眼前,这不是帝尧之都
又是什么呢?

至此,帝尧之都、赤龙之乡、中国之根全都跃然纸上,跃然眼前
了,不再是传说中的观念文化了。

由此也可见传说之重要,观念文化之重要。它就如同科学假设,一
旦被事实所证实,它就不再是神话了。神话中的三皇,何时也能如此浮
出水面呢!

李学勤先生用长度、广度和高度来阐释中国的早期文明,以临汾、
襄汾陶寺为中心的考古发现,足以说明这个"三度"的问题。

世界有四大文明系列,一是古代埃及,二是古代美索布达米亚、古
代印度和古代中国。它们都是独立起源最早的文明。但它们三个系列都
没有能延续下来。因为波斯人进入埃及后,古代埃及的文明便逐渐衰落
了,尤其发展到希腊化时期,可以说基本消亡了。古代美索布达米亚因
为楔形文字也没有人能认识,所以它古代的文明也早已中断了。古代印
度文明,兴始于公元前3000年左右,在印欧民族进入印度后,古印度
文明也消失了。只有中国古老文明一直延续了下来。这即李学勤先生所
说的中国早期文明的长度——比其他三个文明系列都要长得多。这一
点,以晋南的历史即可以证明。三皇五帝一直至今。

长度当然要从起源的年代说起的。把古埃及同中国作个比较。它的
古王国的时间段是公元前2700年至前2040年,若算上前王朝时期是公
元前3150年至前2040年;而我们中国的五帝时期也大约是公元前3000

年至前 2070 年。陶寺考古发现足以证明我国早期文明的起源年代。

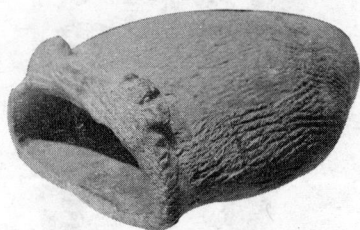
陶扁壶

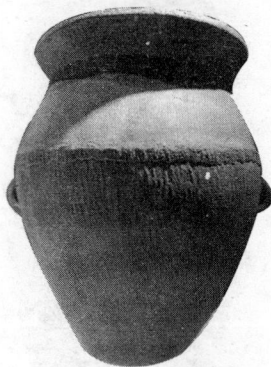
大口罐

铜铃

玉璧

玉神面

土鼓

釜灶   陶斝

　　这就是说我国古代文明的起始时间同埃及差不多，但埃及没有延续
下来，而我国一直延续下来了。这就是中国古代文明的独特的长度，陶
寺考古发现所证实的中国文明的长度。

　　陶寺考古发现还证明，以陶寺和冀（即当今临汾市属地区）为中心
的中国早期文明既是融合燕山红山文化、山东大汶口文化、华山仰韶文
化、大青山河套文化等南北、西北各种文化而形成的，又辐射于东西南
北。这便是陶寺考古发现所证明的中国文明的辐射力或传播之广度。

　　关于高度，李学勤先生主要是用简牍帛书即古代文字来说明的。如
1942 年湖南长沙子弹库的考古发现；20 世纪 70 年代山东临沂银雀山一
号汉墓的竹简兵书《孙子兵法》、《孙膑兵法》的考古发现；湖南长沙马
王堆三号汉墓的简帛《周易》、《老子》等书籍，是汉朝初年之物；湖北
云梦睡虎地十一号墓的秦代书简，是秦代的法律；安徽阜阳双石堆一号
汉墓出土的竹简《周易》、《诗经》。1983 年湖北丁陵张家山二四七号汉
墓出土的汉初吕后时代的法律。1993 年湖北靳门郭店一号楚墓出土的
战国时代的楚简《老子》、《子思子》等。但李先生没有提到晋国《侯马

盟书》，这里却不能不提。

1965 年，侯马出土了大量盟誓辞文玉石片，称为《侯马盟书》，又称《载书》，共有 5000 余件，每件玉片大小不一，字数也有多有少，多的近 200 字左右，少的只有十余字。它是春秋晚期晋国赵鞅与卿大夫订立的文字条约，内容为加盟者均须效忠盟主，一致诛讨已被驱逐在外的敌对势力，并保证不再扩充土地财产，不同敌人交往等。它是我国考古发现中时代最早、数量和文字最多的盟书，是两千四百多年前的珍贵文物，被列为我国近 30 年来考古十大发现之一。它不是帛，也不是竹简，而是玉片，质料独特，笔锋清丽，犀利简约，舒展而有韵律，并书有"晋邦之地"字样。它对于我们研究东周和晋国晚期的政治、经济、社会结构、意识形态以及官方文献盟书文体、文字学、文体学、书法艺术、历法、风俗习惯等，均有极其重要的价值，有利于我们判断我国早期文明的高度。如果说山东和两湖（湖南、湖北）的考古发现，属于理论形态、意识形态的理论著作，那么，《侯马盟书》所反映的只是实践、行为，活生生的历史。从中可以看到波澜云诡，变诈迭出，激烈残酷的斗争，可以听到战马嘶叫、两军厮杀之声；可以嗅到战争的血腥味。

在春秋之末，整个社会"礼崩乐坏"，诚信扫地，道德沦丧，社会动荡，硝烟四起，百姓生灵涂炭，民不聊生。正因为统治者内部和各政治集团之间无信义可言，才一次又一次地结盟，而又一次又一次地背盟。正如帛书《老子》中所说："故大道废，安有正义；智慧出，安有（大伪）；六亲不和，安有考慈；国家昏乱，安有贞臣。"在《侯马盟书·诅辞》中所指出的那位叫"无恤"的人，即因"不虔奉"主君韩子，暗中与中信寅勾结而被诅咒。而这种现象在当时是屡见不鲜的。所谓"春秋无义战"，也在于此。《侯马盟书》所反映的时代，正是传统道德、人生观、伦理观、价值观发生剧烈变化的时代。"礼崩乐坏"道出了这个时代的特征。

其时，鬼神观也发生了动摇，不像殷高时那样虔信，动辄卜筮，凡事都要看神意、神旨。所以郑国的子产说："国之兴，听于民；国之亡，听于神."专家认为《侯马盟书》中,有软硬两种约束力,所谓软,即鬼神观念,参盟者若不守约,要遭神灵惩罚;硬即要以财产、土地和身家性命做担保,违者则倾家荡产还要掉脑袋。从《侯马盟书》中的内容看,属于宗盟类的条款有514件,委质类的有75件,纳室(即剥夺其财产)类58件,诅咒类仅4件,卜筮类3件。这说明当时已不把鬼神观念当做主要的凭借,人们的审美意识逐渐由"以德配天"向"重民轻天"的观念转化。(本文主要参考文献:李学勤:《辉煌的中华早期文明》,2007年3月8日《光明日报》文;临汾根祖文化研究会:《根祖文化研究》中刘合心、孟伟哉、甄作武、席德喜、张俊峰文;单福的《百科全书》;《侯马盟书的历史意义》)

十、图腾王国

　　图腾是一种被崇拜的形象，或崇拜物的象征。图腾一词，源于北美印第安阿尔滚琴部落奥吉布互方言 totem，被译成中文，意为"亲属"、"亲族"。近代澳大利亚土著民族部落中，有"科邦"（Kopong）、"盖蒂"（Ngate）"穆尔杜"（Murdu），亦是图腾的意思。它常常被当做一个氏族的标志或图徽。因为原始人把图腾与自己的血缘联系起来，视图腾为祖先、父母、祖父母、兄弟姐妹，视为自己的保护者，所以，图腾一词，含有"亲属"、"亲族"的意思。

　　据最新研究成果显示，人类的共同祖先约 700 万年前至 500 万年前（传统的说法是 350 万年前后）起源于非洲。而现代人的进化活动发生于前 50 万年至前 35000 年之间。现代人（晚期智人）在 35000 万年前已经完全形成。当时的人类已具有鉴别和革新技术的能力，艺术表达的能力，语言交流的能力，并具有内省意识和道德观念。35000 年前后，属于旧石器时代的晚期，图腾崇拜就产生在这个时期。我国的图腾崇拜亦产生于这一时期，并不断发展，内容极为丰富，大约可分为七种类型：氏族图腾、胞族图腾、部落图腾、民族图腾、性别图腾、家族图腾与个人图腾。我国古代和近现代一些民族中的图腾，大多以氏族图腾为主，如英帝部落所崇尚的熊、罴、貔和虎等氏族图腾；少皞部落崇尚的凤鸟、玄鸟、伯赵、青鸟、丹鸟、祝鸠、爽鸠、鹘鸠等氏族图腾。

　　氏族图腾具有下列特点：时间久远，信仰普遍，内容丰富、繁杂，流传绵延不断。

我国各族所崇尚的图腾，有深远的历史，直到近、现代亦未绝迹。如在东北、内蒙地区的满族图腾有乌鸦、柳枝、野猪、鱼、狼、鹿、鹰、豹、蟒蛇、蛙、鱼鹰等。他们主要保留了图腾神话、图腾标志和图腾名称。朝鲜族崇奉鸟，他们过去每一村落都有鸟图腾柱，并有关于鸟是自己祖先的神话。鄂温克族曾以熊、奥腾鸟、韩卡流特鸟、乌鲁卡斯鸟、海卡斯鸟、鹰、山、天鹅等为图腾，图腾神话、图腾名称至今仍存在，鄂伦春族崇拜熊、狐狸和虎等，他们对亲属称呼熊，捕杀熊时有种种禁忌。赫哲族除了以熊为图腾外，鸟、虎、黄鼠狼、旱柳也可能是他们的图腾，因为他们的有些姓氏是由这些动物和植物的名称演变来的。蒙古族祖先曾以狼和鹿为图腾，在近现代，蒙古各部对狼称呼的忌讳很多，如布里亚特人称狼为天狗。

西北地区的哈萨克族过去崇拜白天鹅，传说白天鹅是他们的始祖。他们一般不杀害白天鹅。他们还崇拜狼，以为这是氏族部落的保护神。他们喜欢把一些英雄人物比喻为狼，有些氏族还以"狼"命名，把"狼"作为战斗口号。此外，公驼和山鹰也是哈萨克族崇拜的对象。柯尔克孜族也崇拜狼，在著名史诗《玛纳斯》中英雄玛纳斯被描绘成一只大公狼。塔吉克族崇拜太阳，传说他们的祖先是汉公主与太阳化身的国子结合而生。东乡族以蛙为图腾。

中南、东南地区的壮族的图腾有牛、蛙、狗、鸡、鳄鱼、蛇、鸟、犀牛、熊、虎、鹿、猴等，他们有不少关于图腾的传统，此外还有图腾名称与图腾有关的各种节日。崇拜猴的部分瑶民认为猴是自己的祖先。流传于广西都安、上林、东兰等县瑶族地区的"猴鼓舞"，具有图腾崇拜的色彩。表演者学猴子走路，学猴子表情，学猴子发出"嘘——嘘——嘘"的呼声，学猴子争抢挑逗。是一种对自己祖先的纪念。

土家族祖先曾以白虎为图腾，有不少关于白虎的图腾神话，许多人名、地名都与虎有关。黎族的图腾有狗、蛇、龙、牛、蛙、鸟等，他们的文身习俗亦与图腾观念有关，有些地区存在图腾禁忌，图腾动物死后必须像死了亲人一样，埋葬在一个固定的地方。高山族有种种始祖创生神话，如蛇卵生人，蛇生人，蛇化人，石生人，竹生人，树生人等。（何星亮：《图腾与中国文化》，江苏人民出版社 2008 年版）

西南地区彝族有虎、葫芦、獐子、绵羊、崖羊、水牛、绿斑鸠、黑斑鸠、白鸡、蛤蟆、黑甲虫、象牙、交爪、细芽菜、香苕草、榕树、芭蕉菜、猪槽、饭箩、蜂、鸟、黑色、梨、鼠、猴、布、草、黄牛、白色、水、凤、蛇、龙、山、酒壶、狼、熊、蛙、蚱、鸡、犬、鹰、松、柏、鸿、雁、竹等图腾，并有各种图腾禁忌、图腾仪式、图腾神话和图腾艺术等。纳西族的图腾有虎、豹、猴、蛇、母羊、猫头鹰和猪等，其图腾禁忌有所保留，有不少地名、人名与图腾有关。傣族历史上曾以龙、牛、雄狮、虎、蛇等为图腾，同时有图腾雕刻和表现与图腾同体的文身习俗。

土家家族崇拜白虎，传说白虎是他们的祖先，他们在建新房和架木棚时，也表现出虎图腾崇拜的遗俗。土家族新建房屋的中柱上，往往贴有红纸书写的"白虎镇乾坤"五个大字，目的是祈求白虎保佑建房安全和住新房人家吉祥平安。土家族建房还有一种特殊的遗俗，即建房只能正房一栋，楼房两厢，人们称这种房屋为"虎座星"。据说土家族只能立"虎座星"而不能立"四合院"，否则会出现灾星。"虎座星"就像一只老虎坐在那里，虎视眈眈，能驱鬼避邪，保佑人们清吉平安。土家族民间传颂的英雄人物，多为"白虎星下凡"，或"白虎星投生"。（贵州省志民族志编委会：《民族志资料汇编·土家族卷》，第 155—157 页）

除少数民族外，汉族某些地区也残存图腾崇拜残余。山东青岛地区的汉族至今流行鸟图腾崇拜的残余形式——供圣鸡、送面燕等古俗。一些县、区在过年和正月十五供圣鸡。所谓圣鸡，即用面粉做成鸡形状，以代表鸟。此外，不少县、市有清明节蒸面燕相送的习俗，面燕多用面粉做成，多种多样，有双头燕、母子燕、连体燕等。（郭泮溪：《从青岛地区古俗看远古图腾崇拜》，载《青岛大学学报》1989 年第 2 期）

江南一带是古越人的居住区，古代主要崇拜龙和凤。江苏宜兴等地至今仍崇拜家蛇（一种无毒蛇），有种种禁忌，并禁止直呼蛇名。有些地区在 20 世纪 60 年代仍盛行祭蛇仪式，并保留了远古时代的图腾圣餐残余形式。（缪亚奇：《江南汉族崇蛇习俗考察》，载《民间文学论坛》1987 年第 5 期）

上述图腾崇拜遗风，使我们由近现代回溯到中古、远古，看到一个五彩缤纷、奇异无比的图腾王国，一个充满想象力的形象思维的世界，而其中即包含了几千年来中华文化的各种萌芽，尤其是中国哲学、伦理学、美学的雏形，是一个非常珍贵的思想宝库。（何星亮：《图腾与中国文化》，江苏人民出版社 2008 年版）

同时，我们还可以看到氏族图腾还有一个特点，即经过长期历史的筛选，逐渐由分散到集中，由众多到单一、统一。龙凤图腾就是经过漫长的社会变革，在淘汰了或削减了众多的图腾崇拜之后留下来的中华民族最主要的图腾崇拜形象。这同时也是一个典型化的历史过程。是历史创造了这个形象的典型，美的典型。龙凤图腾不仅被历史选择、流传至今，而且自身也经历了一个典型化的过程，其形象本身就是集众多形象中美的要素而组成的。

更重要的是，我们从这里可以形成这样的一个认识：中国就是一个古老的美学之国。仅从龙凤图腾的演化，就可以看出中华民族审美思想的深远和无比的丰富。龙凤图腾的演变本身就是一部文化史、艺术史、美学史。

龙凤形象不仅有地域的不同，而且发展阶段也不同。如凤经过了玄鸟期——朱雀期——凤凰期；龙经过了夔龙期——应龙期——黄龙期。在各个时期均有不完全相同的形象。

凤的初期为玄鸟期，从时间段讲，又分前后期：前期为商，后期为周。其形象基本与玄鸟相同，略加变异。鹰头鸮耳，鸷喙鸷爪，弋状高冠，剪式分尾或雉羽三分孔雀翎状，透地长尾。先商、商和先周的凤，大致为身翼短小，小喙利爪，类燕子或鹰鸮，有的简直就是鹰鸮模样。周时，其尾加长了，或锦鸡式长透地卷尾，或孔雀翎状长尾，酷似锦鸡、雉的原型。远古时代炎帝的苗裔，无论北迁的、西迁的、南迁的，都以凤为图腾，只是称呼不同。

从秦汉至隋唐，为朱雀期，是凤图腾的发展期。它是踆鸟的变异或者即在南方多见的孔雀。它有一点神秘，即色赤如火，被称为"离朱"、"火离"。炎帝被称为太阳神，其族有的迁往南方，那里气候炎热，土色朱红，昼夜气候变幻，所以其图徽也变为红色了。所以又被称为太阳鸟，昼为踆鸟，夜为朱雀。又称，"凤为火精，在天为朱雀"（《春秋演礼图》）唐时，朱雀被描绘得千姿百态，瑰丽万状，而且颇具西域风格。

凤凰期是在辽、金、元入主中原，又经过明、清而加以发展并定型化、规模化，而且是由入主中原的辽、金、元完成的，而非起始于中原的汉民族。原因在于他们大都为蒙古族的苗裔，属于东夷凤鸟、玄鸟等鸟族的后裔，又系以渔猎游牧为主，所以，这时的凤鸟呈现出明显的鸷鸟特征。当然，它脱离不开鸷凤与朱雀的基础，并以鸡为原型，加以创新：鹰嘴锐目，利爪，昂头，长足蛇颈，雄鸡肉冠，孔雀状三翎巨尾或五条、七条、九条雉状翎尾，或长枝交连状尾。明清又有所发展，并将鸳鸯雄者翼侧耸立状羽毛附着于凤身，成为我们今天所看到的凤凰形象。

初期的龙为夔龙，其历史背景为仰韶文化、红山文化、大汶口文化、山东龙山文化——商——周——秦汉。以商周的龙为代表，其原型为鳄、蛇，再与玄鸟复合演化为夔龙、夔螭。它还是商的族徽，西周继续沿用，并把它们合并为一个新的图徽。商夔龙威严、庄重、粗犷、华美，呈现出一种质朴、原始的力量之美；周夔龙秀气、活泼、飘逸，曲线优美流转，有一种律动之美。

这个时期，龙还有两种怪相：象龙与虎龙。长卷鼻的象鼻龙，一直由周延续到清代。象本来是东夷虞舜氏的图腾，因舜系黄帝族苗裔，便将象与龙合为一体了。同时，巴蜀地区还有虎形的龙。这又是由东方虎族西迁而出现的。

龙图腾形象发展到应龙，则被艺术化了，成为一种艺术的形象。专家从出土文物判断，它始于秦，盛于汉，延至隋唐。它是由凤、鸟、鳄、鲵、蛇复合而成形的。长江流域及其以南广大地区的龙，更像蟒蛇。昔日幻想中的龙，日益向现实转化，以至黄龙，应运而生。它是在应龙基础上拉长其躯体，将夔龙与应龙形象结合在一起而形成的，并向神化、美化扩张。如翅翼化为火焰，从前足肩部飞腾起来，并生出了鬐、鬛、肘毛等。其趾也由秦、汉、隋、唐、五代、宋、元的三趾，发展到明、清时的四趾、五趾。黄龙也是金龙，乃皇权的象征。金碧辉煌，气势磅礴，瑰丽万状。山西大同的九龙壁，北京故宫的九龙壁，就是典型之作。黄龙期的龙，更规范化，多样化。坐龙、行龙、跑龙、飞龙、腾龙、团龙、盘龙、升龙、云水龙、戏珠龙、闹海龙、配凤龙……千姿百态，无奇不有。宫廷，民间，金、银、玉、石、砖各种材质上，雕塑、织物、建筑、墓葬、墓碑、绘画、剪纸……无处不有，比比皆是。人们生活在一个龙的世界之后中，醒时，梦中，均不乏其龙。举目望见天上的云，海中的涛，古柏苍松、闪电……无不是龙。因为龙的形象，已深深植根于人们的审美意识包括潜意识之中。

　　龙凤图腾形象尤其是艺术化了的龙，是典型的具有深厚意味的美的形式，是非纯形式的形式，纯装饰性的形式，而是深深植根于个体、群体——族群（氏族、民族），甚至血缘亲情之中的，与其生存、命运、生命紧密联系在一起的，具有鲜明的功利性和情感色彩的形式。它是形、意、情、利、美的统一。是依靠表意、示形、假借、转注等艺术手段完成的。是沿着单纯——复杂——再单纯——再复杂；抽象——具象——再抽象——再具象；综合——解析——再综合——再解析，如此循环往复以至无穷的艺术创造道路发展的。从而导出三大艺术形式：①以象生为本的形意结合性绘画；②以抽象为主的示意性几何图案纹饰；③形意转借标志性象性文字。三者虽在发展中独立，但又相互影响，从而形成中国绘画特有的装饰风格与书法意味。不仅如此，龙凤艺术，通过以意示形，以意设形，以意写形，形成了较完整的系列的意象表现法则。通过"三波九折"、"三停九象"，点、线、面的曲直刚柔、勾连并置、收放疏密、空间分割、宾从互衬、开合呼应、虚实相生等艺术手段的巧妙应用，表现了龙飞凤舞的激越气势和律动之美。（王大有：《龙凤文化源流》，工艺美术出版社 1985 年版）所有这些，都成为运用现实主义与浪漫主义相结合的艺术手法，成功表现真、善、美的范例，对中国的艺术发展产生了深远的影响。

鸟尊，山西曲沃县北赵村晋侯墓地114 号墓出土，为西周（公元前 11 世纪—前 771 年）时期制品，用于祭祀，亦与崇鸟图腾有关。（上）

立鸟人足筒形器（器形前所未见，装饰独特，表现的亦是鸟图腾的崇拜）（右）

鸟尊（西周）

包刻大黑天法螺（西部少
数民族文物）

舞马衔杯纹金花银
壶（唐）

我国各民族信仰图案（北京世纪坛大型组合石雕）

汉族

蒙古族

回族

藏族

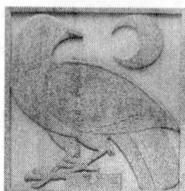

维吾尔族

苗族

彝族

壮族

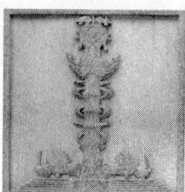

布依族

朝鲜族

满族

侗族

哈尼族

瑶族

白族

土家族

哈萨克族

傣族

黎族

傈僳族

佤族

畲族

高山族

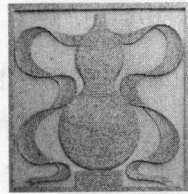
拉祜族

水族

东乡族

纳西族

景颇族

柯尔克孜族

土族

达斡尔族

仫佬族

羌族

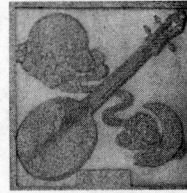
布朗族

73

十一、人神天鬼

　　图腾作为一种意识形象，反映了人作为自然奴隶的地位，表现了人对自然力的崇拜和对战胜自然、超越自然的渴望。而自然是具体的，除了大自然的天象地貌以外，在"亦锄亦渔"靠狩猎谋生的时代，人随时随地都必须准备着与鸟兽蛇虫争斗。为了让"神力"附身，为了在争斗中取胜，他们想象自己能身生两翅，翱翔太空；希望自己能腹生四足，身长千尺，而且头上长角，可以腾云驾雾，顶破苍穹，具有超常的能力。他们崇拜力、祈求力，而且在取得某些胜利之后，似乎神力即已附在自己的身上。他们的想象是那样的丰富，不但让自己的氏族首领执掌神圣的图腾，而且想像着自己的整个民族都是具有神力的图腾的后代，只要高举图腾，给自己以信心，即足以战胜一切。图腾凝聚着全氏族或民族最美好的理想，是"力"的化身，也是"美"的化身。人类在塑造图腾的过程中便开始了他们的审美历程。

　　"龙"字在甲骨文中便已出现。《甲骨文编》所收录 36 个龙字。龙形器物，最早出土的是距今 8000 年的内蒙古赵宝沟陶器上的龙纹（红山文化）。

　　从图腾崇拜的产生和发展的过程中，也可以看出宗教与神鬼观念的产生和形成。由于图腾观念及其崇拜是出于先民对生存的需要，把它寄托在某种或某些动物以及自然现象身上，并当做神灵加以膜拜，宗教的观念便由此而产生了。所以，国内外学者们认为，图腾崇拜乃一切宗教的起源，而人类最早的神亦应是由图腾的转化、演化而来的。如龙，就由图腾演化为各民族共同崇奉的图腾神。凤则是由鸟图腾演化而成的图腾神。蛙也演化为图腾神，即女娲、娲皇。蛇是古越人的图腾之一，后来也演化为图腾神。鸟也是古越人和东夷人的图腾，后来也成了神。狼是古代突厥族的图腾祖先。还有鸡神、鹿神、鹰神、猞猁神、白虎神、蜘蛛神等，都曾是一些氏族、民族所崇拜的图腾，后来都被奉为神。

有些神并非由图腾直接转化而来，而是经过了一个鬼或精灵的中间环节。由于古人常受自然之害，对一些自然现象如山谷、河流充满恐惧，所以便认为有山精、水精、狐狸精。对雷的恐惧则在观念中直接形成雷精。它们也被称为山鬼、水鬼、雷鬼。如此等等，都被认为是害人之鬼。这些鬼有的后来转化为神，有的被人们一直认为是鬼。但祭祀却与神无别。因为人们敬神敬鬼都无非是为了趋利避害。如云南怒江地区的傈僳族，20世纪50年代依然保留了较浓厚的鬼或精灵观念，而且鬼的数量之多，竟达30余种，其中包括天鬼、山鬼、水鬼、水井鬼等。他们祭天鬼，是因为它能使人头痛、耳聋、咳嗽等。一旦犯这种病，即以牛和鸡做牺牲祭祀。对其他鬼的祭祀，也是由于类似的原因。西双版纳勐海县布朗山区的拉祜族，也存在某些精灵或鬼的观念，如雷鬼，月亮鬼、水鬼、山鬼等，但他们始终未把它们奉为神。

图腾的演化，可以看出氏族、民族和人类社会的发展。如前所述，各地区和各个氏族，所崇拜的图腾多种多样，千奇百怪，但随着时间的推移，图腾崇拜，日益集中。如华夏民族，主要以龙凤为图腾为民族的象征。这一方面是由于龙与凤集中代表了许多被先人们崇拜的动物的特征。如龙角似鹿、头似驼、眼似龟、身似蛇、鳞似鱼、须似虾、爪似鹰、掌似虎、耳似牛；凤，"鸿前麟后，蛇颈鱼尾，鹳颡鸳思腮，龙纹虎背，燕颔鸡喙，五色皆备"。（《山海经·南次三经》）它们不但把美集于一身，而且有人们所希求的同大自然搏斗的能力。尤其是龙，可以腾云驾雾，叱咤风云，神奇无比，最符合人们的理想。另一方面，则是由于经过长期斗争的实践，"物竞天择"，弱小的氏族逐渐消亡，或归入大的氏族。华夏氏族集团日益壮大，并终于形成一个强大的氏族，所以，其龙凤之图腾崇拜，便成为主流崇拜。连创世神话，也离不了龙凤。连被视为神圣的伏羲、女娲也是人首龙身。

图腾的演化，可以看出艺术产生和发展的轨迹。古人的装扮、服饰、音乐、舞蹈、书法、绘画、雕塑、戏曲、建筑，等等，无不打上图腾的烙印。人类塑造图腾崇拜是为了"超自然力"的获得，是人类意识中美的化身，人们自然把它们也"化"在先祖身上，"化"在自己身上。

图腾的人体装饰，包括以涂色、切痕、黥刺等方式，在人体上绘刻图腾的图形——全图形、局部和象征性符号。《水浒传》中的九纹龙史进，就代表延续数千年的文身习俗。在新疆古代遗存中考古发现，文身现象极为普遍。1985 年在新疆且末县西托格布拉克乡扎洪鲁克墓地中发掘出的两具干尸，男尸女尸均有文身痕迹，脸部纹饰以大盘羊角状。古代西南少数民族中，文身现象更为普遍。《北史·西域传》"女国"条载："女国，在葱岭南……"男女皆以彩色涂面，而一日中或数度改为之。文身现象在近现代依然存在。傣族常把两条腿文成龙壳（鳞状）。"蛇文"、"蛇王文"、龙王文、虎、豹、象、狮图亦常见。文身时因用针刺皮肤且会出血，涂以染料，常引起病状，要经几次痛苦，方可完成。但人们并不以此而免文。至于拔牙、凿齿之文俗，更使人听起来毛骨悚然。而且常常是在少时即拔齿，拔的还是门牙。如此便以为美观，令今人难以理解。

图腾艺术还表现在图腾雕塑与图腾音乐以及舞蹈上。

图腾雕塑是一种以图腾形象为内容的造型艺术，在旧石器晚期的遗址中，已可发现图形多为龙、蛇、鹰、鸟、虎、狼等，有的具象有的抽象。图腾图画则常出现在洞穴壁、圣地、住所、庙宇中或武器盾牌、布上、纸上。有动物也有手执武器如弓箭、矛、刀的人物。有的具体真实，有的比较抽象。有静物也有生动的活动，如男女生殖崇拜和战斗狩猎场面。在玉器彩陶和青铜器上，亦多有表现。

　　图腾音乐，如同原始歌舞，有声乐，有器乐，有乐舞结合的表演。音乐常模仿图腾动物的吼叫声，鸟的悦耳动听之声。当这种图腾音乐、舞蹈同巫祭结合时，更神秘阴森可怖。

　　随着中华民族文化与文明的发展，图腾遂成为一种装饰。它不仅留之于人身上，留之于器物，而且几乎所有的宫殿建筑、住房的屋脊、尾吻，也都留下具体的或符号化了的龙凤形象。这种带有深沉感情的艺术形式特征的积淀，在所有表现"神力"的殿堂、神庙，几乎无处不在。在探究中国美的观念、美的形式的起源的时候，离开龙凤的具体形象是不可能说清楚中国美学传统从意识到形象、从内容到形式的具体特征的。

故宫门饰

故宫铜雕

山西晋城市玉皇庙
二十八宿翼火蛇像

山西晋城市
玉皇庙二十八宿
尾火虎像

山西朔州
崇福寺弥陀殿
金刚像

山西大同下华
严寺天王像

图腾的内容及其具体的形象，一开始就决定了我国民族传统形式的特征。龙蛇的飞舞和凤鸟的盘旋，使中国的艺术形式一开始就讲求"气势"。那盘曲蜿蜒的曲线，似乎是无意地接触了美的运动的旋律。那些西方人多少世纪以后才发现的曲线美，那些为莱辛在《拉奥孔》中所说的弧度，我们的祖先早就借龙蛇的屈曲和气流的曲线以及水的旋涡加以运用了。那种神龙见首不见尾的含蓄和虚实相生的情韵，也因为原始人丰富的想象借烟雾而产生。北宋山水画家范宽所表现的"山从人面起，云傍马头生"，郭熙在《林泉高致集》中所总结的："山欲高，尽出之则不高，烟雾锁其腰则高矣；水欲远，尽出之则不远，掩映断其脉则远矣"的传统经验，包括神龙飞升时的若隐若现，若实若虚的手法，正是来之原始人所赋予龙凤的丰富而美好的想象。那汉墓壁画上的飞天形象，那宫殿建筑中的飞檐高啄，那流芳百世的"曹衣出水、吴带当风"，它们模拟的线条，所表现的飘逸流转的气势，岂不都与最初的龙凤飞舞的形象有关吗？中国艺术所讲究的风力、气力、风神、气韵，不也同龙凤图腾相联系吗？由于龙凤图腾为以后的艺术家提供了原始材料，相沿成习，便逐渐从具体的形象到表现的方式，转化为民族的审美习惯与心理需求。

人们把"力"作为"神"来膜拜，创造自己的图腾，图腾又反过来成为人所膜拜的对象。这正是人成为自身"异化"的奴隶的开端。这里所表明的正是马克思在《1848年经济学—哲学手稿》中所描写的："他在劳动里并不是肯定而是否定他自己，不是感到快慰而是感到不幸，不是自由地发挥他的身体和精神两方面的力量，而是摧残他的身体毁坏他的心灵……"（转引自《美学》第二辑，第17页）人为了使自己成为"神圣"却反而使自己沦为"神圣"的仆役。为了对自己塑造的图腾表示仆役般的驯服和恭顺，于是出现了拜神的歌舞与巫术等礼仪。

《尚书·尧典》载："击石拊石，百兽率舞。"《吕氏春秋·古乐篇》载："昔葛天氏之乐三人操牛尾，投足而歌八阕。"他们表现的可能是极其炽烈虔诚、如醉似狂的欢乐，但是他们作为人的"人性"却也异化了。在人性的功能方面，他也感觉不到自己和动物有任何差别。动物性的东西变成了人性的东西，人性的东西变成动物性的东西。他们的歌舞模仿的正是他们企图征服的对象——动物的动作。舞蹈成为神力的魔法，歌唱成为表示神力的咒语。艺术成为神权的祖先，神的威力则借原始艺术以显示它的魅力。这种艺术一开始就发挥着使人如醉如迷、动情移性的功能。这种功能起初虽不为人们所认识，但在实际上它的魅力却远超过现代人所理解的程度。以"人"作牺牲，甚至愿意以自己的身躯充当自己所筑起的祭坛的祭品，这种在现代人视之为不可理解的东西，远古的人却视为理所当然。这种人类意识的是一种典型的"异化"，也是艺术的魅力一开始就带上某些神秘色彩的历史渊源。

随着氏族联盟的扩大，人对自然征服能力的提高，联盟首领所拥有的权力及可供控制的范围越来越大。生产的发展，猎获物的剩余，野生动物的驯化，人们从游牧开始定居。神农纪以后农业的发展，使氏族组织的秩序日益稳定下来。原始公社成员以自己的劳动剩余培育着私有制，氏族首领借产品分配权力的扩大，树立起自己的特权。起初是氏族图腾的解说人员和联盟祭祀的发展，继之是勾结巫觋或利用图腾作为巩固自己地位和攫取特权的手段。于是在氏族集团内部出现了近乎西方"先知"的聪明人集团，他们由巫觋、军事首领和氏族元老组成，实行着对氏族成员的精神统治。图腾转化为统治人们精神的工具，被用来进行随心所欲的夸张和利用。原来虔诚崇拜的神力，此时已经发生质的变化，为人的意志所代替，服膺于少数集团或个人的需要。原来还只是可见的蛇鸟被夸张为龙凤，龙凤又被奇特地与日月、星辰融为一体，变为更为神圣的天地神祇。从泛神论到一元论，从具体到抽象，从自然的天到神祇的天，而都统统又服膺于人的意志的需要。及至后来，龙凤图腾更成为一种皇权的象征。龙袍凤冠并非任何人都可以佩戴的。这样就出现了两种情况：一面是盲目地依从，一面是尽情地调弄。当然，也有真把自己视为无限神圣的时候，正如不断撒谎者习惯之后连自己也真的相信了。

十二、几何图案

　　本章命名为《几何图案》，实际上并不确切。因为陶器不仅其图案，连其造型也是几何体形的。罐、钵、盆、壶、杯、碗、器盖以及釜、鼎、甑、鬲、觚形杯、觚、筒形杯、黑陶镂孔高柄杯、豆、盘、瓶、尊、大口尊、缸、瓮、斝等，是原始陶器中较常见的，均为几何体形。在这些器物的设计、生产中，先人们根据其不同的功用，在首先保证适于使用的前提下，适应人们的审美情趣，运用对称、均衡、稳定而又变易推陈出新的艺术思维原则，设计器物的造型。如把鼎要塑成釜形或罐形、盆形；把豆塑成钵形或盆、盘形等，然后再塑其细部，如口沿，塑成平沿或卷沿、折沿；对口或歙或侈，或敞或直；颈，或长或短，或粗或细；肩，或圆或折；腹，或鼓或扁，或曲或直，下腹或收或放；底，或平或凹，或圆或尖；足，酌定其大小、高矮、三足、四足、圈足、假圈足、喇叭形足等；耳、把或纽的形状、大小及所置部位等，都精心安排，各得其位，各得其体，并同主体浑然一体，美观、大方、自然、流畅。对器身的转折和各部位的交接处、结合部，也要做得自然，不留交接痕迹，作弧线处理也好，凹凸起伏也好，都给人以愉悦之感。

　　器物的图案与纹饰，则更为讲究。它由写实的、生动的动植物形象演化为抽象的、符号的、规范化的几何纹饰与图案，这无疑是理念和技巧上的一大飞跃。根据考古发现，属于10000年前早期的新石器的陶器很少，绝大部分是距今8000—4000年间的。但它说明，我们的祖先在很早以前即可娴熟地在陶器上设计制作几何纹饰与图案了。为公元前4300—2400年间的大汶口文化彩陶钵、豆、盆、瓬、漏器、器座、壶、背壶、盂、杯、罐、鼎等上的几何形、纹，用有色线（横、竖、斜、弧、涡、曲、折线），通过平行、交叉、勾连、连续、曲折等变化，组成布局对称的几何形图案骨骼，而后填以与陶衣底色和线色对比强烈而又很和谐的红、赫、黑、白、黄等色彩。图案清晰、鲜艳。主要纹样有圆点、条纹、带纹、圆圈、三角形、八角形、弧边三角形、勾连回形纹、编织纹，"田"字纹、锯齿状纹、水波纹、连栅纹、网纹，"井"字纹和涡纹等。花朵纹亦以几何形图案为骨骼构图，以大圆点为花蕊，以弧线勾勒椭圆形花瓣，组成花朵轮廓，尔后，在椭圆形花瓣内涂以白粉。非几何纹则极为少见。马家窑类型（前3100—前2700）彩陶，主要纹饰也是以几何形花纹为主，动物纹、人像纹为辅。几何形纹有平行条纹、波浪纹、垂幛纹、垂勾纹、单个或多个圆点纹、弧边三角形、叶状间网纹、葫芦形纹、菱格网状纹、圆圈纹、螺旋纹、S形纹、T字纹、涡纹、锯齿纹、连珠纹等。有的还在圆圈内缀多条平行线构成的十字纹，有的在十字四端加饰椭圆点网纹、齿形纹等各种不同的纹样，构成一个图案画面。有在同一花纹带上由两种以上不同花纹构成的，也有形象生动的蛙纹、鱼纹等动物形纹样。在这种众多的图案中，甘肃天水师赵村遗址出土的一件马家窑类型彩陶钵内壁施绘的蛙纹最为完美。其蛙首与身躯皆以图形构图，前两肢向前划，后两肢向后蹬，都用弧线表示，使首躯肢构成一个圆形，与钵内壁浑然一体。蛙眼圆睁，四肢前划后蹬，嬉游于水中，极为生动、真切，显示出高超的造型艺术与审美功能。不仅如此，它们还显示出这些氏族的图腾崇拜。换句话说，先人们把图腾崇拜变成了几何图形，使之抽象化、符号化、概念化、艺术化了。这是一种有意味的形式，抽象的形式中，蕴涵着长期积淀的内容，抽象的形式中，社会的、氏族的、个人的生活趣味、审美心理和审美理想。(以上参见吴诗池：《中国原始艺术》，紫禁城出版社1996年版)

正因为这样，不仅"马家窑螺旋纹是由鸟纹变化的，波浪形的曲线纹和垂幛是由蛙纹演变的";半坡彩陶的几何形花纹则是由鱼纹变化而来的;庙底沟彩陶的几何形花纹是由鸟纹演变而来。所以前者是单纯的直线,后者是起伏的曲线。"仰韶文化的半坡类型与庙底沟类型分别属于以鱼和鸟为图腾的不同部落氏族,马家窑文化属于分别以鸟和蛙为图腾的两个氏族部落。"(石兴邦:《有关马家窑文化的一些问题》,载《考古》1962年第6期)后来,鸟的形象逐渐演变为代表太阳的金鸟,蛙的形象则逐渐演变为代表月亮的蟾蜍……这就是说,从半坡期、庙底沟期到马家窑的鸟纹和蛙纹,以及从半山期、马厂期到齐家文化和四坝文化拟蛙纹,半山期和马厂期的拟日纹,可能都是太阳神和月亮神的崇拜在彩陶花纹上的体现。(以上参见严文明:《甘肃彩陶的源》,载《文物》1978年第10期)总之,他们都带着超世间的神秘,是巫、尹、史们代表统治者的意志,结合陶器抽象化、符号化后的几何纹饰所完成的幻想杰作,用它来表示自己是初生阶段的最高统治者。而且要以"家天下"的形式,传之永世。制鼎还有一种震慑作用,使奴隶们心悦诚服的。

当然,此间是有一个漫长的发展过程的。陶器纹饰的演变,体现了两个不同的时代,原始社会和奴隶社会。从半坡、庙底沟、马家窑到半山、马厂、齐家(西面)和大汶口晚期、山东龙山(东面),从众多使人眼花缭乱的造型中,不难看出一个重大的变化,即由和谐逐渐演变得越来越狞厉恐怖,威慑性日益增强。新石器早期的陶器几何形纹图比较自由、放松、舒畅、生动活泼,而晚期则越来越构谨、严峻、冷酷、威慑,使人惊畏。前期那种种意趣盎然、稚气可掬、婉转曲折、流畅自如的写实的和几何的纹饰逐渐消失。神农世相对和平稳定时期已成过去,社会发展进入了以残酷战争、掠夺、杀戮为基本特征的黄帝尧舜时代,温情脉脉的母系氏族社会让位于严厉的父权家长制,并向奴隶制的门槛迈进。阴森恐怖、威权统治的阴影笼罩着陶器的几何形纹饰和图案,它迎来的是狞厉的青铜饕餮及其美学意蕴。(参见李泽厚:《美的历程》,1981年版,第30—31页)

远古社会的战争、杀伐是极为频繁的。同样是"龙"的子孙(各以不同的龙为图腾），胜利者除了把自己说成神圣之外，还要标榜自己是善的化身，是天的意志的代表者。《山海经》记述女娲的胜利是通过"杀黑龙以济冀州，积芦灰以止淫水"而完成的，然后，"苍天补，四极正，淫水涸，冀州平，蛟虫死，颛民生"。表明这"黑龙"、"蛟虫"都是首恶，属于应除灭的对象。《山海经》注引《开筮》还说，"禹生鲧腹"，鲧死后，生出禹来化为黄龙。禹长大后，继承父亲的神力（有的考据说鲧本是一条大鱼，实际上不管是鱼是龙都是氏族图腾的标记，而且是同一个氏族系统，不过借神物表示威吓而已），完成了治水救民的功业。这个胜利的、被视为"黄龙"的禹，自然是"首善"，而且应该立九鼎。在父系社会，为了使父死子继、兄死弟及的传统为百姓所接受，统治者不但宣扬自己是"天命所归"，如禹的神力是其父鲧黄龙所传，而且既装神又弄鬼，说已死的祖先还会显示威力，等等。

《尚书》中记载：从前我的先王，既然役使过你们的先祖父，你们当然都是顺从我的德政的臣民。如果你们心里藏着恶毒的念头，先王就会把他的意见告诉你们的先祖父，你们的先祖父，就会抛弃你们，不把你们从死罪中救出来。现在那些乱政的大臣，执掌权柄，只知道聚敛货贝，他们的先祖先父便竭力要求我的先王说："快些将严厉的刑罚给我的子孙吧"，从而引导先王，大大地把不祥降给他们。呵！现在我告诉你们迁徙的计划是不会变更了，你们应当体谅我的大忧，不要互相疏远，你们应当同心同德按照我的意见行事，把正道放在心里。假如你们的行为不善，不按正道办事，猖狂放肆，违反法律，不尊敬国王，取巧诈伪，胡作乱为，我就要把你们杀掉，并且还要杀掉你们的后代，不使你们的后代在新邑里繁衍。（王世舜：《尚书译注》）

这就是把天上的神和先王的鬼都搬出来进行威慑镇压的证据。

暴力是文明的产婆。炫耀暴力和武功是为了表示对氏族祖先和自己吞并战争的颂扬。青铜礼器是杀俘祭祀时的重器，它那吃人的饕餮纹饰恰好表明新兴奴隶主政权确立时，作为树立权威所需的图像标记。在那时，只有统治者才把这种吃人的凶兽形象视为"美"来欣赏。这就说

一、彩陶中的几何图案

几何图案在古代陶制品中被广泛采用，从制品造型到图案，举目可见。

仰韶彩陶大多以白色为底，用黑彩或红彩绘出弧线三角和圆点组成不同纹饰，飘逸而又神秘，底纹则呈白色花朵。弧线三角和圆点色块则起了衬托作用。中国画里的云雾和飞瀑，一般都是"留"出来的，而不是画出来的，被称为"留白"。仰韶彩陶上的花朵，似亦采用同样手法。（以上参见山西博物院文物图解）

二、青铜器中的几何图案

历史上的晋国曾是称霸一方的大国，从出土的文物可看出早期晋文化对商周文化的继承，又受戎狄文化的影响，这在青铜器中最为显著。

明了审美的阶级性。对于骑在奴隶头上作威作福的奴隶主来说，他们看见这种凶兽形象是美的，而作为奴隶来说，这种"美"是难以想象的。正像你是悲剧的主人公，而且正处在悲剧的时代，你要把自己的悲剧作为一种美来欣赏、来叙述一般是不可能的，常常要在悲剧过去之后才有可能。"痛定思痛"，哀歌往往在"痛定"之后才能唱出口来。要寻找这些饕餮的狞厉之美，可以由它所凝聚的超人的想象，它所表现的"力"的形式，雄健的线条、矫飞的纹络、厚重的气势的感受中，去体味人类童年时代带有某些古拙气味的稚气或天真，从而产生一种近乎追忆的欣赏。但最主要的还是在于它的夸张对于现代人来说已起不到威吓的作用。历史越是久远，越引发人们对其稚气、古拙和出乎意外的怪态与风姿感到新奇有趣。时光冲淡了它的神秘，时代的发展在人的心理上建立了"隔"的里程。正是由于空间和时间的客观条件的变化，空间和时间上的"隔"，增加了它的审美价值。对于后代人来说，这种建立在"力"的气势的基础上的超人的形象，终于不使人再引起恐怖或畏惧的心理，而让它的"新奇"和"意外"的形式发挥艺术的魅力。

十三、线的艺术

　　陶器的几何形造型，其主角便是线条。由线到面，由面到形、由形到美的构图。根据陶器不同的造型，运用线的虚实、曲直、流转，不同的组合与变化，不同的比例与结构，构成了陶器的整体的造型之美。如前所说山西垣曲古城东关出土的属于仰韶文化早期的陶器，纹饰以弦纹、细线纹、附加堆纹、剔刺纹砂罐；在芮城县东庄半坡类型遗址和西王村庙底沟遗址出土的仰韶文化中期的陶器，上有彩色纹饰，图案有动物，也有鱼纹。鱼纹又以勾叶纹为主，兼用条纹、弧线纹、弧线三角纹、圆点纹和网纹。迈过线条的变化与不同的组合，表现出两个不同信仰的氏族对鱼与植物、花卉的图腾崇拜。属于新石器晚期的龙山文化类型的陶器，采用了轮制技术，并出现了圈足和三足器，纹饰则以绳纹、篮纹为主。这种三足陶器，不仅坚实、稳定、简练、雄健，而且比四足器更美观，更重要的是它的设计思想已由写实、模拟，发展为大胆的想象、创新，成为形式美的一大创造。

　　为了对具体的形象加以必要的提炼，为了把准备加以夸张的意愿糅合在有限的符号化的器皿上，制作者务必对线条进行深入细致地研究。这种研究为中国独特的表现感情的形象的"线"的艺术奠定了基础。那种借简单几笔就要勾勒出一个具体图像的要求，它高度的概括性所达到的水准也绝不是现代的抽象派所可比拟的。正因如此，一旦这些作为符号标记的图像被固定下来，文字也就产生了。许慎在《说文解字·序》

中说："仓颉之初作书，盖依类象形，故谓之文。"这里指的正是汉字如何借线条进行模拟、造型的过程。

值得注意的是，中国汉字之所以成为一种独特的艺术，一方面，固然由于汉字本身的象形性，正如蔡邕在《篆势》中所说的："或象龟文，或比龙鳞，舒体放尾，长翅短身，颉若黍稷之垂颖，蕴若虫蚁之梦缦。""垂颖"——垂下的芒须；"梦缦"——纷乱，混杂。借简约的线条表现出和表达出种种形体姿态、情感意志和气势力量；另一方面，在于从再现到表现，从写实到象征，从形到线的发展过程中，借线条的对称、均衡、连续、间断、重叠、单独、粗细、疏密、反复、交叉、错综、一致，不自觉地创造了一种比较纯粹的美的形式，一种动的旋律。它既能表现自然对象和客观世界的节奏、韵律，又能符合变化、统一的形式规律。而从复杂到单纯，又体现了一个更高的审美境界。

更重要的是由于这些线条不只是诉诸感觉，不只是对比较固定的客观事物的直观再现，而且常常可以象征着代表主观感情的运动形式。正因为它是充分"人化"了的对象，通过它的运动的韵律，人们还可以窥及一个人的性灵，甚至视之为"性灵自由表现"的产物。

当然，这只是在汉字成为纯粹书法艺术并为人们充分运用纯熟之后的事，但篆字在模拟、造型的过程中，通过线的高度概括、抽象，成功地创造了具有一定的意味内容的形式，无疑为书法艺术的发展奠定了良好的基础。也正是因为它是能够体现似而不似的人的性灵的奥秘，是纯粹的"人化的自然"，表现了中华民族的极大的创造性，因而它才成为中华民族的独特艺术。

各种器物中体现的线

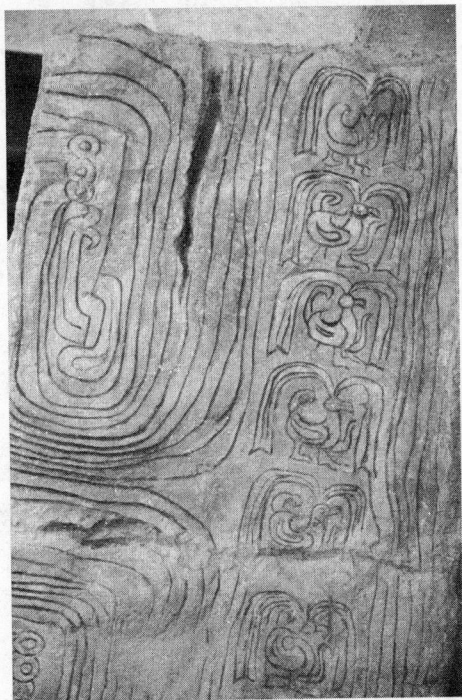

考古最新发现的古老荒帷，距今约
3000年，墓中纺织品所制凤鸟图案。

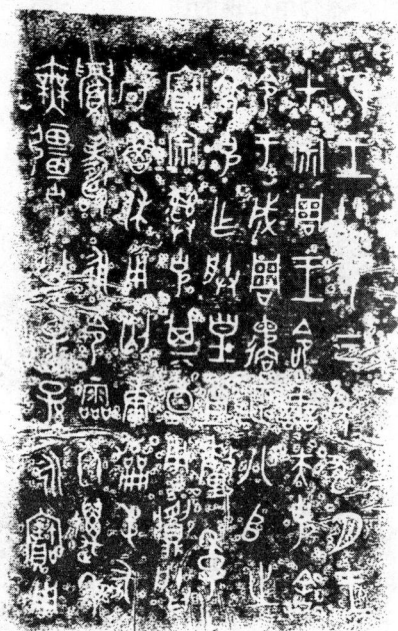

夔纹簋铭文等中表现的线的艺术（西周中期）

夔纹簋铭文等中表现的
线的艺术（西周中期）

鼎式镜（元）

理性曙光　《易》远流长

十四、理性曙光

　　变化统一的形式规律的不自觉掌握，主要来自于远古之人对客观世界的认识。"近取诸身，远取诸物"。首先从自身的交感中认识了男女，然后是日月，进而区分了天地。从时光运转的一明一暗中，产生了"阴阳"的概念。宇宙既是一个整体，又往复不断地如此变化，所以，浑然一体的概念是主要的，其次才是它们的"对立"，以图像来表示，即所谓"太极"、"两仪"。那种一阴一阳、黑白二色共处于一个圆球之中的观念，正是古人对宇宙世界的具体理念。这里既有圆的曲线，又有划分阴阳的蛇形线条，外加分别黑白的一点，仿佛是鱼的眼睛，而鱼是中国氏族原始的图腾，也可以理解为是具体男女或日月符号化的概括。

　　阴阳学说，是《周易》理论之本，是解释说明一切的世界观，审美观。"易以道阴阳"（《庄子·天下》）。易即阴阳。阴阳即男女、天地、万物、宇宙。它统摄男女、夫妇、父子、天地、万物、家庭、社会、天与人、自然与社会，使之在阴阳对立统一运动中达到和谐共存共荣。"阴阳，一太极之实体，唯其富有充满于虚空，故变化日新，而六十四卦吉凶大业生焉。阴阳之消长隐见不可测，而天地人物曲伸往来之故于此。知此者，尽量之蕴矣。"（王夫之：《张子正蒙注》）知道它是一切的原因，就彻底了解易的意蕴了。善于运用它解释一切，就算是懂得它的原理了。

　　以此观宇宙，"阴阳大化"是也。如《荀子·天论》所言："列星随旋，日月递，四时代御，阴阳大化，风雨博施，万物各得其和以生。"

以此观社会，天尊地卑，乾坤定矣。卑高以陈，贵贱位矣……在天成象，在地成形，变化见矣……乾道成男，坤道成女。乾知大事，坤作成物。乾以易知，坤以简能……易简而天下之理得矣。天下之理得，而成位手其中矣。(《周易·系辞上》) 有天地然后有万物，有万物然后有男女，有男女然有夫妇，有夫妇然后有父子，有父子然后有君臣，有君臣然后有上下，有上下然后礼义有所错。(《序卦传》) 儒家所倡导的"与天地合其德"，天、地、人相和谐，以上下尊卑为基础的社会规范，便由此而出矣。以此观变易，"一生二，二生三，三生万物"。正如《序卦传》所作的阐述："有天地，然后万物生焉。盈天地之间者唯万物。"这里对立着的万物是它的实体，然后才是它的变化。所以说："天地解而雷雨作、雷雨作而百果草木皆甲坼。"所谓"甲坼"即草木种子外皮开裂而萌芽的意思。天地分离成上下时，才会有雷鸣电闪、暴雨倾注，这样，地上的各种果树草木的种子才能开裂而萌芽。这种由"太极"而"两仪"，由"两仪"而"四象"，由"四象"而"八卦"的推演，反映了古人丰富无比、联类无穷的想象力和被符号化、概括化以后揭示的规律。这种规律即他们所说的"道"。这种"道"的观念即他们从现实生活中所归纳出来的"理"。所以说："天地暌而其事同也，男女暌而其事类也，暌之时用大矣哉。"(《暌象》)"暌"即违背、相反的意思，这里可引申为分离之意。就是说：天与地的方位不同，但它们在生养万物这一点上是相同的；男与女的性别不同，但他们的生活活动却是类似的。物与物相反，这种作用大着呢！他们把一切大自然的现象都看做是对立物的变幻，都具有"交感"的性质，意味着互相对立而又互相渗透、互存互补而相辅相成，抽去了以后的阴阳家、五行家"相生相克"的神秘，它反映的是远古之人朴素的物质观念与具象的辩证法。这种朦胧的对于物质世界变化规律的探索，正是人类"理性的曙光"的显现。

如《览篡训》乾卦中借"龙"的具象，作了如下的推演：

"初九（第一爻）：潜龙勿用多；

九二（第二爻）：见龙在器，利见大人；

九三（第三爻）：君子终日乾乾，阴阳若厉；

九四（第四爻）：或龙在渊，无咎；

九五（第五爻）：飞龙在天，利见大人；

上九（第六爻），亢龙有悔。"

这种推演说明，事物刚开始时变化的迹象还不显著，继续发展下去，变化愈益深刻、剧烈，发展到最后阶段便超过了它最适宜发展的阶段，它就带来了相反的结果，以此来说明一切事物变化、发展的规律。

由此观政治与艺术，礼乐并治，社稷兴也。礼是阴，乐是阳。乐由阳来，礼自阴作。乐统和，礼辨异。人心为田，礼东耕之。礼治心，乐治情。得民心者得天下，得民情者得天下。得民心而又得民情，被统治者能对统治者拥有情感、美感，把你当做美的化身，你的江山就成为"铁统江山"，万世不竭了。而艺术是什么？阴阳之易用也。画山水布局、笔墨、虚实得当，"阴阳陶蒸，万象错布"，生气灌注、流溢，玄化无言，神工独运。（唐·张彦远）我国著名国画大师董寿平对此亦深有体会，他在答中央电视台主持人白岩松的提问时曾说："国画离不开哲学。中国哲学思想最基本的就是太极学说。相对的，不等于是对称的。这张画从大处说，左边重，右边轻。轻是太极的一面，重又是太极的另一面。一个阳面，一个阴面，阴阳合起来。一个多，一个少，一个实，一个虚，但它统一起来，成了一个完整的图形。这边是大干，密；那边是斜干，稀。那边的稀与这边的密配合到一块儿，才是完整的。疏密相间，曲伸有道。再比如这边大干向上，那边如果再画大干，对称了，不好，那边必须是斜的，两边合起来就成了太极。还有，色调有深有浅。如果完全深，就是一片墨了；如果完全浅就看不见了。深中要有浅，又是对立统一。同时，还得把直的与斜的调和起来，一虚一实，一直一斜，也是对立统一。运用笔墨，每当下笔的时候就要考虑到，这一笔为什么要粗，那一笔为什么要细，也是对立统一。"

"松针，如果看真的，很密很黑。在最密的地方我就留出空白，才能看过去；如果是一片黑，那就看不透了。从笔墨上讲是有深浅，从形象上讲又体现了浓度。因为从这片透过去看，后边还有树。"

董老认为，从构图来讲，这更是哲学的基本原理。中国的哲学基本概念是阴阳，不能脱离时空关系。由于阴阳萌动，而万物滋生。画家也要用这种精神创造艺术。什么叫阴阳，具体地说很容易明白，就是对立统一规律。也就是平常大家所讲的有实才有虚，有深就有浅，有白才有黑。

绘画里有虚实问题存在。这张墨松才画了十分之八，大家可以看到，有重的地方就有浅的地方，左上角因为有了那个黑，才突出了大的干。一个黑，一个白，用阴阳原理来说，一个是阴，一个是阳；用逻辑来说是对立统一。如果没有深的，就不认识浅的。有这一团实，才看到这一部分虚。黑的、密的与白的、疏的相对，如果没有密，就显不出疏。道理就是对立统一。整体是一个，某一部分每一笔是一个对立统一。比如画松针可以画直，但这个松针为什么要画曲一点呢？这个给人感觉是散的，而那个给人感觉是紧的。这就是对立统一规律在构图上的运用。

董老把绘画中的太极、阴阳学说讲透了。书法其实也有个阴阳之法。对书法家，还有以阴阳区分其风格的。如唐朝颜真卿的书法艺术风格被称为阳性的，笔力遒劲，恢弘博大，气势如虹，而元人赵孟𫖯的书法，秀丽婉约，被认为是阴性的。

由此又引出一个刚柔来，即阳刚有柔，这也是两种不同的艺术风格。"乾，阳物也；坤，阴物也。阴阳合德而刚柔有体。大哉乾元！刚健中正，纯粹精也。坤至柔而动也刚，至静而德方。"（《易传》）刘勰对此加以解释："阳刚之美，动美也，神健、骨拙、质刚、味浓、气盛、象巨；阴柔之美，静美也，神清、骨秀、质柔、味淡、韵适、境灵。"（《文心雕龙·凤骨》）在自然，雷电火山为阳刚，地风水泽为阴柔。在社会，乾男为阳刚，坤女为阴柔。由于母系氏族社会发展到父系权制社会，由此出现了男尊女卑，男女、父母、父子、夫妻、母子、君臣等，均以前者为阳刚，后者为阴柔。在绘画艺术中，对"柔可绕指，轻若兜罗，欲断欲连，似轻而重，……似惊蛇之入春草，翩翩有态，俨舞燕之掠平地，天外之游丝，未足以其逸，舞窗外之飞絮，不得比其轻……此尽笔之柔德也。"（《芥舟学画编》）此是形容绘画艺术中之阴柔之美。"挟

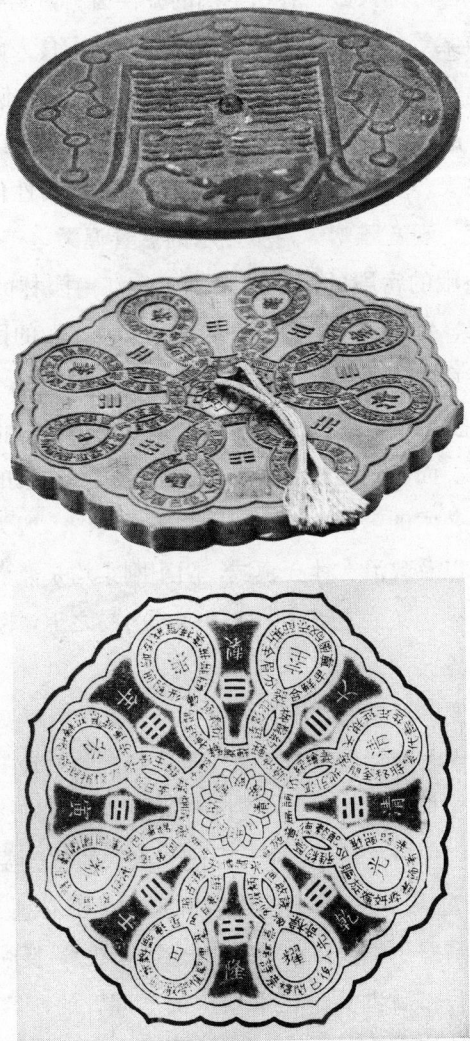

古代铜镜中的八卦图

风雨雷电霆之势，具神工鬼斧之奇，语其坚则千夫不易，论其锐则七札可穿……如剑铺土花，中含坚实，鼎包翠碧，外耀光华，此尽笔之刚德也。"(《芥舟学画编》)这是形容艺术中的阳刚之美。人物画中的"曹衣出水"与"吴带当风"阴柔阳刚之美。殷周青铜器狰厉的阳刚之美，殷商的铅、黄瓠、战国时的矢镞、春秋早期的齐侯卤、鱼龙纹盘、战国中期的错金银龙凤方案等的阴柔之美。雕塑中殷代的虎食人卤、秦始皇墓的兵马俑、北魏云冈石窟露天大佛、唐代四川的乐山大佛等的雄伟、阳刚、狰厉之美，战国燕乐画像，西汉彩绘木俑，东汉牛郎织女刻石、朱雀浮雕、敦煌飞天、女伎，佛教传入中国后日益被女性化美女化，犹如宫中娇娃的菩萨、观音雕塑等，所显示的慈善温柔之美。建筑中雄浑、高大、森严、巍峨的宫殿的阳刚威严之美，江南园林的亭台楼榭、小桥、流水、人家、竹楼、草屋，北方的"耕读传家"的民居等，那种娴雅，安详富有诗意的阴柔之美，等等。(王振复：《大易之美》，北京大学出版社 2006 年版)总之，"易"源远流长，它对当时以及后世直到今日之艺术，影响太大了。而真正的最高境界，还是阴阳、刚柔的对立统一，刚柔相济的哲学与艺术的辩证法。即如同阴阳太极图一般无论在书法、绘画、雕塑、建筑以及政治、社会领域，阴阳刚柔均是兼而用之的，只不过有主次之分而已。文武之道，一张一弛。为易之道，刚柔相济。这才是最高的审美境界。

然而，更重要的还是对"度"的把握。《周易》对变易的认识之深刻，正表现于对事物变化发展由"象"及"数"的过程的认识上。这在西方哲学的范畴上叫质、量、度。过而不及，物极必反。修身、治国、平天下都要掌握"中庸之道"。对于后代"美"的创造要求"适中、平衡、匀称"，"无过无不及"，无论内容和形式，都必须掌握这个原则。从模拟的自然到掌握"模拟自然"的"自然"(数)，反映的正是美的创造的理性化的过程。后世关于艺术创造的"理"的研究与"法"的探讨，都发端于这种朴素的物质观念与"变"的思想。既承认事物的对立变化，又肯定其统一的可能，而且存在着一种可以企及的"数"。

这种思想用之于造象，就作出了山水画家唐志契在《绘事微言》中之发挥。他引戴冠卿的话说："画不可无骨气，不可有骨气；无骨气便是粉本，纯骨气便是北宋。不可无颠气亦不可有颠气；无颠气便少纵横自如之态，纯是颠气，便少轻重浓淡之姿。不可无作家气，不可有作家气。无作家气，便嫩，纯作家气便俗。不可无英雄气，不可有英雄气。无英雄气便似妇女描眉，纯英雄气便似酒店账簿。"这反映的正是这种辩证的"数"的追求、度的把握。那些足以被认为是美的东西，正在于能掌握自然万物的"数"的精妙。哲学所讲究的质、量、度，在这里也得到了体现。其思想之深刻令人叹服。

所以《说卦传》说："神也者，妙万物而言者也。"刘勰在《文心雕龙·神思》中所说的"至精而后阐其妙，至变而后通其数，伊挚不能言鼎，轮扁不能语斤，其微矣乎"意思是：必须有精细的文笔，才能阐明其中的微妙之处。作家必须有懂得一切变化的头脑，才能理解各种写作方法。伊尹挚不能详述烹饪的奥妙，轮扁也难说明用斤的技巧，这的确是很微妙的（见陆侃如等：《文心雕龙选译》）。总之，这种形式规律的探索不离事物的实体，讲精妙不离人可以企及的"数"，正是美的创造中极为宝贵的中国现实主义的传统。因为"至精"所以"至微"；又因"至微"也才"至妙"。以后的理论家各沿着不同的方向加以发挥，并因此展开了哲学上和美学上的唯物、唯心之争以及对辩证法的探索。

十五、大象无形

　　老子是周朝史官。史、尹相同于巫。他的思想是通过《老子》的记载流传的。从奴隶社会中他看到了矛盾，弃官而走，表明他并不认为现实社会是美的。他提出的美学理想是"朴"，是回到"自然"中去，即所谓返璞归真。这个"真"、"璞"有两个含义：一是本体的意义，即自然的本质或人的本质；一是形象的意义，即形象的辩证观点。前者是返性归真的问题，为以后的儒家的思想所补充所发展，后者即"大直若拙"、"大辩若讷"、"大音希声"、"大象无形"，为以后的庄子所发展。

　　作为奴隶主阶级的史、尹，他有可能较其他人更清楚地看到贵族统治者的残暴腐朽，看到他们为了满足私欲以杀人为戏的灭绝人性的残虐，因而向往着远古时代的相安，提倡人的归复。虽然他不自觉地认识到私有制所造成的劳动的"异化"，但他的感情是朴素的，他仍认为自然是最美的，现实的人却是丑的。他处于史尹的地位决定了他不能参与奴隶的起义。为了表示他的同情，他只好弃官而走。"民之饥，以其上食税之多，是以饥"，"民之轻死，以其上求生之厚，是以轻死"，"民不畏死，奈何以死惧之"这些话都是他同情奴隶、憎恶统治者的表露。

　　另一方面，因为他从事的是巫与史的职业，既熟悉统治者如何极声色之娱，也知道统治者如何借饕餮之类礼器形象以及各种跳神跳鬼的把戏欺骗愚弄群众的伎俩。他是很懂得它们的虚假、作伪的。正如鲁迅所说的"从旧营垒来，看得真切"。这是对他所揭示的"五色使人目盲、五音使人塞聪"的实际注脚。又因为他具备了"有无相生，难易相成，长短相形，高下相倾，声音相和，前后相随"的朴素的辩证思想，才能进一步认识到"反者道之动"，"曲则全，枉则直，洼则盈，敝则新，少则得，多则惑"的道理（《老子》二章、二十二章）。也就是说，委曲反而能保全，屈枉反能伸长，卑下反能充盈，敝旧反能新奇，（知识）少反有收获，（知识）多反迷惑（任继愈：《老子新译》）。从有到无，从实到虚，从动到静，然后才能进入美感的至妙至微境界。

在这里，老子不仅看到美的客观因素，而且注意到美感的主观因素。所以说："视之不见名曰夷，听之不闻名曰希，搏之不得名曰微。此三者不可致诘，故混而为一。"因为被"混一"了，似有形象又不全是形象，"只能意会不能言传"。所以说："其上不皦，其下不昧，绳绳不可名，复归于无物；是谓无状之状，无物之象，是谓惚恍。"意思是它上面并不显得光明，它下面也不显得阴暗，渺茫难以形容，回到了无形无象的状态，这叫没有相状的相状，不见形体的形象，这叫做"惚恍"。这种"惚恍"的"美"，是比所有的美更美，而且比所有具体的"象"更像的。所以说："大象无形"。可以说，他是我国最早的美学辩证法和主客观统一论者。老子思想的伟大，由此可见矣。

十六、阴柔之美

    尽管老子声称"大象无形",但是,他的学说却还是有形的,有迹可寻的。而且你也可能想不到,他的学说竟然同女性生殖有着不可分割的联系。

    天与人、自然与人统一,是老子的一个基本观念。用人体、母体推及自然,是他学说的一个基本方法。还有阴阳二气的辩证思维,构成了老子学说的整个思想体系。在老子整个思想体系中,都有一个忽隐忽现的神秘形象,这就是大母神的原型形象。它有时被表现为"天地之根"、"万物之母",生育了整个世界;有时又表现为神秘的"道"这个创生一切之母。《道德经》中的多处均不离一个"母"字。"无,各万物之始;有,各万物之母";"有物生成,先天地生,寂兮寥兮,独立而不改,周行而不殆,可以为天下母。天下有始,以为天下母。既得其母,以知其子,无知其子,复守其母,没身不殆";"我独异于人,而贵食母"。专家认为,母是根,指道。子,指万物。老子是把万物的根源归结为道,比喻为母亲,而天地万物都是从"道"这个母体中生育出来的。老子用母与子的关系说明"道"与万物的联系,似与女性生殖崇拜现象有深层的联系。在老子的学说中,大母神即道,道即天地万物的大母神。道冲,而用之或不盈。宗兮,似万物之宗。天下万物生于有,有生于无。"道生一,一生二,二生三,三生万物。万物贡阴而抱阳,冲气以为和。""道生之,德畜之,物形之,势成立。"道虽无形,却万能,乃万物存在的根源，系万物之宗，是自然中最初的发动者，具有无穷的创造力。老子用"一"来形容"道"向下落实的混沌状态，而其中已包含了阴阳二气，正如《易经》所说"一阴一阳谓之道"，"二"即阴阳二气，二者相互作用，相互激荡而形成和合状态，这便是"三"。"三"乃新生的个体。《老子》六章中还说："谷神不死，是谓玄兆，玄牝之门，是谓天地'谷神'。"天地"谷神"，其表层含义即"溪谷之神"。专家认为，"谷神"即是女阴的象征，它可以与另一女阴意象"玄牝"相互转化。"玄牝"即是女性生殖器的意象。郭沫若曾指出甲骨文中的"牝"、"妣"均是指母性、女性的字汇，它的主干"匕"字指的即是女子生殖器。张松如对"谷神不死，是谓庇牝"的注释："牝"或"匕"乃女阴之象形字。"牝"而又玄是象征其深妙的、看不见的、生育天地万物的生殖器官。冯友兰认为："老子把'道'比为中性的生殖器，天地万物都从其中出来。"吴秋红还认为，"中国哲学、美学思想观念的两大源头——儒、道思想，其渊源，就是出于中国原始生殖崇拜文化。"尤其是道家哲学的创始者老子，"其道的哲学、美学思想的底蕴，是原始女性生殖崇拜文化"。（吴秋红：《"道"和女性生殖崇拜》）儒、道同源，均渊源于《周易》本经的生殖崇拜与阴阳学说，但二者确有各自不同的特点，学界也多认为先秦儒家的美学思想是阳性的，崇阳的，是至刚、实动、恃雄的美学；先秦道家的美学思想是阴性的，崇阴的，是阴柔、虚静、守雌的美学。尽管把女性生殖崇拜归结为老子"道"哲学的唯一渊源未必全面，但其哲学所体现的女性品质却是不可否认的。它展示给我们的是一种"以柔克刚"的人生哲学，一种阴柔之美，弱柔之美，弱韧之美。所谓"天下之至柔，驰骋天下之至坚。无有入无间，吾是以知无为之有益"也。他认为，人"生也柔弱，其死也坚强。草木之生也柔脆，其死也枯槁。故坚强者死之徒，柔弱者生之徒。是以兵强则灭，才强则折。强大处下，柔弱处上"。显然，他讲的是一种"柔韧"，是一种看似弱，实际内含着一种持久、连绵、坚韧不拔的生命力。它不是一时一地之刚，而是舍而不露，绵里藏针的具有超强耐力的刚。所以，这种弱才可以胜强，柔可克刚。如同水"天下莫柔弱于水，而攻坚强者莫之能胜，以其无以易之"。坚强的东西却未必能胜过它。滴水穿石，洪水又如同猛兽难以抵挡。水之柔就像雌，雌可胜雄。"知其雄，守其雌，为天下溪。"雄指刚动，急躁冒进；雌喻柔静、谦下。知雄之强，却安于雌柔，这都是一条胜利的蹊径。牝即雌，牡即雄，"大邦者下流，天下之牝，天下之交也。牝常以静胜牡"。大国要像居于江河的下流，处在天下雌柔的位置，即天下交汇的地方，常常可以立于不败之地。处下、处静、处柔，无为，无争，以无为而无不为，从不争而达到争的目的。

老子的这种阴柔、阴韧之美，对后世产生了极为深刻而又深远的影响，特别是对那些"圣人贤士"，影响尤深。"静争论"成为一种"圣人之道"。这在刘劭所著《人物志》中，得到了充分的体现。

刘劭在《人物志》中很少提"善"，却在该书最后一章即第十二章《释争》中，劈头就提出了"善"，即"善以不伐为大"，"贤以自矜为损"。然后，以舜的谦让、汤的礼贤下士为例，强调谦卑恭让、甘居人后的好处，认为这样就找到了成就美德的光明大道和巧妙之法。

他把矛盾和冲突产生的原因归结为自己内心的不宽容、不克制，或对别人太过苛求，或者怨恨对方轻视了自己，或者嫉妒对方超过了自己。即所谓"皆由内恕不足，外望不已。或怨彼轻我，或嫉彼胜己"。要不就说是因为惹了残暴凶狠的人，因而造成祸患。在对待矛盾和冲突的方法上，他的主张第一是退让，第二是退让，第三还是退让。

在对待矛盾和冲突的效果上，他认为退让可以制胜，可以克敌，可以化干戈为玉帛，可以转祸为福，可以转危为安。

他认为这样即符合老子所说"曲则全，枉则直，洼则盈，敝则新，少则得，多则惑"，"不自见，故明；不自是，故彰；不自伐，故有功；不自矜，故长。夫唯不争，故天下莫能与之争"。刘劭在《释争》中说："是故君子求胜了，以推让为利锐，以自修为棚橹。静则闭嘿泯之玄门嘿泯，犹泯然，闭口不语，嘿同默，玄门指高深的境界，动则由恭顺之通路。是以战胜而争不形，敌服而怨不构。若然者悔吝不存于声色，夫何显争之有哉……若信有险德又何与讼乎？险而违者，讼，讼必有众起。"《老子》曰："夫惟不争，故天下莫能与之争。"是故君子以争途不可由也。就是说君子要取得胜利，就要把辞让作为克敌制胜的利器，把修身自勉当成藏身避害的法宝。静止时要保持沉默使自己进入高深的境界，行动时就要遵循恭顺谦让的标准，这样，不用有形的战争就能战胜对方，不招致对方的怨恨就能战胜敌人。如果大家都这样，不把悔恨怨怒表现出来，那还会有什么大的争端呢？……知道他的阴恶用心，又去同他争辩，就像是把犀牛关在笼子里，或者去触怒老虎一样，怎么能这样做呢？他们发怒后会伤人，这是必然的。就像《周易》和《老子》说的，君子是绝不走引起争执这条路的。这就是刘劭的"竞争观"即"静争观"。

因为刘劭并非不承认客观存在和必然发生的矛盾与斗争，而是认为只要用他这种"静争"、"软争"、"暗争"、"内争"、"无形之争"、"不露声色之争"、"以退为进、以屈为伸之争"，不伤"自身一根毫毛之争"，即可应付和解决一切矛盾和斗争，以"不变而应万变"。真理向前多走了一步，就变成了荒谬。

《人物志》也很少提国家、民族、人民安危，更谈不到鼓励人才为国家、民族、人民而献身。只一味提倡在保全自己、在对自己的安全万无一失的前提下去修身。

这种"聪明的圣贤"，其实是最虚伪的人，是一些逃避矛盾，躲在"防恐洞"里，等待天下太平时再出来接受别人斗争成果的"伪圣贤"。他们使老子所说的阴柔之美，走向了自己的反面。

十七、兴、观、群、怨

孔子像

孔子学于老聃，虽可能是后代道家为抬高自己编织的故事，但孔子的"求实"精神和从奴隶制所继承的正统思想，却未必与老聃没有一点儿历史的渊源。他肯定物质世界，肯定自然的声色和它的美。但是他是功利主义者，强调的是这些声色形象的功能。他把原来服务于神的礼仪，转变为服务于人，并从伦理学和心理学上加以解释，使之合理化。他肯定人的感情，尤其是沿着民族系统发展下来的"亲子之情"。因为这种"情"是自然的合乎伦理的。他把伦理与人的心理贯通起来，认为只有伦理的爱，才是一种最自然的"爱"，礼乐表现的就是这种"爱"，满足人的正是这种爱的愉悦。正常的人正应该通过这种"爱"，来陶冶自己美的情性。统治者也应该通过宣扬这种氏族传统的礼乐（在孔子来说，就是"韶乐"，就是典雅之音、平和之音），来教化百姓。

过去诗与歌是一体的，所以，孔子在《论语》中强调《诗经》的功能是"兴、观、群、怨"。他说："诗，可以兴，可以观，可以群，可以怨。迩之事文，远之事君，多识于鸟兽草木之名。"（《四书五经》（精华本）上卷，宗教文化出版社2003年版，第113页）这是孔子会见阳货时讲的。先是发问："小子何莫学夫《诗》？"即学生们为什么不学习《诗》呢？然后讲了诗可以兴、观、群、怨这段话，并说，近可以学到服事父母的道理；远可以用来服事君主；而且可以学到许多鸟兽草木名称的记述。这既是阐述诗的功能，也是说明什么是诗，诗是如何创作出来的，甚至任何艺术的创作及其功能均是如此。

那么，何谓"兴、观、群、怨"呢？

所谓"兴"，古人的解释是"引譬连类"，"感发意志"的意思，即通过个别的形象，唤起人们的联想，引发出人们比这一个别现象更为广泛的想象，使情感受到感染，精神境界得到提升。这个情感就渗透了理智亦即孔子所倡导的礼义的思想内容。这个"兴"，既是形象思维的重要特征，也是诗以及一切艺术创作的原点或起点。这个概念的提出，既是对孔子以前漫长的岁月中人们在艺术创作方面的经验总结，也是对后世艺术发展具有巨大的推动力的贡献。它"播下了一颗有着极大发展可能性的种子，后世中国美学关于艺术特征的理论是从这颗种子逐渐生长起来的大树。"（李泽厚、刘纲纪：《中国美学史》先秦两汉编，安徽文艺出版社1999年版，第119页）

所谓"观"，古人解释是"观风俗之盛衰"，由观"风俗"或其他现象，产生情感，喜怒哀乐，形成审美态度。观之而兴，而"引譬连类"，而"感发志意"，具有社会伦理态度的情意。

所谓"群"就是老百姓土语所说"随群"，但又不"随俗"，又"群而不党"，在合乎礼仪的范围内团结和睦。诗乐使人们在感情交流中达到融合。这即诗乐的功能。

所谓"怨"，主要是指"怨刺上政"，即对统治者不仁的时政，予以嘲讽。对社会上的不良风气，亦可以讽。自己追求正义的行为受到不应有压制、打击，心中有怨，亦可以抒发。儒家虽提倡"怨而不怒"，但也提倡"直道而行"，"杀身成仁"，"舍生取义"。既然生、身都可以舍，为何还不能怒呢？"群"、"怨"都可以"兴"，尤其是"怨"，更可以使

湖南君山孔子行教像

人在激烈地情感运动中引起无限联想，迸发出浓烈的情感，表现出更为鲜明的伦理态度。而且"观"、"群"、"怨"也只有同"兴"联系起来，或通过"兴"才变为艺术，"兴"也要通过"观"与"群"，显现其社会的艺术的效果。

诗歌礼乐，除了因物起"兴"、寄物以"怨"以外，作为其社会功能，还要发挥其借物以"观"和托"和"以"群"的社会效果。"兴、观、群、怨"之有无存在的价值，礼乐之兴与不兴，都是一个目的，即为了社会伦理即礼义之需要。

有的美学家，把"乐为中心"概括为中国美学的一个基本特征，认为"羊人为美"实际是一种图腾舞蹈，就是人戴着羊头在那里跳舞。这是原始社会最早的一种巫术礼仪，其表现形式即原始歌舞。它是一种娱乐，是一种体育锻炼，又是通过模拟打猎的生产活动，传播训练生产技能，发展智力，同时又有助于维系和加强氏族成员之间的感情和团结，巩固氏族组织。这种看法是有道理的。但在后来，"乐为中心"逐渐发展为"礼为中心"。孔子所讲的礼乐，就是很明确的以"礼为中心"的，乐是辅助礼的，为礼服务的。礼是统率乐的，乐又包含、体现、渗透着礼。孔子所讲的音乐之"兴、观、群、怨"，其社会功能就在于对人们所起的教化作用。因为"乐中有礼"，才能"乐中有教"，乐以致教，达到道德熏陶之目的。所以，在礼与乐发生矛盾时，当然要服从礼。

在《论语·阳货》中有一段对话是这样的：有位名叫宰我的问道："父母死了，守孝三年，为期太久了。君子有三年不去司礼仪，礼仪一定会废弃掉；三年不去奏音乐，音乐一定会失传。陈谷既已吃完了，新谷又已登场，打火用的燧木又经过了一个轮回，一年也就可以了。"孔子说："父母死了不到三年，你便吃那个白米饭，穿那个花缎衣，你心里安不安呢？"宰我回答说："安。"孔子立即批评他："你安，你就去干吧！君子守孝，吃美味不晓得甜，听音乐不觉快乐，住在家里不以为舒适，才不这样干。如今你既然觉得心安便去干好了。"宰我退了出来。孔子道："宰我真不仁呀！儿女生下地来，三年以后才能完全脱离父母的怀抱。替父母守孝三年，天下都是如此的。宰我难道就没有从他父母那里得着三年怀抱的爱护吗？"（杨伯峻：《论语译注》）

可见，孔子是严格把礼作为主体，作为中心的。

孔子的这个"礼为中心"、"乐以致教"的思想，为荀子所继承和发展。

十八、乐以治国

　　荀子是中国古代一位继孔子和孟子之后的伟大思想家，他对儒学发展的贡献一是综合百家，归宗于儒；二是继承并发展了孔子关于礼的思想；三是提出"群"这一人的社会群体性范畴并对人做了相应的论证；四是提出与孟子性善论相对立的性恶论，使儒家大力提倡的道德教化主张，有了相互一致的理论基础；五是提出心为认知主体与"道学问"的修养论；六是提出"天人相分"以及人"能参"、"能伪"，人可以"参天地"，可以通过"伪"而使"恶性"变为善性、美性的思想。

　　荀子名况，战国末思想家、教育家。时人尊号为"卿"。汉人避宣帝讳，称为孙卿。赵国人（今山西安泽），生卒年月大约在公元前313年至前230年。他曾游学于齐国的稷下，是著名的"稷下先生"之一。齐湣王末年适楚，齐襄王时，返齐。秦昭王四十四年（前266）应聘入秦，后曾回赵，与临武君议兵于赵孝成王前。后又赴楚国，受春申君之命曾任兰陵令（今山东苍山县兰陵镇）。春申君被杀后罢职，著书终老于其地。韩非、李斯曾为其弟子。政治上主张礼法兼治，王霸并用，著作有《荀子》。《汉书·艺文志》著录《孙卿子》三十三篇。西汉刘向《孙卿新书叙录》定为三十二篇。唐杨倞改名为《荀卿子》三十二篇，简称《荀子》。注本主要有杨倞《荀子注》、清王先谦《荀子集解》、近人梁启雄《荀子简释》等。据载，他"迫于乱世，于严刑，上无贤主，不遇暴秦，礼义不行，教化不成，仁者绌约，天下冥冥，行全刺之，诸侯大倾。当是时也，知者不能虑，能者不能治，贤者不能使，故君上蔽而无睹，贤人距而不受。然则孙卿怀将圣之心，蒙佯狂之色，视（示）天下以愚"。（《荀子·尧问》）研究其伦理美的思想，最可靠的资料即《荀子》一书，尤其是其中《劝学》、《荣辱》、《非相》、《儒效》、《礼论》、《乐论》、《正名》、《性恶》、《宥坐》、《富国》、《王霸》等篇。而《乐论》是我国古代最具代表性的一部诗学与美学著作。他批判地继承了儒、墨、道各家关于诗乐的思想，以孔子儒学为主导，博采百家之长，建立了自己的诗学与美学理论体系。后来的《乐记》，在《乐论》的基础上，使荀子的诗学与美学思想更臻于系统、完善并得到新的发展。

《乐记》相传为战国初期孔子再传弟子公孙尼所撰，也有人认为系西汉初期河间献王刘德与儒者毛生等作。据近人研究，《乐记》并非一人一时之作，乃汉初儒者搜集、整理先秦儒者谈乐言论编纂而成。其中《乐言》、《乐家》、《乐情》、《乐化》四篇，大量采用、引述荀子《乐论》中文字，反映了它在音乐理论上同荀子学派的渊源关系；而《史记·乐书》又直接引述《乐记》中文字，表明其不晚于《史记》成书之时。《乐记》在西汉有多种版本，一为成帝时谒者王禹所献之二十四卷《乐记》，一为刘向校中秘藏书时所见之二十三篇《乐记》，前两者均不传，后者目录被刘向记于《别录》。今本《乐记》，为戴圣编纂《礼记》时所收，计十一篇。集中反映了先秦至汉初儒家美学思想。（见《哲学辞典·美学卷》"乐记"条）。

实际上，《乐记》除了是我国最早的音乐理论专著外，从其被编入《礼记》并视为与"礼"同源，强调"礼乐要相成"的关系来看，它也是儒学的组成部分。《乐记》论的最多的，倒是关于伦理美的本源、作用及其与"礼"的关系。特别是它是从"治人之情"来谈伦理美的，因此应视为我国最早的伦理美学的专著之一。不仅如此，通观全文，还应当得出这样的结论：它是一部治国之学。

在这里，首先要弄清乐的概念与内涵。乐包括音乐，但不只是音乐。乐是一个广义的概念，诗歌、声律、八音、舞蹈、绘画、雕塑，建

筑等造型艺术甚至仪仗、田猎、肴馔等，均被包括在内。还可以这样
说，乐者乐也。凡使人愉悦、快乐的情事，能使人获得美感享受的东
西，均可称之为乐。乐的含义就是一个乐（即快乐的乐）字。乐学即美
学，美学即快乐之学。

"故歌者上如抗，不如队；曲如折，止如槁木；倨中矩，句中钩；
累累乎端如贯珠。故歌之为言也，长言之也。说之，故言之；言之不
足，故长言之；长言之不足，故嗟叹之；嗟叹之不足，故不知手之舞
之、足之蹈之也。"（转引自《四书五经》（精华本）下册，宗教文化出版社
2003 年版，第 211 页）

歌声绵绵不绝，如同贯穿起来的珠子。所以说歌唱就如同说话，只
不过是拉长声音的说话而已。人高兴了就想说；还不足以尽兴，就拉长
声音说；拉长了声音说还不足以尽兴，就叹和流连地唱；叹和流连地唱
仍不足以尽兴，就情不自禁地手舞足蹈起来了。这个乐劲，简直无法言
状了。

美学是伦理之学。伦理之学，即道德之学。儒家认为礼是最高的道
德标准，所以通伦理即通礼仪。

就是说，声音是从人的内心产生出来的。乐是与人伦物理相通的。
因此，只能感觉到声音而不懂音乐的，只能是禽兽；能识别音乐，但不
懂音乐的作用和实质的是凡人。只有君子才懂得音乐的作用和实质。因
此审辨声音可以懂得音乐，审辨音乐可以懂得音乐的作用和实质，审辨
音乐的作用和实质可以懂得政事的好坏，这样就会提出一套治理国家的
方略了。既懂得了乐又懂得了礼，就叫做有德。隆盛的音乐并不是为了
表现音乐美的极致；祭祀祖先的盛宴也不是为了追求美味的极致；演奏
《清庙》之诗的瑟，朱红的丝弦和瑟上稀疏的底孔，一人唱诗，三人伴
唱，余音不尽。祭祀祖先的大礼，崇尚玄酒，俎上摆的是生鱼生肉，大
羹不用作料调和，却余味无穷。

是故先王之制礼乐也，非以极口腹耳目之欲也，将以教民平好恶而
反人道之正也。"反"即"返"的意思，意即使人返回到合乎其伦理道

德的正途上。

总之，"乐者，天地之和也。礼者，天地之序也。和，故百物皆化。序，故群物皆别。乐由天作，礼以地制。过制则乱，过作则暴。明于天地，然后能兴礼乐也。"（同上）

美学是中和之学。"夫乐者，乐也，人情之所不能免也。"（同上）乐，就是愉快和欢乐，是人所不能避免的情绪特征。欢乐必然表现在声音和动作上，这是人的本性。人的性情的变化都能在声音和动作上表现出来。如果表达的方式不符合规范，就不能不出乱子。古代的圣王以出现乱子为耻辱，所以就制作《雅》、《颂》来引导欢乐的表现方式，使人们的歌声充满了欢乐但却不放荡，歌词可供人们谈论义理不至言之无物，乐声的曲折直捷、繁多简约、清脆饱满、节奏的起止能够感动人的善良之心就可以了，不能让放荡邪恶的心气侵蚀人心。这是古代圣王制作乐声的原则。

因此，乐在宗庙中演奏，君臣上下共同欣赏，则无不和谐恭敬；乐在族长乡里中演奏，长幼共同欣赏，则无不和谐恭敬；乐在家里演奏，父子兄弟共同欣赏，则无不和谐亲睦。所以奏乐，要制定一个标准来确定乐器的和声，再配合乐器来调整节奏，配合节奏合成乐曲，目的在于使君臣和睦、万民亲附。古代的圣王制作乐就是为了合和父子君臣、附亲万民。

所以听《雅》、《颂》的乐声，可以使人的志向远大、胸襟宽广；手执干戈和盾牌练习俯仰和屈伸，会使人的容貌端庄；踏着舞位，合着节奏，可以使行列整齐，进退一致。因此说乐是"天地之命，中和之纪"。

美学是政治之学，治国之学。

既然美学是快乐之学、中和之学、伦理之学，具有使人们和睦共处、团结向善、移风易俗、富国强民等的作用，所以，它也是政治之学，治国之学。

乐的作用在于求同，礼的作用在于存异。求同就会使人们相互亲近，存异就会使人们相互尊敬。乐超过了一定的限度就会使人们放纵，礼超过了一定的限度就会使人们产生隔膜。使人们的感情融洽：举止行为得体，这就是礼乐所要达到的目的。建立了礼义制度，就形成了贵贱的等级；乐音协调，就形成上下的和睦。确立了明了的好恶标准，那么贤和不肖就区别开来了。用刑罚来禁止不肖的行为，用爵位来举荐贤良的人，这就是公允的政治。"仁以爱之，义以正之，如此则民治行矣。"（同上）

"乐由中出，礼自外作。乐由中出，故静。礼自外作，故文。大乐必易，大礼必简，乐至则无怨，礼至则不争。揖让而治天下者，礼乐之谓也。暴民不作，诸侯宾服，兵革不试，五刑不用，百姓无患，天子不怒，如此则乐达矣。合父子之亲，明长幼之序，以敬四海之内，天子如此则礼行矣。"（同上）

荀子很重视对于人的心理情感的研究，认为乐就是因人心之感于物，受外界的刺激产生的。内心作出悲哀的反应，发出的声音急促而低微，内心作出快乐的反应，发出的声音宽舒而徐缓；内心作出喜悦的反应，发出的声音畅快而悠扬；内心作出愤怒的反应，发出的声音粗壮而猛烈；内心作出恭敬的反应，发出的声音直正而纯洁；内心作出爱慕的反应，发出的声音温和而柔顺。这六种反应并不是人的本性造成的，而是不同的外物刺激造成的。所以先王很重视对外界刺激物的研究。所以就用礼去引导人们的志向，用乐调和人们的声音，用政令统一人们的行为，用刑罚防止人们的奸邪。礼、乐、政、刑的目的是相同的：统一人们的思想，实现太平盛世。"故礼以道其志，乐以和其声，政以一其行，刑以防其奸：礼乐刑政，其极一也，所以同民心而出治道也。"（同上）

荀子认为，经常用音乐来陶冶身心，平易、正直、慈爱、诚信的心理就会油然而生。用音乐来陶冶身心。用礼来调节自身的言行，就可以使言谈举止庄重恭敬。庄重恭敬也就有了尊严和威望。乐是用来陶冶心灵的，礼是用来约束言谈举止的。乐的修养达到极致，就使人温和；礼的修养达到极致，就会使人恭顺。一个人内心温和，外貌恭顺，那么，人们看到他的表情，就不会与他抗争；看见他的仪容外貌，就不会有轻浮散漫的言行。所以说德性的光辉源自于内心，百姓就没有不接受不顺从的；礼的内容表现在外表，百姓就没有不接受不顾从的。所以，能致礼乐之道，治理天下并不是一件难事。

把乐与礼，美学与政治学、伦理学结合起来，以此作为治国安邦之方略，这是荀子的一大贡献。荀子的美学，是伦理美学，是艺术美学，是教育美学，是治国美学，强国美学。乐与政通，"治世之音安之乐，其政和；乱世之音怨以怒，其政乖；亡国之音哀以思，其民困。声音之道，与政通矣。"（同上）所以，通过音乐，可以判断一个国家的兴衰。在《乐论》中他还指出："夫声之入人也深，其化人也速，故先王瑾为之文。乐中平，则和而不流，乐肃庄，则民齐而不乱。民和齐则兵劲城固，敌国不敢婴也。"（同上）这是荀子最精辟的一段议论，是中国古代美学思想的最强音。至此，他从乐的起源，美学的本体论到美学的功能，美学的价值论，将其功能与价值，一级又一级，推向高峰。在他的视野中，音乐和美学，可使人们陶冶性情，净化心灵，改恶从善，和睦共处，团结向上，移风易俗，上得天时，下得地利，中得人和，财货浑浑如泉涌，方方如海河，暴暴如丘山，国富民强，"兵劲城固"，敌不敢婴（犯）。如是观之，美学不仅是快乐之学，中和之学、伦理之学，而且是治国之学，强国之学，治国平天下不可或缺的思想武器。这正是荀子思想的精华所在。

美学治国并不是荀子偶然冒出来的一个思想火花，而是他整个哲学、政治、伦理以及美学思想的组成部分或旨在所归的具有终极目标性质的概念，是深深植根于他的整个学说之中的。

在中国美学史上，荀子可能是第一个提出"尽美致用，谓之大神"的美学家。

《荀子·王制》中说："北海则有走马吠犬焉，然而中国得而畜之。南海则有羽翮羽、齿革、曾青、丹干焉，然而中国得而财之。东海则有紫法鱼盐焉，然而中国得而食之。西海则有皮革文施焉，然而中国得而用之。故泽人足手木，山人足手鱼，农夫不折削、不陶冶而足械用，工贾不耕田而菽粟。故虎豹为猛矣，然君子剥而用之。故天之所覆，地之所载，莫不尽其美、致其用，上以饰贤良、下以养百姓而安乐之夫斯谓之大神。"（转引自《中华美学大词典》，安徽教育出版社 2002 年版，第 315 页）

　　这是一幅多么雄大伟岸的美的境界呵！荀子的胸怀多么博大壮阔呵！尽管这在他所处的那个时代是不可能实现的，但在统一的汉王朝大帝国出现后变成现实了，并在艺术中得到鲜明的反映。正如李泽厚先生在《美的历程》一书中所说，汉代艺术"是一个幅员广大、人口众多、第一次得到高度集中统一的奴隶帝国的繁荣时期的艺术，辽阔的现实图景、悠久的历史传统、邈远的神话幻想的结合，在一个琳琅满目五色斑斓的形象系列中，强有力地表现了人对物质世界和自然对象的征服主题。"（李泽厚：《美的历程》，文物出版社 1981 年版，第 79 页）及至唐代鼎盛时期，又得到了淋漓尽致地体现。而历史发展到今天，在经历了一系列社会革命和科技革命之后的中国，更进入了一个前所未有的历史上任何一个王朝也无法比拟的美的时代。尽管现在的人们仍不满足，但回望历史，会发现我们已经走得好远、好远。（本文主要参考文献：《四书五经》（精华本），宗教文化出版社 2003 年版）

十九、"伪"为中心

　　讲到这里，我们很有必要把荀子的美学思想同其同时代的西方美学思想加以比较，从更广阔的视阈中认识荀子思想的重要意义，及其在世界历史文化中的重要地位。

　　对于我来说，对中西哲学与美学的认识有两个阶段。一是在 20 世纪 70 年代初，在"批林批孔"的浪潮中，我研究孔子思想学说时，把孔子与苏格拉底作了对比，形成了这样一个概念："孔子即中国的苏格拉底"。而现在，我则把荀子看做"中国的亚里士多德"。这个认识是从李泽厚、刘纲纪《中国美学史》和李衍柱先生近来的一篇文章得到启示而产生的。山西省安泽县号称荀子的故里，在这里举办的荀子文化节和荀子思想研讨会上，李衍柱先生有一篇题为《世界轴心时代的诗学双峰》论文，通过《乐论》与《诗学》的对比，对荀子与亚里士多德的美学思想，做了深入地探讨与论证。由于荀子故里安泽县与我的出生地赵城县（今洪洞县赵城镇）仅一山之隔，又由于我近年来对古希腊美学思想的学习与研究，去年又在北京奥运前去了一趟希腊，增加了许多感性的东西，所以，对李衍柱先生的文章，格外感到亲切，受益匪浅。我深感：将荀子与亚里士多德作对比，这个思路就很值得赞赏。

　　首先，荀子和亚里士多德处在同一个时代，即李先生所说的世界轴心时代，大约在公元前 4 世纪到公元前 3 世纪之间。

荀子像　　　　　　　　　　墨子像

　　"轴心时代"是德国哲学家卡尔·雅斯贝斯（Kar. Jusper，1883—1969）提出的，原文为 AxialPerlod，意为"轴心期"，所指即公元前800年至前200年间的数世纪，是世界历史的轴心期。此间，西方出现了荷马、毕达哥拉斯、赫拉克利特、苏格拉底、欧里庇得斯、索福克勒斯、柏拉图、亚里士多德等思想家、哲学家、美学家、文学家；中国出现了老子、孔子、孟子、墨子、庄子、孙子、荀子、列子等诸子百家。这些文化天空中的群星，不仅照亮了那个时代，而且至今依然闪耀着耀眼的光芒。

　　雅斯贝斯曾扬言："直至今日，人类一直靠轴心期所产生、思考和创造的一切而生存。每一次新的飞跃都回顾这一时期，并被它重燃火焰。自那以后情况就是这样，轴心期潜力的苏醒和对轴心期潜力的回忆，或曰复兴，总是提供了精神动力。对这一开端的复归是中国、印度和西方不断发生的事情。"这就把荀子和亚氏及其学说置于这样一个古现代语境之中。

　　第二，他们都有令当时和后人敬佩不已，并不断从中汲取营养的代表之作，这就是荀子的《乐论》和亚氏的《诗学》。《乐论》不只限于音乐,《诗学》也不限于诗歌,而是包含整个文学艺术,尤其是美学的重要著作。《诗学》被称为历史上第一个以独立体系阐明美学概念的著作,并雄霸历史两千余年。它对模仿艺术的本质特征、诗歌、戏剧、音乐的审美教育功能,特别是关于悲剧的特征、伦理审美功能,做了精辟的分析,论证(参见本书《悲剧震撼》等章)。亦因此被西方学者包括黑格尔把西方称为诗学与美学的中心。殊不知,荀子的《乐论》也可与亚氏的《诗学》媲美,在某些方面甚至超越了《诗学》,同样是这个"轴心时代"的一座诗学与美学的高峰。两者可称为这个时代诗学与美学的双子星座。

第三,它们都是对前人思想批判继承并创造性发展的成果。亚氏的恩师柏拉图对诗、史诗与悲剧有许多否定的看法,认为以荷马、赫希俄德为代表的诗人编造的都是虚假的故事,是"影子的影子"、"模仿的模仿"、"与真理隔着两层",对读者和观众有很大的"腐蚀性",会激发人灵魂中非理性、非道德的成分,尤其是悲剧,容易激发人的"感伤癖"、"哀怜癖",喜剧也不怎么样,它易使人流于粗俗、滑稽,败坏社会风尚。他在他的《理想国》一书中,主张禁止荷马一类的诗人进入理想国,甚至提出要把诗人赶出理想国。而亚氏则对诗、艺术、戏剧,尤其是悲剧采取了肯定的态度,认为悲剧可以净化人的心灵。

中国古代的墨子,比柏拉图还柏拉图。他的《非乐》把诗看做是"天下之害",必须除之才可"兴天下之利"。他说:"是故子墨子之所以非乐者,非以大钟、鸣鼓、琴瑟、竽笙之声,以为不乐也;非以刻镂华文章之色,以为不美也;非以刍豢煎炙之味,以为不甘也;非以高台厚榭邃野之居,以为不安也。虽身知其安也,口知其甘也,目知其美也,耳知其乐也,然上考之不中圣王之事,下度之不中万民之利,是故子墨子曰:'为非乐也'。"荀子著《乐论》对墨子的《非乐》愤起而攻之,逐条而批之,并从正面对乐的起源,发生论、本体论、价值论予以充分论证。当他把音乐、艺术和美学用以治情、治心、治国平天下时,应当说是优于亚氏的。

第四，荀子和亚氏的共同点和不同点都在人与人性的问题上。但荀子是从"性本恶"出发的，而亚氏是从"性本善"出发的。亚氏认为，"生命的本性就是要善，在自身之内拥有了善就感到快乐"。"求知是所有人的本性"。而所谓善，就是柏拉图在《理想国》中所指公正、勇敢、节制、智慧等，总称为"德性"。知识的获得和艺术的产生，离不开模仿，但诗模仿的是"在行动中的人"；悲剧模仿的是比我们今天的人好的人，喜剧模仿的是比我们今天的人坏的人。亚氏强调的是艺术的认识模拟功能和近于柏拉图所说宗教迷狂的灵魂净化或心灵净化的作用。而荀子强调的是艺术对情感的感染、陶冶，是情理即情礼的结合、融合，以儒家所提倡的礼统领情，节制情，使个人的情纳入社会所需要的伦理规范之中。荀子认为人性本恶，其所以会变善，是由于"伪"，美也是来自"伪"。这个"伪"命题，正是荀子美学的核心，精髓。

何谓"伪"？《荀子》元刻本的解释即"为"，"指心选择，能动而行之"。包含学习、修养、行动、操作等多层含义。总之，是属于后天而不是先天的东西，与生俱来、生来就有的东西。它是针对"性"而言的。善与美不会与生俱来，通过"伪"才能变为善与美。"情以为田，礼乐耕之"。

他在《礼论》中说：不"耕"不"伪"，人的情、性得不到改造，则不可能成为善，成为美。

故曰：性者，本始材朴也；伪者，文礼隆盛也。无性，则伪之无所加；无伪，则性不能自美；性伪合，然后圣人之名一，天下之功于是就也。故曰：天地合，而万物生；天阴阳接而变化起，性伪合，而天下治。天能生物，不能辨物也；地能载人，不能治人也；宇中万物、生人之属待遇圣人然后分也。

性即"本始材朴"，它并非生来就善，就美，但没有这个"材朴"，也不能塑造出善与美，把"文理隆盛"加在这个"材朴"之上，它便成为善与美的东西了。它是通过"伪"实现的。"伪"的过程，就是学习，实践，受教育并身体力行的过程。"人之性恶，明矣；其善者，伪也"。

人生而好利，生而有七情六欲，若随其放任自流，那么，争夺起，淫乱生，残贼行，什么辞让，忠信，礼义文理都会消失。人之性，必有后天之再造，师法之化，礼义之道，"性伪合"，才能天下归于治，使人归于善，归于美。善与美的生成，就是一个受教育并付之实践的过程，"伪"的过程。不是生而善，生而美，而是"伪"而善，"伪"而美。

形体好看不是天生的吗？荀子的回答是肯定的，但又是否定的。因为他所说的美是理与情、礼与乐的统一。情是理性化的情，理是情感化的理。基于善，倾注善的东西才是美的。反之，形体美又有什么意义呢？桀纣虽天生形体俊美，但昏庸无道，遗臭千古，这算什么美？

总之，"无伪，则不能自美"。美在创造，"伪"即创造，尤其诗乐、艺术，要靠创造。

客观性、能动性、创造性，这是荀子学说的基本特征。这与前人的天命观、宿命论以及西方的上帝崇拜是截然不同的。

他不但认为"天行有常，不为尧存，不为桀亡，应之以治则吉，应之以乱则凶"，而且认为人对天、对自然，并不是无能为力的，而是可以"参与天地"，"制天命而用之"，"治天时地财而用之"。因为人既可以"伪"，又可以"参"，所以可以按照自然的规律去改造自然。他没有将认识停止在悲剧可以"净化心灵"上，更没有停止在艺术的目的即道德，即人格自我完善上，更与那种"最高的自我完善的保证即上帝"的观点背道而驰。他是一个看到人的主观能动性的具有辩证思想的唯物主义者。"参"是他自然观的核心。"伪"是他审美观的核心。正是在这个意义上，我们说荀子的美学思想是以"伪"为中心的。这也是荀子优于亚氏的地方。

当然，我们也应当看到，荀子亚氏虽然同处于同一个时代，中国与希腊也都处于奴隶社会制度之下，但希腊的奴隶制处于一个比中国奴隶制更高的阶段上。雅典的民主制度，令世人惊叹。它给了个人和科学发展以前所未有尤其在中国所远没有的可能性。在这种历史背景下，亚氏的《诗学》具有更大的理论思辨性。他从唯物主义出发，强调艺术与科学的一致性，认为艺术可以给人以知识，审美与艺术均同理智认识相联系，尤其要求艺术应反映外部世界中多种多样的现象，反映社会生活中最激烈的矛盾冲突，人间最悲惨的遭遇，以及怪诞可笑、比今天的人丑恶的人物和故事。希腊人的审美理想是追求一种更高的生存即所谓"卓越"。亚氏的理论，同当时希腊盛行的悲剧与喜剧，以及希腊人的审美理想是相辅相成的。荀子虽然也重视乐与知的联系，以及乐对认识社会的作用，但他强调的是把艺术与审美、美的修养纳入社会伦理的规范，强调乐与美对治国的功能，而忽视反映社会生活中各种人物的喜怒哀乐及复杂的甚至尖锐的矛盾冲突。在情感的表现上，坚持中庸、中和，而排斥激烈的怨恨、爱憎。这自然会使艺术的作用被局限在有限的范围内。因此，我们也应当看到荀子美学思想的不可避免的局限性。（本文参考文献：李泽源，刘纲纪：《中国美学史》先秦两汉编，安徽文艺出版社1999年版。高剑峰主编：《荀子故里话荀子》，山西古籍出版社2006年版，李衍柱文）

二十、美从礼出

　　孔子及其所代表的儒家伦理美思想，是一个博大精深的系统。民—仁—礼—肥，便是其伦理美思想的逻辑系统。它的出发点、基础或第一个层次是民——重民、为民、爱民、育民、安民、养民；核心或第二个层次是"仁"；"礼"是体——政体或第三个层次；而肥亦即"小康"和谐，"天下之肥"即"天下和谐"。其社会模式便是"小康"以至"大同"社会。这既是它的立国纲领、政治目标，也是它的伦理美的理想。

　　美是能使人愉悦的有意味的形式。伦理美是既能使人愉悦又能给人以利益的有意味的形式。它是善的内容与美的形式统一，是真、善、美的统一。它是一种人格美、行为美、关系美、社会美，因此也是一种过程美——在行为和社会发展的过程中得以显示其善的美。因此，功利性是伦理美思想的突出特征。这是打开中国古代社会以及上古原始社会伦理美思想的一把钥匙，也是了解《礼记》伦理美思想及其庞大体系的一把钥匙。

　　不管它的客观效果如何，《礼记》伦理美思想的出发点，它的基础就是"民"——重民、为民、爱民、育民、安民、养民，这就是它追求的功利。而且它不是为了个别的民、少数的民，而是广大的民、天下的民。"老者安之，朋友信之，少者怀之。"（《论语·公冶长》）这也是孔子所追求的。这同孔子青少年时代所处的贫贱地位和生活经历是一致的。他深知民间的疾苦，深望改变贫民的生活状况，从而成为他人生观中根深蒂固的内核。他希望"统治民众的人，能够像爱护自己的子女一样爱护民众"。在《大学》中更明确提出："大学之道，在明明德，在亲民，在止于至善。"只有"亲民"才能"止于至善"。"止于至善"才能"止于至美"。因此，"重民"、"亲民"、"爱民"便成为伦理美的最基本的标准。

由于《礼记》所记述的孔子思想出发点、基础是"民"、"为民"，所以，其伦理美思想体系的核心必然是"仁"，所要达到的目标是"小康社会"和天下为公的"大同社会"。"仁"和"小康"、"大同"中又充分渗透和体现了"为民"的思想。孔子一生始终不忘记他的出发点，他的继承者和追随者也是这样。《礼记》通篇所贯穿的正是"民—仁—礼—小康"和"大同"的思想。

什么是"仁"呢？"仁，亲也，从人从仁"。这是《说文》从字义上的解释。孔子的解释更简单明了："仁"就是"爱人"。(《论语·颜渊篇》)"仁"的第一要义就是"己欲立而立人，己欲达而达人"。"己所不欲，勿施于人"，这是最起码的要求。

根据《论语·阳货》记载，孔子在回答子张什么是"仁"时说："能行王者于天下为仁矣。"子张问"王者"是什么？他说："恭、宽、信、敏、惠。""恭则不悔，宽则得众，信则人任焉，敏则有功，惠则足以使人"。就是说，仁道政治，对人民应当尊重；应当宽厚；应当信实；应当勤敏地了解人民的思想愿望，做好工作；对人民应当慈爱，让人民在生产和生活上得到好处。这样，人民就会对当政者及其所制定的政策、政令，信任、拥护、遵守执行。《礼记·缁衣》中也记载孔子的话说：统治者应当明确自己实行仁德的志向，用仁德的道理去教育百姓，尊崇仁德，像爱护自己的子女一样爱护百姓。这样，百姓就会依教行事，取悦于统治者。如《诗经》所说："依德直行，四国顺从。"

除上面所说"王者"之外，孔子还提出了一个"公"字，说"公则说（悦）"。(《论语·尧日》)显然是说处理问题公道、合理，人民便会心悦诚服。这样，"恭、宽、信、敏、惠"，再加上一个"公"字，这六个字便把孔子"仁"的基本含义便说清楚了。而要做到这六要，就要"尊五美，屏（绝）四恶"。（参见《孔子学说精华体系》，山西人民出版社1985年版，第142—143页）

"五美"是：①"惠而不费"——让人民得到好处，还不造成国家的浪费；②"劳而不怨"——让人民为国家承担应承担之劳役，人民没有怨言；③"欲而不贪"——可以对人民有所欲求，但不要贪多；④"恭而不骄"——为人民做了好事或为人民排忧解难时，谦虚安详，没有傲慢之气；⑤"威而不猛"——与人民接触时，严肃庄重，但不凶猛。这"五美"就把"仁"的伦理美具体化、形象化了。

实践证明，善是必然要发展为美的，这个美在孔子及儒家看来就是"仁"，"仁"就是既善且美的表现。而"仁"的伦理美的反面，就是伦理丑，即"四恶"：①对人民"不教（育）而杀（在人民犯罪之后），谓之虐"；②"不戒视成（不预先申诫便去检查，要求成绩）谓之暴"；③"慢令致期（下达任务迟缓，却要求很快完成）谓之贼"（像强盗一样）；④"出纳之吝（该给人民的，悭吝不肯给或少给）谓之有司"（像小管家一样）。伦理美必须在同伦理丑的斗争中才能存在和发展。所以，孔子认为，只有摒绝这"四恶"或"四丑"，做到"五美"，才可以实行仁政，把"仁"落在实处。

《礼记》中有一篇所以名为《表记》，就因为孔子认为"仁者，天下之表"。"仁之为器重，其为道远。举者莫能胜也，行者莫能远也"。就是说，仁的道理就像非常重的器物，非常远的道路。没有人能把它举起来，没有人能坚持走到尽头。举得较多，走得较远的就是仁。说明要达到"仁"这个伦理美，并坚持始终是很不容易的。

那么，怎样按照"仁"的要求去实现"小康"以至"大同"的和谐之治呢？"礼"便由此而出矣。叫政治体制也好，治国工具和手段也好，总之，就是"礼"。实现"仁"就要靠它。仁道就是"礼治"，"礼治"就是"仁政"。

在《礼记·经解》中说："有治民之意而无器，则不成。礼之于正国也，犹衡之于轻重也，绳墨之于曲直也，规矩之于方圆也。"把礼的敬让之道用在宗庙里奉祀神灵，就虔敬；用在朝廷，贵贱就有了各自相应的位置；用在处理家庭关系上，则父子亲密，兄弟和睦；用在乡里中，则长幼就会循规蹈矩井然有序。所以孔子说："安上治民，莫善于礼。"一切按礼行事，才会有社会的和谐和国家的稳定。（《中华典籍精华丛书》第1卷第2期，中国青年出版社2000年版，第21页）

"礼"本来是西周时期周公旦执政后，在总结夏、商、周三代治、乱、兴、灭的经验和教训的基础上制定的体现和维持等级社会秩序的一套政治制度以及包括政治生活、经济生活、物质文化生活在内的各种规范，确定了帝王、诸侯、卿、大夫、士、庶人的不同社会地位、等级、权利和义务。它比殷礼进步的地方就是包含了一定的"重民"思想。因此孔子很欣赏这一点，尽管他并不赞同西周礼制的许多内容。他从"重民"出发，以"仁"为指导思想，改造周礼，为我所用。同时提出"克己"，要求君王克制自己的私欲，为民多着想，对民实行仁政，以更好地维护自己的统治。它的"礼"是既约束统治者，又约束百姓，既利君又利民，利国利民。

《礼记·礼器》对"礼"的内容与形式、实质和表现做了极为精辟的论述："礼也者，犹体也。体不备，君子谓之不成人。设之不当，犹不备也。礼有大、有小、有显、有微。大者不可损，小者不可益，显者不可掩，微者不可大也。故经礼三百，曲礼三千，其致一也。未有人室而不由户者也……"

就是说：礼，就好比人的身体。身体器官没有发育成熟或者发育得不完备，君子就称之为不成人。礼的设计不恰当，就如同人的身体发育不完备一样。礼有内容复杂的大礼，也有内容简单的小礼，有明显的看得见的礼，也有内容简单的小礼。大礼的内容不可减少，小礼的内容不可增加；明显的礼不可遮掩，不明显的礼也不必使它明显。常行的礼有三百种，礼仪曲折的礼有三千种，其实质是一样的，都是诚敬。正像入室必须经过门一样，行礼必须诚敬，才有意义。

礼是长达二千多年封建社会的意识形态，也是美的象征。美，体现在它的政体、制度、建筑、雕塑、设施、礼器、乐器、礼仪、祭祀、程序、时间、规格等各个方面。从北京故宫、天坛以及山西等地保存的文物，均可看出美与礼的密切联系。

127

君子对于所行的礼，有的竭尽真情，恭敬谨慎，有的追求外表的华美。君子对于所行的礼，有时率直表达情感，有时曲折表达情感，有时不论尊卑贵贱行同样的礼，有时则以上下顺序递减，有时取在上所有播施于下，有时取在下所有进奉于上，有时可以仿效古礼使仪式增加文采，有时仿效古礼又有所减损，有时欲自上而下地顺而行礼。

这段话对"礼"的伦理美讲得活灵活现，真是妙极了。充分说明"礼"是中国古代伦理美思想的重要范畴。美必须以礼为条件，离开礼，便不能称之为美。"惠而不费，劳而无怨，欲而不贪，泰而不骄，威而不猛"，这五美必须以礼为条件，才能被称为美。美女虽有情盼美质，亦须以礼成之。荀子也认为内在美是决定性的。食欲衣服，居处动静，由礼则和节……容貌态度，进退趋行由礼则雅，不由礼则夷固僻违，庸众而野。不是出于礼，不合乎礼，美就无从谈起。总之，美由礼出，礼即是美。君王的美亦在于礼。

因为君为心脏，民为身体，克己复礼，克己行礼，君示民以礼，示臣以礼，立身行己之道，慎言重行，以礼爱民，视民为手足。

《礼记·礼运》篇说："故圣贤以天下为一家，以中国为一人者，非意之也，必知其情，辟于其义，明于其利，达于其患，然后能为之。"什么是人情？喜、怒、哀、惧、爱、恶、欲，这七情不需要学习会自然生成。什么是人义？为父须慈，为子须孝，为兄须良，为弟须悌，为夫须义，为长须惠，为幼须顺，为君须仁，为臣须忠，这十项叫做人义。讲求诚实，致力亲睦，叫做人利。相互争夺和残杀，叫做人患。圣人之所以能调整人们的七情，培养人们的十义，讲求诚实，致力亲睦，崇尚辞让，摒弃争夺，"舍礼何以治之？"除了礼治，还有什么别的办法可以达到这一目的呢？"美善皆在其心，不见其色也，欲一以穷之，舍礼何以哉？"要想穷究人们的心理，除了礼还有别的什么办法呢？

在《礼记·经解》中说："天子者，与田地参，故德配天地，兼利万物，与日月并明，明照四海而不遗微小。"天子的地位可与天地并列，所以，他的德性也与天地并列，恩泽普施万物，与日月同解，普照四海，无所遗漏。天子在朝堂处理政事时，遵循仁圣礼义的原则，并然有序；在闲居的时候，就欣赏《雅》、《颂》一类的音乐；在行走的时候，则有佩玉的音响节奏；登车的时候，则有车铃的音响节奏，起居有一定的礼仪，进退有一定的规矩，百官能够人尽其才，万事处理得并然有序。这才能像《诗经》所说的被人们称为好的天子，四方的榜样，美的榜样。

但是，还有一种与上述定义相悖反的说法即"破礼而出"说。就是说，美是在突破礼的规范，冲出礼的牢笼之后，才得到真正的或重大的发展的。美在夏、商、周时期，都摆脱不了礼。周礼无所不在，怎能摆脱掉它呢。而到了春秋尤其是战国时期，周天子的权威动摇，西周政权衰落，开始"礼崩乐坏"，原有的道德观念，也不像以前那样牢靠了，天地鬼神的观念也产生了动摇，"天道远，人道近"（《左传》），"国将兴，听于民"（《左传》）。民才是"神之主也"。（季梁语）季氏用只有天子才可以享用的64人的舞乐来玩，这比大夫可用的16人舞乐更美，更能满足观赏欢娱之需要。仲孙、叔季三家，在祭祀其祖先时，也敢按天子才能使用的规格，唱着《雍》这篇诗，搬出祭品。晋侯用天子享元侯的音乐来招待穆叔。尽管大夫们知道《三夏》是天子专门享用的乐章，《文王》是两君相见的乐章，《四牧》是君劳使臣的乐章，但他们还是照样使用和享用。他们不但敢于享用与自己身份、地位不附的乐舞的规模和形式，而且将民间的俗乐也引进来玩赏，却把礼抛到了一边。这样，使不受礼之制约的形式美得到了空前的发展。因此，被学者们认为是"美，破礼而出"。并指出，"战国是形式美感彻底地脱离礼的时代，似乎也可以说，也是美正式产生的时代"。"形式美感脱离礼之后，已经以自己的方式有了很大的发展：韩的余音绕梁，伯牙的高山流水，荆轲的风萧萧兮易水寒"，楚国下里巴人"一人唱，万人和"。各国的建筑高台临下之乐，"其乐忘死"。最主要的是《离骚》出现了。诸子散文出现了。……因此，虽然新时代的宇宙论的重建以先秦诸子开始，到汉代才完成，与新宇宙论相适应的美学理论，在严格意义上，在魏晋南北朝才完全形成，但美的产生只能以形式美感与礼完全脱钩的战国作为标志。（张法：《美学导论》，中国人民大学出版社1999年版，第197—198页）这些论述是非常精辟的，使我们对"美从礼出"与"破礼而出"，有了一个全面的认识，特别是对我国形式美的发展有了明确的认识。

不过，美感并未由此成为或完全成为无政治伦理内容的形式之美感。如荆轲的"风萧萧兮易水寒"，屈原的《离骚》，其伦理内容就是很明显的，包括儒家礼的某些思想、语录。"先王之乐"固然体现着严格的礼，"世俗之乐"也并非是完全脱离或不受礼之影响的形式之美。元杂剧与散曲，可以说是很民间化、世俗化的艺术，但其伦理思想内容也是很饱满的。它们不乏反抗统治者的深沉激荡，但亦难以完全摆脱礼的阴影。毕竟儒家思想影响太广、太深了。

二十一、物性比德

  物性比德，是以自然中的一些事物，如山、水、玉、石、花、鸟等，比喻人的善的品质或德行之美。这是儒家的美学智慧与伦理美学的一大创造。笔者曾于 1986 年在《晋阳学刊》第 1 期发表的《伦理美学与历史必然》中（见笔者《美的哲学》，山西人民出版社 2007 年版，第 288—297 页）谈到这个命题，目的在于证明伦理美的存在，阐发得不太深刻。现在写这本史话，又一次进入这个命题，思想大大的演进了，感慨颇多，先简要点破，然后再重点阐释：

      物性比德，儒家典范。

      自然人化，人化自然。

      天人合一，逻辑必然。

      内容丰富，包罗甚广。

      多种层次，多种类型。

      日臻完善，自成体系。

      阴阳刚柔，和谐崇高。

      山水玉石，花鸟虫鱼。

      君子小人，廉耻礼义。

      共性个性，由表及里。

      拟容取心，移心取容。

      同性同构，自性同构。

观乎自然，看到自己。

赞誉他人，美化自己。

审美智慧，形象思维。

理性精神，感性显现。

传播艺术，教化万代。

简单形象，深刻内涵。

喜闻乐见，雅俗共赏。

提升境界，开发智慧。

净化心灵，塑造德性。

审美创造，功德无穷。

关于其源起，笔者在《伦理美学与历史必然》中曾说明：

"物性比德"早在《诗经》中就已经出现。如《郭风·君子偕老》中所说的"委委佗佗，如山如河"，以山之可以容纳一切，河之可以润泽一切，比喻亡夫品德之美；《小雅·节彼南山》中，以高山峻岭比喻师尹的威严；《秦风·小戎》中所说"言念君子，温其如玉"，以玉比喻君子之品德可贵，等等。（这就使人能够形象地了解善、德，产生出情感能度）及至先秦，"物性比德"更发展到一个新的阶段，而且历久不衰。例如以水比德，在《老子》中有"上善若水"的说法；《管子·水地》则把它形象化地说："夫水淖弱以清，而好人之恶，仁也；视之黑而白，精也；量之不可使概，至满而至，正也；唯无不流，至平而止，义也；人皆赴高，已独赴下，卑也。……是以水者，万物之也。"就是说，水有五德。《荀子·宥坐》中所记载的孔子见水说，则认为水有九德："孔子曰：夫水，偏与诸生而无为也，似德；……其赴百仞之谷不，似勇；主量必平，似法；盈不求概，似正；淖约微达，似察；以出以入以就鲜，似善化；花万折也必东，似志。"在《说苑·谁言》中水德多到十之有一："遍予而无私，似德；所及者生，似仁其流必下居裾，皆循其理，似义；浅者流行，深者不测，似智；其赴百仞之谷不疑，似勇；绵弱而微达，似察；受恶不忙，似包蒙；不清以入，鲜以出，似善化；至量必平，似正；盈不求概，似度；其万折必东，似至。"

《太平御览》对水德的概括则通俗、简明而又贴切，即："沐浴群生，深流万世，是仁也；扬清激浊，荡去污，是义也；柔而难犯，弱而难胜，是勇也；道江流河，恶盈流谦，是智也。"再如以禾比德，以山比德，以玉比德，等等，均有久远的历史。

物性比德，对中国传统的文学艺术影响很大，许多作家笔下的多种艺术形象，都被赋予道德象征的意义，如麟喻吉祥，鹤喻长寿，菊喻高洁，莲喻君子，竹喻节操，松柏喻坚贞……刘安的《淮南子》、司马迁的《史记》等都以松柏比喻君子之品德之坚贞。屈原的《离骚》用"善鸟香草，以配忠贞；恶禽臭物，以比佞；灵修美人，以媲于君；宓妃佚女，以譬臣；虬龙，以托君子；飘风云霓，以为小人。"(《离骚·经序》)他在著名的《桔颂》中所说"受命不迁，生南国兮。深固难徙，更壹志兮"，"苏世独立，横而不流兮。闭心自慎，终不失过兮。秉德无私，参天地兮"等等，更句句是在比德了。至于郑板桥的兰竹图，周敦颐的《爱莲说》，至今也仍为世人所赞赏。

我国古人物性比德借用的对象或称物象，包括山、水、天、地、日、月、风、花、雪、草、玉、石蚕、鱼等，山、水、玉最多，树木花草中主要是"岁寒三友"和"四君子图"如松、柏、竹、兰、梅、菊、莲、水仙花等。比喻说明的德性包括儒家道德学说中所提倡的善的全部内容如仁、义、礼、智、信、忠、孝、慈、爱、贞、恕、中、和、忍、勇、诚、温、良、恭、谦、俭、让、志、风、骨、高洁、隐逸、清高、慎独、勤学、中庸之道，浩然之气，杀身成仁，舍生取义，威武不能屈，富贵不能淫，贫贱不能移；己所不欲勿施于人，克己复礼，怪及阳刚、阴柔、中和之美等，无所不包，无所不至，而且喻之越来越广泛，越来越细腻、深刻、动人、感人。

如荀子将孔子所说"智者乐水，仁者乐山"更具体化了，一物多义，说水似德、似义、似道、似勇、似法、似正、似察、似洁、似志、似善化，最后归结为似君子，似圣人。(《荀子·宥坐》)董仲舒说，"山则㠁巋嵓崔，摧嵬罩巍久不崩阤"，并俨然独处，就像是"仁人志士"。（《春秋繁露·山川颂》）也把孔子所说"智者乐己"具体化了。

管子对孔子的以玉比德也做了淋漓尽致地演绎和发挥："夫玉之所贵者，九德出焉；夫玉温润以泽，仁也；邻以理者，智也；坚而不蹙，义也；廉而不刿，行也；鲜而不垢，洁也；折而不挠，勇也；瑕适皆见，精也；茂华光泽，并通而不相陵，容也；叩之，其音清搏御远，纯而不杀，辞也。是以人主贵之，藏以为宝，剖以为符瑞，九德出焉。"（《管子·水地》）

荀子的物性比德还有一个独特、新颖、深刻的特点，如他以云和蚕比德，说"圆者中规，方者中矩，大参天地，德厚尧禹，……德厚而不捐，五彩备而成文"；用"功被天下，为万世文；礼发扬光大以成，贵贱以分；养老长幼，待之而后存"（《荀子·赋》）来赞美蚕。再如，他还通过孔子与弟子关于自己怀才不遇的对话，说明"君子博学深谋不遇时者多矣！""不时者众矣，何独立名也哉？且夫芷兰生于深林，非以无人而不芳。"（《荀子·宥坐》）所喻"芷兰生于深林"之理，非常深刻。周敦颐《爱莲说》中对莲之"出淤泥而不染"品格的比喻与描写，也颇耐人寻味。而在古今文化人中影响最深的孟子关于"流水的风格"的议论，更富哲理。他说："孔子东山而小鲁，登泰山而小天下，故观于海者难为水，游于圣人之门者难为言。观水有术，必观其澜。日月有明，容光必照焉。流水之为物也，不盈科不行；君子之志于道也，不成章不达。"（《孟子·尽心上》）在另一处他也说："原泉混混，不舍昼夜，盈科而后进，放手回海。"（《孟子文选》、《仲尼亟称于水章》）他形容泉水滚滚，不分白昼黑夜的奔流，总是把经过的坑坑洼洼，盈满、渗透，然后疾驰向前。它不是一直长驱猛进，而总是不忘记在疾驰后停顿下来作"盈科"的工作，把所经之地灌满渗透之后，再一泻千里，放手四海。他既生动地描绘了流水的风格，又给人以深刻的富有哲理的启示，告诉人们学习和追求道，必须记住这个"不盈科不行，不成章不达"。

物性比德，表现出儒家高度的审美智慧、审美艺术，是一大审美创造。

首先是他把《易》本经提出的天人合一的思想运用到治学、传道、授业甚至治理国家。我们说，自然人化，人化自然。天人合一，逻辑必然。就是说人与自然是相互依存、相互制约、相互渗透、相互促进和发展的。人也是自然的一部分。人与自然有相反之处，相同之处，也是物质的。人的精神会透射到自然万物上，将自己的情性投射到自然万物上，使自己的本质力量对象化，又从对象上看到自己，观照到自己。所以是拟容取心，移心取容，将自然万物作适合于自己想象和需要表达的各种比喻和解释。对于人，这很自然，很合乎逻辑，所以是天人合一，逻辑必然。

其次是自己的道、学说、主张，需要传播、传授，让人们甚至整个社会都接受它，运用它，以它指导自己的行为甚至治理国家。这就需要有一种通俗易懂、喜闻乐见、具有形象性、艺术性和感染力的形式，而这种形式便是"物性比德"。它就是为自己学说中提倡的善德造形，造型，使之形象化、艺术化、美化，合抽象理念感性显现，使干硬、枯燥、抽象的理论概念、思想、范畴，形象化、艺术化，被人们很快很容易的理解接受，不仅理智上接受，而且感情上被打动，被感染，并见诸行为、行动。即使冥顽之辈，久而久之，如入芝兰之室，被熏陶、陶冶，将这些思想和教诲渗透到自己的血液之中。它提升境界，开发智慧。净化心灵，塑造人格，塑造性格。经历万世万代，发挥了不可估量的作用。它充分体现了儒家的审美智慧，审美艺术，充分发挥了审美的功能，确实是儒家的一大审美创造。物性比德，本是借自然万物的形式或功能来比喻、形容德的性、善的美、人格、品德、情性、志行等之伦理美，使其形象化、艺术化、美化。但并非德与善本身没有美，经比之后才有了美。换言之，并非不比则不美。至于后人把物性比德运用于衡量文学艺术作品，"以比德为美"成为文艺创作的尺度、批评的标准，这同原来的含义已不完全一样了。还有一点：主体也变了。原来主体是人的德性，山、水、玉、石等是被借用来形容它的，如今却反过来要人们用德性去形容、描写山水。否则，便被认为是"无病呻吟"，遭到批评。

其实，这正是我们前面所讲过的"美破礼而出"，是它惹的祸。因为多少年来，人们都崇尚儒学，为儒家的一套伦理道德唱赞歌，所谓"物性比德"比的也只是儒家所倡导的伦理道德。到了六朝时，由于社会的不断动荡，专治的大一统局面消失，异域的佛教文化、少数民族文化不断传入，玄学兴起，放松了对文化的统治，随之出现了自由论辩的风气，晋宋间，大量山水诗问世，诗人们面对大自然的美，吟诗作赋，把儒家的那些道德教条也淡忘了，没有刻意地表现在诗词之中。隋唐重新实行大一统专制后，思想控制、文化专制，日益严厉、规范，秦汉儒

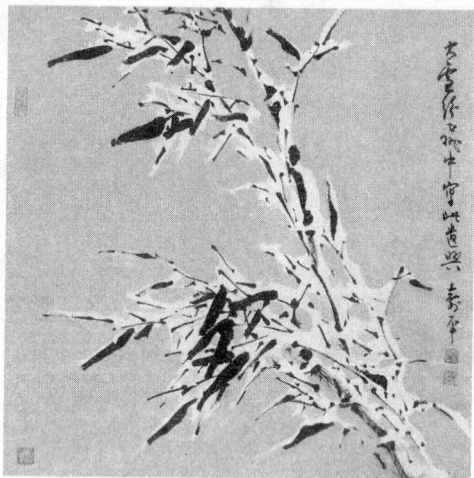

岁寒三友：松、竹、梅（董寿平画）

佩玉，以玉比德

家思想又居于统治地位，六朝以来"风花雪月"一类的山水抒情诗便遭殃了。标举儒道批判"嘲风雪、弄花草"这种审美情趣的诗人及其作品的都是一些赫赫有名的文人学士，一支包括陈子昂、萧颖士、李华、贾至、独孤及、柳冕、韩愈、柳宗元、李翱、白居易、元稹等在内的文艺大军，而白居易最为卖力。（祁志祥：《中国美学原理》，山西教育出版社2003年版，第89—90页）这场斗争的实质，并不在于创作方法，而是为了维护儒学的传统。反之也说明一个道理：儒家思想在中国是非常强大的，"有礼走遍天下"，"无礼"寸步难行。

二十二、结构功能

"礼"是中国古代伦理美思想的重要范畴。在《礼记》中，包括了诸多要素，要素中又包含好多因素，纲中有纲，目中有目，既是一个横向结构，又是一个纵向深入的立体网络结构。

从《礼记》看，"礼"包括下面十一个要素：

一、君义

君为心脏，民为身体，克己复礼，克己行礼，君示民以礼，示臣以礼，立身行己之道，慎言重行，以礼爱民，视民为手足。

《礼记》讲君义或君道、君范的地方很多，对为君者的要求很高，因为他是决定礼能否施行的最主导的要素。

二、王制

治理政事所制定的各种规章制度。如班封爵位、授受俸禄、祭祀、养老等方面的法度，以及刑法与诉讼审理程序等。

三、刑德

刑法的作用是有局限性，有弊病的。不能只靠刑罚，而要辅之以德，刑德并治，而且以德为主。

"夫民教之以德，齐之以礼，则民有格心；教之以正，齐之以刑，则民有遁心……"用道德教育民众，用礼去约束他们，民众就会产生向上的愿望；用政去教导他们，用刑罚去约束他们，民众就会产生逃避惩罚的心理。所以统治民众的人，能够像爱护自己的子女一样爱护民众，那么民众就会亲近他；能够用诚敬的风范去感召民众，那么民众就不会背叛他；用恭敬的态度去对待民众，那么民众就会有谦逊顺从之心。

这都说明《礼记》刑德并治，以德为主的思想。

四、礼乐

《礼记》中的《乐记》，是儒家关于音乐理论的重要文献，对音乐的起源、性质、特点、功能特别是乐与礼的相互关系，对教化和礼治的极端重要性，做了精辟的论述。

《乐记》认为，乐与天地和，乐与人和，乐与礼和，乐与政和，乐与德和。德、政、礼的本质是仁，所以乐与礼和、与政和、与德和，也就是与仁和。《乐记》说："凡音者，生人心者也。情动中，故形于声；声成文，为之音。是故治世之音安于乐，其政和；乱世之音怨以怒，其政乖；亡国之音哀以思，其民困。声音之道，与政通矣。"乐是天地的造化，中和的纲纪，人情所不能避免的。乐可以"合成父子君臣、附亲万民"，这正是"先立乐之方也"。乐陶冶人们的心灵，礼约束人们的言谈举止。乐的修养达到了极致，就使人温和、平易、正直、慈爱、诚信及崇高的情感油然而生。所以，德性的光辉发动于内心，百姓就会顺从；礼的内容表现在外表，百姓就会接受。故曰："致礼乐之道，举而错之天下，无难以矣。"

还有一层很重要的道理：不仅"失民心者失天下"，"失民情者也可以失天下"。礼主要是治理、治心的，乐主要是治情的。人情者，"圣王之田也"，必须以乐播之，耕之，才能达到仁，达到安。《礼运》中有一段话："故治国不以礼，犹无耜以耕也；为礼不本于义，犹耕而弗种也；为义而不讲之以学，犹种而弗耨也；讲之以学而不合之以仁，犹耨而弗获也；合之以仁而不安之以乐，犹获而弗食也；安之以乐而不达于顺，犹食而弗肥也。"总之，"人情为田"，"礼乐耕之"，才能相得益彰。若是把礼、乐、政、刑都结合起来，其收效就更大，实现太平盛世就更没有问题了。正如《乐记》中所说："故礼以道其志，乐以和其声，政以一其行，刑以防其奸；礼乐刑政，其极一也，所以同民心而出治道也。"

五、儒范

讲儒者的道德修养风范。《礼记·儒行》篇讲述了孔子为哀公讲述的作为儒者的近 20 种行为表现，内容包括自我修养、事君、交友、独处，对仁义的理解、言谈、举止、服饰等，几乎涵盖了社会生活的各个方面，真可谓详尽矣。

儒者就像席上的珍品，夜以继日地学习，身怀忠诚信实的品德，等待别人聘任、请教、录用——这就是儒者立身修行的样子。

穿戴适中，既不标新立异，也不流于众俗，行为谨慎，难于进取，却易于退让，柔弱得好像无能——儒者的容貌就是这样。

此外，还有儒者"独特立身之道"，"刚强坚毅的性格"，"儒者之自立"，"儒者的忧思之情"，"儒者的宽容游裕"，"举荐贤才能人"，"遵守规范"，"交友之道"，"恭敬谦让"等，共有 20 条。然后用孔子的话说：儒者不因贫贱而丧失自己的志向，也不因富贵而得意忘形，失去志节。不因天子、诸侯、卿、大夫以及众官吏的污辱、牵累、刁难而失节，所以才称为儒。可见其对儒者的修养是多么看重，规范得面面俱到。

六、礼仪

礼仪包括：冠仪、聘仪、武仪、婚丧礼仪及祭祀的各种礼仪。《曲礼》讲言谈、举止、人际交往、饮食等方面的具体礼仪。《祭法》记载了从有虞氏至周天子祭祀群神的数目，论述了祭礼对象的条件即祭祀什么样的人和神：一是为国家为人民建立过功勋的人，一是作为人民生活之源的自然神，如山川河谷等。《冠义》讲"冠者礼之始也"。行冠礼后才算服饰完备，服饰完备以后才可能做到容貌端正、表情自然、言词和顺，才能按礼仪行事。《昏义》讲婚礼仪式及妇女侍奉公婆礼仪、天子设后宫的重要意义。《檀弓》、《祭义》讲关于丧葬的礼仪、侍奉双亲、尊敬长者的意义。《丧服四制》讲根据仁、义、理、智制定的丧服的四种法度。《射义》讲诸侯、卿、大夫、士在举行射礼前要分别举行燕礼和乡饮酒礼，认为从射礼可以看出一个人的德行。《聘义》讲天子与诸侯、诸侯与诸侯之间相互派使者访问的礼仪，一般用圭玉作为出示的信物。儒家是把礼仪同礼治联系起来看待其重要性的，是关系修身、齐家、治国、平天下的一个重要方面。所以，制定了一套完备的礼仪祭祀、程式、制度。

七、教学

《礼记》中的《学记》一篇，是一篇极其重要和精辟的教育学文献，认为教育于国家是立国之本，于个人是安身立命之本。"玉不琢，不成器。人不学，不知道。是故古之王者建国君民，教学为先。"这些思想就是在《学记》中提出来的。同时对教育方法、求学方法、求学目的以及循序渐进、因材施教做了精辟的论述。

八、度义

何谓度义？度义即《中庸》所讲的中和。《中庸》原也在《礼记》之中，是后来即南宋光宗绍熙元年（1190）朱熹为构筑其理学思想体系才把《大学》、《中庸》从《礼记》抽出与《论语》、《孟子》列在一起被称为"四书"的。《中庸》的基本思想就是"中和"，认为"致中和，天地位焉，万物育焉"。"中和"在《礼记》伦理美思想的结构体系中所起的就是"度"的作用，即在执礼的时候恰到好处，不"不及"也不"过"，因为"过犹未及也"，都达不到礼所要求的标准。掌握"中和"之"度"，就使其礼的结构和思想体系较为科学化。而且，"中和"本身就是一种伦理美的重要范畴和境界。

九、臣义

臣的主要任务就是遵礼事君，首先是要忠君，同时要爱民，忠孝仁爱，信义和平，修身、齐家、治国、平天下，儒家的一套也都适用于他。

十、民义

礼就是为了治国、治理臣民的，民是社会的底层，妇女在底层的底层。礼的一切规定民都要履行。民也要忠君，尽忠报国，为国捐躯。同时在父子、兄弟、夫妇及朋友、邻里关系上，都要服从礼的规定。婚、丧、祭祀等一套礼仪对民都适用。儒者还把它概括为"三纲五常"、"三从四德"。总之，上厕所也要按规矩来。从思想到行动都被框得紧紧的。

中国孝道传统源远流长，汉以来，孝子的故事备受推崇。金元时成为戏曲中的重要题材，剧目层出不穷。如《行孝道目连救母》、《墙头记》、《节花》、《三娘教子》等，在农村颇为盛行。道学家把它们汇编为《二十四孝故事》，有图有文，几乎家喻户晓，深入人心，成为伦理道德教化的通俗普及教材。

在山西省稷山县马村4号金墓出土的24孝陶塑，是颇难得的珍贵艺术品，它集中反映了中国两千年来封建社会的伦理美思想。

十一、邪坊

不塞不流，不止不行。建设和防御是两个互为条件不可偏废的一个问题的两个方面。所以，一方面要建设，另一方面要设堤坊防范对礼及礼治的侵害和破坏。《礼记·坊记》篇即围绕这一个重要方面，记述了战国诸子关于防范人们出现过失的各种方法。"坊"即堤防的意思。"君子之道，辟则坊与！坊民之所不足者。大为之坊，民犹逾之，故君子礼以坊德，刑以坊淫，命以坊欲。"就是说，君子治理国家的方略，不就像河道的堤坝吗？它是防范人们违反道德行为的。这道德堤坊如此高大宽厚，人们还能越过它，去做邪恶的事，所以君子用礼作为违反道德的堤坊，用刑罚作为谣邪行为的堤坊，用政令作为私欲膨胀的堤坊。但孔子总是讲防民的同时，强调君王要言行一致，身体力行，垂范百姓。

以上十一条或十一大要素，就是《礼记》所讲"礼"之伦理美思想之构成，由此构成其完整而又严密的伦理美的结构。这个结构虚实结合，软硬兼施，有张有弛，治理、治心与治情并举，疏导和强制并举，如同钢筋加水泥，使人感到坚固无比，万无一失。它既是开放的，又是封闭的。不合乎其思想体系的，刀枪不入。合乎其思想体系的思想，无论巨细，兼收并蓄。所以，在几千年中国封建社会，一直在发展充实，及至今日，现代儒家学说亦在发展。

当我们对《礼记》伦理美的结构进行分析时，可以看出它的以下显著特点：

一、不仅这个结构是严密的，它的每一个要素本身的内容也是很严密的、全面的、透彻的，具有相当的质量和独立的功能。它既是抽象的，又是具体的，具有高度的理论性和实践性。它的每个要素都是一种理论，同时又不是纯理论性的，而是随时准备在实践中发挥其功能。

二、各个要素之间是紧密联系、相互依存、相互制约、相互补充、互为条件的，特别是它们的结合方式，如君与臣、君与民、刑与法、礼与乐、教与学等，以一定的方式结合，使其产生出特异的功能。它们不是 1+1=2 的关系，而是比 2 更大的功能。

三、各要素在结构中的地位、主次非常明确，中心和主导因素非常明确。如君义在其中显然居于中心和主导地位。君义若是能够施行，其他因素立即会被推动、激活，整个结构就会运转如神，发挥巨大威力。

四、每一个要素中都体现或渗透着两个字：民与仁的思想，即重民、为民、爱民、亲民、育民、养民的思想，仁政的思想。对于《礼记》来说，君义是不可不谈的，不得不谈的。对民义来说是由于出于"民本"思想，只要有机会就想谈，欲罢不能。而仁则是无所不在，无所不至。

五、如同自然界一样，"礼"是一个纵横交叉的立体网络结构，它是由以上所说各种相互联系、相互作用的要素所组成的，具有特定功能的庞大系统。它的每个要素都是在这个整体系统或结构中活动和发挥作用的。离开这些组成要素，形不成这个系统、结构的独特性质和功能，但系统的性质和功能，不是直接来自要素，而是来自结构。要了解它的性质和功能，就必须了解它的结构。几千年的封建社会所以把人们统治得那么森严，同"礼"的这个结构的功能是不无关系的。

六、"礼"这一系统结构的构建，显示出系统论、"信息论"和"控制论"的某些特征。

首先，它可以说具有系统论的某些特征。其次，这个结构发出的各种信息，可以使你得知什么地方发生了问题。最后，结构的自我控制功能，可以自身排除或遏制这些问题的产生、蔓延和发展。

在《礼记·经解》中记述孔子的话说："人其国，其教可知也。"假如这个国家的人民言辞温柔，性情敦厚，就说明《诗》的教化好；精通政事，熟悉远古的历史，说明《书》的教化好；宽广博大、平易善良，说明《乐》的教化好；圣洁宁静，明察秋毫，说明《易》的教化好；恭顺俭朴，庄重有节，说明《礼》的教育起了作用。因为事事有标准，有尺度，所以就有信息，就会传达出信息，使你得知哪些方面出了问题。

乐，更是最为敏感的信息。既然乐与天地和、与政和、与人和、与礼和、与德和……那么，如果政、礼、德……出了问题，乐声也会表现出不和谐，发出不祥之音。

《乐记》说："宫为君，商为臣，角为民，徵为事，羽为物。五者不乱，则无怙之音矣。宫乱则荒，其君骄；商乱则陂，其宫坏；角乱则忧，其民怨；徵乱则哀，其事勤；羽乱则危，其则匮。五者皆乱，迭相陵，谓之慢。如此，则国之灭亡无日矣。"就是说，五音乱，政局危，国家灭亡的日子就为期不远了。

至于自我控制的功能则来自系统和结构，由于结构、系统的严密性，当它遇到问题、困扰或某些破坏性因素时，它的另外一些要素就像灭火器一样，自动去抑制、防止以至消除。如"邪坊"，就像堤和坝一样为防止洪水泛滥，而事先做好了准备。这实际上就是一种自我控制系统。

七、如此严密的结构所要达到的目标又是什么呢？即"肥"。"肥"即和谐，"天下之肥"即天下和谐。

鲍出贼营救母

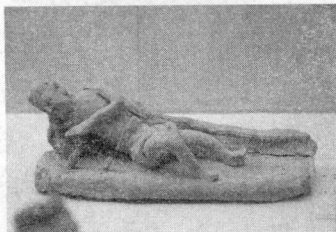

王祥卧冰

田氏兄弟哭活紫荆树

郭巨埋儿孝母

在我国封建社会，虽没有现代系统论、信息论、控制论科学方法，而社会从经济基础到上层建筑，包括意识形态，伦理道德均有它的系统和结构，封建统治者正是依靠它来进行统治的。忠、孝、仁、爱、礼、义、廉、耻这些伦理道德观念，深深扎根于广大群众中，成为衡量善恶美丑的标准。像三从四德、忠孝仁爱就是这样，尤其二十四孝通过具体的故事形象，广泛影响着人们的审美观念。

丁兰刻木奉亲

《礼记·礼运》篇中有三段很精彩的论述：一是关于天下为公，世界大同的论述，二是关于"小康"社会的论述，三是关于天下之肥的论述。

《礼记·礼运》说："四体既正，肤革充盈，人之肥也。父子笃，兄弟睦，夫妇和，家之肥也。大臣法，小臣廉，官职相序，君臣相正，国之肥也。天子以德为车，以乐为御，诸侯以礼相与，大夫以法相序，士以信相考，百姓以睦相守，天下之肥也。"

这个"天下之肥"的思想，同它所说的"天下为家，各亲其亲，各子其子，货力而已，大人世及以为礼，城郭沟池以为固，礼义以为纪，以正君臣，以笃父子，以睦兄弟，以和夫妇，以设制度，以立田里，以贤勇知，以功为己"，以及禹、汤、文、武、成王、周公"此六君子者，未有不谨于礼者也，以著其义，以考其信，著有过，刑仁讲让，示民有常；如有不由此者，在执在去，众以为殃。是谓小康"是一致的。"小康"者，即"天下肥也"。特别是这个"肥"，最能表达其伦理美的思想。它是一种人情美、人格美、行为美、风俗美、制度美、秩序美、关系美、社会关系社会形象美，一句话，即社会和谐的伦理美。"礼"的伦理美的结构与功能正是奔"小康"或"天下之肥"这个伦理美的目的，而最终是由此过渡到天下为公、全面和谐的"大同"社会，这才是它所追求的最高境界的天下为公的"天下之肥"，最高的伦理美。

但是，礼的结构，就如同各种物质系统的结构一样，愈严密就愈易受破坏，所以具有一种显著的特性，即"脆性"。就如一个钟表，只要一个小齿轮出了毛病，就会影响整个钟表的机能，若是主导因素出了问题，那就更严重了。特别是"礼"主要靠的是人治即君治。若是君出了问题，君主不按礼行事，独断专行，或言行不一，讲的是礼，行的却是非礼，甚至残虐横行，整个礼的结构的性质与功能就会遭到严重破坏。孔子为民出发制定的这个礼的机构，就会变成人民的桎梏，"小康"变为牢笼，出现整个社会的全面的不和谐，乱世也就为期不远了。这也是无数历史经验所证明了的。在历史上，君王不行使、不完全奉行甚至完全不奉行君义、君范的时候，在社会、在民间，儒家礼教思想和规范的统治也是相当有力、根深蒂固的。但其性质已与儒家原先的设计大相径庭了。但即使如此，儒家还是留有一手的——他们给君王制定了这一整套规范、规矩、尺度、标准，你不遵守，就给人臣以把柄，造反就有理了。这就可能让君主吃不了兜着走。

因此，对于孔子以及后来的儒家所精心建立和不断充实、完善的这个以民为基础、以仁为核心、以礼为体制、以"肥"为目标的系统、结构与体系，不能不令人叹为观止。（本文所引《礼记》转引自《四书五经》（精华本），宗教文化出版社2003年版）

现在我们来看看北京故宫建筑的结构关键是要有一个结构观。

你若是树立了这个结构观，那么，你不论走遍天涯海角，举目处处均无不是结构。天上飞的、水中游的、地上的静物与动物、人类与社会等，无不是结构。就以故宫为例，你无论远看近看，地上看，空中看，看它的全貌或局部，或者在水中的倒影，看到的都是结构。

故宫亦称紫禁城，是明清两代的皇帝所居之皇宫，是中国现存规模最大，保存最好的古代建筑群。它是明永乐五年，即1407年开始建造的。用了13年，于1420年建成，占地72万平方米，共有殿宇房屋九千余间。它的主体是宫殿区。宫殿区又分前朝、内廷和外东路三大部分。前朝由三大殿即太和殿、中和殿、保和殿与东西两座独立的宫殿——文华殿与武英殿组成。前朝的后面是内廷区，该区的中路为乾清宫、交泰宫、坤宁宫三宫及御花园，左右两边分别为东西六宫、养心殿、奉先殿等组成。外东路为宁寿宫。在内廷的两边，与外东路相对应的有慈宁宫，俗称"冷宫"，是皇太后及前朝妃嫔的生活区。整个建筑沿南起于午门，北至神武门的一条中轴线排列，东西对称并向两旁扩展，构成一个有机的整体或结构。它是按照中国的传统规制设计和布局的，又凸显了皇权至尊的封建思想和"天人合一"的观念。这里的"天人合一"即皇帝是真龙天子，是天的意志的代表，它的皇宫即地上的天堂。

　　皇权至尊，皇帝至上的思想在前朝、内廷、外东路三大宫殿区的建筑中均得到了淋漓尽致的体现。它们的高度、位置、色彩、设施、雕塑以及台阶和门钉的数目均有严格的规定、区分和讲究。前朝由三大殿：太和殿、中和殿、保和殿与东西两座独立的宫殿——文华殿、武英殿组成。这些宫殿是皇帝举行各种大典、礼仪的地方。太和殿、中和殿、保和殿三殿规格最高，建筑亦最为气势雄伟、辉煌壮丽。太和门是三大殿的正门。你从这里望去，便见宽阔的广场，气度不凡，并有金水河，流水潺潺，河上那五座玉带似的由白色大理石——汉白玉精雕细刻的玉桥和护拦，更是一副皇家气派。进入大门，骤然出现在你眼前的这座宫殿，就更是巍然而立、金碧辉煌了。广场上行走的人们，更是显得异常的渺小。这里的地，这里的天（无论阴晴、白昼或黑夜），这里的台阶、阶石浮雕、护拦、殿宇的色彩、飞檐等等均与众不同。殿内的设施、皇帝的卸座等就更不必细说了。总之，皇权至上的思想，得到了淋漓尽致地体现。这是何殿？这便是太和殿，即在民间千家万户也晓得的"金銮殿"。它是皇宫中最核心的、品位最高的建筑。因皇帝要在这里举行殿礼，殿内的空间也很高大，面阔 11 间（63.96 米），进深 3 间（37.3 米），高达 27.92 米，加上台基，通高 35.03 米。它给我们的视觉效果，不只是它的局部，更重要的是它的结构。结构造就了崇高。崇高感即来自结构感。在太和殿向正中 7 级台阶上面的高台上，便是皇帝坐的那个镂空楠木金漆雕龙宝座。宝座的周围，有 6 根蟠龙金漆大柱环绕宝座的上方，是金漆蟠龙藻井。这又是一个结构中的结构——核心结构中的核心结构。它是皇宫建筑的核心，也是当时封建王朝权力的核心。

在三大殿的台基上，即高 8.13 米的三层汉白玉石砌成的台基上，有 1142 个用于排水的石螭首（龙头），在倾盆大雨降临时，你可以看到千龙吐水的壮观景象。这也是结构的功能。

在保和殿后面的御路中央有一块不同寻常的云龙阶石，是紫禁城内最大也最精美的石雕，长 16.75 米，宽 3.07 米，厚 1.70 米，约 200 吨重。石上精美的浮雕是 9 条腾飞的巨龙，出没于流云之间。它显示的也是结构的功能。当然，结构中并非没有主次。它不是群龙无首，而是有主有次的。次者亦是为衬托其主。太和殿前的铜狮，消防用铜缸上的怪兽、储秀宫外的铜龙，皇极门前的九龙壁，宁寿门前，形似麒麟却凶猛可怖的铜兽等，其张牙舞爪，张着血盆大口的可怖形象，象征的也是皇权的森严。

御花园中的连理柏更为奇妙，两棵顶部缠绕在一起的古柏，后面正中是一个铜香炉，而这正居于北京的中轴线上。这更是一个奇绝的结构之美。

最后是它的宫名、殿名、楹联、匾额等上面的文字，如以"和"字为中心的太和殿、中和殿、保和殿三殿之殿名，以乾清、交泰、坤宁命名的三宫，中和殿的横幅"允执厥中"、边联："时乘六龙以御天所其无边，用敷五福而锡拯彰厥有常"；保和殿中堂的横幅："皇建有极"；交泰殿中堂横幅："无为"，及《交泰殿铭》；坤宁宫内卧榻上的横幅："日升月恒"；养心殿正殿横幅"中正仁和"；养心殿西暖阁上的横幅："勤政亲贤"以及慈禧垂帘听政标榜的"顺时施宜"等，都集中体现了中华传统文化中儒、释、道的思想。尽管他们实际奉行的与口头标榜的大相径庭，但紫禁城从建筑、设施、雕塑、文字各个方面均形成一个有机的整体结构，集中体现了一个"礼"字。我们在故宫看到的是结构，在其他各地各处看到的也是结构。美是结构，审美观与结构观就是这样密切联系在一起的。

二十三、中和质量

　　古希腊哲学家、美学家谈论"美在和谐"时，中国的思想家们也在谈论这个主题，这就是以孔子为代表的儒家所讲的"中庸之道"。

　　何谓"中庸"呢？"中，正也。"（《说文》）正，也就是恰当、妥当、不过分的意思。"庸，用也，从用，从庚；庚，更事也。"（《说文》）更事也就是经历事物，与经事同义。联系起来讲，"中庸"就是正确、恰当、妥当地为人处世，就是"不偏，不倚，无过，不及"。（《中庸》第二章注）而"中"的目的就是要达到"和"，而且"中"、"正"本身就是一种"和"，一种达到一定"度"的"和谐"。正因为这样，人才能促使人际关系和整个社会的"和谐"。

　　毕达哥拉斯活动的时代同孔子差不多，可以说并驾齐驱。但是，中国"中和"思想的起源，比孔子和毕达哥拉斯要早得多，可以追溯到远古时代。产生于远古时代的中华民族第一张奇图——太极图，就是体现和谐美、中和美的范本。后来的太极图虽略有变化，但意味仍不离初衷。它们均把圆形线、曲线、黑白色均衡、有序、稳定、和谐地组成为一幅简约美的图形。太极图中间的处于黑白交界处的波浪式、反S形的曲线，体现的正是那个"度"。那平衡、对称、有序、富有气势的稳定、中和、中正的和谐之美，成为和谐美的例证。

　　有的数学家用几何学解释标准太极图，得出的几何定律是"居中两切圆四等分大圆"。这个美的组合关键在于对反 S 曲线所体现的"度"的把握。它是质、量、度的精确统一。(以上参见周来祥：《中华和谐美第一图》，《美学》2004 年第 1 期)

中国儒家、墨家、道家、法家的思想都是从远古"中和"思想发展而来的。儒家提出"中庸"，墨家提出"非乐"，但他们同样注重仁义学说。所不同的是儒家侧重于政治品德方面，而墨家侧重于物质利益方面，注重义与利的和谐统一。道家则从人与自然的关系上，提出"天地与我并生，而万物与我为一"，个体应顺应自然，达到清静无为的境界，使人们保持德行的完整和精神的完美。注重的是人与自然的和谐统一。法家则从人与社会的关系上强调个人应按客观事物发展的规律行事，取得事业的成功，主张个体行为和社会功利的和谐统一。正是由于他们的和谐思想都源于上古的"中和"，所以，虽然各有特点却都同意"中和"。"中庸"虽为儒家的创始人孔子所提出，但对"中和"这个作为个体与客观对象的和谐统一的核心，是诸家都认同的。(参见《中国传统美学体系探源》，北京图书馆出版社 1999 年版，第 112 页)

这个"中和"思想发展到魏时刘劭那里，形成了一个衡量人才的美学标准，即人才的"中和质量"之美。

刘劭说："凡人之质量，中和最贵矣。中和之质必平淡无味，故能调成五材，变化应节。是故观人察质，必先察其平淡，而后求其聪明。"这就是说"中和"是最美的。而"中和"之所以为美，就因为它平淡无味，可以调和人体内金、木、水、火、土各种元素，使它们在和谐中发展变化。

钱穆先生 1961 年在香港大学讲解《人物志》时说，所谓"平淡"一是指其人之内心，即其人之所喜好和愿望。如人都喜欢在其一方面有所表现，此人即不平淡。以其不平淡，只能依其所好，而成一偏至之才。又如人好走偏锋，走极端，急功近利，爱出风头，这也是不平淡。像大圣人孔子，始终是一个平淡者。因为其平淡，所以可以当大任。孔子所说："毋意、毋固、毋我"及"无可无不可"，都表现了他的平淡。

刘劭说："中庸之德，其质无名。"这也就是人们批评孔子时所说的"博学而无所成名也"。也可以说"平淡"即是不好名、不求人知。刘劭的"平淡论"也可以说来自道家，也即老子所说的："名可名，非常名。"刘劭的"非名论"也可以说是针对当时东汉人好慕名的社会风气，针砭这个风气。他不希望人才成为"名色"之徒，不能容纳别种"色彩"，这种人才只可以有一种用处，不能再作他用。刘劭认为，"人之至者，须能变化无方，以达为节"。这里所说的"达"即达成我们所希望和所要达到的目标的意思。而没有平淡的素质是达不到我们的目标和希望的。盖平淡之人，始能不拘一格，适应变化的需要。

刘劭所用"平淡"二字，显然是老庄思想，而所说"中庸"则是来自儒家。儒家的重要著作《中庸》中说："喜怒哀乐之未发，谓之中；发而皆中节，谓之和中也者，天下之大本也。和也者，天下之达道也。致中和，天地位焉，万物育焉。"由此看来，刘劭的"中和"同儒家的"中庸"是一致的。但从先秦儒家的其他主张看，则不尽相同。如先秦儒家多讲仁、义、礼、智、信，把这些美德讲成了"名色"，已与"平淡"之质不相一致。刘劭强调的是人的情性和功用，而最高境界便是"平淡"。就像一杯淡水，因为它淡，才可随意变化，或酸，或咸，或苦，或甜，适应性很强。人才就是要有这样的适应性，才不至于成为偏才，而能担当大任。（以上见《〈人物志〉全译》附录二，甘肃人民出版社1998年版）

刘劭是在仔细分析了人才情性的"九征"之后说这番话的："是故兼德而至，谓之中庸。中庸也者，圣人之目也。"兼德达到完美境界的人才能称为"中庸"。"中庸"则是对圣人的最高评价。而刘炳在注解中指出："中和者，百事之根本，人情之良田也。"在这块"良田"里，可以容纳和吸收各种养料。酸、甜、苦、辣、咸五味，赤、黄、蓝、黑、紫五色都可以容纳、吸收。它代表的是一种人才的质量。表面上看，"中和"、"平淡"，平淡无奇，实际上它却是最美的。

二十四、统摄一切

中国的传统美学，尤其是儒家美学，就是一种广义上的大美学。儒道美学虽共源于对"礼崩乐坏"、"人为物役"的感伤，但儒家不像道家以遁世求解脱，而是以高度的社会责任感，忧患天下国家，关注人的生命价值，力求美善统一。因此，儒家美学便在社会性中展开。其主要特征就是它对社会的统摄性：统摄一切，覆盖一切，解释一切，融通一切，深入一切，化育一切。

它是一种伦理美学，熔真善美、哲学、伦理学、政治学、文学艺术、天文、地理、医学等自然科学于一炉，天与人、个体与群体、个人与社会、人格塑造、社会建构、艺术建构、教育建构为一体。儒家圣哲讲美学时是美学，不讲美学时也包含着美学思想、美学智慧、美学精神，放射着美学哲学的光芒。

中国的美学思想，集中体现在儒、释、道的仁、礼、乐、道、中和等哲学美学范畴之中。

仁是儒家大美学的出发点。"仁者，人也"。"仁者，亲也"。仁即爱人、亲人。一切为了人，一切必须志乎仁，行乎仁，得之于仁，达于仁。每个人都应成为仁人，每个君王都应是仁君仁王，每种政治都应是仁政。仁政才是美政。

仁者人格也，国格也。它是一种道德精神，民族精神。乐，代表艺术，是一种艺术精神。"充实之谓美"，应该是道德精神与艺术精神的统一，这才是"全粹之美"。仁还是"天格"。天、自然、宇宙的本质即《易经》所讲的"生生"，"健动"——生命的律动。宋明儒家还称"仁者，天地之心"。宇宙生命与人类生命是融为一体的，即所谓"仁体"。天地以生物为心，人得天地之心为心，人心之生生为仁。儒家的美学即以仁学为核心的美学，真善美统一的美学，天与人合一的美学，人格美、社会美、艺术美与自然美相统一的美学。它所要达到的最高境界即中和或和谐。从微观、中观到宏观，都要达到这个和。从一人之和，一家之和，一国之和到天下之和。其社会模式就是小康社会和大同社会。

所以，中国美学最重要的特点就是要统摄人生，统摄政治，统摄社会，统摄国家，统摄天下。而与此联系的即它的实践性。它是一种实践理性，要把这种审美理性贯彻到实践中去，使国事有序，政通人和，国泰民安，使社会由"小康"过渡到"大同"，实现天下为公，选贤与能，讲信修睦，人不独亲其亲，不独子其子，老有所养，壮有所为，幼有所长，鳏寡、孤独、废疾者皆有所养，货不必藏于己，力不必为己出，夜不闭户，路不拾遗，盗窃乱贼而不作的最高审美理想、审美境界。

它是一种治国的美学，治乱的美学，修身齐家治国平天下的美学。

大美学时代，是美学空前壮大、最具规模并在社会上广泛产生影响的时代。春秋战国时期，就是美学骤然勃兴，广泛产生影响的时代；秦汉之际，更如日中天，发展到巅峰时期。这是我国历史上出现的第一个大美学时代。在这个时代，从孔子到秦汉之际的儒家，大美学融贯整个社会，遍布各个角落。其主要特点是：

第一，理论先行。

以孔子为代表的儒家大美学，是以《易经》思想为源头，通过对夏、商、周三代大美学思想的研究，总结和创造性地继承与发展而形成的。在春秋战国，是百家争鸣，儒、道、墨、法、释各家各显神通的时代，儒家大美学兼收并蓄，吞吐百家，汇纳众流，使自己在激烈的争鸣中发展壮大，并广为传播，辐射渗透其他学派之学说，影响力日益增强。及至汉代，废黜百家，独尊儒术，统摄天下。这个大美学时代的突出特征，就是理论先行，使大美学思想逐步占领各种阵地，特别是教育阵地，弥漫于整个社会之中，渗透于意识形态，上层建筑，经济基础，城市乡村，千家万户，各个领域，各个角落。儒家构建的大美学不只是一般的理论大厦，而是一个巍然的精神帝国。

第二，大胆干预政治，使其纳入仁政和礼治的轨道。

儒家大美学不仅不回避政治，而且热切地、主动地关怀政治，与其政治学并驾齐驱，优先切入政治的各个领域。儒家的大美学首先就是政治美学，礼治美学。儒家不厌其烦地所讲的礼，既是一个观念、理论形态、意识形态，又是一个政体，上层建筑的虚实结合的实体。既是一种原则，又是一种行为——理性实践，实践理性。既是政治范畴，又是美学范畴。儒家终生奋斗的目标就是要把这个礼推行到各个方面。用礼改造一切，构建一切——构建国家，构建社会，构建"小康"以至"大同"社会。而这都是要通过政治统治来完成的。所以必须大胆地、理直气壮地干预政治。虽然他们也知道自己的主张未必能被统治者所接受，未必能在政治上行得通，但他们仍"知其不可而为之"。大美学的气魄，正在于此。

第三，大力释放创造能量。

儒家大美学在本质上是创造性的。这种创造性正是来自天、自然、宇宙的生生不息，健动不息，创进不息，衍化不息。仁的思想从此而来，礼的思想从此而来，和的思想从此而来，乐的思想也是从此而来。而礼乐并治，是最为突出的创新，最具核能的一种创新。它把道德精神与艺术精神、理与情结合起来，既治心，又治情；既得民心，又得民情，从而达到治国平天下的最佳状态，实现天下和谐、天下为公、社会大同的最高审美理想和境界。"人情为田，礼乐耕之"——这是儒家的一个独创，也是大美学思想的精华，大美学时代的一个重要标志。

第四，同化，扩展，源远流长。

儒家大美学在中华民族的发展中，表现出极其顽强的生命力。无论春秋战国时代的百家争鸣，儒家内部的百家争鸣，甚至各立门户，分道扬镳，佛法西来，西学东渐，都未能阻止它的存在、发展、壮大和延续；相反，却不断地在空间上扩大，时间上延续。它先在齐鲁文化圈内滋长、流传，后来以邹鲁文化圈为中心，向边缘扩展到荆楚文化圈、燕齐文化圈、三晋文化圈、吴越文化圈、巴蜀文化圈、秦陕文化圈、中原文化圈、草原文化圈直至亚洲文化圈。它在扩展和同其他文化的碰撞中，汲取营养，充实壮大自己，不仅使自己在多元文化中始终立于不败之地，而且成为多元中的主体，成为中华民族中独领风骚的主流文化。及至唐宋两代，大儒辈出，有力地回应了佛教的挑战，复兴了先秦儒学，使儒学大美学向国外辐射，形成以中国本土为中心，以中国大美学为主轴，包括日本、朝鲜、越南和东南亚在内的大文化圈。（以上参见韩钟文：《美善境界的追求》，齐鲁书社 2002 年版）发展到今天，儒家大美学思想在国际上的影响不是越来越小，而是越来越大。最能说明这个问题的就是儒家文化在国际上的传播和孔子学院的兴起。目前已有 80 座孔子学院在 38 个国家和地区落户。2500 年前，孔子周游列国也不过只限于今天的河南、山东。2500 年后，孔子再次"周游列国"，已是遍及世界五大洲了。

第五，儒家大美学观的最大弱点就是把希望寄托于君王们采用他们的"处方"去治国，改恶从善，"克己复礼"。从这一点看，就像柏拉图寻找"哲王"一样，在很大程度上是一种"乌托邦"。

二十五、近取诸性

　　孔子所说的天道即是人道，是一种以"人"为中心的思想。这一思想主要由孟子加以发展。

　　"仁"者"人"也。在孔子解释"礼"为"仁"的基础上，孟子强调了"人皆有不忍人之心"，以及"口之于味也，有同嗜焉；耳之于声也，有同听焉，目之于色也，有同美焉"。(《孟子·告子上》)强调人们有共同的美感，强调美的功能主要在于陶冶性灵，追求的是一种依靠内心的涵养培养起来的内在的心灵的"净化"。所以说："我善养吾浩然之气。"何谓浩然之气？曰："难言也。其为气也，至大至刚，以直养而无害，则塞于天地之间。"(《孟子·公孙丑·上》)

　　就是说，他强调的这种气，有无比的庞大和雄壮，如果从各方面去修养它而不损害它，那它就会充塞整个天地之间。其中"直养"的"直"就是"配义与道"的"至善"的本性。所以说："恻隐之心，仁之端也；善恶之心，义之端也；辞让之心，礼之端也；是非之心，智之端也。"他认为自然的美不在"物"而在"心"，在于人"性"的显现。"人道"即是"天道"，"尽心"即能"知性"，"知性"也就能"知天"。这样便从"近取诸身"发展为"近取诸性"。

　　孟子区别于荀子的是：荀子强调的是"情"的平衡，而他强调的是"性"的和谐。他说："存其心，养其性，所以事天也；夭寿不贰，修身以俟之，所以立命也。""万物皆备于我矣，反身而诚，乐莫大焉；强恕而行，求仁莫近焉"。(《孟子·尽心上》)这两段话的意思是："保持人的本性，培养人的本性，这就是对待天命的方法。短命也好，长寿也好，我都不三心二意，专心培养身心，等待天命，这即安身立命的方法。""一切我都具备了。反躬自问，自己是忠诚踏实的，便是最大的快乐。不懈地以推己及人的恕道做去，再没有比这更直接达到仁德的道路了。"礼乐的功能即在于养性陶情，就在于"反身而诚"，近乎老子的"返性归真"。正如后世的王国维所强调的"有真性情即有真境界"一样，他认为美的实现，关键在于"尽心"与"率性"。"率性之谓仁"，只有符合于真的人性，并让这人性自由而充分地表露出来，才是"仁"、"人道"之所在和美之所在。

总之，孟子与荀子，同是讲功能，但一个求之于"外"，一个求之于"内"；一个讲官能的"满足"，一个讲心的"修持"；一个注意"陶染"的效果，一个着眼"内养"的功夫；一个要"顺物之情"，一个要"率人之性"。以后的人谈性情时，多把他们混在一起。实际上，他们是有区别的，而且，正是由于荀、孟开其端，这个"外修"、"内养"的问题，才成为后世谈养论道者们争持的滥觞。

二十六、玄览极致

　　从老聃直接继承，并在辩证思想方面积极加以发挥使之带来泛神论影响的则是庄子的思想。他发挥老子"大巧若拙、大辩若讷"、"大音希声、大象无形"的思想，强调"想象"的"联类无穷"对美感的作用。

　　庄子认为，美感的作用主要通过调动"心象"来调动人的感情。所以在《大宗师》中说："夫道有情有信，无为无形。可传而不可爱，可得而不可见。"他在这里发挥的正是老子所说的"惚恍"的"如醉如迷"、"如梦如痴"的境界。

　　庄子认真地区别了形象与概念、感性与理性对于美感的关系。他认为真正完美的艺术形象及其所显现的境界是不可能借概念说得清楚的。所以说："夫形色名声，果不足以得彼之情，则知之不言，言者不知，而此岂识之哉！"意思是形状，色彩、名称、声音确实不能从它们中获得感情。假如知道的人不说出来，说的人不知道，那么，这怎么能认识它呢？沉默是最丰富的语言，"于无声处听惊雷"、"留白为黑"、"得意忘形"、"不表示"却是最完全的"表示"……总之，这种美的境界是只能意会不能言传的。

　　在这里，庄子看到的是"言"与"意"的矛盾。"言不尽意"，就像是比喻只能说明事物的一个方面而无法说清其全部一样。"以指喻指之非指，不若以非指喻指之非指也。以马喻马之非马，不若以非马喻马之非马也。"（《齐物论》）庄子这段话的意思就是："用许多独立的绝对理念，来解说绝对理念的表现（事物）并非就是绝对理念。不如用非绝对理念（即虚无之"道"）来解说绝对理念的表现并非就是绝对理念；用白马来解说白马非马，不如用非马来解说白马非马。"（《庄子内篇详解和批判》）

庄子是从否定方面来肯定的。他是泛神论者，他承认有一个声、色的世界，也承认美的世界有一个客观存在的"数"，它可以"得之于手，而应之于心"，只是"口不能言"（《天道》）。"可以言论者，物之粗也；可以意致者，物之精也。言之所不能论，意之所不能察致者，不期精粗焉。"（《秋水》）真正最高的极精至美的境界只有"求之于言意之表而入乎无意无言之域"。要实现这种境界，按他的想象要"独与天地精神往来"（《天下》），要"天地与我并生，万物与我为一"（《齐物》）。实际上，也就是物质世界的"精神"与我的内在世界的"精神"相与为"一"。所谓"蝴蝶梦庄周"和"庄周梦蝴蝶"，即他所想象的"物性"和"人性"相交通，分不清何者为我，何者为物的美的境界。在内外精神的相互交通方面，他不仅把物质世界的具体看做是飞驰想象时自由往来的限制，而且把人的躯体或先入为主的成见也看做是一个樊笼，强调美的创造要充分发挥浪漫不羁的形象想象。他认为只有大解脱，才能实现内外境界的大交融，才能求得"颖脱"或"颖悟"。只有"坠肢体、黜聪明，离形去知，同于大通"，才能"坐忘"；能够"坐忘"，才能使自己的精神处在"至虚"、"至静"、不受任何羁绊的精神境界之中，然后才能"乘天地之正而御六气之辩（变），以游无穷"（《逍遥游》），达到他那理想的"玄览"极致。

后来美学观点上的"妙悟"说，所谓味在"咸酸之外"（司空图：《与李生论诗书》），所谓"心手相凑而相忘"（董其昌：《画旨》），都发端于庄子。

孟子的性是自在的，庄子的性是外在的。孟子强调尽心尽性，庄子则强调"悟空识性"，前者通过"尽"（即"反身而诚"），后者通过"悟"以达到"明了烛物"，"得物之趣"。他们同样都注意到（美感中的）人的内在精神，只是出发点不同。前者"求实"，后者"务虚"，落脚点也迥然各异：前者"归胜"，后者"相忘"。从功利目的来说，前者强调艺术的功利性；后者强调超功利的无为关系，即纯粹的审美关系。在人性的培养方面，前者强调的是积极进取的伟大人格理想（"富贵不能淫，贫贱不能移，威武不能屈"）；后者则追求惊世绝俗的独立人格个性（"彷徨乎尘垢之外，逍遥于无为之业"）。同样追求内在的、精神的、实质的美。前者重在主题内容的探讨，后者则更多着眼于艺术的创作规律。在中国美学思想的发展上都发生着极其深远的影响。

辞赋先声　浪漫情怀

二十七、缘物起情

"关关雎鸠，在河之洲，窈窕淑女，君子好逑。"（《诗经》）

"风雨凄凄，鸡鸣喈喈，既见君子，云胡不夷？风雨潇潇，鸡鸣胶胶，既见君子，云胡不瘳？风雨如晦，鸡鸣不已，既见君子，云胡不喜？"（《郑风·风雨》）

"蒹葭苍苍，白露为霜，所谓伊人，在水一方，溯回从之，道阻且长，溯流从之，宛在水中央……"（《秦风·蒹葭》）

"昔我往矣，杨柳依依，今我来思，雨雪霏霏；行道迟迟，载渴载饥，我心伤悲，莫知我衷……"（《小雅·采薇》）

当人从崇拜神的桎梏下开始摆脱出来，以人的理性开始认识到自己的存在，便把歌声舞步从神坛之前移开，转而向异性表达自己的相悦之情。他们从禽鸟的歌声中得到启发，他们从鱼龙的摇摆中模仿着求情的舞步。文字开始能够通过自己的形式，把倾慕的感情记录下来。这记叙我国古人的美好情性的第一首诗，这个形象思维的结晶，审美的杰作，便是《关关雎鸠》。

这里有鸟鸣，有求爱的舞步，有兴奋的节奏，美妙的声色，所有这些终于都通过理性化的符号作为求情的标记被固定了下来。它符合民族伦理的要求，是正正规规的人类的自然感情。

这里一唱三叹，反复回环，有歌声也有舞步。在踏月，在怀思、咏叹、感喟、哀伤。"关关"是相爱之声，"雎鸠"是偎依之人。"风雨"

是咏难见，"鸡鸣"在叹不眠，"苍苍"感茫茫，"流水"哀路遥；"依依"言难舍，"霏霏"哀思长。

这里有物有情，缘物而起情，借物而寓情，形象贴切的比喻；真挚、洗练、深沉的感情；短小、整齐的语言形式；委婉、悠长、醇厚的韵味，唤起了读者的美感。多少年来历久不衰，它给人们以艺术的享受。它让人懂得了形象思维的艺术，艺术创作的艺术，美的创造艺术，而且回答了美学界长期争议不休的一个基本问题；什么是美感？它又是怎样产生的？缘物而起情就是对这个问题很好的回答。美感正是客观的"物"与主观的"情"相互交织，相互作用的结果。

我国第一部诗歌总集——《诗经》，是我国古人表达感情的丰富经验的结晶，是审美实践的记录，它开章首篇就选了这首爱情之歌，绝非偶然，这是颇为耐人寻味的。其实，这是合乎孔子最初的"人道"思想的。孔子崇"礼"并不非"乐"，重"道"并不排斥"情"。《关关雎鸠》所歌颂的正是符合其伦理思想的美好情感。

二十八、拟容取心

为了功利的目的，后代的儒家往往穿凿附会，以讽喻说诗，把《诗经》当做儒家封建政治的教科书来进行说教。尽管如此，作为艺术创作手法的民族文艺特色而存在的赋、比、兴，对两千多年艺术史产生了极为深远的影响。

朱熹的解释是："赋者，敷陈其事而直言之也。比者，从彼物比此物也。兴者，先言他物以引起所咏之辞也"（《诗经集传》）。刘勰的《文心雕龙》则把它概括为"拟容取心"。

可以想象，最初人们只是借一物比一物，从物容中取喻。他们大量接触的是草木鸟虫，渐渐从草木鸟虫的姿态中体味它们的韵味和感情，并总是把客观的"草木鸟虫"看做和人一样，是"既有诸外也有诸内"的，即既有内容又有形式，而且二者同样在变化着。这是"比"的基础，有了这个基础，人们才能展开联类的想象，因联类而触发感情，这就是兴。而"兴"又正是艺术的基本特征，所谓美感、兴趣、滋味也就在这"因物起兴"之中。但光有情感并不就是美的，足以诱发人的兴味或产生美感的，恐怕即在于情感在联类时"拟容取心"的准确。只有准确了，第三者才能借之展开新的联类，新的想象，在新的"实践"中觉察自己作为人的本质力量。如果这种思维活动也是一种"劳动"，"美"也即通过类似的"劳动"被创造。

郑思肖《无根兰花》碑刻（元）

随着历史的发展，人类"美"的实践经验的不断丰富，有关"比兴"的理解与掌握也进一步地获得深化。明显的就是从"以物比物"进而"因物寓兴"，从一般的"比附"到讲求"寄托"。正如盛大士在《溪山卧游录》中所强调的："作诗须有寄托，作画亦然。旅雁孤飞，喻独客之飘零无定也。闲鸥戏水，喻隐者之徜徉肆志也，松树现根，喻君子之在野也。杂树峥嵘，喻不人之昵比也。江岸积雨而征帆不归，刺时人之驰逐名利也。春雨甫霁而林花乍开，美贤人之乘时兴奋也。"（《画论丛刊》，第410页）

这段话的意思是：诗必有意蕴，作画也一样。迁徙的鸿雁在孤独地飞，用这比喻没有侣伴的旅行人到处流浪，没有定居。悠闲的水鸥在水中戏玩，用这来比喻隐逸的人的逍遥自在，自得其乐；松树露出树根，用这来比喻善良的人隐居山野；杂生的树木枝叶茂盛，用这来比喻邪恶之人，亲昵汇集在一块儿；江河的岸边积着雨水而出航的船还不归还，用这来讽刺当世的人追逐虚名和钱财。初春，雪天刚刚转晴，树木的花朵竞相开放，用这来赞美贤才的趁着时缘奋发有为。

这种寄托随着人们的生活内容的不断复杂丰富，也愈益"含蓄"，如元初以画无根兰表现强烈爱国思想的郑思肖，曾以不杂他物而题以"纯是君子，绝无小人"（夏文彦：《图绘宝鉴》卷四，《画史丛书》第二册，第126页）的巨幅墨兰，表现其高洁雅正的情怀。明朝英宗时期，宦官王振揽政，威福刑赏，不由人主。画家顾输，便作荆棘一丛，题以"都无君子，纯是小人！"（徐沁：《明画录》卷三，《画史丛书》第三册，第 29 页）令人读之称快。

艺术是反对直白的，正如不能以概念喻诗一样。"隐秀"是一种深味的美。"诗贵含蓄"可以说是我国古代诗歌的传统观点之一。"诗之至处，妙在含蓄无限"。这种传统即发端于"比兴"。原来是"意在象中"，进而求"意在象外"，这正是它的进一步发展。司空图的"不着一字，尽得风流"。清代冯班谓："盛唐之诗，如空中之音，相中之色，水中之月，镜中之象，种种比喻，殊不如刘梦得云'兴在象外'一语妙绝。"（《严氏训谬》，《钝吟杂录》卷五）以后求之所谓"象外之象"、"景外之景"、"味外之旨"，其妙处正如司马光之释杜甫诗："国破山河在，城春草木深，感时花溅泪，恨别鸟惊心。"（《春望》）司马光分析说："山河在"，"明无余物矣"；"草木深"，"明无人矣"；"花鸟，平时可娱之物，见之而泣，闻之而恐，则时而知矣。"（司马光：《续诗说》，《历代诗话》）诗人感时伤乱之情，用这种"寄言"的方法来表达，就"意不浅露，语不穷尽"，而余味无穷。温庭筠"鸡声茅话月，人迹板桥霜"。道路辛苦，羁旅愁思，均见于言外（梅尧臣语）。"南唐李后主游宴，潘佑进词云：'楼上春寒山（《词林记事》作'三'）四面，桃李不须夸烂漫，已失了春风（《词林记事》作'东风'）一半'，盖谓外多敌国，地多日削也。后主为之罢宴。"（沈祥龙：《论词随尾》，《词语丛编》）董棨也说："画固以象形，然不可求之于形象之中，而当求于之形象之外。"（《养素居画学钩沉》，《画论丛刊》下卷，第 468 页）

这种从求之于象内到求之于象外反映的正是人们对"比兴"的理解，随着人们实践的发展、美学思想的深化而不断发展着。

二十九、穷通思变

　　并不是所有的"物"都能寄"意"，也并不是所有的"象"都可寓"情"。这其间有一个"数"或"理"存在着。

　　刘勰说"至精而后阐其妙，至变而后通其数"（《文心雕龙·神思》，转引自王振复主编：《中国美学重要文本提要》上册，四川人民出版社 2003 年版，第 235 页），关键在于如何求其精又通其变。

　　王夫之说："《小雅·鹤鸣》之诗，全用比体，不道破一句，三百篇中创调也。要以俯仰物理，而咏叹之，用见理随物显，唯人所感，皆可类通；初非有所指斥一人一事，不敢明言而妨为隐语也。"（《姜斋诗话》卷二，夷之校点本，第 159 页）认为要创造出可使人"类通"的艺术形象，就必须"俯仰物理"，即必须首先精通物理，然后才能把作者的思想融会于物，以求"理随物显"。这近乎现在所说的"写实"。

　　为了具备这种"精通"的条件，他们强调的是"学、识"，正如浑敬的"以学养才"，方苞的"以义为法"，翁方纲的"肌理质实"，姚鼐的"义理、考据"，章学诚的"养气、练识"，他们都是循儒家的功利目的，从"物"的理上去探求。而有人从"情"的角度求它的"数"，即所谓"神用象通，情变所学"。"情变"的落笔点的数在于人的"性"。刘勰说："夫情动而言形，理发而文见，盖沿隐以至显，因内而符外者也。"（《文心雕龙·体性》，《文心雕龙注》下册，人民文学出版社 1961 年版，第 505 页）意思是感情激动了，自然形成了语言，道理得到表达，就体现为文章，从隐藏内心的情理到表达为明显的语言文字，内容和形式是相符合的。其中"隐"和"内"就是"情"生所由的"性"。强调"性"的理、"数"即在于人的"性"上。只要驾驭好自己的心灵，锻炼好写作的手法，就无必要苦思焦虑；只要掌握好写作的规则，也不必白白劳累自己的心情。刘勰的这个观点又近乎道家的思想了。

刘勰糅合儒、道，把"穷通"的条件归结为"才、气、学、习"，认为要自然地掌握"意"、"象"与"物"、"情"互相交通的"理"、"数"，就既要"洞性灵之奥区"（《宗经》），又要"因性以练才"（《体性》）；既要"原道心以敷章"，又要"研神理以设教"（《原道》）。所以说："才有庸俊，气有刚柔，学有浅深，习有雅郑，并情性所铄，陶染所凝。""气以实志，志以定言，吐纳英华，莫非情性。"（《体性》）就是说，才智有平庸的有杰出的，气质有刚强的有柔弱的，学识有浅薄的有渊博的，习惯有雅正的有浮靡的。这些都是由人的性情所造就并受后天的熏陶形成的。用气质来充实情志，用情志来确定语言文辞，发言精彩，无不同情性有关。总之，"英华"出自于"情性"，"情性"又借"气"之"实"，而"气"又是"物情"、"人性"的外现。数千年的中国美学史在艺术的创作方法上，基本上是围绕着"比兴"这个主题和儒、道的不同阐释而展开的。

三十、铺采摛文

春秋战国是人事纷纭的时代，文字作为记事的需要，开始于卜辞、钟鼎铭文与《易经》的某些经文。正如扬雄的《法言》所说的"虞夏之书浑浑尔、商书灏尔，周书噩尔"，因为他们都属于纯粹的记事，既难朗读，也唤不起审美感受，只有待到记事从以祭神为主转为通过状物以叙人事、抒人情为主，这些记事才具有美学的意义。赋体文学的出现与"赋"的表现手法的探究也才成为这一时代的课题。

刘勰认为赋的特点是"铺采摛文"、"体物写志"，所以说："原夫登高之旨，盖睹物兴情。情以物兴，故义必明雅；物以情观，故词必巧丽。"（《文心雕龙·铨赋》，《中国古典文学荟萃》、《文心雕龙》上卷，北京燕山出版社 2001 年版，第 89 页）刘熙载论赋，也主张"赋兼比兴，则以言内之实事，写言外之重旨。……不然，赋物必此物，其为用也几何！"（《艺概·赋概》）

明清不少诗论是这样总结的：

"诗有三义，赋止居一，而比兴居其二。所谓比与兴者，皆托物寓情而为之者也。盖正言直述，则易于穷尽，而难于感发。唯有所寓托，形容摹写，反复讽咏，以俟人之自得，言有尽而意无穷，则神爽飞功，手舞足蹈而不自觉。此诗之所以贵情思而轻事实也。"（李东阳：《麓台诗话》，《历代诗话续编》）

"事难显陈，理难言罄，每托物连类以形之；郁情欲舒，天机随触，每借物引怀以抒之；比兴互陈，反复唱叹，而中藏之欢愉惨戚，隐跃欲传，其言浅，其情深也。倘质直敷陈，绝无蕴蓄，以无情之语，而欲动人之情，难矣。"（沈德潜：《说诗晬语》卷上，《清诗话》，第523页）

这段话的意思是事情不容易讲得明白透彻，道理很难表述得完整无缺，常常通过具有相同点的形象来表达。郁积的情感要泄露出来，神秘的灵感的触动，也常常是借事物来激起感情去抒写它；比兴的手法同直言述说的手法交替使用，反反复复地吟咏，那么其中所包含的欢欣或悲哀的感情，就会既含蓄又明白地体现出来。它的言辞浅显，但它的感情却是深沉的。假如单一地平板地叙述事件，没有一点的蕴藉含蓄，用那种不带有感情的话语，去打动人的情感，难呵！

可见，"赋"作为"正言直述"、"质直敷陈"的文体，其美学意义正在于"情"字。在于"事"中的寓情托性或"叙"中的"发情"、"率性"。在形式上，它则表现为文章的"韵律、气势"。如孟子的浩荡，庄文的奇诡、荀文的严谨、韩文的峻峭……体现的都是个人独特的风貌与品格。"是以贾生俊发，故文浩而体清；长卿傲诞，故理侈而辞溢；子云沉寂，故志隐而味深；子政简易，故趣昭而事博；孟坚雅懿，故裁密而思靡；平子淹通，故虑周而藻密；仲宣躁锐，故颖出而才果；公干气褊，故言壮而情骇；嗣宗倜傥，故响逸而调远；叔夜儁侠，故兴高而采烈；安仁轻敏，故锋发而韵流；士衡矜重，故情繁而辞隐。触类以推，表里必符。"（《文心雕龙·体性》，《文心雕龙注》下册，人民文学出版社1961年版，第506页）

这段话的意思是贾谊性格豪迈，所以文辞简洁而风格清新；司马相如性格狂放，所以说理夸张而辞藻过多；扬雄性格沉静，所以作品内容含蓄而意味深长；刘向性格坦率，所以文章中志趣明显而用事广博；班固性格雅正温和，所以论断精密而文思细致；张衡性格深沉通达，所以考虑周到而辞采细密；王粲性格急躁锐进，所以作品锋芒显露而才识果断；刘桢性格狭隘急遂，所以文辞有力而感情动人；阮籍性格放逸不羁，所以作品的声调就不同凡响；嵇康性格豪爽，所以作品兴会充沛而文采强烈；潘岳性格轻率而敏捷，所以文辞尖锐而音节流利；陆机性格庄重，所以内容繁杂而文辞隐晦。由此推论，内在的性格与表达于外的文章必然是一致的。

　　人的情性和文章的气势是互为表里的，"赋"之区别于原始的甲骨记事，正是它在记事说理中充满了丰富饱满的情感和想象。它发端于先秦而成为后世铺叙人事，描写世情的张本。以至今日，此风亦未消失。近来，《光明日报》开辟了一个《百城赋》专栏，赋如潮涌，争相斗丽，美不胜收，真可谓"今赋观止"矣。它在我国文苑产生了深刻而深远的影响。

三十一、辞赋先声

朱光潜先生有一句名言："不懂一艺莫谈艺。"艺术门类虽然多，谈艺你总应懂得一门艺，才可以谈论关于艺术的学问。荀子之所以在诗学与美学理论上能取得前边所说那么大的成就，原因之一，就在于他本人也是一位诗人、文学家。他的创作有诗，也有赋，现在可以看到的《荀子》一书中的《成相》篇与《赋》篇，即可以看出他的文学造诣。

"相"是一种民歌民谣，它起先是一种乐器，被称为"舂牍"，声音像舂米的杵声。古时人们一边劳作，一边伴随送杵的节奏歌唱，相为劝勉，久之，便形成一种以"相"命名的民歌民谣。荀子就是吸取这种民歌民谣形式，创作出《成相》篇的。其节奏为三、三、七、四、七，每句押韵，凡56节，每节24字，共三章，每章以"请成相"开头，"请成相"即"请成此曲"的意思。有考证者认为，《汉书·艺文志》中的《诗赋略》所录《成相杂辞》就是荀子的《成相》篇。如"请布基，慎听之，愚而自专事不治，主忌苟胜，群臣莫谏必逢灾。论臣过，反其施，尊主安国尚贤义，拒谏饰非，愚而上同国必祸"是关于讽谏君王的。"治之经，礼与刑，君子以修百姓宁。明德慎罚，国家既治四海平"是关于隆礼重法，治国之道的。体现荀子学说处处不忘治国安邦。

荀子的赋，是介乎诗歌与散文之间的一种文学形式，与其"成相"相比，更富文采。它充分运用比兴手法假物寓意，极尽铺陈，具有很高的艺术性。从现存的《礼》、《知》、《蚕》、《箴》4篇赋与《佹诗》可以看出其赋的独特风格，即理与文、思想与文采的水乳交融的特点。

如"礼"，本很抽象，但他写道："爰有大物，非丝非帛，文理成章。非日非月，为天下明"；"知"，虽也非具体的形物，但他写道："潏潏淑淑，皇皇穆穆，周流四海，曾不崇日……大参乎天，精微而无形，行义以正，事业以成。"通过比兴使它们形象化了。"大参天地，德厚尧禹，精微乎毫毛，而充盈于大宇。"这是描写"云"。"功破天下，为万世文。礼乐以成，贵贱以分。养老长幼，待之而后存。名号不美，与暴为邻。功立而身废，事成而家败。"均是假物寓意，物性比德，将自然物拟人化、政治化、伦理化、形象化，从而使作品具有强烈地艺术感染力。正如刘勰《文心雕龙·才略》所说："荀况学宗"，而"象物名赋，文质相称，固巨儒之情也"。在《文心雕龙·铨赋》中又说："荀况《礼》《智》，宋玉《风》《钓》，爰锡名号，与诗画境，六艺附庸蔚成大国。"班固也说："大儒孙卿及楚臣屈原，离谗忧国，皆作赋以风，咸有恻隐古诗之义。"（《汉书·艺文志》）

班固和刘勰均肯定了荀子、宋玉和屈原的赋在中国文学史和美学史上的地位。

但是，荀子开创了汉赋的先河，堪称赋体之祖，这一点也是应当肯定的。他的《成相》已有人认为"亦赋之流之"（杨倞语），他的《赋》更把散文的章法、句式与诗歌的韵律、节奏结合在一起，运用排比、对偶，极尽铺陈扬厉、辞藻文饰，已开汉赋之河（李宗桂语）。"荀赋采取了诗的叶韵，句式齐整，少止三字，多至十一字，骈散参差，铺陈和问答相结合……可说已基本具备了赋体'铺彩摛文，体物写志'的美学特征。它对蔚成大国的汉赋产生了直接的影响，以致被后人称做是赋体的始祖。"（胡彐冈语）（以上均参见李宗桂：《荀子与中国文化》，贵州人民出版社1996年版，第246—248页）

总之，"赋滥觞于楚辞，战国末期的荀子始以为篇名，在汉代才形成确定的体制"。它的特点是"铺彩摛文，体物写志"。艺术形式经历了古赋、骈赋、律赋、新体文赋几个发展阶段。新体赋是在唐宋古文运动影响下出现的散体赋，不讲对偶、声律等，章法灵活，句式多变，押韵自由，近似散文。(参见钟涛选评《千家赋》，山西人民出版社 1998 年版) 比兴手法与华丽的词藻，得以淋漓尽致地运用。这种文体不仅活跃于古代，即在今日，亦余韵犹存。近年来，《光明日报》连续刊载的《百城赋》颇受读者欢迎，给人以高雅的审美享受，各地报刊大有效仿之势。一个赋的时代又要到来了。

三十二、比兴明性

　　把比兴手法推至一个巅峰境界，按照美的原则，自觉创造"赋"体文学的先秦诗人是屈原。他的《离骚》则是典型之作。他的艺术手法正如王逸所说："《离骚》之文，依诗取兴，引类譬喻。故善鸟香草，以配忠贞；恶禽臭物，以比谗佞；灵修美人，以媲于君；宓妃侠女，以譬贤臣；虬龙鸾凤，以托君子；飘风云霓，以为小人。其词温而雅，其义皎而朗。几百君子，莫不慕其清高，嘉其文采，哀其不遇，而愍其志焉。"（《离骚·经序》）

　　一方面借比兴手法，积极展开想象；一方面言"幽怨之情"，以"明心见性"。一部《离骚》正是屈原全部人格的显现，寄托了一个执著、顽强、忧伤、愤世嫉俗，不容于时而又积极追求真理的灵魂。那种"履忠被潜"，忧悲愁思，哀悼恻怛之情，那种忠直、耿介，"嚼然泥而不滓"的高洁性，全都借"虬龙"、"云蜺"比兴之义，"宓妃"、"娥女"诡异之辞，"康伊倾地，夷羿毕日，木夫九首，土伯三目，谲怪之谈"或"陈光舜之耿介，称汤、武之祗敬"，或"讥桀、付之猖披，伤羿、浇之颠陨"，"依彭咸之遗则，从子胥之自适"（《文心雕龙·辩骚》）这种无羁而炽热的浪漫想象，融和着个体性灵本质，情操，素养，构成一个有机的整体。

　　"忽反顾以游目兮，将往观乎四荒，佩缤纷其繁饰兮，芳菲菲其弥章。民生各有所乐兮，余独好修以为常。虽体解犹未变兮，岂余心之可惩……

　　朝发轫于苍梧兮，夕余至乎县圃，欲少留此灵琐兮，日忽忽其将暮。吾令羲和弭节兮，望崦嵫而勿迫。路漫漫其修远兮，吾将上下而求索。”（《离骚》）

　　这里以“我”的彻底参与所融化塑造的是一个完完整整的完美的“人”的形象。艺术被专用来叙、抒人事，为“神”转而为“人”，并开始从“美”的角度反映人类历史的进程。

　　这种抒情而又写“性”，托之以丰富的浪漫想象，无疑是深受庄子的影响的。那种“以谬悠之说，荒唐之言，无端崖之辞，恃恣纵而不（不字疑衍）傥，不以畸见之也。以天下为沈浊，不可与庄语，以卮言为曼衍，以重言为真，以寓言为广，独与天地精神往来，而不敖倪于万物；……”（《庄子·天下篇》）不正是《离骚》“人、神、事、物”溶于一炉的写照？那种追求“大解脱”，那种“有神而不信神”的“泛神论”，独与天地精神往来的精神，在《天问》中表露得多么淋漓尽致？“焉有百林，何兽能言？焉有虬龙，负熊以游？雄虺九首，倏忽焉在？何能不死，长人何守……”正是从“楚国南郢之邑”、“信鬼而好祠”的历史环境所发出的清醒的疑问，代表的是一个新兴阶级崛起时，对远古的继承与否定。他认为世间的人是沉愚污浊的，不能够同他们说些正理，就用闪烁不定的言辞来敷衍，以老聃的言论为真理，以有寄托的言语为上乘，独自同天地间的精神相交往，而不对万千事物表示出骄傲和藐视。

　　一种“赋”体文学的产生，正是由于它广泛地描写草木虫鱼，发挥充分的想象，“铺采摛文”，而又赋之以一定的感情而逐步成熟起来的。它反映的是一个时代的物质丰富与统治者极尽享乐的文化需要。它们取的是《楚辞》的形式，而不是它的精神。宋玉、景差之徒并没有把屈原的真性情继承下来，而是取其形式及可歌可咏的音乐旋律。不是有所感而发，深情的哀叹，结果成了无病的呻吟。正如鲁迅先生所说的：“屈原是‘楚辞’开山老祖，而他的《离骚》，却只是不得帮忙的不平。到得宋玉，就现有的作品看起来，他已经毫无不平。是一位纯粹的清客

了……屈原宋玉，在文学史上还是重要的作家。为什么呢？就因为他究竟有文采。"（《且介亭杂文二集·从帮忙到扯淡》）

但是作为"文采"之美究竟来之于何处呢？人们说，楚辞是"沿古体"，古到足以让人看到原始神话的世界。它可以"被之管弦"，可以让人看到代表南方楚文化那种充满浪漫激情的原始歌舞。它没有那么多的"诗教"规范，却以自身原始的活力，狂放的意绪，无羁的想象，使后代之人为之动容。"《骚经》《九章》朗丽以哀志；《九歌》《九辩》绮丽以伤情；《远游》《天问》瑰诡而惠巧；《招魂》《招隐》耀艳而深华；《卜居》标放言之致；《渔义》寄独往之才。"它们既是"正言直述"，又不是一般的"敷陈其事而直言"，而是以其"丽、巧、艳、华"，寄之以独往的哀伤之情。"放能气往轹古，辞来切今，惊采绝艳，难以并能矣。"（《文心雕龙·辩骚》）后代之人取其貌、遗其神，"其气不足以发，其神不足以藏，而古人之峥嵘幽渺万变不测者，弗能为之矣。"（清程廷祚：《骚赋论中》）

这里道出了后世"赋道之衰"之缘由。浪漫放言之辞即不可见，雕琢情性神似也难追。剩下的只有奇禽异兽，寥廓荒忽，人神杂处，神秘象征的"神仙世界"，作为历代君王浪漫幻想的天堂形象留之于宫殿、墓道等建筑之中了。

作此在李都忠乐散行

瑶台鹿苑 人间歌舞

三十三、瑶台鹿苑

当"人"在世间建立起自己真正的统治的时候，神的殿堂便被人的统治者用来装饰自己的殿堂。人间的帝王开始利用物质的丰富尽情地享受着人间的快乐。金碧辉煌的屋宇，高耸入云的楼阁，金车玉辇，轻歌漫舞，原来献之于神坛的礼品，现在全归于人间的帝王。因为他们已经是神的化身。图腾成为他们的服饰，龙冠凤帔是他们权威的象征。当然还有雕金镂玉的龙盘虎踞被符号化的经过理性浓缩的印章，凭之传檄四方，诰命祗遵。为了显示这种地上的无上的权势，让四方的顺服者前来朝拜以示意志上的皈依，又再一次将自己神化。广宇的殿堂必须建得足以容纳歌舞祭神时的需要。优美的舞蹈进退盘旋，诗歌管弦，响遏行云。那气势、那威严，都表示着人对客观世界的征服与人的自身的"力"的彰显。一切繁华的物质世界，无不显耀着人的本质力量对象化的辉煌成就，显耀"力"的胜利和人对"力"的崇拜，如何从天上转向人间。胜利的统治者懂得从神那里接过魔杖，驱赶着千百万的臣民，继续用他们躯体的力量，胼手胝足地构筑起更大的"力"的中心——人间意志的中心。

三代时期据说桀有瑶台，纣有鹿台，周有灵台，这些最初累土叠石，名义是用以观天象、察四方、识鸟兽，实际是专供帝皇登高赏乐的高台，如今已不可考。夏时的世室，殷时的阳馆，周时的明堂，也只是见之于典籍。只有秦时的阿房宫，有较详尽的记载。

　　据说阿房宫用七十万刑犯建造，工程的浩繁为旷世所无。《史记·秦始皇本记》说："始皇作前殿阿房，东西五百步，南北五十丈，上可登万人，下可建五丈旗。周驰为阁道，自殿下直抵南山，表南山之颠为阙，为夏道。自阿房凌谓，属之咸阳。以象天极阁道，绝抵营室也。"《三辅黄图》说："秦惠文王造阿房宫未成，始皇广其宫规，恢三百余里，阁道通骊山。"唐杜牧凭着推想，与其壮丽，所谓五步一楼，十步一阁，廊腰缦回，檐牙高啄，各抱地势，钩心斗角……"这种形容虽不乏驰骋的想象，却也多少写出了一些宫苑的真实。

　　汉代宫苑建筑，未央宫也是有名之一。《三辅黄图》说："汉未央宫，周围二十八里，前殿东西五十丈。至孝武以木兰为前撩，文否为梁柱，金铺玉户，华榱壁挡，雕楹玉鸪，重轩楼槛，青锁丹墀，左碱右平，黄金为壁，间以和氏珍玉；风至，其声铃陇然也。"这些建筑，有的因"楚人一炬"，成为"可怜焦土"；有的因岁月侵蚀，崩坍迁移，已难再现。但"百代皆沿秦制度"，建筑亦然。它的体制、风貌，大概始终没有脱离先秦奠定下来的基础规范。历经秦汉、唐宋明清，中国建筑艺术的基本美学风格，也是基本一致的。

　　例如，现存的北京明清故宫，从正阳门至景山，全部建筑依一条中轴线布局，十几个院落纵横穿插，几百所殿宇高低错落，有主体，有陪衬。再加对比强烈的色调和各种装饰的烘托，确实把皇帝的权威渲染得淋漓尽致，从而引起人们对王权的敬仰。

　　又如天坛，是皇帝祭天的场所。"天人感应"是天坛的主题思想，体现天帝的崇高、神圣，是天坛所要求达到的艺术意境。北京天坛占地270公顷，几乎是故宫的三倍半。但其建筑只占总面积的约二十分之一，其余种满苍松翠柏。而这少量的建筑，又大都布置在一条高出地面约四米的甬路两端，以一条轴线贯通，宛似天上宫阙，俯临尘世。中轴线一端的祈年殿，是三层蓝色屋顶的圆形大殿，下衬巨大的三层石台座，成功地强调出与天交会的意境；另一端的圆丘，是一个三层白石圆台，周围配以低矮的围墙，它的形象显示出一种非常神圣的意境（王世仁：《试论建筑的艺术特征》，载《美学》第一辑）。它反映的是儒家替代宗教以后，在观念、情感和仪式中所进一步贯彻了的"神人同在"的倾向。它不是孤立的、摆脱世俗生活、象征超越人间的宗教建筑，而是入世的、与世间生活环境连在一起的宫殿宗庙建筑。

正是出于要把人间变为天堂，这里继承的是中国原始的由各种图腾所组成的神仙世界的浪漫幻想，那些宫殿的壁画，那些出土的画像石和来自墓室的帛画，大都是庄子（《逍遥游》）与屈原（《远游》）的主题。伏羲女娲的蛇身人首、西王母、东王公的传说和形象，双臂化为两翼不死的仙人王子乔，以及各种奇禽怪兽、赤兔金乌、獬虎猛龙、大象巨龟、猪头鱼尾……从世上庙堂到地下宫殿，从南方的马王堆帛画到北国的卜千秋墓室，两汉艺术展示给我们的恰恰就是《楚辞》、《山海经》里的种种景象。天上、人间和地下在这里连成一气，混为一堂。因为他们企慕的是长生不老、羽化登仙。秦皇汉武即曾多次派人寻仙和不死之药。他们向往的是与神仙并列，即使死后也要身登仙界。这从皇陵及墓室的规模、格局及其布置装饰中触目可见。新近发现的山东嘉祥画像石以及不断发现的汉墓画和泥俑，也都证实了这一点。

1974 年夏，在临潼秦始皇陵东侧发现一座规模巨大的陶俑坑，面积达 22600 平方米，出土大批形体高大，造型生动的兵马俑，据试掘部分的藏俑密度估计，此坑埋藏的武士俑总数在六千左右。皇陵建筑上使用一种大型瓦当，风纹遒劲，图案华丽。瓦当上用以表示加强王权的"唯天降灵，延元万年，天下康宁"的标准秦篆字样（咸阳故城出土）和秦砖之类，材料的厚大坚实所表现的宏大气魄与长城的绵延万里，雄浑的气势与活力，构成了天上、地面与地下完全一致的风貌。武士俑体高约 1.82 米，身披铠甲或穿短袍，挟弓挎箭或手持剑、矛、弩机等实用兵器。雄骏的陶马，高约 1.63 米，双目注视前方，尾巴挽着小结，呈现出十分警觉和肃穆的姿态。武士俑的面容各异，没有雷同之感。作者通过对眉眼、嘴唇、胡须等细部形象的刻画，着重表现武士们坚毅沉着、机智勇敢、威武刚强的性格的特征。（《略论秦始皇时代的艺术成就》，

载《考古》1975 年 6 月号）

　　所有这些都是以崇高的形式，浪漫的想象，表现作为人世的帝王对
"力"的显耀与对荣华的追求。正如汉赋对江山的宏伟、城市的繁盛、
商业的发达、物产的丰饶、宫殿的巍峨、服饰的奢侈、鸟兽的奇异、人
物的气派、狩猎的惊险、歌舞的欢快所作的铺张描述一样：

　　"建金城而万雉，呀周池而成渊，披三条之广路，立十二之通门。
内则街衢洞达，闾阎且千，九市开场，货别隧分。人不得顾，车不得
旋。阗城溢郭，旁流百廛，红尘四合，烟云相连。于是即庶且富，娱乐
无疆，都人士女，殊异于四方，游士拟于公侯，列肆而于姬姜……下有
郑白之沃，衣食之源，提封五万，疆场绮分，沟塍刻镂，原隰龙鳞。决
渠降雨，荷插成云。五谷垂颖，桑麻铺棻。东郊则有通沟大漕，遗谓洞
河，泛舟山东，挖引淮湖，与海通波。西郊则有上囿禁苑，林麓薮泽，
陂地连乎蜀汉，缭以周墙，四百余里。离宫别馆，三十六所。神池灵
沼，往往而在。其中乃有九真之麟，大宛之马，黄支之犀，条仗之鸟。
翰昆仑，越巨海，殊方并类，至于三万里。"（班固：《西都赋》）

　　这些皇皇大赋，大都成了着意夸耀对帝国征服世界功业和权势的颂
歌。这种刻意描写，极力铺陈天上人间各类事物的夸辞，更助长了帝王
求仙、享乐的幻想。虽脱胎于"楚辞"，却因只取其貌而遗其神，终于
沦为味同嚼蜡，徒具形式的类书、字典。除了文章的气势，所表现的力
量、运动、速度构成一代的美学风格以外，"楚辞"的内在精神不见了。

三十四、人间歌舞

　　蚩尤戏是一种原始歌舞，一种极为古老的民间表演艺术。其历史传说背景是黄帝与蚩尤之间的战争，本意是歌颂蚩尤氏捍卫其部族利益的斗争精神的。《逸周书·尝麦篇》中有一段话：

　　"蚩尤乃逐帝，争于涿鹿之河，九隅无遗，赤帝大慑，乃说于黄帝，执蚩尤，杀之于中冀，以甲兵释怒。"

　　《史记·乐书》中也记载：

　　"蚩尤氏头有角，与黄帝斗，以角抵人，今冀州为蚩尤戏。"

　　黄帝与蚩尤的这场战争，异常激烈。据《山海经·大荒北经》、《广博物志》以及《太平御览》等典籍记载，蚩尤氏远非等闲之辈，不仅勇敢顽强，而且足智多谋，戴角披皮，如同猛兽，以角抵挡，冲锋陷阵。他们的同盟军风伯、雨师，征风召雨，吹漫烟雾，使黄帝族兵士方向迷失，失去战斗能力，九战而不能获胜，一筹莫展。后来，黄帝在应龙、魃女和风后鼎力相助下，率熊、罴貔、虎等图腾氏族，奋力还击，才擒杀了蚩尤，获得胜利，转危为安。

　　蚩尤在历史典籍中是作为乱世祸首被唾骂的，连司马迁也给他加上了"蚩尤作乱，不用帝命"的罪名。而东夷氏族的民众和一些学者并不这样看。他们倒是认为黄帝做得无理。因为那个时代是一个部落林立、各自为政的氏族群体社会时代，即使蚩尤作乱延及平民，那也是东夷氏族内部的事，与你黄帝何干？东夷族也没有请你，你兴师动众，用武力征杀他们的首领，这怎么能说得下去呢？所以这种"蚩尤作乱"理当诛之的说法并未赢得多少同情。相反，人们甚至一些帝王均把蚩尤当做一个受害的氏族的首领，为捍卫部落利益在奋战中牺牲的英雄。他的族民们和富有正义的人士，便采取这种原始歌舞，加以纪念与歌颂。这便是蚩尤戏的由来。《皇览·冢墓记》所记"东夷族"民常十月祀之，祭典蚩尤英灵；《周礼·春官》肆师条所说"祭表貉则各位"，均把蚩尤当做神明敬祀。春秋战国时，蚩尤和黄帝竟都成了战神。《封禅书》和《高祖本记》说秦皇汉武均立祠蚩尤。民间还立地名为"蚩尤城"，起村名为"池牛村"（蚩尤谐音），讲故事"池牛血"，创作了"蚩尤戏"，把蚩尤当做一位悲剧性的民族英雄来歌颂与纪念。这种戏，有人物故事，有装扮的形象，有表演动作形态，搏斗中形象生动，既是模拟以蚩尤为首领的东夷集团与以黄帝为首领的华夏集团的战斗歌舞，又体现了一些狩猎的技能。所以他是一种歌舞，同时又被人称为乐。古代乐舞不分，《周礼·率舞》所谓"六代之乐"，《尚书·舜典》所说"击石拊石，百兽率舞"，均是指乐舞。它并非后世之戏曲，但却是中国戏曲的原生体。它是一种带有武术竞技和游戏娱乐之戏。

在封建统治者沉湎于安乐和追求登仙羽化的同时，原始歌舞随着宫廷娱乐的需要，沿着"写实"的方向，把一种原始仪式舞蹈（祭蚩尤）发展为武术竞技的角抵戏。《周礼》说天子"命将帅讲武"。《史记·秦本记》说"武王有功，好戏，力士任鄙、乌获、孟说皆大官"。宋陈旸《乐书》说："或曰蚩尤氏头有角，与黄帝斗，以角抵人。今冀州有乐名'蚩尤戏'，其民两两戴牛角而相抵；汉造此戏岂其遗象邪？"《乐书》又说："角抵戏本六国时所造，秦因而广之……"到了汉代，民间更进一步把角抵戏剧化了。《西京杂记》上曾有这样一段记载：

"余所知有鞠道龙，善为幻术，问余说古时事，有东海人黄公，少时为术能制蛇御虎，佩赤金刀，以绛僧束发，立兴云雾，坐成山河。及衰老，气力羸急，饮酒过度，不能复行其术。秦末有白虎见于东海，黄公乃以赤刀往厌之。术即不行，遂为虎所杀。三辅人俗用以为戏。汉帝亦取以为角抵之戏焉。"

神话人间化、故事化了。"神力"转化为"人力"的生理功能，情节也合理化了。

据传夏桀时即有倡优，刘向《古列女传·孽嬖传》中记载："桀……收倡优侏儒狎徒能为奇伟戏者，聚之于旁，造烂漫之乐。"西周末年就有由贵族豢养的专供他们声色之娱的职业艺人——"优"。《国语·郑语》载：史伯对郑桓公说周幽王"侏儒、戚施、实御在侧。"韦昭说："侏儒、戚施，皆优笑之人。"以后这些倡优，不仅供人取娱，而且从"滑稽调戏"转而为世俗人事的讽刺。如《滑稽列传》中所记优旃谏秦始皇的故事说，始皇想扩大他的园圃，优旃就说："很好！多放些禽兽在里边。如果敌人从东方来，只要让麋鹿去触他们就够了。"这样，始皇就把这个念头打消了。司马迁在《史记》上所说的"谈言微中，亦可以解纷"，说的就是"优"在此时所发挥的讽喻作用。在汉武帝"罢黜百家，独尊儒术"之后，艺术之服膺于人事的功利目的，更加强了民间歌舞戏剧"写实"的倾向，角抵戏的讽喻对象也从帝王扩大到官吏。它们都是扮人物的，有特殊扮相，戴假面，在露天表演，多少包含些故事情节。北方多在固定地方表演不带节目仪式性；南方则在节日仪式中一面行进一面表演的。蜀汉时候，许慈同胡潜不和，刘备对此感到不安，在一次官员大聚会的时候，让演戏的人装扮成他们两人的模样，以此戏弄他们。开头还只是用言语互相非难，后来用刀棒相互攻击。以此来感动他们。(《三国志·许慈传》)《北齐书·尉景传》说：尉景贪财贿。高欢叫戏子石董戏弄他。董桶剥了尉景的衣服，说："老爷能剥夺百姓的，我干吗不剥夺老爷呢？"这里是直接对"犯官"嘲弄，比起扮作犯官加以嘲弄在形式上更原始、更直接。以后发展起来的"参军戏"，其中一个扮官的被戏弄的对象就叫"参军"，而那执行对他戏弄职责的演员就叫"苍鹘"。

戏剧发展中的清醒的现实主义传统正是随着人事的不断复杂而愈益深刻的，它是从另一方面表现秦汉以后社会美的主题的。

歌舞泥塑及砖雕（山西博物院藏）

蚩尤戏在中国远古时期的出现，比印度古典舞蹈还要早得多。它历经原始社会、奴隶社会、封建社会、半殖民地半封建社会，至今已经两千多年，依然在延续。山西省永济市民间仍可看到这种蚩尤戏。新中国成立前，迎神赛社表演是元宵节最盛大的活动，蚩尤戏是这一活动的主要组成部分，并流传至今，成为蚩尤戏生生不息的载体。

汉代丝绸之路开通之后，西域的歌舞传入中原。南北朝末期盛行一种有故事情节、化妆角色、伴唱和管弦伴奏综合表演的歌舞戏，是我国戏曲的雏形。唐朝政治稳定，文化开放，经济发达，文化昌盛，不断将外来的文化因素融入中国传统，迎来了音乐、歌舞艺术的盛世。

汉魏情性 风神气韵

三十五、史官文化

在汉代，与民间歌舞戏剧一起产生并发展起来的是从赋体文学分离出来的，以"写实"记事为主要内容的历史散文，如司马迁的《史记》与班固的《汉书》。尤其是司马迁，他并不把艺术看做是统治者行"德"和被统治者表"敬"的工具；而是非常强调感情在艺术中的作用。在他看来，"美"，均出于"发愤之作"。这在《太史公自序》中有比较清楚的自白。

司马迁颇有感慨地写道："西伯拘羑里，演《周易》；孔子厄陈、蔡，作《春秋》；屈原放逐，著《离骚》；左丘失明，厥有《国语》；孙子膑脚，而论兵法；不韦迁蜀，世传《吕览》；韩非囚秦，《说难》、《孤愤》；《诗三百篇》大抵贤圣发愤之所作也。"

对于屈原之作《离骚》，司马迁在《屈原列传》中说明：《离骚》者，就是被放逐的忧伤。天是人类的原始，父母是人的根本。人在处境穷困的时候，才会追念本源；所以在劳苦困惫时，没有不喊天地的；在疼痛痛苦时，没有不喊爹娘的。屈原秉持公心德行正直，竭尽忠诚和才智，辅助他的君王，但进谗言的小人却从中挑拨离间，他的处境可以说是艰苦的；守信义却被君王怀疑，尽忠诚却被小人诽谤，他能没有怨愤吗？屈原写的《离骚》，原来是从怨愤中产生出来的。《国风》虽然咏唱意情，但并不至于荒嬉无度，《小雅》虽然有抱怨和责问，但并没有犯上作乱。像《离骚》，可以说是两者皆有。远古的曾提到帝喾，近世的曾说到齐桓公，中古的叙说了商汤王和周武王。用这些来讽谏时政，阐明道德的重要性和国家所以有治乱的因果关系，所要阐明的道理无不完全表现出来。他的文章很简练，措辞很深曲，所反映的志趣高洁，行为不苟，所引用的词汇虽有些琐碎但用意却极远大，所举的虽多为眼前习见的事例，但所体现的道理却很深远。由于他志趣高洁，所以作品中引用芳香的花草，由于他行为不苟，所以他自甘疏远，从污浊的社会中解脱出去，出污泥而不染，保持高洁的品德。推断屈原的这种高洁的志趣，虽与日月争光可也。司马迁受儒家思想影响但又主张艺术是用以表现情性的，他所抒写的即是这些"情性"的"实"。这就是他的历史散文之所以区别于偏重形式的赋体文学和其他说理散文而具有深刻美学意义的地方。他的历史散文不仅被人视为历史著作而且看做是一部文学作品。正是由于他早把自己的感情融在所表达的历史人物对象之中，他笔下的人物一个个都栩栩如生，为后世的传奇、话本、小说树立了良好的典范。

班固在《汉书·司马迁传赞》中批评司马迁判别是非同圣贤有相违背的地方，论述起正统的思想来先讲黄帝、老子的哲学以后才讲《诗》、《书》、《礼》、《春秋》、《乐》、《易》，叙写侠士时摒斥有才德而不为仕的人，反而推崇奸诈权术的人，讲起财物增殖时羡慕权势财利，把贱下贫乏看做羞耻。这就是他的不足和局限的地方。但是到了刘向、扬雄，他们两人都广泛地涉猎了各种书籍，还是都称赞司马迁有卓越的史家的才能，很钦佩他善于叙述事件和道理的雄辩，但又不浮华，朴素但不平俗。司马迁的文章文理清晰，含义深远。不浮夸美好的，不隐瞒丑恶的，所以说《史记》是真实记录。

实际上，班固之所短正是司马迁之所长。他虽称儒却是循黄老的传统，这是为史翔实的基础。他写人重其情性的"质实"。班固所谓"奸雄"，司马迁则有自己正确的评价。他把陈涉列入"世家"，说"桀纣失道而汤武作，……秦失其政而陈涉发迹，诸侯发难，风起云涌，率之秦族"，赞扬了陈涉的起义在"亡秦"中所起的作用，并比之于汤武的功业。他把项羽编入"本纪"，给他以很大的同情和赞叹。"吟咏情性"，"以风其上"，明确具体地把"情性"作为"化感的本源"，而化感又是为了表现"情志"，为了"正得失，动天地、感鬼神"。他之评屈原实是以屈原自况，所不同的仅是前者浪漫，后者求实，实际上各都寄深刻的影响于后世的美学。这一时期，有的人把它概指为"史官文化"，其特点即指它的写实性、朴实性、宏伟性、飞动性的方面（范文澜语）。这也正是司马迁及其著作《史记》永垂不朽的原因。

三十六、情性之辨

　　两汉美学思想的基本特征，主要表现在它的社会化内容上。在经过殷商以来一千余年的奴隶社会之后，封建统治的理论逐渐形成。其代表人物应首推董仲舒。董仲舒虽然吸收了汉代的一些黄老学说，但出于统治阶级的需要，接过《大学》、《中庸》、《孝经》的衣钵，把黄老的阴阳五行概念全部改造成为永恒不变的道德范畴，即所谓"阳尊阴卑"、"五德始终"。把黄老自然的道，从属于儒家意志的"仁"，为贵族统治阶层建立永恒的等级秩序。这种兼收并蓄被改造后的今文经学，成为儒家的正统思想，即成为地主阶级统治中国近两千年的思想。其影响之深远真是难以估计，在美学领域中所起的作用也真是非同小可。

　　首先，他从孟子那里继承了"率性之谓仁"的观点，认为"美"之源应归之于"性"，"仁之美者在于天，天，仁也。"（《王道通三》）"仁者，人也"。"天人"是合一的。所以说，美是一种性的本然。但是这种本然的性又是有差等的，一是"圣人的性"，他是天生的美；一是"中人的性"，通过教化，施之以"仁"，也是可以美的。一是"斗筲的性"，只有施之以"刑"，才能使之"敬"、"孝"，或能使之"近于美"（这里董仲舒糅合了荀子的性恶的思想）。董仲舒的"三性"正是儒家"性"的阶级性。这里还包含着"性善情恶"的观念。"圣人的性"是自然的性，近于"天"，是至高、至善、至美的（这是从黄、老继承来的）；"中人的性"近乎"仁"，有性亦有情（表现于人与人的关系），是社会的性，有"善"有"不善";"斗筲的性"似乎只有"情欲",是动物的性,一定要有严格的规范(即禁欲),从圣人之性中获得"移植"(教化)才可能具有"善"性。因而"阳为德,阴为刑,形之来而德立生"。(《举贤良对策》)也就是要实行"圣人"的统治("刑政")才能为"功"。"诗本性情之发"。这"性情"除了自然的性质外,还具有阶级的社会性质,必须符合封建统治阶级的要求。这里的所谓"性情"还有"内外"与"自然或社会"的区别。"性"是出之于内的,"情"是缘之外的。同样以"真"(自然或本然)为美,以美为善。

西汉经学家们在"性"与"情"各有美丑上表示了他们对"美的本质"的不同观点。如王逸、司马迁以屈原的"志涪行廉"因怨而作的"发愤之情"为美。而班固却不以为然。他认为"怨恶椒、兰,愁神若思"不如"保如愚之性……不爱世患"的自然之性为美。即说:"'既明且哲,以保其身'斯为贵关。"(班固:《离骚序》)懂得"明哲"即是懂得"保"本然的"如愚之性"。根据同一观点,扬雄强调"良玉不雕,美言不文"(《法玄·吾子》);王充以为"发愤"要"贼羊损寿",有背黄老之教,"诚见其美"需"欢气发于内也";(《论衡·佚文篇》)左思也主张"美物者,贵依其本;攒事者,宜本其实。"(《三都赋序》)把"性"作为"本"、作为"实",或是把"情"作为"真"、作为"实",尽管在"独抒性灵"与"表现胸襟,怀抱"上各有所侧重,却都是把美看做是抒写情性的真实自然作为条件的。无论是重"人事"还是重"襟怀",无论是重"言志"还是贵"言情",都把美看做是性的参与(抽去他们教化所要说的"性"的差等),是自然的人化或人化的自然的结果。"言性"说的是"性",但形象是"自然"的显现;"言情"说的是"性"与"物事"结合后真实的显示。前者是"写",要的是"自然浑成",追求的是内心的"和谐",出现"优美"的境界;后者是"抒",要的是"沛乎天地"即"一吐为快",表现"壮美"的气势。前者有时候借"独抒"作为排除所谓"诗教",要求"人性"的自由解放而被加以利用;后者有时作为"善"的要求而被作为"正气"的伸张,要求给予发扬。写

"性"，以"以物观物"，近于"物我相忘"，相当于王国维的"无我之境"，如"采菊东篱下，悠然见南山"，"寒波澹澹起，白鸟悠悠下"；写"情"，"以我观物"，相当于王国维的"有我之境"。如"泪眼问花花不语，乱红飞过秋千去。""可堪孤馆闭春寒，杜鹃声里斜阳暮。"

总之，美是自然性与社会性在"性"上的统一，并被作为"人的本质力量的对象化"和使人"欢气发之于内"的第二自然中被理解的。这种理解随着历史的发展，随着中国特殊的儒、佛、道思想的互相渗透、互相补充而又互相生发以不断深化、不断成熟，并使之成为中国美学思想发展独具的体系与性格。

三十七、泊然无感

　　魏晋南北朝时期，封建统治者在政治上形成了重门第、重身份的豪族门阀制度。门阀豪族相互吞并，并加强对农民的残酷剥削和压迫。阶级间的矛盾日益尖锐，农民不断起来反抗。以曹操为代表的政治集团，本来是政治上的进步力量，但取得政权后不久，在门阀士族的压力下逐渐放弃了原来打击豪强的政策，自己也变成了新的豪门大地主的代表。由于政治斗争的激烈，政局变换的迅速，这一派刚上台，另一派即取而代之。许多在朝的知识分子随时有杀身之祸。地主阶级从上到下以皇帝为首，大都过着荒淫、放纵、虚伪、悭吝、刻薄、豪侈的以及口头清高而行为卑鄙的腐朽生活。在这种政治环境下，魏晋文人，有的是装聋作哑，有的是意志消沉，或文尚曲隐，或诗杂仙心，或挥毫以说玄理，或隐田园以乐山水。儒家的经学在汉代虽盛极一时，到了魏晋，便呈现出衰弱无力的状态，随之而发展起来的是老庄思想被改造之后的玄学和异族侵入中原之后相继尚行起来的道教和佛学思潮。美学思想处在这变革时期，也逐渐摆脱经学的束缚，朝着新的途径发展。它是我国文化历史继战国时期以后的第二个新的争鸣阶段。

　　三曹父子的才华和思想是保证这种"飞跃"的最初政治条件。他们不仅自己才气横溢，文才高蹈，在建安七子中名标前列，而且在当政时接二连三地下《求贤令》、《择士令》、《求逸才令》，使"美才"之士均能显其才华，人人都能"傲雅觞豆之前，雍容衽席之上，洒笔以成酣歌，和墨以藉谈笑"（《文心雕龙·时序》）。《典论·论文》甚至把"文章"看成是"经国之大业，不朽之盛事"。为了鼓励人们从事这种"不朽盛事"的创造，《典论》写成之后，他还特地刻石立碑于庙门之外（见《魏志》）。在文艺批评上，主张应有"持平"之论，认为人们往往"闇于自见，谓己为贤"，所谓"家有敝帚，享之千金，斯不自见之患也"。认为不应"各以所长，相轻所短"。"人人自谓握灵蛇之珠；家家自谓抱荆山之石"。"荆山之石"即和氏璧，为秦的传国玉玺，与"灵蛇之珠"同称为稀世之宝。在这里是要人们引以为戒，不要把自己作品视为珍宝，不愿让人们批评。他们身居高位，仍能欢迎人们"讥弹其文"、"应时改定"，这种优良的作风一直影响到南朝，为这一时代的"争鸣"局面，树立了好的榜样。

曹氏父子破坏了东汉重节操伦常的价值标准，把文艺从儒家经学的"教化"和东汉的图谶迷信的樊篱下，解放并独立出来。在美学思想上他们强调的是作家气质才性的作用。《典论·论文》说："文以气为主，气清浊有体，不可力强而致……"

这里的"气"即是"性"的自然，又是"才"的表现。它反映的是人对自身人格的尊重和对人生执著的追求。这种"气"是"慷慨"的，它不是那种和谐的平静的"性"，而是"世积乱离"的结果。这种"性"充满了矛盾，表现的是激越的意绪，发的是"对酒当歌，人生几何"的慨叹。这种"性"在矛盾中激荡、思索、探求，迸发着"烈士暮年，壮心不已"的老骥长嘶。所以它的美是"阳刚"的。完全区别于西汉时代讲"性"时的静谧、安宁、自足不求。所以在讲究建功立业"慷慨多气"的建安风骨之后，继起的正是名士也难以否定的传统观念和礼俗，发出的是"抚枕不能寐。振衣独长思"（陆机语）。"何期百炼钢，化为绕指桑"（刘琨语）的政治悲愤。他们的理想大多数都在门阀世族严酷统治的现实中被撞得粉碎。嵇康终于被杀头，阮籍也差一点不能幸免。于是，他们只好到大自然的怀抱中去寻找人生的慰藉和哲理的安息。他们开始讲"修性以保神，安心以全生，爱憎不栖于情，忧喜不留于意，泊然无感，而体气和平。"(《嵇康·养生论》)心思、眼界、兴趣由环境转向内心，由社会转向自然。所谓"目送归鸿，手挥五弦；俯仰自得，游心太玄"(嵇康语)。这时候，"性"的美又从"阳刚"转向"静穆"，引向心灵平衡的"怡然"之乐。与之相应而发展的也就是"以无为本"、"崇本息末"，以玄学为主的美学观。这时候，他们仍把任何功业事物都看成是有限的和能穷尽的，只有内在精神本质——性，才是原始、根本、无限的。

所以说，"夫气静而神虚者，心不存乎矜尚；体亮心达者，情不系乎所欲；矜尚不存严心，故能越名教而任自然；情不系乎所欲，故能审贵贱而通物情。"(嵇康：《释私论》)

这段话的意思就是：元气平静，精神虚空，人心思上就不存在矜夸贪慕的心；胸襟敞亮心情旷达的人，神智就不会被欲望所缠绕；矜夸贪慕的心不存在心思上，所以能超越等级名分和礼教而放任自然；神智不被欲望所缠绕，所以能明察高贵和低贱的表面现象，而叙述事物真正的情理。"无"就是"虚、静"，就是"不系所欲"、"不存乎心"，而能"任自然"、"通物情"的条件，在"心"与"物"交往中，它又是实现"亮"、"达"的条件。"无为而无不为"，说的也是这种在"虚静"的"玄无"境界中，实现其无遮拦的想象、联想，使人的"性"与物的"情"彻里彻外地融合在一起（此即所谓"心达体亮"），这样就使人进入一个美的"体冲和以通无"的和谐的境界。

故而："圣人茂于人者，神明也，同于人者，五情也。神明茂，故能体冲和以通无；五情同，故不能无哀乐以应物。然则，圣人之情，应物无累物也。"(何邵：《王弼传》引王语)何晏说："圣人无情"，王弼说"圣人之情，应物而无累物也"，都是把"情"看做是一种"欲"一种弊。儒家是借所谓礼教搞禁欲主义的，而玄学家们在承认"情"是物"欲"的基础上，强调"任自然"而达到内心的平衡，即追求心灵"无哀乐"的平静和纵欲之后能不为情欲所累的状态。所以大多数的玄学家都服药炼丹，饮酒任气，高谈老庄，又自以为满怀哲意。他们通过"玄想"去追求，又通过"玄想"获得满足。所谓"得意忘象"的理论就是在这样的基础上创立起来的。"象"的"玄想"是为了"意"，"意"即"自得"，自可"忘象"，所谓"得意忘象"、"得意忘形"，正是描写他们放浪形骸之外的极乐境界。但这个境界是靠"玄想"而获得的，它是虚幻的，而且只是为了心灵的和谐，只能"意会而不能言传"，所以又是"空灵"的。离开了教化的目的，一切艺术似都需要达到这种心灵和谐的愉悦境界。因而，从另一角度说，他们的探求是从玄学方面触及美的某些特性，构成了中国美学传统影响极其深远的特征。其发展的结果是：诗歌求言外之意，音乐求弦外之音，绘画求象外之趣，都要求虚中见实。"象"为"虚"，"意"为"实"，"形"有尽而"意"无穷。在审美欣赏中，讲究的是"曲致"、"隐秀"，追求主观的性情在与客观物象的一刹那契合中，悟出人生的真谛。

陶渊明是受到玄学影响较深的一位诗人。他说自己"好读书，不求甚解；每有会意，便欣然忘食"(《五柳先生传》)。他在《饮酒》诗中说："山气日夕佳，飞鸟相与还，此中有真意，欲辨已忘言。"正是想把自己所"悟"到的说出来，又觉得不好说、不必说，于是用"欲辨已忘言"一句带过，让读者自己去体会。萧统《陶渊明传》说他"不解音律，而蓄无弦琴一张，每酒适，辄抚弄以寄其意。"自醉于"弦外之音"的妙处。实际上，他们都是把美感归之于想象，归之于"意"的闲适，只有这样才能从吟诵的诗句中看到图画，也可以从图画中听到声音。

据说李白听蜀僧弹琴，联想万壑古松，杜甫看到刘少府画山水幛，仿佛听到山上的猿声。刘方平从一声虫鸣得知了春的消息，写下了所谓"今夜偏知春气暖，虫声新秀绿窗纱"(《夜月》)。龚自珍《己亥杂诗》："落红不是无情物，化作春泥更护花"，都是通过联想使物象"人化"、"情化"了，并在这"人化"、"情化"的过程中获得美感的满足。

三十八、风神气韵

汉代通过地方察举和公府征辟取士，所以社会上盛行品鉴人物的风气。魏行九品中正制以后，这种风气仍未衰减，在这品鉴之中就饱含着丰富美学思想。

有的学者说：汉代相人以筋骨，魏晋识鉴在神明，这是颇有见地的。这种由重形到重神的变化，正显示玄学的影响。他们"以形写人"，尤其重视"以形写神"，或比之如"松下风"，或喻之为"云中鹤"，或称之为"千丈松"，或赞其似"瑶林树"，或写他的"谡谡""森森"，或描之为"落落""穆穆"（《世说新语·赏誉》），都非常着重人的风神。只要风神高逸，形骸是可以遗忘的。刘伶的脱衣裸形，山简的倒著接篱，毕卓的手持蟹螯，在当时都曾传为美谈。

由重神忘形引申出形似、神似之说。《列子·说符篇》记载说九方皋相马，只看马神气骏驽，而不辨其色物牝牡。秦穆公非难他，伯乐喟然太息曰：

"若皋之所视，天机也，得其精而忘其粗，在其内而忘其外。见其所见，不见其所不见，视其所视而遗其所不视。若皋之相者，乃有贵乎马者也。"

说明真正识马的人，贵在神气。"气韵生动"的美学要求也是在这一时期提出的。中国古代的写意画家，几乎都深谙此中三昧。重神忘形，正是中国古代绘画的一个重要美学思想。顾恺之是东晋赫赫有名的画家，《世说新语·巧艺》载：

"顾长康画裴叔则；颊上益三毛。"人问其故，顾曰："裴楷隽朗有识具，此正是其识具。看画者寻之，定觉益三毛如有神明，殊胜未安时。"

顾长康画人或数年不点目睛。原因就在于形似易，而神似难。

他自己在谈画中也说："画手挥五弦易，目送飞鸿难。"目送飞鸿是写精神气度，所以难写，他为互棺寺绘准摩诘像，以"清羸示病之容，隐几忘言之状"，完美地传达出准摩诘病时的神态。唐李嗣真说他"思侔造化，得妙物于神会。"（《历代名画记》）张怀瓘说："象人之美，张（僧繇）得其肉，陆（探微）得其骨，顾（恺之）得其神，神妙无方，以顾为最。"张彦远说他"意在笔先，画尽意在，所以全神气也"（《历代名画记》）。"传神"要靠人的眼睛，只有眼睛才是人的灵魂的窗子。这种追求人的"气韵"、"风神"的美学趣味和标准，既与当时人物的品鉴标准相一致，又与玄学的把握那不可穷尽的无限本体的"穷理尽性、事绝言象"的玄理、深意相关。

儒道参禅 万亿化身

三十九、儒道参禅

　　佛教的东传，战乱的频仍，文人的朝不保夕，都加深了避世、出世的思想，再加上北魏统治者的提倡（北魏及南梁将佛教宣布为国教），这就加速了玄学"佛化"的过程。儒道思想中的"虚无""玄无"也就向佛教的"空无"发展。原来还属于人的精神境界的"性"，这时甚至脱离人的精神境界而发展为一种精神之外的本体——"佛"的"性"了。人的性反而成为"佛"的"性"的依托（这是宗教之所以为宗教的特征）。

　　所以说："涅槃惑天，得本称性"（《涅槃经解集》卷五）。"得本"就是"顿悟"，一悟及"佛性"，一切就都可以"忘却"。玄学家所要"忘却"的原来还只是"象"，其中还有一个我的"性"在，这里是连"我"也都"忘却"了。所以说："无我，本无生死中我，非不有佛性我也。"（《维摩经注》卷三）"佛性"的"我"代替了"我性"的"我"。原来是"心灵的观照"，是"我观物"。现在是"佛性的观照"，是"物"观我。问题是这里的"佛性"还不是具体可见的"物"，这就更加虚之又虚、玄之又玄了，所以是"空无"。如果抽去了它的神秘的外衣，所说的近于我们现在所理解的"物我相忘"的心理现象。这种心理现象在艺术欣赏中是存在的（但它却被视为是一种意识本体），对于进一步阐明美感的特殊意识状态，无疑具有一定的历史意义。

　　后代人的"以禅喻诗"，所谓"超以象外，得其环中"（司空图语），

"羚羊挂角，无迹可求"，如"空中之音，相中之色，水中之月，镜中之象"，"禅道唯在妙悟，诗道亦在妙悟"（严羽语）；所谓"学诗浑似学参禅，悟了方知岁是年，点铁成金犹是妄，高山流水自依然"（龚相语）；所谓"顿悟"、"直证"，"自家了得"（吴可语）……说的都是佛家语。苏轼的"暂借好诗消永夜，每逢佳处辄参禅"（《夜直玉堂》），讲究的也都是禅趣。这是禅理影响于艺术，使之向"含蓄""蕴藉"纵深发展的具体例证。它发展的终极正如儒家道化、道家玄化一样，在数千年中国传统精神的影响下，这个从外国传来的佛学思想，也沿着儒化的方向发展。它们互相渗透、互相补充、互相对立又互相向着自身的对立面转化，最后是儒、佛、道熔于一炉，构成了中国独特的文化精神和传统。意识形态领域中的一切现象、问题及其本质，都能从它们那里找到历史的根源。这是任何一个研究中国美学传统的人都无法加以回避的。问题在于我们如何去"慎思"、"明辨"，认识它们"同中的异"和"异中的同"，然后加以批判地继承。不能因为看到讲的是宗教，便把"孩子和水一起倒掉"。

四十、佛教之花

　　在中国美学史上，有一个值得注意的现象，即对莲花的崇尚。有许多诗人墨客，曾借她抒发胸臆，赞赏节操，比附圣洁。屈原在《离骚》中曾向往"集芙蓉（莲的别称）以为裳"；曹植把她形容为理想中的洛神；李白借她赞美韦应物的诗如"清水出芙蓉，天然去雕饰"；白居易借她创作出富有情趣的《采莲曲》；李商隐的《赠荷花》则成为人们吟咏的名句："世间花叶不相伦，花入金盆叶作尘；唯有绿荷红菡萏，卷舒开合任天真；此花此叶长相映，翠减红衰愁煞人。"……在这里，值得注意的是，诗人们大都把莲花拟人化，借她来赞颂人间的伦理美。而周敦颐的《爱莲说》则把这种伦理美的描写推到了一个极致。

　　《爱莲说》的大意是：水陆草木之花很多，自李世民的唐朝以来，世人很喜爱的是牡丹，而我这个人唯独"爱莲之出淤泥而不染，濯清涟而不妖，中通外直，不蔓不枝，香远益清，亭亭净植，可远观而不可亵玩焉"。

　　它赞扬莲花尽管置身于污泥浊水之中，却不同流合污，始终洁身自好，坚持正道。

　　它赞扬莲花美，美在庄重，美在高洁，毫无妖艳献媚之态。

　　它赞扬莲花里外如一，外表的美同她内在的美那么一致。她端庄自持，不旁逸斜出，不攀藤附葛，与地不争丰瘠，与人不争宠薄。她也像"桃李无言"，"亭亭净植"，却"香远益清"，使人们对她怀着崇敬的心情，流连忘返，但却不动邪念。因为她是绝对不许人"亵玩"、戏弄的。这样就把一种理想的"全粹"的伦理美，展观在人们面前。

五台山佛像开花显佛

不过，关于莲花伦理美的思想，或者说把莲花之美引入道德领域，并非周敦颐的首创，而是佛学思想的内容。在古代，莲花象征佛教之花，慧远的莲社，即以莲为名。《华严经探玄记》是佛学的重要著作，在这部著作中即以莲花为喻，对于自性清净，下了四个定义：一、如世莲华，在泥不染；二、如莲华自性开发；三、如莲华为群蜂所采，比真如为圣所用；四、如莲华有四德：一香、二净、三柔软、四可爱，所谓常乐我净。在这里，莲花的美，她的芳香、柔软可爱，也被称为德。这样，就把美学引入了伦理道德的领域，甚至被列入道德规范，让其信徒们把它作为修养的目标或道德理想。这要算是佛学思想家们一大创造。而周敦颐的《爱莲说》，在很大程度上是受佛学思想影响的结果。

周敦颐，原名谆实，字茂叔，是中国理学的开山祖师。著有《太极图·易说》、《易通》，还有《爱莲说》、《拙赋》等文章。他是一个唯心主义的思想家。

他的理论是道教思想和传统儒家思想的混血儿，同时又受佛教思想的某些影响。《爱莲说》就同佛说有一定的因缘。《爱莲说》是在周敦颐有卜居庐山、在"廉溪"筑了书堂之后写的。这座书堂就像慧远的莲社一样命名为"爱莲书堂"。"廉溪"发源于莲花峰下，水中有莲，庐山曾是晋僧慧远与陶渊明等结莲社的地方，乃佛教的圣地。当时周敦颐虽仍在虔州任通判，但已有"退居"的思想。在这样的地方和这样的思想情绪下，写这样的作品，不能不使人想到同佛学的联系。实际上，他在《爱莲说》中所说的"莲之出淤泥而不染，濯清涟而不妖，中通外直，不蔓不枝；香远益清，亭亭净植"，同《华严经探玄记》几乎如出一辙。所谓"出淤泥而不染"，在哲学上即净染问题，是理学家关于性论中的一个重要问题，与佛学有密切联系。它的意思即人性本自清净，但人的欲念会使其污染。怎么办呢？只好寡欲。这样，无欲就会变为圣贤，呈露人性的清净，像圣洁而优美的莲花那样。在这里，周敦颐和佛学的唯心主义思想，是显而易见的。

但是，周敦颐和佛学思想，《爱莲说》和《华严经》把美引入伦理道德领域，实际上提出了伦理美的思想，对美学和伦理学的研究很有价值。今日读之，亦很有感触。不仅如此，他们借莲花提出了伦理美，在某些方面还有其普遍的意义。就是说，它道出了某种人类共同的伦理美的思想。正因为如此，细细玩味周敦颐所描写的莲花的品格时，眼前就会浮现出许多仁人志士的形象。在私人问题上，他们也是最能洁身自好，特立独行，善于自处的。他们的品格真可谓光明磊落，"掷地作金石响"。

四十一、规律探索

就美学来说，魏晋南北朝时代的硕果是丰富的，因为它既是一个创造的时代，又是一个总结的时代。它不仅使过去美学思想获得继承、发展和深化，而且在形式的创造上，历史经验的总结上，也是空前的。

由于时代思潮和风尚的影响，这个时期的文学不仅摆脱了汉代宫廷玩物和皇帝弄臣的地位，而且摆脱了只是歌功颂德、点缀升平、挂上一点"讽喻"尾巴却皇皇大赋的形式束缚，创造了玄言诗和山水诗。"嵇康师心以遣论"，"阮籍使气以命诗"（《文心雕龙·才略》），用形象来谈玄论道和描绘景物，借山水自然作为人的思辨或观赏的外化或表现。虽然发的是人生的感叹，表露的是无边的忧惧和深重的哀伤，但都是认真地作诗。从陶渊明的质朴自然，到谢灵运的繁复细腻；从谢朓的熔裁警句到沈约的创"四声八病"，使"五言居文词之要"，成为"公作之有滋味者也"（钟嵘语）。他们从曹植开始讲究诗的造词炼句，注意汉语字义和音韵的对称、均衡、协调和谐、错综统一等种种形式美的规律，把汉字修辞的审美特性发挥到了一个高峰。

至于文体的划分，文笔的区别，文思的研究，文理的探求以及作品的评议，文集的汇纂，其涉及的广度和深度也是前所未有的。

陆机的《文赋》特别集中了对创作心理的专门描述和探究。他说："遵四时以叹逝，瞻万物而思纷，悲落叶于劲秋，喜柔条于芳春。心懔懔以怀霜，志渺渺而临云……其始也，皆收视反听，耽思旁讯，精骛八极，心游万仞；其致也，情瞳胧而弥鲜，物昭晰而互进……观古今于须臾，抚四海于一瞬。"

这么愉悦舒畅的一种审美境界，家财万贯，身居高位，未必能享受此种审美之乐趣。

在陆机的笔下，形象思维的活动和诗人作家的审美状态，被描写得淋漓尽致。由于注意到艺术思维的特殊性，对于"灵感"、"兴会"的现象虽不能做清楚的解释，却做了具体的描绘。文思在胸中如同风似地激发起来，言语就从唇齿之间如同泉水似地流出来。丰茂美好的思想和言语多得应接不暇，只要尽量由纸笔去发挥就是了。华美的文辞充满在眼前，清脆的音调充满在耳边。遇到人的喜、怒、哀、乐、好、恶之种种情绪淡漠时，心思活动精神却停滞了，呆呆不动像枯槁的木头，空空洞洞如干涸的河流……虽然这东西是属于我，但却不是自己所能控制的，常常有力气没地方用，因此我时常按捺住自己的空洞心怀，自怨自惜。但也又说自己始终不明白文思通畅和阻滞的原因何在。实际上他早已阐明了。

以后的刘勰正是在陆机研究的基础上完成了我国第一部较完整的"美学"著作《文心雕龙》的。

刘勰不但专题研究了"神思"、"风骨"、"隐秀"、"情采"、"时序"等创作规律和审美特征，而且在《原道》篇中一开头便说："日月叠璧，以垂丽天之象，山川焕绮，以铺理地之形；此盖道之文也。仰观吐曜，俯察含章，高卑定位，故两仪既生矣。"日月像重叠的璧玉，来显示附在天上的形象；山河像锦绣，来展示铺在地上的形象，这大概是大自然的文章。向上看到日星的光耀，向下看到山河的文采，上下的位置确定，便产生了天地。这里讲的既是天地的形象，又是人的性灵，通过"神与物游"，而成为人之"文"，"故形立则章成矣，声发则文生矣"。美就是主客观关系的产物。他用"神理"以区别于一般的"理"，并把一切归之于"性胜之所铄"。实际上，他是把"道"作为"性"的代名词。这个"性"即在"人"中，又可移之于"人"外。既不是纯物质的客观，也不是纯抽象的"理念"，而是既有内容又有形式被客观化了的

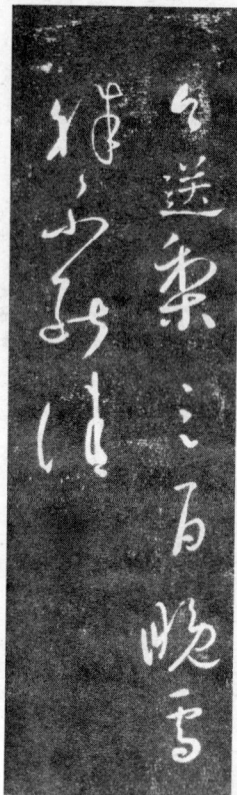
唐太宗书法

"性"的自然。他肯定自然的美，也肯定人性的美，强调自然的美，美于"文"；人性的美，美于"质"。

刘勰把创作的过程也看成是"以心求境"的过程。在"以心求境"之前，也要求有一个"虚、静"的条件。并强调有一个灵感兴会的问题。如所谓"枢机方通，则物无隐貌；关键将塞，则神有遁心。"语言表达这一关打通了，外物的形貌就无法隐遁。情志和气势受到阻塞，精神就不集中，心不在焉。他也强调"志气"、"辞令"，讲究"积学"、"酌理"、"研阅"、"驯致"，并以"风清骨峻"作为那个时代作品风格的理想。由于儒家思想的影响，他也认为只有圣人的性是美的。只有具备圣人的"性"，才能"原道心以敷章，研神理而设教"，才能"洞性灵之奥区，极文章之骨髓"。只有他们才是"性灵镕匠"，才能登"文章奥府"。因而，在"本乎道"之后，他紧接着提出要"师乎圣"、"体乎经"。所以，他的美学观点可以说是集儒、道、佛三家思想之于一炉的（这与他早期极端推崇儒术，兼受玄学影响，后期则是一个虔诚的佛教徒是分不开的）。正因如此，从《文心雕龙》中我们才可能充分而具体地找到历代美学思想在他理论著作中所留下的痕迹，并从其系统的伟篇中看到我国美学观点的独特体系，以及它如何一直影响于后世作家、艺术家的思想与创作。

在人们对"文"的规律认真进行自觉探索的同时，绘画艺术在这一时期也渐渐成为一种纯粹的艺术。因礼教废弛，经史故事画逐渐衰落，山水画也不再受人物画背景的限制，早在顾恺之时即开始独立出来。虽然仍有"人大于山"的情形，但宗炳在《画山水叙》中所说的"竖划三寸，当平仞之高，横墨数尺，体百里之迥"，却论述了远近法中有形体透视的基本原理和验证方法，强调山水画创作是画家借助自然形象，以抒写意境的一个过程。这就使中国画论在"以形写神"的见解上，又向前推进了一步。

而魏晋的书法也由于士人不信佛，浸润了老庄思想，入虚探玄，超脱了一切形质实在。

于是，书法在笔墨之间求淋漓挥洒，在行草之间，发挥其性灵之美。他们一致认为"行草是意境美的书体，意境出自性灵，美是性灵的表现"。正如刘融斋《书概》所说："欲非草书，必先释智遗形（丢开理智忘掉形体的存在），以至超鸿濛濛、混希夷（与自然混为一体，物我相忘），然后下笔。"（刘思训：《中国美术发达史》，第46页）王右军被称为"书圣"，他的草书和隶书为古今之冠，并在书法之外，兼工绘画。他的笔势，飘若游龙，矫若惊鸿。反映了这一代书家、画家都极注重创作规律和审美形式的探讨。

谢赫总结"六法"（气韵生动、骨法用笔、应物象形、随类赋彩、经营位置、传移摹写），对后世影响很大。"六法"一词，后来甚至引申为中国画的代称。他在"气韵生动"之后便提"骨法用笔"，可说是在总结中国造型艺术的线的功能和传统经验之后，把线的艺术作为中国艺术特有的重要课题，在美学理论上明确地建立起来。

晋人是最善书法的，人才辈出。直接对王右军影响较深的卫夫人。在她所著的《笔阵图》中说到自己笔法的运用，其中有一段说："崩云坠石，断犀弩发，枯藤崩浪，悬针垂露，玉筋古钗"，正是她把绘画中严正整肃、气势雄浑的笔法运用于书法的经验之谈。书画同源，其"淋漓挥洒，百态横生"，"使人骤见惊绝，守而视之，其意态愈无穷尽。"（《欧阳集古禄》跋法帖语）这正是"线的艺术"通过中国特有的毛笔的运用自如，所表现的个性特征。一方面，笔法间架，讲究入微；另一方面，写性抒情，淋漓挥洒；篆隶等体，既因魏晋禁止立碑而减少。作为表现"自我"的意境美的行、草，以其的特色适应着这一时代的需求，发展起来，并臻于至高的境界。

四十二、秀骨清相

　　魏晋的书法，通过古碑法帖尚能见到。魏晋的绘画，由于时代久远已难见到。现在所能见到的顾恺之《女史箴图》和《洛神赋图》也只是隋末的摹本。唯一可以窥及当时真正面目的，一是石窟寺庙的壁画，一是佛像雕塑。举世闻名的敦煌石窟艺术代表了这一时期造型艺术的盛况。

　　敦煌从汉代起，是通往西域大道上的交通枢纽。佛教传入西域，再传入内地，正是经过敦煌这个地方。敦煌石窟艺术出现在这里，绝不是偶然的。

　　敦煌石窟的艺术，是我国著名的石窟艺术中规模最大、内容最丰富的石窟群。它包括莫高窟（俗称"千佛洞"）、榆林窟和西千佛洞三处，而以莫高窟规模最大、内容最丰富。据记载，敦煌石窟是在前秦建元二年（366）开始建造的，以后经十六国、北魏、西魏、北周、隋唐、五代、宋、西夏、元等十个朝代的不断修建，共开凿了一千多个洞窟。现在保存下来的还有以上十个朝代的洞窟492个，窟内塑像两千多尊，壁画4.5万平方米。如果把这些壁画连接起来，可以形成一个平均高5米，长25公里的大画廊，敦煌是世界上现存最大的佛教艺术宝库。

　　山西大同的云冈石窟，是沿着丝绸之路，经由甘肃的敦煌、麦积山石窟向中国内地伸延的又一座著名石窟。有的专家认为云冈石窟始建于北魏文成帝时期，有的则认为始建于北魏道武帝天兴年间（398—403），终于北魏孝明帝正光年间（525）。以后者而论，从公元 398—525 年，建造了 120 多年，整个一个北魏朝代。如果说敦煌、麦积山石窟是一个"历史长卷"，那么，云冈石窟则是一部"断代史"，集中反映了北魏时代的造佛史。而且是每一位皇帝都要在这里造窟：道武帝建了第一个窟，即云冈的第 3 窟；明元帝奠基两个窟，即云冈第 1、2 窟；文成帝建五个窟，即云冈第 16、17、18、19、20 窟（昙曜五窟）；献文帝建三个窟，即云冈第 11、12、13 窟；文明太后建四个窟，即第 7、8、9、10窟；孝文帝建两个窟，即第 5、6 窟（太和十八年迁都后停止了皇家工程）。只有第 3 窟和第 20 窟以西的 20 间是民间于和平、正光年间逐渐修建起来的。反映了北魏历代皇帝和民间审美思想演变的轨迹，是美学研究很珍贵的一段历史。

云冈石窟的美学思想有以下特点：

第一，佛像雕塑形象的中国化，即印度犍陀罗艺术的中国化；第二，世俗化，即汉晋古典浪漫风格的隋唐化以及进一步的民俗化；第三，汉族艺术与北方少数族民族艺术的进一步融合，即北方民族化；第四，佛家的儒化；第五，帝王化；第六，石窟雕塑艺术的寺庙化，雕塑与建筑布局的整体化。

所谓的帝王化，即以帝身塑佛，"佛帝合一"。这在其他石窟寺庙有之，云冈更为突出。北魏文成帝复佛伊始，即明令造石佛像"令如帝身"，此后更成为不成文的法规。昙曜所开凿的五个窟，其所塑佛像，也可以找到北魏其他帝王的影子。可以说，一佛像即象征一个帝王。北魏在平城时代的六帝、太子（恭宗晃）、太后，在云冈石窟中，均有其地位。秀骨清相，即与佛家的儒化和佛像雕塑的帝王化相连的。既然佛教日益中国化，为儒家所融化，而统治者又要做神的化身和企图永远统治人间，佛像的面貌也逐渐以地上君主为模式，连脸上脚上的黑痣，也要求完全吻合。《魏书·释老志》载："是年诏有司为像，令如帝身，既成，颜上足下各有黑石，冥同帝体上下黑子。"发展到后来，菩萨也变成了"宫娃"，那些从印度佛教艺术而来的"接吻、扭腰、乳部突出、性的刺激、过大的动作姿态，等等，被完全排除，连雕塑、壁画的外形式（结构、色、线、装饰、图案，等等）也都中国化了。"（李泽厚：《美的历程》）

石窟艺术的兴盛，是由于佛教在我国的流传。而佛教之所以广为流传又与两晋、南北朝时期这个充满着战争、灾祸、死亡的激烈动荡的年代相关。在人人自危的历史条件下，从西汉的"求仙"发展而来的自然是"拜佛"一途。因为前者是求现世的享乐，服药以求长生不老；后者则求出世的解脱，向往的是死后的西方极乐世界。前者只限于极少数的门阀士族才可幻想（服药、饮酒、闲适、清谈），后者则几乎是一切被统治者精神的唯一寄托。在避世风靡的时代里，佛教的传入正适应了这种社会气候的需要。统治者既需要它作为麻醉与奴役人民的工具，被统治者也将佛教的教义信以为真，企望善恶因果。

这里的艺术所反映的美学思想是依另一个传统来继承并发展的。佛教的"本生"故事，本是世俗人事的神话化，他们都围绕着善恶教化的内容来敷衍故事，一方面以奇诡取胜，另一方面又许以出世后的安慰，以作为牺牲的补偿。

最早的北魏石窟中，从印度传来的佛传、佛本生等题材，占据了这些洞窟的壁画画面。其中，以割肉喂鸽、舍身饲虎、须达拏好善乐施和五百强盗剜目故事等最为普遍。画面一方面表现鲜血淋漓与阴森凄厉；一方面写受害者"自我牺牲"时心灵的崇高、平静。在他们之旁的，则是飘逸流动的菩萨飞舞，像音乐和声般地流畅而强烈衬托出庄严的主题。它撒向人间的是鸦片和麻醉之药，企图激起的是地道的反理性的宗教迷狂。这些画面的图像正如中国青铜饕餮之作为古物，只有随着时间的推移，在冲淡了直接威胁的恐怖之后，人们才能从它带有刺激性的激昂、狂热、紧张、粗犷的格调中，接受美感的欣赏。那种活跃飘动的人兽形象，奔驰放肆的线条旋律，运动型的形体姿态……表现的都是六朝"笔法"及"线的艺术"的最高成就。谢赫"六法"的经验总结，在这里获得了充分的发挥。正是由于艺术的魅力，才使得礼佛的僧俗只得把宗教石窟当做现实生活的花朵、人间苦难的圣地，把一切美妙的向往、无数悲伤的叹息，安慰的纸花、轻柔的梦境，通通在这里放下，努力忘却现实中的一切不公平、不合理。从而也就变得更加卑屈顺从，逆来顺受，更加作出"自我牺牲"，以获取"神的恩宠"。（以上参见李泽厚：《美的历程》）

这个时期的人物画像已很成熟，西晋时的卫协，本是三国时画家曹不兴弟子。他善画人物和佛像，在当时有"画圣"之称。而北齐以画佛像著名的画家曹仲达，画的佛像别具一格，人称"曹家样"。后人把他画像的特点概括为"曹衣出水"，也是说他用笔比较稠叠，衣服紧贴身体，如同穿了衣服的人从水中走出来时衣服紧贴身体的模样一样，故称"曹衣出水"。为后代画家所称颂的顾恺之，用笔"紧劲连绵"、"如春蚕吐丝"、"春云浮空，流水行地"。他所画的《洛神赋图》，"画上远水泛流，洛神衣带飘飘，含情脉脉，似来又去，传达出一种可望而不可即的无限惆怅的情意，达到了'入神'的地步"。正如原赋所作的形容，如"翩若惊鸿，婉若游龙"。同样，《画品》评佛像画的最多的张僧繇说："骨气奇伟，师模宏远，岂惟六法精备，实亦万类皆妙。"有"张家样"之称，为雕塑者之楷模。他兼工画龙，相传有画龙点睛、破壁飞去的神话。后人把他和唐朝吴道子并称为"疏体"画法。

所有上述这些技巧均被历代刻工、画家用之于洞窟佛像，使高大的佛像在激昂的壁画故事陪衬中，出之以异常的宁静，构成一种强烈的艺术效果。正如李泽厚在《美的历程》一书中所说，那"秀骨清相，神采奕奕，类似去尽人间烟火的飘逸自得，形成了中国雕塑艺术理想美的高峰。""它以对人世现实的轻视，以洞察一切的睿智的微笑为特征，并且就在那惊恐、阴冷、血肉淋漓的四周壁画的悲惨世界中，显示出他的宁静、高超、飘逸睿智。似乎肉体愈摧残，心灵愈丰满；身体愈瘦削，精神愈高妙；现实愈悲惨，神像愈美丽；人世愈愚蠢、低劣，神的微笑便愈睿智、高超……"

佛像雕塑艺术，同其他宗教艺术一样，无不打上现实生活的烙印。

从北魏早期的秀骨清相、婉雅俊逸——隋唐造像的朴达拙重、健康丰满，再到宋塑的秀丽妩媚、文弱动人以及明代造像的风流潇洒、狂逸不羁，无不是特定时代及其审美追求的反映。南北朝佛像那"秀骨清相"，"刻削多容仪"的带有如今看来略有病态式的造型，反映了汉末以来的社会大动荡在人们心理上投下的阴影；隋唐时代那方面大耳、健康丰满、雍容华贵的造型，反映了这一和平和稳定时代的人们的愉悦之情；宋、辽、金时代之写实之作，则显示了人间颇富人情味的世俗化的生活。神像本身也越来越世俗化了。

四十三、万亿化身

　　著名作家冰心参观了云冈石窟感慨地说："万亿化身，罗刻满山，鬼斧神工，骇人心目。事后追忆，亦如梦入天宫，醒后心自知而不能道。此时方知文字之无用了。"（赵一德：《云冈石窟文化》，北岳文艺出版社1998年版，第419—424页。冰心1934年《游云冈日记》）一句"万亿化身"，不仅道出了云冈石窟佛像艺术的成就，而且点破了一个极为重要的美学思想。

　　美在典型。万亿化身，典型之美，美的典型。佛像雕塑艺术正是高度典型化的结晶。它是人间伦理美的化身，而且不只是部分人的化身，而是万亿人的化身！

　　犍陀罗艺术，有很深远的历史。在印度也经历了漫长的发展历程。自马其顿·亚历山大经过希波战争，打败古波斯帝国，统治了犍陀罗之后，希腊人在这里按照耶稣及其圣徒像的风格，雕刻了第一批佛陀像。以后经过孔雀王朝的笈多时代，帕提亚帝国时代，大夏希腊化时代，大贵霜时代，新波斯帝国时代，小贵霜时代，直到哒哒时代，同本土佛教艺术结合，集各种艺术风格于一炉，终于创造出精美绝伦的释迦牟尼佛像，并进一步派生出众佛、菩萨、罗汉等的形象，逐渐成为一个著名的影响很广的艺术流派。

　　犍陀罗式佛像的突出特点是：欧洲发式、希腊鼻子、波斯胡子、罗马长袍、印度薄衣、透体袈裟等。当它传入我国山西大同（时称平城）

之后，又有新的演变，呈现出与犍陀罗风格诸多不同的特点：

（1）肉髻。在犍陀罗造像中，均作发饰处理，花样也繁多，有卷曲式、波纹式、梳发式、平分式、花瓣式等。最具代表性的为"螺髻"式，即在佛像头部与顶上突出的一块肉块上，布满像海螺一样的发髻。基本上是按欧洲地中海、欧、亚、非交接米索不达米亚以及南亚一带印度等地古人种的发式摹刻的，均出于艺术考虑。云冈石窟佛像则是"无发式的光圆肉髻头顶"，使头上的肉髻更显得突出，使艺术性融合于思想性，生动确切地表现了佛陀的"肉髻相"。犍陀罗几乎没有"无发的肉髻"，而云冈则很少有"有发的肉髻"。

（2）鼻子。犍陀罗造像中为希腊鼻，高直、悬垂、滚圆形状；云冈造像为"方直鼻梁"，方得相当夸张，犹如刀削一般，棱角分明，与滚圆截然不同。

（3）眉眼。犍式造像中为高鼻深目，眉与目眶相连，云冈造像则是"细眉长目"。二者欧亚分殊，迥然各异。

（4）耳朵。犍式造像中耳厚大一些，云冈造像耳则"两耳垂肩"，大得格外夸张，这在中外石窟中乃是绝无仅有的，堪称独树一帜。

（5）唇髭。犍式造像中的髭胡很浓重，俗称"波斯胡"，一派阿拉伯人气派。云冈造像髭极为少见，而那个露天大佛却有两撇漂亮的唇髭，清秀而淡雅。不像"波斯胡"那么浓重，倒像回鹘胡子那样俏皮：细细的、弯弯的，两角上翘，极为潇洒。

（6）脸形。犍式造像中瘦形圆脸，下颌微削，肌肉丰满而坚实，威武庄严，正如当初的释迦牟尼端坐在"大雄宝殿"。云冈造像则胖形圆脸，下颌重颐，肌肉温润，一派温柔敦厚，大慈大悲，普度众生的模样。它是鲜卑皇族自我崇拜的形象。

（7）立像与袈裟。犍式造像中之佛陀立像，承袭古印度南部"株菟罗造型"，特征是：身着长袍覆体之通体袈裟、U形衣纹、身后圆形背光、薄纱透体，并把罗马长者的长袍式样融入通体袈裟，袈裟虽然增厚了，透体效果依然存在。它还吸收了希腊人体雕塑手法，使透露的机体更加清晰、丰满、圆润，艺术风格极为鲜明。而云窟立像与之不同。在昙曜造第一个立像（第16窟）时，即把"罗马长袍"一改为鲜卑人之游牧服装，一种格外厚实的"毡披"，又加上了一条领带，宛如今日朝鲜族妇女胸前的结带。昙曜的第二个立像（第18窟）以及第11窟、第6窟的立像均为中国传统服饰中的"褒衣博带"，一派华夏文明的风采。

（8）坐佛、佛座与手印。犍式佛坐像是在株菟罗坐佛造型的基础上加以希腊化而形成的。形象趋向清秀、胸围略瘦、袒露右肩、斜披袈裟、施无畏手印、双腿盘曲作降魔坐或吉祥坐，赤脚仰底，袈裟覆盖，坐于方形台上，多被称为金刚座，并在此基础上创造出众多的变形造像。而云冈石窟三大坐佛（第19、20、5窟）及无数小龛坐佛，均是统一的坐式，并与犍坐式相异；手印由无畏印变为禅定印；由说法坐佛变为云式说法坐佛、思维坐佛、禅定坐佛、转法轮坐佛、苦行坐佛等，显示出儒家的君子之风度。佛的腿式多为吉祥坐，以右腿脚包押左腿脚，右袒袈裟皆不像犍式那样覆膝与腿脚。佛座则在金刚座之外，创造了莲花座，等等。

总之，这是佛像引入中国后的一个典型化过程。它们是万亿化身，是高度典型化了的伦理之美，是中国化了的伦理美的典型。

佛像（含金刚、罗汉等），是现实生活中无数人物形象不断典型化的结果，所以称"万亿化身"。这个"万亿化身"既是一个时间概念，又是一个空间概念。从时间看，中国的佛像从隋、唐、宋、元、明、清历代，均在不断变化；从空间来看，既来源于印度、尼泊尔等国家，又取材于中国的汉、辽、蒙、满、藏等众多民族。既有时代的特点，又有地域的差异。

一、隋唐时期（581—907）

这一时期，国家统一，国力增强，尤其到了盛唐盛世，文化艺术得到高度发展，佛像艺术也进入了黄金时代，僧俗艺匠们以高超和娴熟的艺术手法，与当时社会人们对佛教认识的升华和审美情趣的提高，创造了高度理想化了的佛像模式，气势雄浑、体态丰满、神情温和、装饰华丽，实现了印度与中国文化艺术的完美融合，也透射出隋唐时期的政治、经济、文化、艺术全面兴盛的社会风貌。

金刚夜叉明王像铜牌（唐·618—907）

　　金刚夜叉明王是不空成就佛的愤怒形象。这尊像一面六臂，展右站立，双脚踩莲花；头顶饰火焰状发型、面相凶忿；主二手相交于胸前、结金刚哞迦罗印、上二手分别持剑和法轮，下二手持物不清。其造型夸张，神态威猛，此种题材少见，对研究唐代密教及密教造像艺术具有重要价值。

二、宋辽金元时期

这一时期受时代变迁、政治经济和人们审美观念变化的影响，佛像艺术追求表现人物内心的情感和外在性格特征的写实风格。宋代首开写实之风，辽、金积极仿效，元代承其余韵，相继创作了大量清新自然、生动传神的佛像艺术精品。

这件造像碑呈圭形，正面开龛，浮雕一佛二菩萨。主尊结跏趺坐姿，左右手分别结施与印和施无畏印。面形长圆，脖颈细长，头部有莲瓣装饰的头光。身着双领下垂式袈裟；袈裟下摆悬于左肘，衣纹呈阶梯式分布，颇具装饰性。二菩萨立于仰莲座上，头戴花冠，身着长裙，胸前饰交叉式璎珞。整体风格体现了东魏佛像承前启后的鲜明特点。

赵俊兴造一佛二菩萨造像碑
东魏天平三年（536）

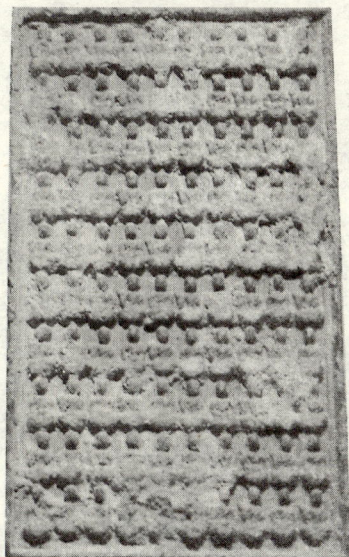

三、两晋南北朝

　　两晋南北朝时期，是印度佛像艺术向中华文化嬗变的重要时期，由于南北朝不同文化的影响，佛像艺术表现出鲜明的地域特点，如南方佛像温和清丽，北方佛像沉静雄壮。北魏孝文帝施行汉化后，南北佛像艺术风格逐渐趋向统一。

四、吐蕃时期

五、明清时期及藏传佛教造像

石雕释迦牟尼佛涅槃像

辽（907—1125）

这尊像侧身卧于石床，头饰螺发，头顶肉髻微隆、面相生动、神态安详、身着袒右肩袈裟、胸前露出蝴蝶结、衣纹写实自然、风格粗犷、形象地表现了释迦牟尼佛涅槃时情景。

铜镀金大成就者毗瓦巴像

明永乐（1403—1424）

毗瓦巴是印度八十四位大成就者之一，藏传佛教萨迦派遵奉的重要上师。此像头戴花冠，面相圆韵饱满，双目圆鼓，神态威猛。面颊及下颌有螺卷胡须，两耳垂大圆环，一副印度人面孔。上身戴项圈，胸前饰璎珞，正身围兽皮，手腕、臂和足部有钏镯装饰。游戏坐姿，右手捧骷髅碗，左手食指指天，表现毗瓦巴曾与卖酒女打赌时以手定住太阳的故事情景。躯体浑圆，肌肉鼓胀有力，姿态自然，形象生动，是明代宫廷造像中罕见的佳作。

铜漆金释迦牟尼像　　　铜观音菩萨像（明）

（明成化十四年·1478 年）

藏传佛教是印度密教与我国蒙藏民族传统文化融合而形成的佛教流派，主要流行于我国藏族和蒙古族聚居地区。藏传佛像艺术始于公元七世纪初，是在印度、尼泊尔等外来艺术的基础上，不断融入蒙藏民族传统审美观念和雕刻技艺形成的独特的艺术形式。其多姿多态的艺术风格、精美绝伦的工艺技巧凝结了古代蒙藏民族的聪明才智，体现了古代蒙藏民族的宗教崇尚和审美情趣，同时也反映了我国古代蒙藏民族与内地密切的文化艺术交流。

怀素悟道

辛巳年□□

机趣顿悟　百花齐放

四十四、机趣顿悟

  李唐建立政权后，统治阶级，特别是门阀士族，接受了前朝统治者政治上的腐败和残暴而导致灭亡的教训，同时，他们亲眼看到了农民革命的伟大力量，因而对统治者和人民的关系有较为清醒的认识。为了巩固他们的统治，开国以后，他们采取了许多比较开明的措施，积极发展农业生产。经济的繁荣成为唐代文化艺术发展和繁荣的基础。

  唐代对外贸易和文化交流事业的发达，使中国的音乐、舞蹈和绘画等艺术，在西域、中亚特别是印度的外来文化影响下，得到空前的发展。他们既从这些艺术上得到美的享受，提高了艺术素养和精神生活质量，也在互相渗透、互相启发过程中，使艺术的意境和形象的创造获得提高和发展。诗与画，音乐与诗歌，舞蹈与说唱，都开始了结合的过程。美学思想领域也出现一些大交流、大融合的局面。这些交流与融合，有的是从西晋以后的南北朝开始的。

  南北朝的政治局面，影响了美学思想沿着地理环境的南北两宋分途发展。北朝由于异族进据中原后与汉士族文化的影响，突出表现为对异族文化的大吸收、大融合。各种宗教在东方的传播，特别是佛教，被王朝统治者列为国教，对美学思想的影响也就特别的深刻。南朝齐梁作为华夏正统倚靡之风与佛教思想相融合，在隋唐汇成一股巨流和作为封建正统的儒家思想互相角逐。儒、道、佛三家从玄学的"有无之辨"，到佛学的"形神之争"，一直绵延不绝。唐代作为全盛期的佛教思想，名

吴道子（北京世纪坛雕塑）

为"出世"，结果还是"入世"了。看似是把"色"、"相"、"法"、"识"都归结为一个"空"字，实际上是更深入更具体地探讨着"色"、"相"、"法"、"识"的问题。这就使以形象为特征的艺术和审美思想，得到了更深入的研究和发展。

最早的般若学，把整个宇宙分成"色"和"心"两部分。"色"在一定意义上是指物质世界，"心"则指精神世界。在研究"色"与"心"的关系时，虽都概括为"空"，却做了不同的理解，并因之形成"六家七宗"：有的指"本无"（诸法本性自无）；有的谓"心无"（无心于万物）；有的解释为"即色"（即色是空）；有的理解为"识含"（三界如幻梦，皆起于心识）；有的认为是"幻化"（世界的幻化）；有的说是"缘会"（缘会故有，缘散则无）；还有从"本无"中再分出的"无在有先，从无出有"的"异宗"。它们与玄学有很多类似的地方，特别是"识含"，讲的是"心识"，这里包含有一定"象先于意"的意思。至于所谓"缘会"，讲的是"兴会"，似乎也并不否认客观物质世界形象对主观的影响。

由"观"而"识"，"缘物而生"。这里触及了一些认识实践的过程问题。正如"唯识宗"把"洞察三相"区分为"依他起相"（万法皆依他种种因缘而起）、"遍计所执相"（凡夫普遍所迷执为有）、"圆成实相"（圆满成就的真实体相）。如果把这里的"相"当做形象来理解，就非常接近于现在我们所谈论的形象思维过程。这种"缘物而生"、"因物而成"的圆满的形象，用魏晋玄学家的话说即"得意"、"得理"。

唐时武则天所积极支持的"华严宗"，也从阐明"法界缘起"（从理

体和事相两方面观察宇宙万物的互融、互具并彼此相互为缘），强调
"理为性"、"事为相"的观点。实际是把从官能感觉所归纳完成的最后
的"识"（指"内识"或所"悟"的"理"）又回归于人的"性"或
"性"的外化以后的复归。这就构成了随之发展起来影响深远的所谓
"禅宗"的"直指人心，见性成佛"。在禅宗中，"性"的被"见"的过
程，又按理解的不同，分为以北方神秀为代表的"渐悟"说和以南方慧
能为代表的"顿悟"说。实际上，所谓"顿"仍还是"渐"的过程，不
过故意弄得神秘一点而已。

　　禅宗传衣中有这样一个故事：神秀和慧能同是弘忍的门徒，"神秀
早为上座并为教授师，一日，弘忍宣称要选择法嗣，令门人各书所见，
写成一个偈，让弘忍挑选。门人都推崇神秀，不敢作偈。神秀夜间在壁
上写了一个偈：'身是菩提树，心如明镜台，时时勤拂拭，莫使有尘
埃'，弘忍见偈，唤神秀来，说你作此偈，只到门前，还未入门，你回
去思考，再作一个来，如入得门，我付法衣给你。神秀回房苦思数日，
作不得新偈。一个舂米行者慧能，不识文字，请人代写一个偈，说：
'菩提本非树，明镜亦非台，佛性常清静，何处有尘埃？'又作一偈说：
'心是菩提树，身为明镜台，明镜本清静，何处染尘埃？'从空无的观点
看来，慧能的空无观比神秀较为彻底，因此，弘忍选定慧能为嗣法人"，
把袈裟传给慧能（见范文澜：《中国通史》第三编第二册，第 615—616 页）。

　　实际上，慧能也并不是一夜之间顿悟过来，突然会说出这样富有哲
理的"偈"来的。他投弘忍之前即曾听过女尼刘氏读《涅槃经》，已能
讲解经义，又依附过智远禅师，说论禅理，智远承认他理解非凡，才劝
他到弘忍处印证。王维《能禅师碑铭》说他听弘忍讲法，默然受教。所
以如果说他作偈叫做顿悟的话，也只能由渐悟而成顿悟。这个"顿"和
"渐"的过程，实际是以后艺术上所谓"顿悟"说以及讲求"韵味"、
"机趣"之类玄妙境界的奥妙之处。要探本溯源不能不从外传的"佛学"
中寻找。

　　佛教的东传，实际也大大影响了唐代艺术的繁荣。隋文帝大兴佛

教，使得隋代雕塑，以佛像为最盛。正是他发诏修复佛寺，选金银檀香夹苧牙石等佛像，大小有十余万躯，旧有佛像，亦均为修治。皇后独孤氏为其又建赵景公寺，造银像六百余躯。隋炀帝即位后，也发诏铸刻佛像3850余躯。为了表现佛的至大至尊，无所不能，他们对佛的形象的描写，极尽想象夸张之能事。所谓"行则金莲捧足，坐则宝座承躯，出则居前，入则梵王（婆罗门所奉最高的神）在后，左有密迹（力士），右有金刚，声闻菩萨充寺臣，八部万神任翊卫，讲《涅槃》（经名）则地震动，说《般若》（经名）则天雨花……"（见范文澜《中国通史》第三编第二册）。

吴道子在平康坊菩萨寺东壁上，所画佛家的故事，鬼神的毛发如磔，又作《地狱变相图》，有阴惨之状，一时京都渔罟之辈，见了赎罪改业的不少（见《中国美术发达史》）。同样，戏曲的繁荣也是由讲经说变文与宣演本生故事而来。

宋朝锡易《南部新书》说："长安戏场多集于慈恩，小者在青龙，其次荐福、永寿。尼讲盛于保唐"，这些寺庙都是最早的娱乐场所。正如魏杨衒之《洛阳伽蓝记》卷一记景乐寺所说："至于大斋，常设女乐。歌声绕梁，舞袖徐转，丝管寥亮，谐妙入神"（张庚、郭汉城：《中国戏曲通史》上册，中国戏剧出版社1981年版，第31页）。

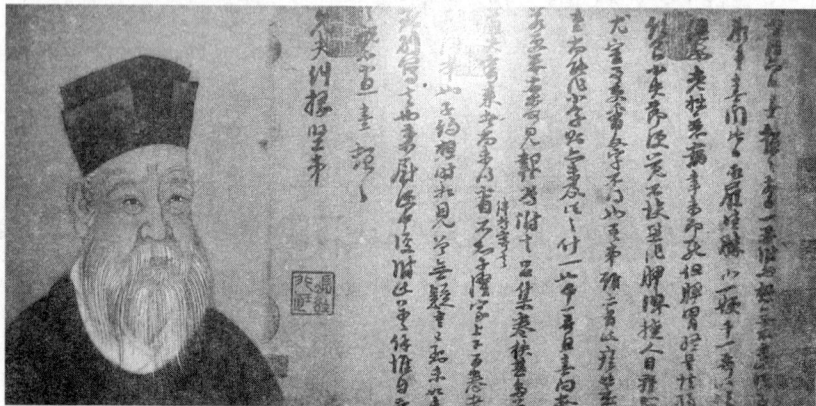

朱熹行书手迹

　　唐代僧人怀素以"狂草"出名，相传他秃笔成冢，并广植芭蕉，以蕉叶代纸练字，名其所居为"绿天庵"。他好饮酒，兴到运笔，如骤雨疾风，飞动圆转。前人评其狂草继承张旭，又有所发展，说他是"以狂继癫"，并称"癫张醉素"，对后代影响很大。《五代诗话》僧可朋条说："南方浮屠，能诗者多矣"，而且诗僧多是禅僧。僧人皎然的诗，名气更大。《诗式》五卷内说："诗人意立，变化无所依傍，得之者悬解其间"，意思是说"僧人如果不忘记自己是僧人，诗是不会做好的，因为依傍着佛，不能立自己的意，所作的诗，自然类偈颂，索然无味。"（转引自许连军：《皎然〈诗式〉研究》，中华书局2007年版）这种心得之谈，来之于禅僧之口，正说明艺术的"顿悟"。不仅是"顿悟"，甚至倒是"情悟"或"境悟"。他们所说的"缘会"，也正是主客观统一的境界。玄学或佛学正是从这一方面代表了中国美学思想发展的一种特色。这种特色尤其明显地表现在从初唐、盛唐到中唐、晚唐的各种艺术门类的风格特点上。

四十五、清水芙蓉

　　政治对艺术的影响是非常明显的。隋统一以前，由于战乱频仍，佛教中的净土宗迎合了人们出世避乱的思想，引导人们向往所谓死后的"极乐世界"，以便往生净土享安养之"福"。他们把"极乐世界"描写成为"福德无量，神通自在，受用种种，一切丰足；宫殿、服饰、香花幡盖、庄严之具，随意所需，悉皆如念。只是需要大修功德，奉持斋戒，起立塔像，饭食沙门、悬僧燃灯、散花烧香"。这不是对"色"、"相"的取消或以之为"空无"；相反，是通过夸张的想象，创造许多具体的"色相"，以激起人们美好的感情，或是使人愉悦，或是令人恐惧，以起到宗教的教化作用。

　　这样，艺术在无意中就被发展了。现在遗留下来的巨大宗教遗迹，大都和净土宗有关。不管他们如何谈空说性，他们所向往的佛的世界还是具体可见的。一旦"佛"被统治者视为工具，甚至以自己作为人们膜拜的对象时，"伽蓝"的建筑也就为人间宫殿所代替了。隋炀帝的迷楼是最为后世人所神往的。韩偓《迷楼记》形容这座建筑"役夫数万，经岁而成。楼阁高下，轩窗掩映，幽屋曲室，玉栏朱楯，互相连嘱，囚环四合，曲屋自通，千门万户，上下金碧，金虬伏于栋下，玉兽蹲于户傍，壁砌生光，琐窗射日，工巧之极，自古无也……人误入者，虽终日不能出"。宫殿上绘画装饰，亦穷极奢侈。他们口里说的是"出世"，实际是无止境地追求现实的官能满足。

这个时代的艺术家，也为了"逢迎君意"，雕塑的面容和形体，壁画的题材和风格，也开始明显地变化，在隋唐统一稳定的社会土壤上逐步走向成熟。"清羸示病之容"为"健康丰满"所代替。与悲惨世界相对应的是"慈祥和蔼"，关怀现世。形象更具体化、世俗化和人情化。

道教的祖师老子，与唐室同姓，因而得到帝室的崇敬。玄宗追尊老子为太上子皇帝。在太清宫，取太白山的玉石，命名匠元伽作玄元像，旁边立着玄宗自己的御容。又在骊山华清宫，以幽州的白玉石作老君像。佛道交融，道观建筑的伟壮多不亚于魏晋时的佛寺，竟有 1687 所之多。其式样与佛寺相仿。(参见刘思训：《中国美术发达史》，商务印书馆) 此时的佛堂也成为具体入微的李唐王朝、封建的中华佛国。在李思训金碧辉映、堂皇典丽的，以"湍漱潺湲、云霞缥缈"之景、神仙故事、青山绿水的工笔，渲染殿堂之时，发展起来的是吴道子继承"张家样"和"曹家样"的传统线描和敷采于墨痕之中而略施微染的"吴装"。这种"吴装"的线条更加紧劲飘举，富于运动感，所以有"吴带当风"的比喻。

吴道子形成的中国宗教画的艺术样式，一直影响到元明以后。宋元时代的宗教壁画，尤为明显地保留着"吴家样"的特点。以"塑圣"著称与被称为"画圣"的吴道子并驾齐驱的杨惠之，也是以笔迹磊落，势状雄峻，赢得了当时人们所谓"道子画，惠子塑，夺取(张)僧繇神笔路"的赞语。

李唐皇帝尊道，武则天却信佛。她叫法藏开讲华严的《华严宗》，以后中宗、睿宗均受菩萨戒，使华严宗借政治势力发达起来。但华严宗是强调"理为性"、"事为相"的，其思想更近于儒道，反又促进了宋明理学的形成。它所推崇的理性的"自然"，尤其成为初唐至盛唐的一代之风。

太白玉童图（元代洪洞壁画）

例如被称为"画仙"的王维，是以山水佛像并重于世的。他自称是皈依佛教的。他画罗汉，在端严静雅外，别具一种慈悲的意象，至于袈裟纹的组织，则非常秀丽。画山水工于平远风景，云峰石色，绝迹无机，风致标格，新颖特异。他是敛道玄之峰，洗思训之习，以超脱秀逸为尚。好作水墨画，另成水墨皴染之法，其用笔着墨，一如蚕的吐丝，虫的蚀木，极为当世所推崇。他所著的《画学秘诀》说："墨道之中，水墨为上；肇自然之性，成造化之工。"因而被称为水南宗之祖（参见刘思训：《中国美术发达史》）。

宋代苏轼在评论吴道子与王维的画时也是这样写的："吴生虽妙绝，犹以画工论。摩诘得之于象外，有如仙翮谢笼樊。"人们说李白是"诗仙"，正是因为他的诗风是这一代美学精神与风貌的代表。李白"好神仙非慕其轻举"而是把神仙世界当做没有权贵、没有黑暗现象的无限美好的境界来追求的。这种精神在他的名篇《梦游天姥吟留别》中表现得最为充分。在这首诗中，他凭着想象的翅膀，在梦幻中仿佛亲身经历着"青冥浩荡不见底，日月照耀金银台。霓为衣兮风为马，云之君兮纷纷而来下。虎鼓瑟兮鸾回车，仙之人兮列如麻"的神仙世界之后，终于"忽魂悸以魄动，恍惊起而长嗟。惟觉时之枕席，失向来之烟霞"，回到了现实世界。他一生漫游无数的名山大川，足迹几乎遍及中国各地。大自然的陶冶，加上浪漫主义精神，使他具有豪迈、开朗的胸襟。他高喊："安得不死药，高飞向蓬瀛"，却并不欣赏佛的"出世"、"天命"。他怀才不遇，叹年华的流逝，写"君不见黄河之水天上来，奔流到海不复回！君不见高堂明镜悲白发，朝如青丝暮成雪！人生得意须尽欢，莫使金樽空对月"，流露出"及时行乐"的消极思想，而要高扬的却是"天生我材必有用"的积极进取精神。他的"愁"是积极的，"怨"是向上的，正如他在《宣州谢朓楼饯别校书叔云》中所歌唱的：

"弃我去者，昨日之日不可留；乱我心者，今日之日多烦忧。长风万里送秋雁，对此可以酣高楼。蓬莱文章建安骨，中间小谢又清发。俱怀逸兴壮思飞，欲上青天揽明月。抽刀断水水更流，举杯销愁愁更愁。人生在世不称意，明朝散发弄扁舟。"

如果说，西汉是宫廷皇室的艺术，以铺张陈述人的外在活动和对环境的征服为特征；魏晋六朝是门阀贵族的艺术，以转向人的内心、性格和思辨为特征；那么，盛唐一代则是以李白为代表的两者统一后的发展。"清水出芙蓉，天然去雕饰"，正是他的美学理想。清真、自然、浑然一体，正是这一时期要求真性情的自然表露。

《古风》三十五中写道："丑女来效颦，还家惊四邻。寿陵失却步，笑杀邯郸人。一曲斐然子，雕虫丧天真。棘刺造沐猴，三年费精神，功成无所用，楚楚且华身。大雅思文王，颂声久沉沦，安得郢中质，一挥成风斤。"

在这里，李白所抒发的正是真情实感，率真自然，去除雕饰，都出于本来面目的呼声。他的运用古体、乐府、歌行等形式而少写律诗，正是他爆发式情感的表达方式所需要的。

李白所处的这个时代，是开放的时代。李白这种毫无顾忌的勇往直前，对自己无限深信的精神，也正是这个时代精神的美。这种富有感情的美，比之以后的任何诗人都外露得多，自然得多。人们形容这种美"如登西岳，望黄河如带，蜿蜒万里，了了分明；如临东海，波涛浩杳、尽收眼底。"（徐中玉、郭豫适：《古代文学理论研究》，华东师范大学出版社2001年版）实际上他的"清水出芙蓉"，确是较之任何时代写"性"艺术的美，都更坦荡、雄浑的。他真正是继承屈原之后又一反映这一时代特征的积极的伟大的浪漫主义诗人。

四十六、格律气势

天宝乱后，唐王朝表面繁荣昌盛的面纱已被戳破，人们从极度的天真幻想中，逐步清醒过来。反映在宗教上，由于佛教的天台宗与道教接近，而华严宗则与儒学接近，这时的佛学不仅是更加道化，而且更加儒化了。讲求"净心、自语"无有烦恼的禅宗，成为医治当时人们心病的一剂良药。一方面是用内在的佛（我）代替外在的佛，追求"云静水动，一任自然"的舒适率真生活；一方面则穷理尽性，沿儒家的教化道路，写起"上以诗补察时政，下以歌泄导人情"的讽喻诗来。他们都围绕着"见性成佛"的"性"字而展开。

不过天台宗讲究"适性"、"抒心"，华严宗提倡"风俗养才"，要养起一代至直、至实、至精、至善的"性"来。原来是"少年不识愁滋味"的轻快天真，如今是成熟、世故和带着某些真正发自肺腑的惆怅感伤。表现在艺术上，原来还是内容溢出形式，不受任何形式束缚的、无可仿效的天才抒发，这时则要求它的成熟，即形式与内容的严密结合，以树立可供学习和仿效的格式和范本。杜甫"感时花溅泪，恨别鸟惊心"的"写实"和"为人性癖耽佳句""清词丽句必为邻"的"求精"，即是这种从思想内容到艺术形式逐步成熟的具体表现。在"宫体诗由宫廷走向市井，五律从台阁移至江山与塞漠"（《唐诗杂论·四杰》，闻一多《国学入门丛书》，中华书局）之后，绝句和七言乐府在盛唐才最称佳唱，而七律正是在杜甫手中才真正成熟的。以后的人主张"学诗当以子美为师，有规矩，故可学"。胡应麟在《诗薮》中说："盛唐李、杜气吞一代，目无千古。""盛唐句法浑涵，如两汉之诗，不可以一字求，至老杜而后，句中有奇字为眼，才有此句法。"(胡应麟：《诗薮》，转引自王振复主编：《中国美学重要文本提要》下册，四川人民出版社 2003 年版，第 68 页) 这些都说明了杜诗作为规范、楷模的地位。正是借这种成熟，人们才能在这七言八句五十六字等颇为有限的音韵、对仗的严整规范中，创造出变化不尽、花样无穷的清词丽句。

"剑外忽闻收蓟北，初闻涕泪满衣裳。却看妻子愁何在，漫卷诗书喜欲狂。白日放歌须纵酒，青春作伴好还乡。即从巴峡穿巫峡，便下襄阳向洛阳。"(杜甫：《闻官军收河南河北》)

"花近高楼伤客心，万方多难此登临。锦江春色来天地，玉垒浮云变古今。北极朝廷终不改，西山寇盗莫相侵。可怜后主还祠庙，日暮聊为梁父吟。"(《登楼》)

"玉露凋伤枫树林，巫山巫峡气萧森。江间波浪兼天涌，塞上风云接地阴。丛菊两开他日泪，孤舟一系故圆心。寒衣处处催刀尺，白帝城高急暮砧。"(《秋兴八首其一》)

在严格规范而工整的音律对仗之中，透露出沉郁顿挫、深刻悲壮的磅礴气势来，表现了形式和内容的高度统一。这种规范而又自由，有法度却仍灵活的形式所增加的审美因素，正是后代人爱用七律这种形式的原因。它不仅表现了天然美、自然美，而且已发展为严格规范的人工美、人间美、韵律节奏美了。

书法在"冯（承素）、虞（世南）、褚（遂良）、陆（柬之）的轻盈华美、婀娜多姿、风流敏丽"之后，由于孙过庭倡导"达其情性，形其哀乐"，"随其性欲，便以为姿"(《书谱》)，又成为抒情达性的一种自觉的艺术手段。张旭、怀素以"流走快速，连字连笔，一派飞动"的痛快淋漓的挥洒，表现了盛唐浪漫的、创造的天才之风，而颜真卿则以楷书"稳实而利民用"(包世臣：《艺舟双楫·历下笔谈》)，也别有极致。范文澜说得好："宋人之师真卿，如同初唐之师王羲之。杜甫诗'书贵瘦硬方

245

通神'，这是颜书行世之前的旧标准。苏轼诗：'杜陵评书贵瘦硬，此论未公吾不凭'。这是颜书风行之后的新标准。"（《中国通史简编》）它表现的也正是这一时期书法的气势之美。

在宋元两代，几乎无所谓碑学，要学大字，非用颜字不可，说明颜书影响之深远。论者分析他的书法，说他用的是蚕头燕尾，折钗股等方法。其特点是："点如坠石，书若横云，钩似屈金，戈同发弩，无处不是以力见称"。最著名的作品是他大历六年所书的《麻姑仙坛记》（元代亡失，现存的是宋拓本。尚有十一块碑，都是用正书写的）。笔力遒劲秀拔，表现的是这一时代所共有的雄伟深厚的精神。

韩愈是以反佛和恢复儒家正统自任的。为了给复兴儒学扫清道路，他力求创造一种融化古人词汇语法而又适合于反映现实表达思想的文学语言，同时力求用这种新颖的文学语言创造一种自由流畅、直行散行的新形式。他的"言贵独创，词必己出"的主张，暗合李白那种讲究"性真"、"质直"、"反对雕琢"的主张。这时候，骈体散文体已成反映现实的羁绊，韩愈的努力是继初唐陈子昂"始变雅正"和柳冕的"文道合一"、"文章本于教化，发于情性"之后，专门在文体上提出改革要求的文化斗士。他的成功既由于这种改革适应了当时开明士大夫，为了抵御侵扰、重新巩固封建专政的需要，也由于他的美学理想，正与这个时代，从情性出发，讲究气势的风气相吻合。人们说他"以文为诗"，而他那"雄文大笔"的灵魂，正在于非凡的气势。

司空图在《题韩柳州集后》中评论韩诗说："韩吏部歌诗数百篇，其驱驾气势，若掀雷抉电，撑扶于天地之间。物状奇怪不得不鼓舞而徇其呼吸也。"

欧阳修在《读〈蟠桃诗〉寄子美》中也写道："韩孟（郊）于文词，两雄力相当，篇章缀谈笑，雷电击幽荒。众鸟谁敢贺，鸣凤呼其皇。孟穷苦累累，韩富浩穰穰。穷者啄其精，富者烂文章。……二律虽不同，合奏乃铿铿。"他认为韩的成功正在于"雄文大笔"，"笔力无施不可"（《六一诗话》）。

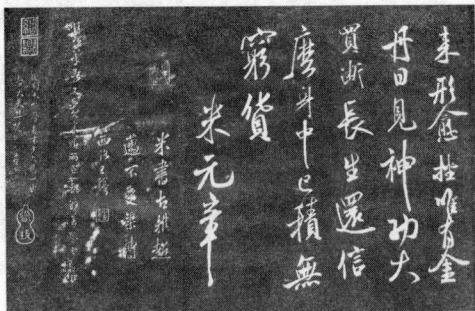

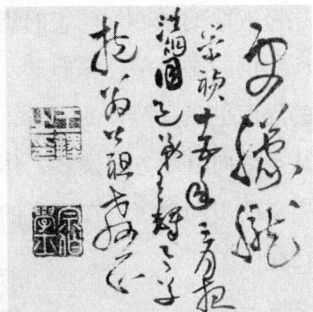

刘熙载《艺概》卷二《诗概》云:"东坡谓欧阳公'论大道似韩愈,诗赋似李白',然试以欧诗观之,虽曰似李,其刻意形容处,实于韩为逼近耳。"这里的逼近,也只是如吴之振《宋诗钞》、《欧阳文忠公诗抄》小引所说的:"其诗如昌黎,以气格为主。"

总之,不管为文为诗,韩愈都是以"气势"为特色的。这是"以文为诗"的条件,也是他所倡导的新散文运动的"美"的力量所在。所以赵翼在《瓯北诗话》卷五中说:"以文为诗,自昌黎始,至东坡益大放厥词,别开生面,成一代之大观。"这种既表现了盛唐那种雄豪壮伟的气势情绪,又给人以一种形式上的约束和必要的规范,使原来可至而不可学的美成为人人可习而能习的人工美。

罗万藻说:"文字之规矩绳墨,自唐宋以下所谓抑扬开阖起伏呼照之法,晋汉以上绝无所闻,而韩柳苏诸大家设之,……故自上古之文至此而别为一界。"(《此观堂集·代人作韩临之制艺序》)所谓"文起八代之衰"、"韩子之文如长江大河",其真实含义也在这里。苏轼云:"子美之诗、退之之文、鲁公之书、皆集大成者也。"(《后山诗话》)"故诗至于杜子美,文至于韩退之,书至于颜鲁公,画至于吴道子,而古今之变天下之能事毕矣。"(《东坡题跋》)这正可以算是对杜诗、颜字、韩文、吴画的共同风貌和巨大成就所作的精辟概括。

综上所述,安史之乱后,杜诗、颜字、韩文在内容上已完全不同于李白、张旭时代的天真浪漫,但在气势上却保留着盛唐时豪迈、雄健与积极进取的精神，代表的仍是新兴世俗地主的自信和李唐帝国疆域广阔所提供的雄厚基础。但是，长年的战乱终竟抽空了唐帝国的元气，中兴的局面也只是短暂的一瞬，这在美学领域也得到了反映。封建社会开始从全盛向衰败方向发展，作为其特征的则是现实主义的更加清醒，浪漫主义的步向消沉。在禅宗的广泛影响下，艺术抒写的情性，也更加"内在化"了。

四十七、闲适讽喻

唐朝的现实主义颇受儒学传统的影响，杜甫、颜真卿、韩愈实际上都代表了这个传统。

不过，这个时代的士人多数是外儒内佛。公开揭橥"反佛"旗帜以恢复所谓"道统"自任的韩愈，也写了不少带有佛教意味的哲理诗。至于同样提倡古文运动的柳宗元，更是佞佛的一员。他们的儒学思想都只集中在"致君尧舜上，为使风俗淳"的所谓"教化"上。大都是在抒发自身的遭遇和官场的不得志时，反映了人民的疾苦。元稹、白居易是以写"讽喻诗"为己任的，而且公开提出"文章合为时而著，诗歌合为事而作"的理论主张，很有为人民代言的味道。但是一个以后投依了宦官，一个在所谓"甘露之变"后，便做起"穷通谅在天，忧喜亦由己，是故达道人，去彼而取此"，"素垣夹朱门，主人安在哉，……何如小园主，拄杖闲即来，……以此聊自足，不羡大楼台"的闲适诗来。柳宗元的山水诗文，正是这一时代文人入世不得而又出世不能的精神写照。

他们既有所激愤而又求之于超脱，既追取闲适以求内心的宁静，借以陶情怡性，而又不得不流露出时代所加于他们身上的深沉的哀叹。这就是韩诗之所以孤僻、冷峭、艰涩，韦应物闲适之中则含一片萧瑟之情。"千山鸟飞绝，万径人踪灭。孤舟蓑笠翁，独钓寒江雪。"（柳宗元《江雪》）所表现的安谧冷寂的画面，不正是用以描写自己"高洁、幽邃、澄鲜、凄清"之性吗？这些看似恬淡平静的精神境界，实际是充满

矛盾和痛苦而又故作从容的内心的
表露。甚至以"知命不忧"标榜的
白乐天，流传与影响最广的也是他
的《琵琶行》、《永和词》之类感伤
的歌行。而有人还学他那类似偈语
的佛理诗（晁迥：《法藏碎金录》），并
恭维他为"广大教化主"（张为：《诗
人主客图》）。他修仙学佛，以醉吟为
乐，修香山寺，号香山居士，都反
映了他入世与出世的矛盾与消极情
绪。至于刘禹锡的"沉郁苍凉"，孟
郊的"冷露峭风"，贾岛的"清奇古

韩愈像

僻"，李贺的"瑰诡凄恻"，尽管风格各不相同，但都在不同程度上以他
们的作品，触及当时社会的现实，表现了那个时代带有普遍意义的情感
意绪。（而山水画之所以盛于此时，也正是这个缘故）他们有的深居山
林、危坐终日，纵目四顾，以求其趣；有的踏雪步月，徘徊凝览，以发
思虑；有的醺酣大醉，以墨乱泼，或挥或埽，应心随意。虽以"肇自然
之性，成造化之工"相标榜，实际上都是借"春水碧如天，画船听雨
眠"的无声诗，做他们的"十年一觉扬州梦"（杜牧语）。其意境、情调
和美的理想，与李白时清真、颖脱、豪放不羁的盛唐之音比起来，显然
已不能同日而语了。同是写"性"，同是追求"物我相忘"的"无我之
境"，其色彩、韵味、旋律更是迥然各异矣。

四十八、清丽委婉

　　由于唐朝统治者的淫乐，主要借歌舞演唱以求得官能的满足，乐舞也随之兴盛起来。从西域传来的异国曲调，如西凉、天竺、高丽、龟兹、安国、疏勒、康国、高昌以及融合了传统的汉魏清商与唐自造的燕乐，这些"胡部新声"与清乐的结合即形成了唐代的大曲。舞多配乐，或坐奏于堂上，或立奏于堂下，或作健舞，或作软舞。从太宗的"秦王破阵"到玄宗的"霓裳羽衣"；从"擂大鼓"到"舞胡旋"。或武或文，或豪壮或优雅，都表现为那个时代的氛围。

　　那"繁音急节十二编，跳珠撼玉何铿铮"，岂不正是盛唐掷地有声的铿锵之音？

　　那"花绕仙步，莺随管吹"、"素肌纤弱，不胜罗绮"的"嫣然意态娇春"（董颖：《道宫薄媚·西子词》），岂不正是"耳盈丝竹，眼摇珠翠，

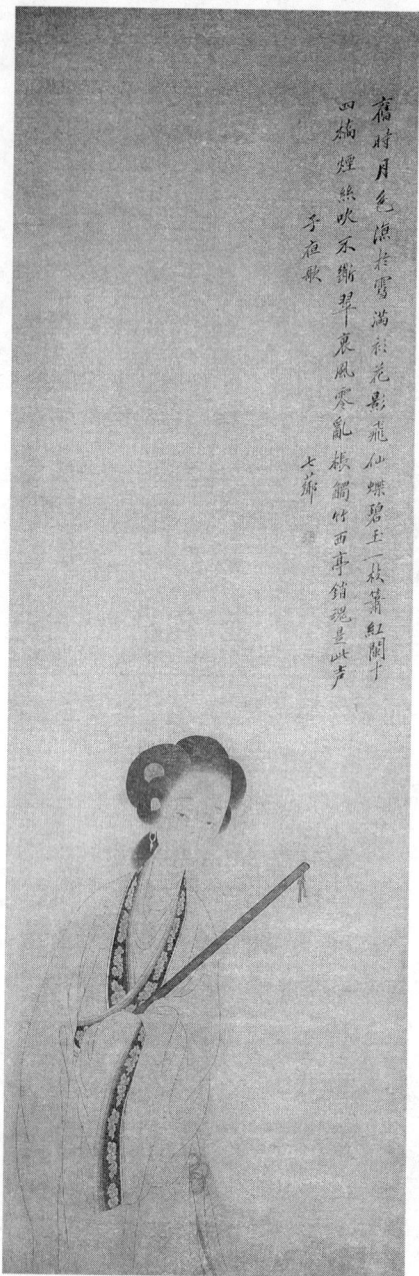

迷乐事，宫闱内，争知渐国势陵夷"，"从此万姓，离心解体"的晚唐韵事？

正是为了追求这种世俗性的欢乐，从宫廷到市井，从"写性"的诗歌不断发展为"表情"的词曲。从"斜风细雨不须归"，"到明日落红应满径"；从"春来江水绿如兰，能不忆江南？"到"斜晖脉脉水悠悠，肠断白蘋洲"，从悠闲到感伤，从惜春到断肠，情越写越深，意越写越沉，最后就只有"剪翠裁红"、"杨柳"、"大堤"之句，乐府相传。"芙蓉"、"曲渚"之篇，豪家自制。"递叶叶之花笺，文拙丽锦；举纤纤之玉指，拍按香檀"（欧阳炯《花间集》序文）的清词浅唱。那种浑厚、宽大的"诗境"，已一扫而空，代之以纤细、新巧、似梦、如愁的"词"的特殊境界。这境界形象细腻，含义微妙，具有更浓厚的更细腻的主观感情色彩，表达的是更细致复杂的心境意识。它的清丽多彩，委婉深情，尤不是诗的形象创造及表现艺术所能企及的。"撩乱春愁如柳絮，悠悠梦里无觅处"

（冯延己：《鹊踏枝》）；"雁来音信无凭，归遥归梦难成。离恨恰如春草，更行更远还生"（李煜：《清平乐》）；"问君能有几多愁？恰似一江春水向东流"（李煜：《虞美人》）；"流水落花春去也，天上人间"（李煜：《浪淘沙令》）。这种"比诗为著"的"比兴多于赋的艺术手法，使词的形象往往大于作者所欲表达的内容"，"其感也尤捷，无有远近幽深，风之使来，是故比兴之义，升降之故，视诗较著"（谭献：《复堂词话》）。就是说，手法上的比与兴，音调上的升与降，在词里表现得最显著。再加上"文字之外，须兼味其音律。……曼声促节，繁会相宜，清浊抑扬，辘轳交往。"（王国维语，转引自《古代文学理论研究》第一辑，第266页）其节奏美和音乐美是颇为突出的。

江顺诒说："有韵之文，以词为极。"（江顺诒：《词学集成》）毛稚黄也说："长调如娇女步春，旁去扶持，独行芳径，徙倚而前，一步一态，一态一变。"（王又华：《古今词论》）这是说词境的转变是"曲折尽情，美妙多姿"的。它既有抑扬顿挫的音律美，又有浓厚的诗情画味。情文节奏，皆有余于诗，所以又被词人称为"诗余"。它能言诗所不能言，而不能言诗之所能言。其关键即在于"诗之境阔，词之言长"（王国维语）。诗多写"无我之境"，词多写"有我之境"。越是世俗化，其艺术的"有我之境"则越为显著。

四十九、作意好奇

世俗文艺，还有歌唱与音乐带到俳优中间来表演的参军戏，原是以滑稽表演为主的，是带有具体形象的讽喻取乐形式，起初曾经以〔罗唝曲〕唱《望夫歌》或《杨柳枝》的，后来则变成以曲子来叙事了。

在佛教盛行时，"僧讲"、"俗讲"为了引起听众的兴趣，尽量采取人民所喜闻乐见的题材，便模仿印度有散有韵，有"转读"有"唱导"的变文。而它的世俗化也正是把讲经转为讲故事，把偈颂转变为唱曲子词。

随着唐末五代社会的动荡，不断变得复杂起来的社会关系和阶级矛盾，促使市井艺术以说唱的形式，来呈现这人世的悲欢离合，以抒发人们积郁在心灵深处的各种恩怨。这就是唐代的传奇小说，渐渐由神鬼而变为现实生活中的人的原因。而生活的荣辱得失，变幻不定，又为他们的"作意好奇"提供了现实的基础。再加上从"志怪小说"中继承下来的经验，使他们在结构、语言、情节以至人物塑造等方面都有不同的开辟和创造，因而具有情致宛曲、文采华茂的特色，与诗歌一样被视为是"一代之奇"（宋洪迈语）。再加上当时有这样一种风气，即"唐之举人，先借当世显人，以姓名达之主司，然后投献所业，逾数日又投，谓之'温卷'，如《幽怪录》、《传奇》等皆是也。盖此等文备众体，可见史才、诗笔、议论。"（赵彦卫：《云麓漫钞》卷八）不仅显贵人物嗜爱传奇小说，知识分子也以此作晋身之阶，且由于一些有影响的诗人名士亲自执笔，作者纷起，更加促进了传奇小说从精简逐步向精美发展，特别是开元、天宝以后，现实生活的气息，已经压倒神鬼的气息。

这类作品中，有通过梦幻而实写人生的《搜神记》、《南柯太守传》；有反对包办婚姻、反对门阀等级、表现爱情忠贞的《柳毅传》、《李娃传》；有揭露热衷功名、玩弄女性的封建阶级知识分子的《霍小玉传》、《莺莺传》……它们都从写实出发，继承了从《史记》以来的清醒的现实主义传统。

这些作品尽管有的充满了"人事沧桑、荣华易尽"的悲凉之感，或是给"风尘侠客"带上一层神秘的色彩，其锋芒都是指向封建统治阶级的，并借"游侠之风"寄托了人们对不平世态的愤懑和半仙半人英雄人物的理想。这些故事几乎都成为以后数代小说戏剧作家汲取题材的宝库，而且影响于宋元的杂剧与明清的文言或白话等小说。

五十、娱心劝善

　　五代动乱割据的局面，到赵匡胤建立宋王朝以后才基本上得到了解决。唐末五代美学思想的遗风，在宋初也获得进一步的发展。这表明新建立的统一政权和原来的统治者一样腐朽，只是夺取政权以后，接受唐和五代灭亡的教训，通过加强中央集权，把权力更加高度地集中在中央朝廷手中而已。这种中央集权的加强，不仅在政治上要"使九州合为一统"，而且在历史研究里提出"正统"，在哲学讨论里提出"道统"，在散文批评里提出"文统"，强调所谓"一王之法"（魏了翁：《鹤山先生大全文集》卷一四一《唐文为一王法论》）。统治者把儒家经学吸收佛道后的理学思想，作为"道统"加以继承，并用它来巩固人事的伦理，强调道学与文学同出一源，使美的哲学成为古文家论道的探讨中心。"情理之学"也成为继佛学之后影响于赵宋以后美学思想最深的哲学思潮。

　　中央集权制度保证了赵宋王朝把军权、财权、司法权都收归中央独揽，避免了地方势力的对抗。由于国内相对平静，农业生产获得发展，都市经济开始形成，这样就出现了市民阶层和依附赵宋王朝所形成的官僚地主集团。这个寄生的庞大的官僚集团，在封建皇帝免除他们的赋役，保障他们兼并土地的自由条件下，过着与统治者同样腐朽的生活。他们一面标榜道学，一面尽情地追逐声色之娱。阶级的矛盾和对立，始终处于尖锐状态，统治者只好一面加强中央集团的权力，以巩固其不断处于危机之中的统治，一面则积极宣扬封建礼教，来强化他们的思想统治，极力加强"载道"、"贯道"
的教化。为此，他们首先要继承
的便是以韩愈为代表的"文统"。

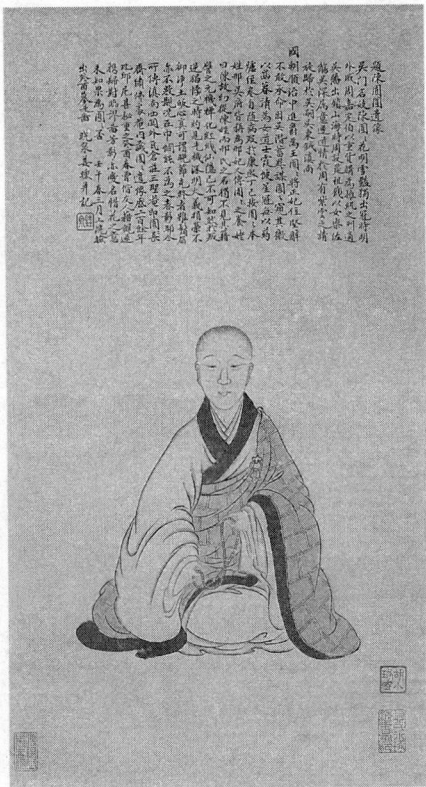

宋代文学复古运动的首倡者
柳开说："吾之道，孔子、孟轲、
扬雄、韩愈之道；吾之文，孔
子、孟轲、杨雄、韩愈之文也"
（《应责》）。他们都以伸"娱心向
善"为目的，以讲求气势为
理想。

教化和通俗化是紧密联系
的。为了教化之普及，他们撷取
韩愈的"文无难易，唯其是尔"
（《答刘正夫书》）的主张，提倡他
的"易"的一面，强调"句易
道，义易晓"（王禹翶：《小畜集》
卷一八《再答张扶书》），"文从字
顺"，明白晓畅，平易近人。在欧阳修、王安石、曾巩、苏洵、苏辙之
外，苏轼的议论文，明白晓畅而又说理透辟，辩丽恣肆，成为韩愈之后
的典范。这种通俗化口语化的过程，不仅影响了他的"以议论为诗"、
"以俚语、俗语入词"，尤其影响了以反映当代人事世情为具体内容的白
话小说继唐传奇之后的兴起和发展。

鲁迅说："宋一代文人之为志怪，既平实而乏文采，其传奇，又多
托往事而避近闻，拟古且远不逮，更无独创之可言矣。然在市井间，则
别有艺文兴起，即以俚语著书，叙述故事，谓之'平话'，即今所谓
'白话小说'是也。"（《中国小说史略》，第87页）"俗文之兴，当由二端，
一为娱心，一为劝善，而尤以劝善为大宗"。（《中国小说史略》，第87页）

但是以市民阶层为主要对象的艺术，它的发展必然要适应广大市民

阶层的情感意绪，而一旦成为市民阶层所有，即不能不在很大程度上，通过具体的写实，揭露封建社会的种种罪恶和黑暗，指责昏官恶吏的横行，描写作为作品主人翁的"市井小民"的不幸命运，并赞扬他们对自由的渴慕，对爱情的坚贞，甚至表现他们大胆冲破封建礼教的樊篱，即使死亡也不能阻止他们追求幸福生活的强烈愿望（如《碾玉观音》）。在这类作品中有的对封建官吏的昏聩糊涂、草菅人命，提出了严厉的谴责（如《错斩崔宁》）；有的嘲弄统治阶级的腐朽无能，反映了人民的不可轻侮（如《宋四公大闹禁魂张》）。而且在表现方法上也大大超过了唐时的传奇、评话，成功地塑造了一批性格鲜明的人物形象。这些话本还从俗讲、变文的形式上获得启发，在对人物和事件进行细致描写时，用韵文来写景状物，不仅起了一种渲染烘托、承上启下的作用（有时也用以表示作者的赞评），而且影响于戏曲与杂剧的形式。至于长篇的"讲史"，更是借叙述朝代的兴衰，通过细节的渲染增饰，揭露统治集团的昏庸、腐朽，痛斥他们奴颜婢膝、屈辱求和的卖国行为，歌颂保卫祖国的英雄，表现对人民苦难的同情，从而成为元明以后长篇小说兴起的前驱。

五十一、天风海雨

与上面所说同样的矛盾也表现于作为士人代表的苏轼身上。

苏轼想做一个有助教化、风节凛然，有所作为的儒者，但他从提出革新弊政到成为变法的反对派，从王安石变法失败后，他因不满于旧党集团"专欲变熙宁之法，不复较量利害，参用所长"的倒行逆施，在被人视为第二个王安石时，又遭新党报复、迫害，一贬再贬。曲折的经历，使他转而追求老庄的隐逸生活，并热衷于道教的养生之术，酷爱陶潜，还与和尚们往来亲密，大谈禅理，不仅以禅语入诗，而且以参禅喻诗，强调诗要有禅趣，并从禅悟来高唱"暂借好诗消永夜，每逢佳处辄参禅"（《夜值玉堂携李之仪端叔诗百余首读至夜半书其后》）。

一方面对政治未能忘情，另一方面以佛老思想作为逆境中自我排遣的精神支柱；一方面在超然物外的旷达大度中仍坚持其对人生、对美好事物的执著，一方面又宣扬其齐生死、等是非消极逃避现实的虚无主义。在强颜欢笑中，透露出无可奈何、黄昏日暮的深沉感伤。其感伤的程度，已不是"退隐"、"归田"、"遁世"所可概括。正是"而今识尽愁滋味，欲说还休，欲说还休，却道天凉好个秋"的意绪，表现了一种对整个人生意义的怀疑。这种"寄蜉蝣于天地，渺沧海之一粟，哀吾生之须臾，羡长江之无穷"，"世路无穷，劳生有限，以此区区长鲜欢。微吟罢，凭征鞍无语，往事千端"，叹"世事一场大梦，人生几度凄凉，夜来风雨已鸣廊，看取眉头鬓上"的哀伤，几乎也成了这一时期崛起的

"词"的境界的普遍情调。

这种情调不同于魏晋六朝的"以诗写性"，也不同于陶潜者们的物我"浑成"的"无我之境"。它是"有我"却又是"我"的取消。即使"大江东去"那样应由关西大汉持铁绰板歌唱的"豪放"，也为他那"人生如梦，一樽还酹江月"的沉重情调所压碎。他既使词从"樽前"、"花间"的"艳科"，走向广阔的社会人生，又让人们对其"豪放"襟怀被压碎后，在社会人生面前所感受的震撼，发出一种深沉的人生慨叹；他既使词从单纯的"娱宾遣兴"发展为独立的抒情艺术，又不使词始终沉溺于那种纤弱的格调；他既善于利用长短句的错落有致，运用节奏的变化造成舒卷风云的气势，使字字句句掷地铿锵响亮，又不让格律过分限制自己，力求声韵自然谐婉，使人取其词歌之"曲终"，会觉"天风海雨之逼人"（《历代诗宗》卷一一五行陆游语）。

尽管他豪放中所透露的深沉，对当时封建社会秩序具有潜在的破坏性，但他所创立的豪放词风却直接影响了南宋的爱国词人辛弃疾，使所形成的苏辛词派一直影响于后代的诗风。他在美学上追求质朴无华、平淡自然的情趣韵味，反对矫揉和装饰雕琢，达到某种透彻了悟的哲理高度。这不仅影响了山水画家，而且为以后的诗家所崇尚。金人元好问，许之为"极其诗之所至，诚亦陶柳之亚"（《东坡诗雅引》），甚至掀起一场"苏诗运动"。明朝公安派主将袁宗道，因为对他表示崇敬，取名自己书斋为"白苏"，题自己的集子为《白苏斋类稿》；袁宏道甚至把他奉为"诗神"（见《与冯琢庵师》和《与李龙湖》）。清朝查慎行还以毕生精力为苏诗补注。

苏轼那既积极追求人生理想而又退避社会、厌弃世间的生活态度，连同他的美学理想和审美趣味，几乎成为后代感伤主义思潮的先驱。从小说《红楼梦》的"梦醒了无路可走"，到绘画"亦哭亦笑"的八大山人，都能找到类似他那种强烈激情与深藏着的孤独、寂寞、感伤与悲哀的内在矛盾。

五十二、高蹈远引

　　正是在感伤思潮的影响下，因建功立业不得而逃向爱情，最后寄情于山水的情调意绪，终于在绘画上获得归宿。在整个赵宋王朝一代，从皇帝到僧俗，画家多如过江之鲫，而且以山水、花鸟为最盛，一切制作也多与诗文联系在一起。太祖、太宗收五代名画于御府，立画院以奖掖画师，仁宗自善丹青，神宗尤嗜李成；徽宗的花、鸟仍是流传至今的罕见珍品。他们不能抵御外侮，但淫奢之余就以绘画为赏心乐事。真宗赐画予人，自诩"此高尚之士怡情之物"。正如石窟艺术由于统治者的提倡而盛于北魏、齐梁与李唐时代，仁宗以后，由于孔教复兴，虽也有不少佛教造像，但已成强弩之末，即使有佛像雕刻，也多用于花纲龛门之中，且以神巧细密为特色。

　　高宗时据说有詹成者能在竹上雕刻宫室、山水、花鸟，纤毫悉备，玲珑细巧，大有神斧鬼凿之妙。不仅佛像再不复以庞大之躯给人以威压之感，而且多以似笑似谈的神态，就好像活人一般，至于刻玉之工，也以此时为最。

　　宫廷设有玉院，玉工能就玉材之色泽，施以适宜的雕刻，称为"巧色玉"。巧夺天工、妙合自然。

　　绘画的制作也由于统治者的提倡，使审美兴味与美的理想由神佛塑刻、具体人事、仕女牛马，转到自然对象、山水花鸟。许多士大夫也在经历了官场变幻不定的失意之后，日益从山水花鸟中发现足供寄情托性、令人陶醉的美的世界。在物质肉欲尽情满足之余，尚有一个理想化的牧歌式生活和自然图景，可资寄托封建社会开始走向没落时期一些人的空虚、失望、孤寂、迷惘的心情意绪。一方面要享尽人间荣华，一方面又以"渔樵"来点缀。丘山溪壑、野店村居成为他们荣华富贵、楼台亭阁的一种心理上必要的补充和替换。其妙处即在于"不下堂筵"而能"坐穷泉壑"；不出辕门而能听"猿声鸟语"。郭熙以诗歌为例说："余因暇日，阅晋古今诗什，其中佳句，有道尽人腹中之事，有装出目前之景。然不因静居燕坐，明窗净几，一烛炉香，万虑消沉，则佳句好意，亦看不出，幽情美趣，亦想不成。"（郭熙：《林泉高致·画意》。转引自张永桃主编：《中国典籍精华丛书》第 7 卷，中国青年出版社 2005 年版，第 294 页）这里所谓"静居燕坐"、"万虑消沉"，就是老子所说的"涤除玄鉴"，庄子所说的"斋以静心"，宗炳所说的"澄怀味像"，也就是"林泉之心"。其意就是在艺术鉴赏活动中，审美主体必须有一种虚空的心境，"以林泉之心临之"，对对象凝神观照，才能发现其审美价值，才能得到"佳句好意"、"幽情美趣"。

这是都市经济兴起之后，深味人事错综矛盾，历经喧闹欢歌之余，对自然的宁静油然而生的一种亲切感。他们"静观"、"闲散"，歌唱的是牧歌短笛的基调；舟泛湖海，烟生乱山，芳草斜阳，古林草社，渔歌晚唱，古道林泉，渡口寂寂，人迹疏疏；"江阔去帆孤"，"人迹板桥霜"。描绘的是一幅封建社会农村的理想图画，写的是疏林晚照溪山之意。他们希望自身能与自然融而为一，以摆脱人世的羁绊。表现了从人生豪华的短暂中，幡然清醒后的疲倦。他们懒洋洋、慢悠悠，在以"尘嚣缰锁"为"可厌"之后，想找个可以"常处"、"常乐"、"常适"、"常亲"的所在。于是，依"丘园"来养素，借"泉石"以"啸傲"，托"渔樵"表"隐逸"，寄"猿鹤"而"飞鸣"。既依循"君亲两隆"的原则，又自诩"苟洁"、"高蹈"。这正是宋之山水画有别于六朝山水画的地方。他们谈禅而不信佛，离世而不出世，隐逸而又居官，空虚而不死灭，反映了世俗地主开始走向没落时的情感和意绪。

五十三、因物则性

宋的诗词绘画都深受道学家思想的影响。他们谈禅却不入佛，说理又归于性，是禅宗道化、道儒互补的产物。他们都以孔子、周公相标榜，讲的似乎都是儒术，都说诗论文；都引《毛诗序》所谓"诗者，志之所之也。在心为志，发言为诗。情动于中而形于言"，"声成文谓之音"；都谈所谓"吟咏情性"。但他们情性之所指，却是各异其趣的。

邵雍在《观物外篇》中说："任我则情，情则蔽，蔽则昏矣。因物则性，性则神，神则明矣。"顺任我的要求会偏重于感情，偏重于感情就会有所隐晦，隐晦了就不清楚；根据事物的特性，会具有理性，具有理性就无所不知。无所不知，就洞若观火。这种以"情"为"蔽"、为"昏"、为"累"的观点，正是要摆脱人事羁绊的自白。这里被他们所称为"神"、"明"的就是"超于物而不累于物"的自然的"性"。只有臻于这样的"性"，才能实现他们所想象、所理解的"人和心尽见，天与意相连"。才能达到郭熙《林泉高致集》所说的"相适"、"相亲"、"相和"、"相乐"的美的极致境界。在这种境界中，我与物浑然为一。"我"是忘情的"我"，"物"是见"性"的"物"，都是一种"至静"的心理状态。这种境界的实现，也就是他们所深味的美感。问题是在于他们是把它作为美的本质来理解。所以说："太极不动，性也；发则神，神则数，数则象，象则器，器之变复归于神也。"（《观物篇下》）混沌精气安静不动，是宇宙的本性；如果它一活动，就生出了神理。神理又转化为规律，规律又转化为形象，形象又转化为物器，物器的变化规律又复归到神理。换言之，"不动"的"太极"就是他们所说的"性"和"美"的本质。又说"心为太极"、"道为太极"、"太极者，一也，不动；生二，二则神也。神生数，数生象，象生器。"（《观物篇下》）境界的极致就是"不动"的"心"，即要从"任我则情"的纷纭的烦恼中解脱出来，归之于"和谐"状态中的"不动"。因为"和谐"是"性"的本然，美的奥妙即在于如何实现这个"反观"的过程。所以说，"圣人之所以能一万物之情者，谓其圣人之能反观也。所以谓之反观者，不以我观物也。不以我观物者，以物观物之谓也"。（《观物内篇》之十二）

不以我观物，就是以物观物。其基础是什么呢？即"万物之情"与人的"性"的一致。因为一致，所以可能"一"。只要"返心"就能"观照"。一切美均可从人的"性"中去找。这种"性"是"不动"的，是自足的和谐，能如此就算臻于"圣人"之"情"。一切艺术的终极目的，都是使人的心灵能臻于这样

的境界。

这个时代的山水画之所以特别盛行，即在于渔樵的近于静谧的自然景物中，有助于使他们纷扰不定的心情平静下来。而他们也就把它看做是实现了所谓"明心见性"的"反观"了。所谓"无我之境"的诗和"无我之境"的画，实际就是实现了上面所说的"性"。"物我浑然一体"，分不清"何者为物，何者为我"。也就是借自然景物使人见到自适的、人的宁静的"性"。陶渊明的"采菊东篱下，悠然见南山"（《饮酒》）；柳宗元的"千山鸟飞绝，万径人踪灭。孤舟蓑笠翁，独钓寒江雪"（《江雪》）；温庭筠的"鸡声茅店月，人迹板桥霜"（《商山早行》）；秦观的"春路雨添花，花动一山春色；行到小溪深处，有黄鹂千百。飞云当面化龙蛇，天矫转空碧，醉卧古藤阴下，了不知南北。"（《梦中作·好事近》）……都是既写景，也写性，性即在景中。诗人的情感是出于有意识的收敛，使之处于忘情的状态，或者是纯为山水所陶醉，竟至"忘我"。有的作纯客观的描写，表达出自然对象的生命，使情性融合于对象而不自觉。观赏者，则由于主题的无确定性，意绪的多义性，所引起的情感也就极其宽泛、广阔。总之，都是从景中见"性"，使作者感到自足。

关同的《大岭青云》，范宽的《谿山行旅》、《雪景寒林》，董源的《潇湘图》等，或写江南平远真景（董源语），或描关陕奇峭峻山（范宽语）；或水墨、或青绿，在其具有一定的稳定性整体境界中，给人的情绪感染效果，必然是"看此画令人生此意，如真在此山中"（《林泉高致集》）。

这个"意"也即是"人"与"百事"共通的"圣人之情"。正是从这个意义上说，道学家的"性"才成其为"理"，而"理"又可能是"性"的客观化、对象化。只要不是把"性"看成是纯粹的"心"的自足，而尚求之于客观的"本然"，以求其"真"，通其"数"，这"无我之境"就有可能与写实主义相通，儒家的求实精神才能正确地体现于艺术之中。而艺术效果的心理因素，也才不致因理解的神秘，而流于荒谬。

五十四、自然高妙

　　由于"无我之境"要追寻自然景物的"忘我"陶醉，理学家在强调人的性与"万物之情"相通的基础上，是很讲究"兴会"、"无为而自得"的。

　　邵雍在《伊川击壤集·序》中有一段自述："诚为能以物观物，而两不相伤者焉，盖其间情累都忘去尔。所未忘者，独有诗在焉。然而虽曰未忘，其实亦若忘之矣。何者？谓其所作异乎人之所作也。所作不限声律，不沿爱恶，不立固必，不希名誉，如鉴之应形，如钟之应声。"

　　他要说明的是，假如能遵从客观对象的特性来观照客观对象，人和物之间二者不相干，那么其中人的感情和客观对象的形象大概都可以忘却，所不能忘却的，只有他们中间的诗。然而虽说是不能忘记，其实也像忘却一样。为什么呢？因为他所写的是不同于别人所作的。所作的不限于音节的韵律，不沿用爱憎的感情。不苟同于固有的必然的东西，不希图名誉。就像镜子反映物体那样。

　　这种"未忘"、"若忘"、"不限主律，不立固必"，而又能"如鉴"、"如镜"的境界，正是苏洵所说的"不求有功，不得已而功成……不求有言，不得已而言出"、"不期而相遇，而文生焉"的境界（《仲兄字文甫说》）。程颐把这种"不期而相遇"的"兴会"归结为一种自内感的"悟"。

　　这个"悟"指的是从主观经验达到超过经验的自由。所以他先说：

"致知在格物，格物之理，不若察之于身"，然后说"脱然自有悟处"
（《遗书》卷十七）。

那么，"脱"的是什么呢？"脱"的就是情，所以若忘。"留"的什
么呢？是"性"，所以"未忘"。不是以"情"驰，而是以"性"接。这
就是"有我之境"与"无我之境"之区别所在。也是"兴会"、"灵感"
说近乎反映论而又不同于反映论的地方。如果我们不是简单化地把一切
"兴会"、"灵感"斥之为唯心的邪说，而把它看做是"由物而心"而又
"由心而物"的形象思维运动的中间层次来加以研究，那么，当初宋代
理学家们未能说明白的道理，也许现在反而有可能借现代科学说得稍许
透彻一些。

道学家队伍中唯一的唯物主义者张载说："感者性之神，性者感之
体，惟屈伸终始之能一也。故所以妙万物谓之神，通万物谓之道，体万
物而谓之性。"（《乾称》）"感"之所以能"灵"，是"体"万物之性的结
果。"性"有"屈伸动静终始之能"，是在心与物的交往中"两体含一就
神妙，一中有两就变化"的缘故。这些听来比较玄的道理，实际是对美
学中有关"灵感"、"兴会"形象思维运动的阐述。在他看来，一切有形
象之物都是对立的，"互为同异、互为屈伸、互为有无、互为终始的"
（《参两》）。"神妙"即在于它的对立统一的实现。

苏轼在《书黄子思诗集后》中说："予尝论书，以谓钟、王之迹，
萧散简远，妙在笔画之外。"这个"笔画之外"的"妙"，郭熙在《林泉
高致集》中做了形象的描述。他说："春山烟云连绵，人欣欣；夏山嘉
木繁阴，人坦坦；秋山明净摇落，人肃肃；冬山昏霾翳塞，人寂寂。"
"欣"、"坦"、"肃"、"寂"，都是各种山水不同的"性"。正因其是
"性"，令人"看此画"必能"生此意"。"景外意"就是由这自然的"景
物画面"所产生的。换句话说，这自然之景是"兴会"或"灵感"产生
的物质基础。借这个基础，才有可能"见青烟白道而思行，见平川落照
而思望；见幽人山客而思居，见岩扃泉石而思游"。所以说："看此画令
人起此心，如将真即其处，此画之意外妙也"（《林泉高致集》）。而艺术之

妙即在于能使人"生意"、"生心"、"一唱而三叹"。也正因为从艺术的特征出发,严羽在《沧浪诗话》中才说:"夫诗有别材,非关书也,诗有别趣,非关理也","禅道唯在妙语。诗道亦在妙语。"这种从"体"而"悟"、"合二为一"的主客观统一的"性",都是"自然"的。所以包括朱熹在内的道学家和三苏父子都把"平淡自摄"、"雍容和缓"、"自然浑成而有蕴藉"、"不期其高远而自高远"看成是美的极致(朱熹:《答巩仲至》)。姜夔也把"自然高妙"作为最高的理想境界,而且这种境界是"知其妙而不知其所以妙的"。因为"理高妙"只是"碍而实通","意高妙"只是"出自意外","想高妙"只是"写出幽微";只有"自然高妙"才"非奇非怪,剥落文果,知其妙而不知其所以妙"。(《白石道人诗话》)

从关于山水画的这些经验之谈中,使人可以悟出"兴会"、"灵感"产生的规律,甚至整个形象思维的规律。

五十五、虚实相生

在"自然高妙"的"无我之境"的追求中，又有"自觉"与"不自觉之分"。

那种从纯客观出发，只讲究"神与物游"、"思与境谐"者，其"自然高妙"的"高妙"，只停留于不自觉的"自然"之中。如苏轼之写"水光潋滟晴方好，山色空蒙雨亦奇；欲把西湖比西子，淡妆浓抹总相宜"(《饮湖上初晴后雨》)；"竹外桃花三两枝，春江水暖鸭先知。蒌蒿满地芦芽短，正是河豚欲上时"(《惠崇春江晚景》)。就属于这一类。

有的则与此不同，要求文艺自觉地去捕捉和创造那种难以形容却动人心魄的情感、意趣、心绪和韵味。这种情感、意绪的抒发、表现，只是由于韵味的蕴藉，才使人产生"近而不浮、远而不尽"、"味在咸酸之外"的感觉。这种写意多于写景，以"象外之象"、"景外之景"的"韵外之致"来抒发其内在的"兴趣"、"情蕴"、"气象"，则属于以表现为特征的"无我之境"。其"高妙"的"自然"是比较多地偏于人的"情性"。正如苏舜钦之说"老松偃蹇若傲世，飞泉喷薄如避人"(《越州云门寺》)和他在《淮中晚泊犊头》中的抒描："春阴垂野草青青，时有幽花一树明。晚泊孤舟古祠下，满川风雨看潮生。"既写性又写情。其孤寂之意，均能让人于"幽"、"明"、"风雨"之中感受到。

宋人把"逸品"置于"神品"之上，就在于它之不仅传"神"，而且能让人看到其"冲淡"、"含蓄"的"隐逸"之情。是一种情性交融而又出之于"韵味、情趣"的极具艺术特色的独特意趣。再看一下马远、夏珪及南宋的许许多多山林小品，如深堂情趣、柳溪归牧、寒江独钓、风雨归舟、秋江瞑泊、雪江卖鱼、云关雪栈、春江帆饱……这种意境就更为明显。有名的"马一角"，正是从极有选择的有限场景、对象、题材和布局中，写了作者的"性"，又抒发了极其含蓄蕴藉的，有时甚至近于"可望而不可置于眉睫之前"和"知其妙"而又无法言说其"所以妙"的"意趣"、"心绪"的。它不纯是一般的"春山烟云连绵，人欣欣；夏山嘉木繁阴，人坦坦……"而是借"剩水残山"的"一角山岩、半截树枝"，把人们审美感受中的想象、情感、理解诸因素，引向更为确定的方向。

在这里，艺术家的主观情感、观念较之前一类有更多的直接表露。它不似前一类那样空洞和抽象，而是既从形似中求神似，又由有限（画面）中引出无限（诗情）。真是"虚实相生，无画处构成妙境"（《画筌》），"此时无声胜有声"。这种"以少许胜多多许"，"以其虚虚天下之实"的手法，表现出的正是中国艺术的一个重要特色。

五十六、有我之境

　　在民族矛盾、阶级矛盾日益尖锐，封建王朝不断走向没落的乱世，艺术的境界不可能总像一些士大夫那样"自适"、"写性"。相反，他们多数出之于"自况"时的需要，"缘物以起情"，把激荡之情诉诸笔端，把艺术作为表"情"的工具。

　　随着都市经济的繁荣，人事感情的复杂，引发了"形成"上的变化，长短句终于代"唐诗"而成熟。其音律的讲究和发自肺腑的情感、"气势"的协谐，使艺术所创造的仍大多是以写情为主的"有我之境"。加上儒道之作为正统，或"愤世嫉邪"；或出之以"教化"；或"自哀志穷"寄之于"草木"，"缘情而发"并不把"任我"之情都看做是有害的"人欲"。顺"性"的"自然"，不如顺"情"的"自然"。说"天理"之近于"人情"，理学家的"理"不再纯为说"性"之辞，而且把"欲"看做是"性"的自然。

　　李觏在《礼论》中说："夫礼之初，顺人之性欲而为之节文者也。""人非利不生"，"欲者人之情"，"孔子七十所欲不逾矩，非无欲也。于《诗》则道男女之时，容貌之美，悲戚念望，以见一国之风，其顺人也至矣。"（《直讲李先生文集》卷二十九）礼的本初，就是和顺人的天性欲望又加以节制的规则。孔子的七十二个门徒，有欲望但不超越规则。并不是孔子使他们没有欲望。

　　梅尧臣在《答韩三子华韩五持国韩六玉汝见赠述诗》中说："圣人

于诗言，曾不专其中，因事有所激，因物兴以通。……屈原作《离骚》，自哀其志穷，愤世嫉邪意，寄在草木虫"；苏轼的"我谢江神岂得已，有田不归如江水"（《游金山寺》），"明月几时有？把酒问青天"（《水调歌头》）。"大江东去，浪淘尽，千古风流人物"（《念奴娇》）；黄庭坚的"西风吹泪古藤州"（《病起荆江亭即事十首》其八），"百转无人能解，因风吹过蔷薇"（《清平乐》）；秦观的"柔情似水，佳期如梦"（《鹊桥仙》），"自在飞花轻似梦，无边丝雨细如愁"（《浣溪沙》），"无一语，对芳尊安排肠断到黄昏"（《鹧鸪天》），"春去也，飞红万点愁如海"（《谪处州日作》）；李清照的"此情无计可消除，才下眉头，却上心头"（《一剪梅》），"莫道不消魂。帘卷西风，人比黄花瘦。"（《醉花阴》），"寻寻觅觅，冷冷清清，凄凄惨惨戚戚"（《声声慢》）和"只恐双溪舴艋舟，载不动许多愁"（《武陵春》）；陆游的"壮心未与年俱去，死去犹能作鬼雄"（《书愤》），"胡未灭，鬓先秋。泪空流。此生谁料，心在天山，身老沧州"（《诉衷情》）。总之，不论婉约还是豪放，强调和重视的都是意兴和情绪。而在山水画中则发展为纯以水墨为主的文人画。所谓"得之目，寓诸心。而形于笔墨之间者，无非兴而已矣"（沈周：《书画汇考》）。自然对象、山水景物，完全成了发挥主观情绪意兴的手段。它以元以后的倪方林为代表，创造出一种"远山一起一伏则有势，疏林或高或低则有情"（董其昌：《画旨》）的以"天真"、"笔意"、"得趣"为主而"相对忘笔墨之迹"（《画鉴》）的绘画风格。

这时候，山水画的特点是：对笔墨的突出强调。情感的表现，除了自然的描绘以外，更着力于描绘本身的线条、笔墨。它除从历史的绘画中，继承了讲究笔法的气势之外，还使其具有独立的意义，即不仅具有形式美、结构美的意义，而且还透过笔墨渲染而成的"气韵"、"味趣"，表现出人的精神境界。传统造型艺术的"曹衣出水，吴带当风"以及书法艺术从张旭、怀素发展而来的狂草一类线条美，均被净化为一种独特的趣味与美的理想。中国绘画中的"气韵生动"，此时不仅从描绘客体转化为表现主观意兴上，而且融化于笔墨之中，使之构成变化、转折的力量与气势，并借墨色的浓淡、结构、位置，构成比较具体的时空感。
这些形式的节奏、韵律，浓化了笔墨所要表现的情感、意趣、韵味的色
彩，创造了一帧帧具有独特情调的美的境界的绘画作品。

这种绘画手法虽来之于苏轼、米芾，但所表现的意境已非表面的和
谐所能满足。在平衡、对称之类形式原则之外，社会氛围与文人心理还
要求借出人意料的新奇，表现特定条件下的特殊情绪。它已不再是北宋
初年关同的峭拔、李成的旷达、范宽的雄杰所讲究的形似、写真，更不
似范宽那样，风格的创造来自艰苦的写生，而是如倪方林所说的："仆
之所谓画者，不过逸笔草草，不求形似，聊以自娱耳"，和吴仲奎所说
的"适一时之兴趣"（转引自陈衡恪：《文人画之价值》）。它也不似马一角之
讲究细节忠实，更与皇家画院柔细纤纤的工笔花鸟或青绿山水不同，构
成完全相反的情趣。它讲的是"意气"，而非"典重"，使画面的诗意，
成为自觉的重要要求。邓椿所试之题如"野水无人渡，孤舟尽日横。"
"自第二人以下，多系空舟岸侧，或拳鹭于舷间，或栖鸦于篷背；独魁
则不然，画一舟人卧于舟尾，横一孤笛，其意以为非无舟人，止无行人
耳"（《邓椿画继》）。从元画开始，犹恐表现之不足。进而在画上题字作
诗，相互补充，有意识地使之成为整个构图重要组成部分，通过文字所
明确表达含义来加重画面的文学趣味和诗情画意。一切"线"、"墨"、
"点"、"皴"都是通过其"飞沉涩放"、"枯湿浓淡"、"稠稀纵横"、"披
麻斧劈"托出生气，表达意绪，传达韵味，而不必讲究如何真实于自然
景物本身的涂绘、勾勒。正所谓"意足不求颜色似，前身相马九方皋"
（陈与义：《和张规臣墨梅五绝》）。

正因如此，这些"有我之境"的文人画其作风大多比较简率，颇有
"愈简愈佳"之概。沈颢《画尘》形容它们"层峦叠翠如歌型长篇，远
山疏麓如五七言绝。愈简愈入深永"。欧阳修所说："萧条淡泊此难画之
境……故飞走迟速意成之物易见，而闲和严静趣远之心难形"的山水
画，到元代已成为文人画一致的笔情墨趣。

"无我之境"强调的是师"造化"、讲"理、法"，"因性之自然，究

物之微妙"。讲究画面"有条则不紊"、"有绪则不杂"（韩拙：《山水纯全集》）；而以"有我之境"为特征的元画，则强调"法心源"，讲"趣、兴"，"画者当以意写之"（汤垕：《画鉴》）；董其昌《画旨》说得好："东坡有诗云：论画以形似，见与儿童邻，作诗必此诗，定是非诗人，余曰，此元画也。晁以道诗云：'画写物外形，要物形不改；诗传画外意，贵有画中态'，余曰此宋画也。"

　　元朝画院已废，为上者既不积极提倡，在下则自恨生不逢时，既沦为异族奴隶的文人学士，无论仕与不仕，其写愁者多苍郁；寄恨者多狂放；鸣高者，多野逸。用笔传神，非但不重形似，不尚事实，甚至不讲物理，只在笔墨上求神趣，与宋代既崇真理又求神气的画风，截然不同。人物画无论道、释，均告衰退。喇嘛教盛行，礼拜画像风气，亦渐衰替。不仅一般人物画多以高逸故事为题材，而且以狂放之笔表达狂想，即使偶作佛像，也不注意庄严的妙相，而以墨勾或白描，以见笔墨趣味。写生花卉，也只乐于画墨兰墨竹以鸣清高。元季四大家黄公望、王蒙、倪瓒、吴镇，都是用渴笔的皴法和水墨的渲染。简淡高古的画风，变宋格而为元格。虽都宗法董、巨，由于国势民情的影响，终于"实处转松，奇中有淡"，"贵气韵而轻位置"，挥笔拂素，藉以舒胸中的怨气，各都异其面目，而又自成一家（参见刘思训：《中国美术发达史》）。

蕴藉风流　深沉激荡

五十七、愁恨道情

　　元曲，包括杂剧与散曲，在历史上是一种新兴的文学艺术体裁，文学作品的新品种。散曲突破了唐诗、宋词，实现了由文学语言向舞台和说唱语言的转变。杂剧更是一种融歌唱、音乐、舞蹈和完整故事情节于一体的舞台艺术。它的起源、特点、主要作家及元曲在文学史和美学史上的重要地位，在明代王世贞《曲藻序》中均有阐释。他说："曲者，词之变。自金、元入主中国，所用胡乐，嘈杂凄紧，缓急之间，词不能按，乃更为新声以媚之。而诸君如贯酸斋、马东篱、王实甫、关汉卿、张可久、乔梦符、郑德辉、宫大用、白仁甫辈，咸富有才情，兼喜声律，以故擅一代之长。所谓宋词、元曲，殆不虚也。"

　　词从唐宋五代发轫，经北宋、南宋几百年，从萌发到繁盛，已到了强弩之末，迫切需要创新，加之元代社会、政治风云激荡，需要一种新的艺术形式，抒发人们心中的压抑之心声，于是，元曲便脱颖而出，应运而生了。

　　在元代初期，我国出现了四个国家政权，南方江浙地区的南宋政权；以汴京（今河南开封）为中心的金政权；以西夏（今宁夏银川）为中心的西夏政权和以和林（今蒙古乌兰巴托）为中心的蒙古政权。宋、金南北对峙，共有 100 多年（1127—1234）。到南宋末叶，蒙古人又从望建河（即黑龙江上游额尔古纳河）南岸起，逐渐强大。南宋想借蒙古兵力灭金，宋兵与蒙古会师攻伐金邦，金被蒙打败，归于灭亡，金之统治地区，均转归蒙古。在南宋度宗赵禥时代，蒙古立国号为大元。前后不过 20 多年时间，从围攻襄阳开始，大举南侵，直到把南宋最后一个皇帝昺逼得投海身亡，宋也被灭，大元统一了中国。于是，胡乐入主中原，元曲也应运而生。政治改朝换代，文学艺术也出现了新面孔。正如王国维所说："凡一代有一代之文学：楚之骚、汉之赋、六代之骈语、唐之诗、宋之词、元之曲，皆所谓一代之文学，而后世莫能继焉者也。"（《宋元戏曲史》）

元代是一个文化相对落后的蒙古少数民族，统治有悠久历史文化传统的汉族，民族矛盾和阶级矛盾错综复杂，但在文化统治上较为宽松，文化多元，思想较为开放。蒙古统治者实行严厉的民族压迫和民族歧视政策，主要官职均由蒙古和色目人充当，汉族与女真族只能担任次要官职，并长期中断科举，杜绝了汉族读书人科举做官的晋身之阶。许多士大夫亦沦为平民，与底层百姓为伍。即使获得一官半职的汉人知识分子，亦因遭受政治上的歧视，心情不畅，内心充满矛盾，彷徨苦闷，向往隐士生涯；那些生活比较贫困的知识分子，多半自食其力，同情民生疾苦，抗议民族压迫。这时，激荡之情已不能借所谓"写性"来表达闲适。百结之心，回肠之意，势非觅新径而直抒。原来"往来无白丁"，如今"相逢多俚

洪洞广胜寺水神庙戏曲壁画

语"；原来不入"大雅之堂"的"俗谣俚曲"，如今却被吸收融化，变成一种继唐诗宋词之后来之于民间又非民间的散曲。加之在民族杂居的社会中，又受到不同民族曲调和声腔的影响，使之具有极其浓厚的地方色彩与民间格调。正如"车平唱［木兰花慢］、大名唱［摸鱼子］、南京唱［生查子］、彰德唱［木斛沙］、陕西唱［阳关三叠］、［黑漆弩］"（元僧燕南芝庵：《唱论》），在戏曲繁荣、杂剧盛行的时代，以它的音乐性，同于诗词而又超过诗词，成为"直抒胸臆"表露心声的最好形式。只是由于作者仍多文人，时代的氛围，生活的境遇，已使他们不可能像前代诗词那样典雅蕴藉。村言野语的风味，虽偶亦增加若干自然清新的意趣，情调却大多仍是低沉的。而且多数以他们哀婉凄怆的笔调，抒诉民族压迫与封建社会走向没落时人们胸中的不平，描绘萧瑟、苍茫、灰色、荒凉的江山和悲苦、阴暗、失望、深沉的世俗人情。

马致远的"枯藤老树昏鸦，小桥流水人家，古道西风瘦马，夕阳西下，断肠人在天涯"（《天净沙》）；白朴的"断人肠处，天边残照水边霞。枯荷宿鹭，远树栖鸦。败叶纷纷拥砌石，修竹珊珊扫窗纱。黄昏近，愁生砧杵，怨入琵琶"（《混江龙》）；关汉卿的"咫尺的天南地北，霎时间月缺花飞。手执着饯行杯，眼阁着别离泪。刚道得声保重将息，痛煞煞教人舍不得，好去者，望前程万里"（《双调·沉醉东风》）；张养浩的《潼关怀古》："峰峦如聚，波涛如怒，山河表里潼关路。望西都，意踌躇，伤心秦汉经行处，宫阙万间都做了土。兴，百姓苦；亡，百姓苦。"这些"愁"、"恨"、"苦"，最后都归结为对人生的惆怅、怀疑、否定。消极感伤的浪漫主义就像唱道情一样，倾泻于他们的笔下。乔吉在《芳草多情》中更直截了当地唱道："妆呆妆琳，妆聋妆晤，人生一世刚图甚。句闲吟，酒频斟，白云梦绕青山枕。看遍洛阳花似锦，荣，也在恁；枯，也在恁。"颓唐、厌世，不管徜徉山林，或是沉湎酒色，流露的都是调子极其低沉的消极情调，使散曲在韵文领域里，充满笼罩这个时代的感伤情调。

在元曲文学浪潮中，山西人扮演了重要角色。关汉卿、马致远、郑光祖、白朴，均系元杂剧的代表甚至领军人物。山西的散曲作家，亦为当时全国之冠。这既有政治上的背景，也有文化方面原因。

山西在元代属于中央直辖的中书省，被称为"腹地"。山西境内之民，多年遭受压迫、屈辱和战火之苦。在金灭北宋后，金宣宗于1214年迁都汴京，后元被灭，元人占据汴京后又灭南宋，山西都处于宋与金、金与元战争的前沿阵地，几乎是每次战争的必经之地。同时，山西又是南北人群往来之地，商贾聚集之地，南北文化会聚、交流、融合之地，杂剧主要演唱之地，文人学士才子佳人书会之地，因此成为三晋散曲作家的沃土。早在南宋时期，宋金元鼎足与混战时期，山西的许多城镇、乡村，就出现了流动性的戏曲艺人，利用当地的寺庙场地，演出各种杂剧，至今山西的许多地方如万荣、沁县、洪洞、临汾等地，仍有遗留的专供杂剧、鼓子词和诸宫调演唱的楼亭、露台等建筑。洪洞县赵城镇广胜寺内保存有元泰定元年"尧都见爱大行散乐忠都秀在此作场"的大型戏曲演出壁画；万荣县柏林庙保存有"尧都大行散乐张德好在此作场"的石柱；临汾魏村保存有元至元二十年建现存最早的砖木结构戏剧舞台遗存，均为元代戏曲文物的代表性遗存。根据臧晋叔《元曲选》、隋树森《元曲选外编》及《金元散曲》等史料，有作品保存下来并可确定是山西人的元曲作家，有关汉卿、白朴、郑光祖、石君宝、乔吉、吴昌龄、于伯渊、狄君厚、孔文卿、刘致、李行甫、刘唐卿、赵公辅、张鸣善14人。其中有些作家还是中国元曲艺术的领军人物。王世祯《曲藻序》中列出的9位著名散曲作家中，就有4位是山西人。被称为元曲四大家的关、白、马、郑有三位是山西人。《西厢记》这部被称为"天下夺魁"的杂剧的作者王实甫，虽非山西籍贯，其故事背景却在山西蒲州，即元代山西杂剧兴盛之地。而且这个杂剧系由金代董解元的《西厢记》诸宫调演变而来。学术界认为董解元系山西籍人。元曲是中国文学史上的光辉一页，三晋元曲是中国元曲的一颗璀璨明珠，体现了元代艺术独特的时代精神与审美情趣。

五十八、蕴藉风流

　　元曲的开山鼻祖是山西的元好问。元好问字裕之，世称遗山先生。金章宗明昌元年（1190）生于山西太原秀容（今山西忻州）一个仕宦家庭。自幼聪明过人，7 岁能诗、14 岁就学于陵川郝天挺。6 年之间，贯通百家。蒙古军队南下，他避乱于河南，宣宗兴定五年中进士。曾充国史院编修官、县令等职。此间，他创作颇丰，深受文坛领袖赵秉文等赏识推崇。汴京被围时，他任尚书省左司都事、左司员外郎等职。金亡时期，他创作了一批丧乱诗，堪称金诗之巅峰。金亡后，元好问被羁管山东聊城，后移居冠氏。在山东待了 6 年后，携家眷返回秀容故里。

　　在金亡后 20 年间，他在用心创作的同时，周游四方，并曾与张德辉一起觐见忽必烈，请忽必烈做儒教大宗师。在保护文人和传统文化上，有很大的贡献。他活到 68 岁，病逝于蒙古（1257），遗著颇多，主要成就在诗词创作和文学批评。现存诗 1380 余首，词 380 余首。诗作精辟，朗朗上口，真淳自然，雍容和缓，饱含儒家的中和之气。他的散曲虽然不多，亦非其作品的主体，但却是六代散曲创作的第一人，开山之鼻祖。他的出生年代和散曲作品，也比后来的散曲作家

元好问先生画像

早得多。在突破唐诗、宋词，开创散曲这一文学体裁上，无疑是一位先行者。他率先突破之后，后人才跟上来。关汉卿、白朴就是元好问创立的元曲的继承者、推动者。

关汉卿虽然是继元好问之后而崛起的后起之秀，但他在元曲创作和作家中的成就与地位最为突兀。关汉卿字汉卿，号已斋，名却不为后人知，是一位有名而无"名"之辈。有的说他是大都人，有的说他是燕（北京）人，有的说他是祁州人（今河北省安国县）人。《元史类编》记载他是解州人，即今山西省运城市西南的解州人，但大多数专家认为关汉卿应为山西解州人，可能是关羽（云长）的后代。他主要的创作活动在大都，而燕与祁州可能是他随行院演出经过和逗留之地。生卒时间不好确定，考证结果也只能说大约生于金末（13世纪初），卒于元成宗铁穆耳大德年间。他所处的时代环境，使他走了一条与传统汉族读书人不同的人生道路，思想怀抱也与前人大为不同。他生而倜傥，博学能文，蕴藉风流，出入于歌楼妓馆，活跃于才人书会，以从事文学艺术的自由浪漫生涯而自得、自慰甚至自豪。《元曲选序》说："关汉卿辈争挟长技自见。至躬践排场，面傅粉墨，以为我家生活，偶倡优而不辞。"反正他们这一代读书人因无法走科举求官之路（元初已废科举），就把全部的才能、生命投入了杂剧、散曲的创作，"泡"在这些艺人和喜爱这些艺术的平民百姓之中，成为这种艺术中的佼佼者。

元末熊自得编纂的《析津志·名宦传》中说关汉卿"生而倜傥，博学能文，滑稽多智，蕴藉风流，为一时之冠"。《祁州志》说他"高才博学"。《录鬼簿》则赞美他"风月情，忒惯熟。姓名香，四大神物（洲）。驱梨园领袖，总编修师首，捻杂剧班头"。他可能出身于"医户"，或者在太医院任过职。因皆不屑仕进，乃嘲风弄月，流连光景。可以说，关汉卿是最完美地体现了时代精神——浪子风流、隐逸情调、斗士精神的典型人物，尤其是浪子和斗士的代表。

不过，这里所说的"浪子"，与现在我们所说的"浪子"并不完全相同。在元代，"浪子"这个称呼包含着人性全面解放的内容，是一个显示被压迫下的人的尊严的无上光荣的称谓。以此自傲者不是个别人，而是一个群体，元曲作家的群体。他们被迫投身于社会生活于平民百姓之中，既是狎客票友，又是平民百姓，又是才子艺人，彻底摆脱了腐儒方巾之气，将才能与生命献给了艺术、献给了人民。关汉卿就是这些艺术家中的杰出代表。他的《南吕一枝花·不伏老》散曲是浪子风流的最强音，也是他人格的绝妙写照：

> 攀出墙朵朵花，折临路枝枝柳。花攀红蕊嫩，柳折翠条柔。浪子风流，凭着我折柳攀花手，直煞得花残柳败休。半生来折柳攀花，一世里眠花卧柳。
>
> [梁州] 我是个普天下郎君领袖，盖世界浪子班头。愿朱颜不改常依旧，花中消遣，酒内忘忧。分茶、颠竹、打马、藏阄。通五音六律滑熟，甚闲愁到我心头。伴的是银筝女，银台前、理银筝、笑倚银屏，伴的是玉天仙、携玉手、并玉肩、同登玉楼，伴的是金钗客、歌《金缕》、捧金樽、满泛金瓯。你道我老也暂休。占排场风月功名首，更玲珑又剔透。我是个锦阵花营都帅头，曾玩府游州。
>
> [隔尾] 子弟每是个茅草岗，沙土窝初生的兔羔儿，乍向围场上走。我是个经笼罩、受索网、苍翎毛老野鸡，踏踏的阵马儿熟。经了些窝弓冷箭镤枪头，不曾落人后。恰不道人到中年万事休，我怎肯虚度了春秋！
>
> ……

王实甫《西厢记》杂剧的前身是山西人董解元《西厢记》诸宫调，内容多为晋南方言。其作者王实甫虽非山西人，但这部作品的故事却发生在蒲州——山西永济县的一座寺庙——普救寺。是"新杂剧、旧传奇"。《西厢记》集中反映了元代艺术家们浪子风流、隐逸情调、斗士精神这种三位一体的美学精神。张生的痴情、莺莺的温馨、红娘的热心伉爽、由人性本身的内在冲突到两军对垒式的自由爱情与封建礼教的冲撞，到大团圆的理想结局，都体现了乐天的浪子气息和执著的斗士精神。王实甫的《西厢记》这部杂剧，亦可称为"蕴藉风流，为一时之冠"。

山西的白朴、乔吉亦是元曲大家。白朴是与关汉卿并列的四大元曲大家之一，乔吉则被认为是元曲的巅峰代表。白朴，字仁甫，一字太素，号兰谷。生于金哀宗正大三年（1226），卒年不详。祖籍山西河曲，时称隩州。乔吉字梦符，号笙鹤翁，又号惺惺道人。山西太原人，史称他美容仪、善词章，流浪江湖 40 年，与扬州名妓李楚仪交好，后移家杭州太乙宫前。他大约生于 1271 年忽必烈建立大元后，1345 年卧病山西故里，终生落魄不仕。散曲创作数量最多、曲词最好，是元曲繁荣成熟时期的代表之一。他与白朴二人均为元时的"浪子风流"派作家。

　　[仙吕·寄生草]　长醉后方何碍，不醒时有甚思。糟腌两个功名字，醅淹千古兴亡事，曲埋万丈虹蜺志。不达时皆笑屈原非，但知音尽说陶潜是。

　　[双调·沉醉东风·渔夫]　黄芦岸白萍渡口，绿杨堤红蓼滩头。虽无刎颈交，却有忘机友，点秋江白鹭沙鸥。傲杀人间万户侯，不识字烟波钓叟。

这些小令充分反映了白朴的审美情趣和人生态度——那就是对仕途的厌倦和对大自然的眷恋以及对隐逸生活的陶醉。

　　[中吕·阳春曲·题情]　从来好事天生俭，自古瓜儿苦后甜，奶娘催逼紧拘钳。甚是严，越间阻越情忺。

　　[中吕·阳春曲·知己]　笑将红袖遮银烛，不放才郎夜看书，相偎相抱取欢娱。止不过送应举，及第待何如？

浪子风流与隐逸情调，在这里被表现得惟妙惟肖。

白朴的《梧桐雨》是写唐明皇李隆基与杨贵妃的爱情悲剧的，深刻地表现了唐明皇的心理与悲痛：

元曲剧本插图选

[叨叨令] 一会价紧呵似玉盘中万颗珍珠落，一会价响呵似玳筵前几簇笙歌闹。一会价清呵似翠岩头一派寒泉瀑，一会价猛呵似绣旗下数面征鼙操。兀的不恼杀人也么哥，兀的不恼杀人也么哥，则被他诸般儿雨声相聒噪。

[倘秀才] 这雨一阵阵打梧桐叶凋，一点点滴人心碎了，枉着金井银床紧围绕，只好把泼枝叶做柴烧锯倒。

这个杂剧被认为是白居易《长恨歌》的余绪，可与马致远的《汉宫秋》相媲美。堪称上承白居易《长恨歌》，下启洪昇《长生殿》的一座艺术的里程碑。而《墙头马上》写李千金大胆爱上裴少俊，私奔同居了7年。裴尚书发现后逼裴少俊休弃她，她却据理力争。在少俊得官求她重新团聚时，她又予以回绝，并在公婆面前摆谱：

[耍孩儿] 告爹爹奶奶听分诉，不是我家丑事将今喻古。只一个卓王孙气量卷江湖，卓文君美貌无如。他一时窃听求凰曲，异日同乘驷马车。也是他前生福，怎将我墙头马上，偏输却沽酒当垆。

在白朴的笔下，李千金够不上"铜豌豆"也称得上是一个"小辣椒"。

乔吉在散曲理论方面的成就很为突出。"凤头、猪肚、豹尾"——这个散曲和杂剧的美学标准，就是他提出来的，并被后世应用于各类文章和文学艺术作品包括电影剧本的创作上。其意即起首要美如凤头，中间要丰满、浩荡，结尾要响亮。他的散曲曾被赞誉为"若天吴跨神鳌，噀沫于大洋，波涛汹涌，截断众流之势"（朱权：《太和正音谱》）。他的散曲主要表现浪子隐逸，并有一种出世风致，表现了对社会仕途的厌倦和蔑视。如《风月神仙》：

[中吕·山坡羊·冬日写怀] 朝三暮四，昨非今是，痴儿不解荣枯事。攒家私，宠花枝，黄金壮起荒淫志，千百锭买张招状纸。身，已至此；心，犹未死。

他对浪子情怀的描写更为真切：

[越调·小桃红·楚仪来因戏赠之] 碧梧月冷凤凰枝，空守风流志，楚雨湘云总心事。许多时，口儿里不道个胡伦字。殷勤谢伊，虽无传示，来探了两遭儿。

总之，读了元曲，那种蕴藉风流、隐逸情怀，使人久久不能忘怀。它们代表的是整整一个时代。

五十九、深沉激荡

　　蒙古族的入主中原，在意识上产生了两个结果：一方面，蒙古统治阶级虽接受了儒家思想和程朱理学的影响，但他们本民族原有的一些习尚如对于妇女贞节观念的轻视和对于喇嘛教的崇拜等，也冲击了赵宋时代发展起来的严重的封建礼教；另一方面，由于喇嘛教作佛事时，僧人与"倡优百戏"，一起唱歌跳舞，个别喇嘛甚至畜女乐，这就使世俗歌舞随着宗教的推行而获得传播。汉族的清规戒律，也因之而大大动摇。原来流传于北方的宋杂剧，因统治阶级以歌舞淫乐为满足，即使在战争中，也不忘对于伎乐的欣赏而获得发展。

　　南宋孟洪《蒙鞑备录》说："国王出师，亦从女乐随行。率十七八美女，极慧黠，多以十四弦等弹大宫乐，四拍子为节，甚低，其舞甚异。"其实，不只是国王出师如此，大将出师也是一样。直到元至元二十二年（1285）唆都侵略越南，军中亦随带优人。

　　《大越史记全书》卷七《阵记》三中说："先是破唆都时，获优人李元吉，善歌。诸势家少年婢子，从习北唱。元吉作古传戏，有四方王母献蟠桃寿传。其戏有官人、朱子、旦娘、拘奴等号，凡十二人。着锦袍绣衣，击鼓吹箫，弹琴，抚掌，闹以檀槽，更出迭入为戏"（参见《中国文学史》三，第716页）。元代皇帝每年元旦、节会朝会的末后，都要叫伎人唱［新水令］、［沽美酒］、［太平令］一套曲子。说明元统治者是十分爱好戏曲的。再加上金朝定都河北时，就迁移各路人户充实中都，实际

是吮吸河南等地人民膏血来充实这一带地区。及至元朝初年，两河地区
又成为蒙古统治者统治北方的根据地。建立大都之后，原来集中在北宋
都城汴梁及中原地区的各类艺人，被人为地迁徙到这里。这里既有众多
的勾栏可供演出，又有众多"观者挥金与之"的统治阶层给予支持，
"杂剧"从而成为这一历史时期成就最大、影响极广的艺术。

　　另一方面，如前所说，蒙古统治者特别轻视文人。他们把人强分为
十级，在这十级中，所谓"七猎、八民、九儒、十丐"或"七匠、八
倡、九儒、十丐"（参见《郑所南集》与谢枋得《叠山集》记载），文人被贬
到最低下的地位。所谓"儒"，仅比乞丐高一等。他们既杜绝了科举，
使读书人失去晋身之阶；加之种族歧视，使不少人悲观失望走向消极颓
废道路。有的甚至怀着满腹不平之气，投身于杂剧创作，成为下层人民
的代言人。他们由于地位低下，不仅能够比较深入地了解其他被压迫者
的思想感情和生活愿望，而且在审美观上也能与广大人民群众相接近。
他们有的甚至把创作杂剧作为自己"安身立命"的依托。在封建道德约
束比较松懈的条件下，这些愤世嫉俗的文人，就把自己因不满于时代所
安排的命运而激荡起来的真情实感，对丑恶现实的憎恨和对美好生活的
憧憬，全部借历史和传说的故事加以表达。作家们也只有在杂剧里，才
能表现自己"是个蒸不烂、煮不熟、捶不扁、炒不爆、响当当一粒铜豌
豆"（关汉卿：《不伏老》）；才能有"若天吴跨神鳌，噀沫于大洋，波涛汹
涌，截断众流之势"（朱权：《太和正音谱》）；才能借"红娘"的嘴说出：
"你道是官人则合做官人，信口喷，不本分。你道穷民到老则是穷民，
却不道，'将相出寒门'。"（王实甫：《西厢记》）但伤感、哀愁、秋夜、雁
声，终竟是他们内心的迷茫境界，从"叹世"而"遁世"，随着所谓
"人间宠辱都参破"之后，表现出来的不是"宿命论"的俘虏，就是不
问曲直的虚无主义。在哭了又笑，笑了又哭，"为兴亡笑罢还悲叹"之
后，发出的则是"百岁光阴一梦蝶"，"屈原清死由他恁，醉和醒争甚"
（《秋思》）的极端叹喟。

　　这里是以极大的激情来写实，除了一些宣扬男女自由结合的合理

性，拆散而又使之团圆如《墙头马上》之类的作品外，大部分都在表现人间的悲剧。这些悲剧往往令人战栗、恐怖、绝望，并在美与丑、善与恶的搏斗中又始终贯穿着一种磅礴、高昂的正义精神，渗透着作者炽烈而又深沉的感情，透露出一种悲剧的壮烈美。这悲剧正是这一时代的真实写照，而那磅礴而出，气贯日月的壮烈美，正是作者所郁积的激荡之情，透过起伏跌宕，扣人心弦的情节、结构，毫无遮拦，直接倾注的结果。现实主义与浪漫主义借杂剧这一戏曲形式获得良好的统一，也是知识分子文人走向民间，与被侮辱和被损害的阶层结合，吮吸了民间丰富的思想文化的乳汁后所结成的硕果。

在元曲作家中，关汉卿的斗争精神最为突出，因而被称为"铜豌豆"。他在《南吕一枝花·不伏老》中亦自称：

> ［尾］ 我是个蒸不烂、煮不熟、捶不扁、炒不爆、响当当一粒铜豌豆。恁子弟每谁教你钻入他锄不断、斫不下、解不开、顿不脱、慢腾腾千层锦套头。我玩的是梁园月，饮的是东京酒，赏的是洛阳花，扳的是章台柳。我也会围棋、会蹴踘、会打围、会插科、会歌舞、会吹弹、会燕作、会吟诗、会双陆。你便是落了我牙、歪了我嘴、瘸了我腿、折了我手。天赐与我这几般儿歹症候，尚兀自不肯休。则除是阎王亲自唤，神鬼自来勾，三魂归地府，七魄丧冥幽。天哪，那其间才不向烟花路儿上走！

在这些散曲和杂剧中，关汉卿所塑造的勇敢追求爱情的王瑞兰、燕燕，敢于对抗豪强的赵盼盼、谭记儿以及智斩鲁斋郎、三勘蝴蝶梦的包文正，是他由浪子风流发展为斗士精神的艺术杰作。而以生命抗争的窦娥的哀号，则是元曲斗争精神的最强音。

《窦娥冤》或称《六月雪》，是蒲剧的一个传统剧目，在山西民间广为流传，但逢庙会无不演唱，观者无不热泪横流。真可谓"动天地而泣鬼神"。它揭露了元代一个严重的社会问题：高利贷所造成的人间悲剧。

窦娥因父亲偿还不起蔡婆的高利贷而被卖做童养媳。后来蔡婆也因还不起高利贷，被张驴儿父子要挟。窦娥遭到了张驴儿为代表的地痞流氓恶势力和以桃杌为代表的昏庸腐败的官府及贪官污吏的双重迫害，她在被绑赴法场的路上，怨气冲天，一腔怒火猛烈地迸发出来：

> [滚绣球] 有日月朝暮悬，有鬼神掌着生死权。天地也！只合把清浊分辨，可怎生糊突了盗跖、颜渊？为善的受贫穷更命短，造恶的享富贵又寿延。天地也！做得个怕硬欺软，却原来也这般顺水推船！地也，你不分好歹何为地！天也！你错勘贤愚枉做天！哎！只落得两泪涟涟。

这不也就把作家胸中的深沉激荡，变为狂号嘶喊了吗？

窦娥就是关汉卿这个"铜豌豆"作家笔下的"铜豌豆"！这个"铜豌豆"的悲剧本来是不可挽救的，但冤气冲天，感动了老天，六月炎夏却下起了大雪，同时，她的父亲竟是一位高官，临刑奔赴杀场，使窦娥终于获救，成全了这双"铜豌豆"。关汉卿终于获得精神上的胜利和满足。

(本章及《愁恨道情》、《蕴藉风流》主要参考文献：《山西文学史》，北岳文艺出版社1993年版；《学术论丛》，2008年张斯直：《从元代散曲看山西》)。

六十、哀乐之真

　　创作反映时代。作为诗人，王若虚说："哀乐之真，发乎情性，此诗之正理也。"（《滹南诗话》）主张要从"肺腑中流出"，才可能臻于"浑然天成"，才可能出现理想的美的境界。他主张艺术的通俗化、民间化，所以对白居易的平易浅显尤为推崇。他赞道："乐天之诗，情致曲尽，入人肝脾，随物赋形，所在充满，殆与元气相侔。至长韵大篇，动数百千言夕而顺适恰当，句句如一，无争张牵强之态，此岂捻断须吟悲鸣口吻者所能至哉？或世或以浅易轻之，盖不足与言矣。"就是说，白居易的诗，情致委婉深曲，沁人心脾，所描绘和吟咏的事物，都充满了情致，几乎同宏大的天地精气相等。至于长诗大论，一动笔就是几百几千字，顺畅精当，句句统一，没有夸张牵强的现象，这哪里是挦断胡须苦吟悲鸣的人所能做到的呢？有的世人因为它浅显平易而轻视它，这种态度是偏颇的。他强调要出之以情的自然，学苏轼的"文如万斛泉流，不择地皆可出，在平地，滔滔汩汩，虽一日千里无难……常行于所当行，常止于不可不止。"（《东坡题跋》卷一）在他看来，苏诗如三江滚滚，笔底翻澜；白诗如百斛明珠，晶莹圆澈。他们能够达到这种境界，主要写出了真怀抱、真性情，信手拈来，即成诗文，而无暇于文字语言上的雕饰。

　　元好问也主张"心声只要心传"，只有出于真诚，才可能是好诗。在《杨叔能小亨集引》中，他解释说："何谓本？诚是也……由心而诚，由诚而言，由言而诗也。三者相为一。"而这种"诚"又是源之于"亲到"。他认为："眼处心生句自神，暗中摸索总非真。"他赞许"曹、刘坐啸虎生风"的气势，提倡"邺下风流"、"慷慨歌谣"的刚健精神。正是这种现实主义的明确主张与具体实践，使他获得"集两宋之大成"的盛誉，并成为金、元一代成就最大的诗人。

这时期的现实主义，其特点是"为时"、"为事"（白居易语），不仅"讽喻"，寄之以"劝"，而且有深刻的批判与揭露；其"为诗"、"为文"也不依循于儒家的"教化"，而是对封建礼教的痛斥、鞭挞。杂剧所发的"真淳"的情，几乎全是表现人们对统治者愚蠢残暴的嘲笑和激烈的反抗情绪的。大团圆的结局只是用来寄托被压迫者胜利的理想。"真理"和"正义"已转而成为美学理想的具体内容。

这时候，"美"作为一种理想的概念，已具有极鲜明的民族特性与激进的思想内容。作者的同情绝大部分均寄放在被损害者身上。大胆的幻想和积极的追求，旗帜鲜明地要冲决一切封建礼教樊篱，激励人们向争取解放的路上迅跑。关汉卿的《窦娥冤》，发出"官吏无心正法，百姓有口难言"的激烈控诉；王实甫让崔莺莺摆脱封建意识的束缚，从犹豫、动摇、怯弱和顾虑中解放出来；马致远的《汉宫秋》借王昭君的悲剧表现了汉族受侵害的不堪命运；白朴的《墙头马上》，借私奔宣扬男女自由结合的合理性。这些从民间一涌而来的现实主义潮流，透过杂剧作者"真淳"的激情，如万斛清泉喷涌而出，并使之具有浓厚的浪漫主义色彩。这些作品，在描写物态时，栩栩如生；在"体贴人情"时，"委曲必尽"；"歌演终场"，则务必"使人坠泪"。（王世贞：《曲藻》）理想人物人格的独立，反封建压迫色彩的浓重，以都市经济为基础发展起来的现实主义，以及开始注意对人物性格的刻画和心理的描绘，使完美形象的典型人物，都具备鲜明的性格特征。善良如窦娥；泼辣如赵盼儿；机智、爽朗如红娘；温柔、奔放如莺莺；疾恶、莽撞如李逵；果断、坚强如罗梅英（《秋胡戏妻》），等等。

由于从特定人物的特定环境所提出的描写和刻画的需要出发，人们便把"当行"、"本色",作为戏剧语言的审美标准。所谓"填词者必须人习其方言,事肖其本色,境无旁溢,语无外假",要使"所妆演无不模拟曲尽,宛若身当其处,而几忘其事之乌有,能使人快者掀髯,愤者扼腕,悲者淹泣,羡者色飞"。只有这样,才属"上乘",才是"当行"(臧懋循:《元曲选》序二)。

这里不仅从艺术真实的角度,概括了元杂剧在创作中的经验,表明形象真实要借语言的"当行"来实现,而且把哀乐之真情贯穿于审美的始终,并把它作为"杂剧"这一形式的美学标准。

关于这一点,清代黄周星《制曲技语》做了很好的概括。他说:"曲之体无他,不过八字尽之",曰"少作圣籍,多发自然而已"。制曲之诀无他,不过四字尽之,曰"雅俗共赏而已"。论曲之妙无他,不过三字尽之,曰"能感人"而已。情真则能,使感人,喜则欲歌、欲舞;悲则欲泣、欲诉;怒则欲杀、欲割,生趣勃勃,生气凛凛之谓也。

这个"当行"、"本色",道尽了元曲作为"杂剧"语言的特性、法式及其审美要求。

六十一、虚实结合

元的"杂剧"及其以后的"南戏"，作为一种戏曲综合艺术，它是从宋、金以前诸般杂项技艺的混合演出中分化出来所形成的一种歌舞结合、唱白相间的表演艺术。它是受了一些传统艺术如诸宫调等的影响，经历了一番兼收并蓄、广征博取的过程而形成的。有从诸宫调、词曲小令以至民间小唱这一类清唱形式中发展而来的歌唱艺术，以及在清唱、民间乐器演奏基础上发展起来的伴奏艺术；有耍鲍老、跳竹马之类的民间歌舞；有从参军戏到宋杂剧、金院本的滑稽表演；有朴刀赶棒、跌打翻扑之类的杂剧武术；还有自宋杂剧、金院本沿袭下来的念诵、科泛等戏剧表演以及民间的造型艺术、工艺美术等成分。作为传统的继承，其范围异常广泛，种类也极为多样，几乎各种艺术形式，莫不被广泛采纳。作为其表现舞台戏剧表演的基本手段，是各种表演艺术的大汇合。同时，它在综合运用这些艺术的过程中，又根据每一种艺术手段的特性加以改造，使之转化为戏曲舞台艺术的一个有机组成部分。

例如，发展诸宫调一类原来长于抒情的说唱艺术，使其具有叙事的功能，并演化为抒发剧中人物内心感情的主要手段，成为创造人物形象和表现戏剧矛盾的一个重要组成部分。

再如，插科打诨的滑稽表演，它本来具有调笑逗趣的性质，并且又有讽刺鉴戒的传统，进入到戏曲舞台以后，则形成为一种富有特殊效果的喜剧性穿插。它或者被用于对反面形象的揶揄讽刺，或者被用于正面人物轻松幽默的逗笑。

再如，跌打翻扑一类的武术伎艺，被吸收以后，也成为创造英雄好汉这类舞台形象必不可少的表演形式。至于民间歌舞之类舞蹈表演被吸收之后，也按不同情况穿插运用，以加强舞台气氛。

说唱艺术的深刻影响，使得杂剧和南戏在演出形式、结构、方法以及表现手法等方面，都具有说唱艺术的特征。

首先，它使得中国戏曲的传统，在时间、空间的处理上极为灵活自由。举凡戏剧中所规定的时间、环境，都是在有限的舞台空间通过戏剧情节的变化和出场人物的活动显示出来。把说唱艺术中用以叙述故事的方法，演变为一种舞台表演形式。或借三言两语，一带而过，以示时间的发展；或借出场人物的迭次更换，以示戏剧环境已数度变迁；或借形体动作或歌舞队形的变化，通过幕启幕落的形式，使有限的舞台空间，在瞬息之间，转化出各种不同的情境。这种时间、空间处理的灵活性，在戏剧结构和表演形式上，创造出了一系列中国戏曲艺术所独具的美学特色。其中最为突出之点，即虚实结合的舞台处理手法。凡在舞台上不可能，也不必要如实出现的场面或事件，都通过演员在舞台上的表演活动来创造一定的舞台气氛，让观众在想象中展开广阔的意境。如南戏《拜月亭记》中有一段戏：

> （生扮蒋世隆，唱）［山坡羊］翠嵬嵬云山一带，碧澄澄寒波几派，深密密烟林数簇，乱飘飘黄叶都零败。一两阵风，三五声过雁哀。（旦扮王瑞兰，接唱）伤心，对景愁无奈。回首西风也，回首西风泪满腮。（合）情怀，急煎煎冈似海；形骸，骨挨挨瘦似柴。

这是在没有布景装置的舞台上进行表演的。但是通过唱曲，通过演员的表演活动，说明它的环境是在逃难途中，而时间已是深秋暮色。至于大小道具及某些舞台装置用品，倒反而成为表现舞台时间、空间变化的一个辅助手段。剧情中的景物描写，主要依靠演员的虚拟表演，或者把它寄托在富有表现力的台词之中。

《西厢记》中张生与莺莺长亭告别一场，曲文中有"碧云天，黄花地，西风紧，北雁南飞。晓来谁染霜林醉？总是离人泪！"这是写景，同时又在抒发恋人的离情别绪。舞台上虽然没有布景，但由于有演员的动人的唱词和真实可信的身段表演，激发起观众想象力的极大活跃，填实了景的虚，使得空无所有的演出场所，变成了有情有景的剧情环境。这样的演出，可以说是"虚"的，但是所谓"虚"，也并非一切皆虚。如《感天动地窦娥冤》第四折中，窦天章灯下阅卷，夜色可虚，而灯与文卷则不可虚。所以剧本中有"张千送文卷"、"张千点灯"等舞台动作说明。这个灯，就向观众提示：这是晚上。《临江驿潇湘秋夜雨》中张翠鸾被陷害发配一场，剧本不但描写了风雨交加的情景，而且在舞台说明中注明"正旦作跌倒科"，即要演员用一系列身段动作来表现一个弱女子在风雨中、在泥泞的道路上披枷迭配的苦况，而且舞台说明中又注明："正旦带枷锁同解子上。"

可见，风雨可虚，枷锁不可虚。这些枷锁、文卷、灯等一类用具，以及作战场面所用的刀枪剑戟一类武器，当时统称为"砌末"（意思是"什物"）。正像《萧何月下追韩信》，舞台说明中注明"正末背剑磕竹马上开"，在舞台上"夹着无瞻马，两脚走如飞"。马可以省，而马鞭却不能没有。这样，又使"砌末"的运用成为虚实结合手法的一个必要组成部分。这是中国戏曲传统中最具有独特意义的地方。

六十二、以此贯彼

由于戏曲在接受各种传统艺术表现手段时，总是把它们作为既成的形式加以继承，久而久之，便程式化，形成了较为固定的舞台程式。如承袭说唱艺术介绍人物的形式，形成了上场念诗、对，自报家门的程式。这种自报家门虽已不同于说唱中以第三人称的口吻从旁叙述，但仍可看出演变的痕迹。

这些程式的形成，经历了一个由不成熟到逐步成熟的发展过程。

如过去各种伎艺表演，在正式表演之前，照例有一段"致语"，以作为引出表演的由头。《张协状元》在运用这一程式时，是采用了诸宫调的形式来咏叙故事梗概的，几乎纯粹是一段与戏剧演出无关的说唱表演。到了南戏《琵琶记》则从原来的五支曲牌，改为只用两支曲牌。如：

（副末上唱）[**水调歌头**] 秋灯明翠幕，夜案览芸编。今来古往，其间故事几多般。少甚佳人才子，也有神仙幽怪，琐碎不堪观。正是不关风化体，纵好也徒然。论传奇，乐人易，动人难。知音君子，这般另做眼儿看。休论插科打诨，也不寻官数调，只看子孝共妻贤。正是骅骝方独步，万马敢争先？

[**沁园春**] 赵女姿容，蔡邕文业，两月夫妻。奈朝廷黄榜，遍招贤士；高堂严命，强赴春闱。一举鳌头，再婚牛氏，利绾名牵竟不归。饥荒岁，双亲俱丧，此际实堪悲。堪悲！赵

女支持，剪下香云送舅姑。把麻裙包土，筑成坟墓；琵琶写怨，竟往京畿。孝矣伯喈，贤哉牛氏，书馆相逢最惨凄。重庐墓，一夫二妇，旌表门闾。

前一曲表明写作态度，后一曲则是全部剧情的简括介绍。从篇幅上说，它比《张协状元》简练得多，更接近于戏剧表演的要求。这种情况，正反映了程式运用的成熟。

曲牌联套的程式，既包含有唐、宋大曲、转踏等歌舞音乐的因素，又包含有鼓子词、唱赚、诸宫调等说唱音乐的因素，还包含有唐、宋的词，以及其他民间歌曲的因素。它并不是任何一群曲调的自由组合，而是将若干互有联系的曲调按一定的规律、规则组织起来，使之共同构成一套完整的乐曲结构。例如，在北曲的联套形式中，有一种是在引子和尾声之间，以两支曲牌递互循环为其结构。这显然是承袭了转踏（缠达）的结构形式。由一个宫调的若干曲牌连成一套，又是唱赚音乐结构的特点。杂剧全剧四折；四折之中，变换四种宫调，这又反映了诸宫调的影响。北杂剧一曲重复运用多次的现象，也来自北方民歌风格的影响。宋、金以来，北方的民歌创作相当旺盛，既有汉族的，也有其他少数民族的歌曲。它的语言生动、形式活泼的特点，对北曲具有更深刻的影响。

那些从唐宋词里继承下来的曲牌，由于突破了词的种种局限，更便于歌唱，更便于抒发感情，因而也更便于搬上舞台去刻画人物，成为中国最早的一种戏曲声腔。经过一段发展，其联套规模已十分庞大，结构也相当严密完整。正是由于把抒情性和叙事性音乐成功地结合起来，按不同的情节、环境形成一种成熟的程式，才使之发展成为一种戏剧性的音乐。因为每一首曲调都有它一定的调式、调性，各个曲调之间，又有一宫保持其调性的统一谐和，一出戏四折，也就是四大套曲子，就可以选用四种不同的宫调。这在整个结构布局上，就有了调性、调式的变化。这种调性色彩的对比，再加上各折中情趣不同的曲调的更换，就构成了音乐情绪的各种戏剧性变化。这些联套曲牌，再通过角色演唱时的不同处理与发挥，在舞台上就更富有变化，在歌唱时更接近于性格化的要求。

芝庵的《唱论》，对各种宫调的性能、特色，进行分析，作了如下概括：仙吕宫："清新绵邈"；南吕宫："感叹伤悲"；中吕宫："高下闪赚"；黄钟宫："富贵缠绵"；正宫："惆怅雄壮"；道调宫："飘逸清幽"；大石调："风流蕴藉"；小石调："旖旎妩媚"；高平调："条物幌漾"；般涉调："拾掇坑堑"；歇指调："急并虚歇"；商角调："悲伤婉转"；双调："健捷激袅"；商调："凄怆怨慕"；角调："呜咽悠扬"；宫调："典雅沉重"等。

这些别有情调的曲宫调，在联套中，又有其联属关系。这种联属关系除了旋律上的原因之外，还有节奏上的原因。通过长期的艺术实践，从唐时"散、慢、快"的结构雏形（如白居易的《霓裳羽衣曲》写"秋竹竿裂春冰拆"，经历了繁音促节的舞蹈后到尾声的"舞罢曲终长引声"），发展为"散、慢、快、散"节奏程式，如开头以正宫［端正好］、黄钟［醉花阴］、仙吕［点绛唇］一类唱得慢、拖腔长的散板为引子，然后由慢转快，达到高潮后，又由快而慢，《汉宫秋》第三折的［梅花酒］就是一句赶一句，越赶越紧，达到高潮时突然换成［收江南］，节奏一下慢下来，最后转入尾声的散的典型。

元代后期，南戏在接受北杂剧影响后，又在南戏中形成了南北合套。其特点是：一支北曲、一支南曲，依次交替出现，合成一套（如南戏《小孙屠》其南北合套的形式是：北曲［新水令］——南曲［风入松］——北曲［折桂令］；南曲［风入松］——北曲［水仙子］——南曲［风入松］——北曲［得胜令］——南曲［风入松］）。后期南戏，又由于对原来曲牌的结构形式、表情能力感到不能满足，便要求有一个突破，把几只曲牌集在一起，各摘取若干乐句重新组成一首新曲调，谓之"集曲"。

徐渭的《南词叙录》在谈到词的发展时曾说："徽宗朝，周、柳诸子，以此贯彼，号曰'侧犯'、'二犯'、'三犯'、'四犯'，转辗波荡，非复唐人之旧。"

这就是所谓"以此贯彼"。它是一种"集曲"的方法，和南北合套一样，作为一种丰富戏曲音乐的方法，在南戏中被广泛运用。它们的成熟和程式化，也正如弦拨乐器和鼓、笛、板等吹打乐器的运用一样，各有其传统："北力在弦、南力在板"（王世贞：《艺苑卮言》）。同时，在不断实践中，它又繁衍分化为一种新的体裁、新的程式，使中国的戏曲音乐具有自己的民族风格和艺术特点，并极其深刻地影响了下一代（以上参见张庚、郭汉城：《中国戏曲通史》）。

六十三、喜闻乐见

喜闻乐见，这也是美学的一种境界，而戏曲正是这样一种为广大群众所喜闻乐见的一种文学艺术形式。山西是中国戏曲的摇篮。传说舜躬耕于山西永济、解州，当时被称为历山，此时即已有制乐作舞敦民风之风。传说唐尧让一位名叫质的人作乐器，质模仿山林溪谷之音制歌，又在陶缶之上蒙上兽皮做成鼓，拊石击石为磬，以至群兽起舞，开创了歌舞的源流。著名的《击壤歌》、《康衢歌》，就是在尧所在的平阳即今山西临汾地区产生的。继尧之后的舜还做五弦之琴以歌《南风》，使鸟兽跄跄，凤凰来仪。那时出现的《大章》、《大韶》、《大夏》等乐舞，悦耳动听，颇受民众的欢迎，后更流行于春秋时期。孔子听了《韶》乐，竟称三个月都不知肉味，可见它的魅力。《诗经》中的《唐风》、《魏风》都是从流行于山西地区的民歌中采集的。汉代的《敕勒歌》，气势雄浑、声调高亢、节奏性强，不仅在当时颇为人们所喜欢，闻之止步，流连忘返，而且广为流传，一直影响到今日的民歌。晋国出过许多音乐舞蹈方面的艺术家，如著名的师旷、优施，均是由于善于审音调律、能歌善舞而受到宫廷的欢迎和民间的喜爱的。山西泽州是诸宫调的发源地，唐玄宗曾在这里做过藩王。他精通音律，喜好俳优，并粉墨登场、亲自参加表演，被后世传为佳话，还被奉为戏曲之"鼻祖"。也许正是这个缘故，音乐歌舞，在唐朝颇为盛行。唐代及五代后的宫廷里，出现了很多能歌善舞的艺术家，如杨贵妃、赵丽妃、黄幡绰等。由于汉唐王室均很重视山西这块土地肥沃、经济繁荣的京畿屏障之地，把他们的子弟册封到这里，更促进了山西歌舞戏曲的发展繁荣。及至北魏、宋、元时期，歌舞戏曲在山西更发展到一个巅峰。这些歌舞戏曲的一个共同点或审美特点，即喜闻乐见、雅俗共赏。既为宫廷所喜闻乐见，亦为民间平民百姓所喜闻乐见。

这些歌舞戏曲之所以为人们所喜闻乐见，主要是它有以下特点：第一，来自生活，回到生活；第二，通俗易懂，生动活泼；第三，情景交融，绘声绘色；第四，诗情画意，雅俗共赏；第五，加入逗唱杂耍，充满乐趣；第六，英雄侠客，奸佞恶霸，颂扬揭露，令人畅怀；第七，神怪故事，历史传说，前朝保留剧目，在民间早有流传，家喻户晓，移入散曲杂剧，更受人们欢迎；第八，形式多样，不拘一格，适应性强，市井乡里，到处可以表演，并且非常之实用，为节日、祭祀所需要。

山西沁县南涅水北魏时期的浮匿石塔底座上，有一个浮雕的《百戏图》，图中十二人表演各种伎艺。其中缘竿表演占主要位置，一人举顶长竿，竿上有四人正在表演：爬竿者一，倒挂者二，顶端有一人仰垂，姿势非常优美。另一组中的一人拿顶，双脚耍弄砌末，一人住后仰软腰，左角上一人收腹提臂作练功状。图右上角一组中，有两人为表演者伴奏，一人吹笛，一人鸣锣。其余二人，一人表演长跻技，一人表演杂耍。这种表演艺术形式，充满娱乐性，又显示其苦练出来的功夫，把它叫成"功夫戏"亦未尝不可，观者是不可能不拍手称快的。还有锣鼓戏，《关公战蚩龙》、《单刀赴会》、《出五关》，这些故事在民间本来就广泛流传，为人们所喜爱，加上鼓乐齐鸣，热闹非凡，更引人入胜。《元曲鉴赏辞典》中，收入732首散曲，大都很通俗易懂，又情景交融，诗情画意，可供雅俗共赏。如卢挚的［双调·沉醉东风·秋景］："挂绝壁松枯倒倚，落残霞孤鹜齐飞，四周不尽山，一望无穷水。散西风满天秋意。夜静云帆月影低，载我在潇湘画里。"白朴的［越调·天净沙·春］："春山暖日和风，阑干楼阁帘栊，杨柳秋千院中。啼莺舞燕，小桥流水飞红。"充满诗情画意。乔吉的［中吕］《满庭芳·渔父》词："江声撼枕，一川残月，满目遥岑。白云流水无人禁，胜似山林。钓晚霞寒流濯锦，看秋湖夜海熔金。村醪窨，何人共饮？鸥鹭是知心。"词句通俗秀丽，高洁优美，未明点渔夫的艰苦，却使人深深意会到渔夫的艰辛、孤寂、痛苦。既写景，又抒情，情景交融，唤起人们的联想与共鸣。《元曲鉴赏辞典》中所收散曲，大都很通俗易懂，今人现在看来都好懂，在当时则更为通俗易懂。而且其中95％的散曲，均是情景交融，借景抒情的。

在元曲中，许多故事都是歌颂英雄忠良，揭露抨击奸佞欺压群众的权贵的，写婚姻爱情也是歌颂那种不嫌贫爱富的男女，还有假案、错案、冤案等，更为观众所动心。

形式多样，甚至不拘于一定形式，可以在各种场合表演——这也是这种歌舞戏曲之所以为人们喜闻乐见的一个重要原因。它可以在舞台上上演，也可以不要舞台，可以打地摊，也可以在路上和台上来回表演。如流行于山西晋南的锣鼓杂戏，因传系唐时河东节度使马燧在临猗主持建造龙岩寺时，曾制《定难曲》歌舞献给唐德宗，为了缅怀他，每年正月十六日都要在这里表演锣鼓杂戏，号称"龙岩杂剧"。其内容大都为历史故事或神话传说。这种戏有众多的人物，成队表演，以剧情来确定表演场地，规模空前，蔚为壮观。如《过五关》这出戏，即由乐户、村民装扮成关羽、曹操、甘糜二夫人等，骑马乘车，沿街表演。每到一关，便上舞台与敌将对垒开打，然后又车骑驱驰，再到另一个舞台。如此路上台上往复表演，直到过了五关斩了六将，才告结束。

这只是说它不拘形式，自由灵活，随剧应变，并非没有戏台可供表演。相反，由于它酷受欢迎，并不乏演出之戏台。尤其在金元时期，兴建的舞台几乎遍及各地。现在在山西仍可看到20余座金元时期的舞台。这都属于固定的演出场所，其形式可分三种：一是夯土或用砖石垒砌起来的露天的戏台，呈四方形，观众可以从四面八方观看演员的表演；二是舞亭，即在露天的戏台上立柱盖顶，像亭子一样，观众仍可以四面八方观看；三是舞楼，即把平台加高，下设通道；四是砖木结构的戏台，一般为台的四角为主柱，擎载单檐歇山顶，举折平缓，屋檐舒展如翼，内部架梁结构逐层缩小，构成斗八藻井，在前后角柱间入深 2/3 处加辅柱，后柱与辅柱间砌山墙与后墙相接。两辅柱间可悬挂帷幔（幕布），将戏台分为前后台，后台供演职人员化妆、活动，前台三面敞开，可供观众观看。这种戏台在山西现存的金元时期的戏台中，一般建在神庙中，如山西省赵城县（现为洪洞县赵城镇）城里的城隍庙、老爷庙内。如临汾市魏村的戏台，建在牛王庙里（1283）；王曲村的戏台，建在东岳庙里（1322）；永济董村的戏台，建在二郎庙里（1322）。其他几个地方的戏台也分别建在四圣宫、三官庙、圣母庙、东岳庙中。石楼县的戏台则建在山巅之上的圣母庙中。

所谓实用性，主要是指这些歌舞戏曲，为民间的节日和祭祀活动所需要。如我国有驱傩、腊祭的古俗，一些地方的迎神赛社之风很盛行，届时不仅要祭神祭鬼，还要祀奉先贤古圣或自己的祖宗。歌舞和戏曲，便是最好的礼品。如据史料记载，明中叶山西农村迎神赛社时，要上演各种歌、舞、曲、剧名目之多，达 245 种。其中唐宋大曲、金元俗曲 47 个；叙事曲和歌舞戏 115 个；正队戏 24 个；队戏角色排场单 25 个；院本 8 个；杂剧 26 个。可见这种歌舞戏曲在民间迎神赛社活动中多么活跃。

山西曾盛行的扇鼓，傩祭和傩戏活动更有意思。傩祭仪式包括游村、入坛、请神、参神、拜神、收灾、下神、添神、送神等内容。傩戏表演共有六个剧目，即《坐后土》、《攀道》、《打仓》、《吹风》、《猜谜》和《采桑》。这些剧目，部分与祭祀活动有密切联系，部分明显受宋金杂剧院本的影响。这种扇鼓、傩祭和傩戏的主要活动者是十二神家，而十二神家则是由汉代"十二神兽"，唐"十二神人"演化而来。从这里既可以看出宗教祭祀仪式如何向戏剧转化，又可以看出这种歌舞戏曲如何自然巧妙地同祭祀活动结合起来，从而使祭祀离不开它。（以上资料由山西省文物局提供）

洪洞元代壁画《戏球图》

比如扇鼓、傩祭的主神是后土娘娘，傩戏中的一个节目即是《坐后土》，表演的是后土娘娘的故事。她和她的五个儿子，就是由傩祭中"十二神家"中的六位扮演，表演场所与祭祀场所同一，而且使用祭祀时的服饰和道具。表演就这样同祭祀水乳交融，融为一体了。由此也可以理解，为什么戏台要建在庙中了。

也许你原来并不认为"喜闻乐见"是一种美的形式和审美境界，对它的审美功能更是估计不足。但是，经过上述分析并加以联想，即知它的巨大作用了。其实，连传教者们也很懂得这个道理，无论佛教还是道教以至国外的天主教、基督教等，都非常注重以喜闻乐见的文学艺术形式扩大它们的阵地。中国的孔孟之道所以影响如此广泛深刻，无所不至，其实也不只是靠简单说教，除历史上统治者多次以"独尊儒术"的方式灌输外，采用喜闻乐见的艺术形式宣传教义，发挥着巨大的作用。一个兴、观、群、怨，一个喜闻乐见，就足以使孔孟之道，无所不至，无所不在了。而一个革命之道，一个喜闻乐见，在中国抗日战争、解放战争中起了多大作用呢？著名美学家王朝闻把他较早的一部美学著作命名为《喜闻乐见》，绝不是偶然的。其实这四个字，最好地体现了毛泽东《在延安文艺座谈会上的讲话》和他的大众化、通俗化的文艺思想，其要旨就是要让文艺作品为广大工农兵所喜闻乐见，使革命思想通过这些文艺作品在群众思想中生根开花，成为一个了不得的精神原子弹。在今天，"喜闻乐见"也不是可以丢掉的美学传统，相反，同样需要，求之不得。

六十四、地下戏曲

在金、元甚至宋时即出现的"墓中戏曲",是美学史上一个很值得关注的现象。

山西稷山县马村段氏墓杂剧砖雕,是迄今所见北宋末年"靖康之变"(1126)前后至金大定二十一年(1181)之间内容最丰富的杂剧文物。砖雕共有六组,分别见于一、二、三、四、五、八号墓中。六组杂剧砖雕分别嵌于这六座仿木结构砖雕墓的南壁之上,皆与舞台模型相配制。

一号墓的杂剧砖雕毁坏程度严重,除器乐伴奏场面还较完整外,仅存一个副粉墨的净色头像,头戴圈帽,秃头圆脸,鼻及脸蛋饰三角形白粉,浓粗的八字眉斜贯双眼,颇为滑稽逗人。戏台之后有一个 6 人组成的伴奏乐队,乐器有犬圆鼓、拍板、两个腰鼓。笛、笙篥拍板者为一身体修长体态婀娜的女子,其余均为头戴展脚幞头斜饰一朵牡丹花、身穿长袍的男伴奏者。其内容为研究杂剧的乐器伴奏提供了具体的形象资料。

二号墓的杂剧砖雕由四人组成。左起第一人着圆领窄袖长衫,腰束带,足着靴,右手持竿,竿上的绳吊一椭圆形物品而悬于台中心,其面带笑容,躬身聆听,当为副净色。左起第二人宋代官吏装扮,面向第四人作诉说状。第三人身着圆领窄袖长袍,头戴吏帽,手持大板,似为皂吏,应系副末色。第四人装束虽与第二人相同,但侧身座椅,手中持笏，显然是一位地位显赫的大官，当是末泥色。他们的视线、表情、动作、姿势都配合有序，构成了一幅有机联系的杂剧演出场面。

三号墓的杂剧砖雕由五人组成，并列成行。第一、四人皆为副末色，第二人为束带蹬靴，下颌蓄须的孤老角色，正中是形象滑稽的副净，第五人是戴长脚幞头，穿圆领宽袖长袍、双手拱胸持笏，为官员装扮末泥色。

四号墓的砖雕共有四人，从左往右依次是副末、副净、装旦和末泥色，四人形态各异，副净鼻大眼小、呆头缩脑；装旦扭扭捏捏，末泥则是持笏的官员。伴奏的乐器与前述相同。五号墓和八号墓的砖雕内容与四号墓基本相似，都是副末与副净占据中心位置，面部化妆也都有一定程度的夸张，加之故作姿态，使表情显得非常滑稽。末泥色仍为比较严肃的官吏形象，都处在戏台的边侧位置。八号墓杂剧砖雕的右起第一人是一女角装旦，头顶绕髻，长裙曳地，面相丰润而点饰朱唇，袖手一旁，姿态娴雅，由此可以看出这一时期女角装旦在舞台上的形态。

从段氏墓的杂剧砖雕中，还可以看到不同形式的舞台形式，如一、五号墓的舞台高耸的亭，当为"舞亭"。三、八号墓的舞台之下即墓门过道，可谓过街或过路的"舞楼"，而四号墓之舞台形的宽阔的大厅，其当为"舞厅"。这几种舞台形式是继承了北宋舞台的传统并有所发展。

与稷山马村段氏墓群杂剧砖雕内容相近的还有稷山化峪镇西苹果园的二、三号墓，稷山县苗圃的一号墓等金代前期杂剧砖雕。副净、副末居中表演，有说有笑，应用通变，表情幽默诙谐，保持了宋杂剧"务在滑稽"的基本特征。

在侯马市西郊牛村附近发现的金大安二年（1210）董明墓和104号墓，都是仿木构建筑的砖雕墓，墓中都有戏台及戏俑。董氏墓中的戏台砌于墓室北的堂屋之上，戏台上置五个彩绘戏俑。104号墓的戏台砌于该墓南墓门之上，台上置四个戏俑。两座戏台形体大小完全相同。均为前单檐歇山房顶，顶上九脊六兽，抟风悬鱼；下接斗拱额枋与两根大小八角柱。台座亦由两根八角柱支撑。戏台雕刻精致，形式华丽，是十三世纪初叶中国戏曲舞台的精致缩影。

董氏墓戏台上的五个戏俑并列一排，身着彩绘，面部化妆，左起第一人戴黑色幞头，穿宽袖黄衫，足着皂靴，面饰蝴蝶形脸谱，右手执一纸卷，左手伸中、食二指以指自己胸口，似在倾诉何事。第二人身穿长袍足蹬黑靴，左手掀起衣襟，右手握拳置前，头向右怒目而视。第三人戴黑色展脚幞头，穿圆领宽袖红袍，腰间系带，足着乌靴，端庄自若，一副官吏模样。第四人为一穿大红袄浅红裤、腰系红巾帕的女角，右手执团扇，左手握帕，两腿交叉，忸怩作态。最后一人发绾偏髻，着黄色虎皮短袍，脸及眼鼻饰三角形白粉，八字浓眉斜贯双眼，左手持棒，右手置于口中吹哨，形象令人好笑。从五个戏俑的装束与表情看，从左往右排名为装孤、副末、末泥、装旦、副净五个角色，与陶宗仪《辍耕录》所称金院本五个角色行当相吻合。其中末泥居中，地位突出，是主要角色。这与稷山马村、化峪镇等地出土的以副净、副末居中主演，以表现诙谐调笑为主要内容的早期杂剧形式显然有别。当是杂剧走向成熟的标志，也是金院本艺术发展比较成熟的一种演出场面。

104号墓戏台上的四个戏俑，与董氏墓中的戏俑非常相似，但未着彩绘，角色组合也不一样。自右至中为副末、装孤、末泥、装孤，其中装孤重复出现，却无装旦与副净。这种角色的排列，在戏俑已经大批模制的情况下，恐非任意拼凑，而与所演人物故事有关且导致演出场面发生变化。

值得注意的是，上述的杂剧砖雕与戏俑，相当一部分形象相同，尺寸划一，表明它们是模制烧造而成批量生产的。这种戏雕或戏俑在许多金元墓中都有，说明它们不是某一墓主人生前的特别喜好，而是当时社会风尚所使然。反映了这一时期戏曲活动在山西农村广为开展，才可能使艺人据此制成各种工艺品作随葬之物；也正因为形成了社会风气，才可能使作坊工场专门烧制并大量生产。

山西迄今所见元代的戏曲文物也为数不少，其中的芮城、新绛、稷山、繁峙、洪洞、万荣、运城等六七处最为重要，资料内容也很翔实。

宋金墓葬砖雕中有很多表现音乐舞蹈的"伎乐俑"。伎者舞伎也。乐者乐工或乐师也。这种音乐与舞蹈相结合的艺术表演形式统称为散乐。

乐器组合有两种：一为以大小鼓、腰鼓、觱篥和柏板为伍，可以发出激越的声音，称为大乐；一为以笙、排箫、觱篥、嵇琴和方响为伍，音乐清美，称为细乐。

这些砖雕分黑白与彩色两种，有吹笛的、打鼓的、拍板的、有打腰鼓的、有跳舞的等，形象生动活泼，均金代（1115—1234）的作品，分别于山西省襄汾、新绛出土。

1959 年，在芮城潘德仲墓的石椁前端，发现了元宪宗二年至九年（1252—1254）的杂剧残刻图。图内有戏楼一座，下部台座中间凿一门洞。台座之上是三间门楼，正中高大而宽敞，侧面两间略窄稍矮并装有格子门。台上四人正在表演，左起第一人为形象滑稽的副净，浑裹的头巾歪向一侧，左手撩衫襟，右手食、拇二指含于口中吹口哨。第二人为身穿圆大袖袍双手戴尖帽敞怀袒腹的副末。其身后是一装孤。末泥靠前，形象高大。以末泥为主角的杂剧演技较前更为成熟。

新绛县吴岭庄发现的卫忠墓（1279）墓中也有杂剧砖雕，砖雕嵌于墓前室正中墓门之上。杂剧人物均系彩绘浮雕，其上悬横幔，幔下中部雕五个杂剧角色。从左至右第一人装扮及动作与后世戏剧中的短打武生相像；第二人是一双手抱拱作揖的副净；正中是末泥色；第四、五人分别为装孤和装旦。其中末泥角色高大而突出。居于中心位置。这是元代杂剧"末本"演出体制的一种反映。

新绛县寨里村发现的元至大四年（1311）赵氏墓和稷山县店头村发现的元世祖时期的仿木构砖室墓，墓中都有杂剧砖雕，五个角色的位置及形象与吴岭庄元墓大同小异，其中末泥都位于中间位置，神态表情都表明其为主演。姿态昂扬、身手矫健的副末，为金代剧中所少见。

以上资料充分说明当时歌舞杂剧在社会上已非常普及，人们不但生前离不开这种艺术，死后也要带进墓里，文化普及到如此程度，是今人难以想象的，也是难以比拟的。艺术享受不仅是他们"乐生"的一个要素，而且成为他们"乐死"的一个要素。它已成为生活质量的一个重要标志，死后也要保持这种"生活质量"。同时这也不难看出喜闻乐见的艺术，影响多么广泛深刻而又深远。这种艺术形式在由地上变为地下时，又有了新的演变与创新，这也是美学需要研究的问题。

六十五、程式典范

　　戏剧的程式化还具体表现于角色分类、脸谱、打扮等方面。如宋杂剧、金院本，均以滑稽调笑为主，也以副末、副净为主角，北杂剧以正剧性的戏剧表演为主，原来的所谓末泥色就上升为戏剧表演中的主要角色，而成为正末。原来院本中引戏兼装旦色，此时也成为正旦。它们在元杂剧中均为一唱到底的主唱角色，原来的净角，受南戏的影响，发展为丑角。杂剧的正末，实际上包括了以前戏曲中的生净、小生、武生；正旦包含后世戏曲中青衣、闺门旦、花旦、老旦在内。杂剧演员逐渐走向专业化，为后世戏曲各行角色进一步的专业分工孕育了条件。

　　角色的专业程式原是为了人物的造型。元杂剧发展宋杂剧、金院本的涂面化妆，在"素面"化妆与"花面"化妆之外，还开始了正面形象的性格化的勾脸。这类脸谱主要出现在一些历史故事中。如《诸葛亮博望烧屯》中诸葛亮有段唱，形容关羽"生的高耸耸俊莺鼻，长挽挽卧蚕眉，红馥馥双脸胭脂般赤，黑真真三柳美髯垂"（《元刊杂剧三十种》）。很明显，在北杂剧舞台上，关羽是要勾红脸的。又如《刘关张桃园三结义》中屠户的道白有"俺哥哥（指张飞）便脸黑"；《都孔目风雨还牢末》中搽旦说李逵是"面皮黑色"；《尉迟恭单鞭夺槊》中徐茂公描述尉迟恭是"若非真武临凡世，便应黑煞下天台"，等等。说明张飞、李逵、尉迟恭都要勾黑脸。至于其他神怪戏，则又有蓝脸、绿脸、金脸之类，通过化妆艺术，使剧作者的思想倾向性和人物的性格特征更加鲜明了。

《元刊杂剧三十种》的舞台说明中还有"披秉"、"素扮"、"道扮"、"兰扮"等名目。"披秉"即披袍秉笏,作官员打扮;"素扮"即平民打扮;"道扮"即道家打扮;"兰扮"即褴褛的打扮。它反映的是封建社会的等级制度。为了美观的需要,它并不完全是生活服装,而是"绘画之服"。戏衣的色彩鲜明,按不同身份,各有云龙、云鹤、绿叶、红花等纹饰。它是从历史和现实生活中采集式样,通过艺术加工而成的。在穿戴时,对十分复杂的生活现象做过一番整理,使之简单化、规则化,形成一套舞台规制,因此带有很强的程式性。

《脉望馆抄校本古今杂剧》中附有"穿关"(穿戴关目)共 102 种。当剧中人物的社会地位有了改变时,服装也随之改变。如《汉公卿衣锦还乡》中的韩信,在项羽麾下为"执戟郎"时,装束是"披厦冠,膝皂裥撒,袍、项帕、直缠、褡膊、带";到了投效刘邦,登台拜帅之后,改

生、旦、净、丑,演绎人生

杂剧是宋、金时期戏曲艺术早期形式之一,开始在山西南部的市肆和乡村勃起,商业性演出广泛流行。演员开始划分行当,副净、副末、装旦、装孤、引戏等角色的划分,就是从这时开始的。引戏就是村民们所称的"头一个人"。正戏未开幕之前,先有一个人坐在台上。演员的形象与服饰及妆扮,逐渐形成一种固定的模式。到了元代,在角色搭配、服装道具、乐器伴奏、剧目曲牌等方面,也相应稳定成熟起来,并逐渐向更加丰富细腻的境界发展,戏曲作为一门崭新的、综合性的艺术门类,茁壮登上中国古代表演艺术的舞台。

稷山苗莆金墓杂剧砖雕

稷山化峪3号墓金墓杂剧砖雕

20世纪50年代起，陆续在晋南地区发现金元时期戏曲表演的墓葬砖雕、壁画、石刻，艺术手法高超，既反映了当时社会的生活氛围，戏曲艺术的盛行，人们生前的审美观与价值观，也反映了他们的"人死观"——即在死后，也要戏曲艺术陪同他们。

侯马金董氏墓戏俑

为"梦檐帽，蟒衣曳撒，袍、项帕、直缠、褡膊、带"。目的在于表现人物的社会地位，而不是表现朝代以及地区、季节等细节变化。因此说，中国的戏曲服装，不只是写实的，而是程式的，至于色彩的讲究，也同脸谱一样，深受民间说唱艺术的影响。

总之，这一时期的杂剧、南戏正是以其运用艺术手段的综合性，舞台处理方法上时间、空间变化的灵活性和舞台技术手法的程式性，奠定了整个戏曲舞台艺术的基本发展道路的。在此后的几个世纪中，戏曲的舞台艺术便是沿着这种传统发展起来的（以上均参见《中国戏曲通史》）。

由此可见，具有中国民族特色的戏曲形式美，是通过长期实践、高度提炼以后的美的精华。它综合中国传统的说唱、表演、音乐、舞蹈各类艺术形式的美于一炉，从千锤百炼的唱腔设计，到一举手一投足的程式动作，包括雕塑性的亮相造型，以及从山水写意学习而来的"以一当十"、"计白当黑"、虚实结合的象征性、示意性的环境布置，等等，并始终与故事情节、人物形象、戏剧冲突互相交融，因而形成为从生活现象中选择提炼出来的，具有特定意味内容的形式，而不是一般的或单纯的均衡对称或变化统一的形式美。它既以形式规范的特征出现，而每时每刻又允许编剧者和演出者有极大的创造自由。正因如此，在程式化的基础上，演出者通过不懈的实践，都努力发挥自己的风格个性，从而使中国戏曲百花坛上，不断涌现出各种不同的流派。加之不同地区文化与习俗的影响，戏曲这一综合艺术也就成为所有艺术中色彩最丰富，民族形式特色最鲜明的中国民族艺术。它把中国文艺的抒情特性和线的艺术的本质，发展到一个空前的境界。那讲究吐字，千回百转，令人心醉，富有变化的唱腔；那轻盈美妙，从装束到步态所体现的线的艺术；行如浮云，衣带缭绕的优雅姿态等，都通过演出者对每一个细节的推敲、提炼，把静态形式美转化为唱、念、做、打的动态美，并把它推到了炉火纯青、无与伦比的典范高度。同时，因为它不仅从戏曲传统的历史中获得继承，又同时不断地从民间的生活趣味中获得丰富的养分，通过地区和各民族之间的交融，继续得以创新。不仅原有的程式经久不衰，而且在新的艺术实践中，继续创造着新的程式，新的艺术，新的具有一定意味内容的形式。可以说，中国的戏曲艺术，即是一部内容极为丰富多彩、生动活泼的美学。

六十六、一分而殊

　　朱元璋利用农民起义的胜利果实，建立了明专制王朝，接受了宋、元覆亡的教训，其权力更加高度集中，思想上的统治更为强化。宋元理学被列为明王朝的正统思想。朱熹的《四书集注》被列为八股取士的官定文献。"天下英雄入吾彀矣"成为统治者笼络与钳制文人的施政原则。

　　为了满足统治者穷奢极欲的需要而发展起来的手工业工场与作坊生产，加速了都市经济的繁荣。全国再度统一以后，南北与内外的交易更成为一时之盛。海外航道的开辟，社会的相对安定，商业的繁荣都有助于市民文化的发展。文学艺术适应市民的需要，在宋话本元杂剧基础上特别兴盛起来的，是南戏传奇与小说民歌。我们说它是"一分而殊"，即在于以一种不同寻常气势出现在文苑中，几乎代替了历来的诗词、散文而成为这一时代文化的主流，并取得了极大的成就。

　　南戏传奇和小说民歌，是在宋话本和元杂剧的基础上发展起来的。山西人元好问是元曲的开山鼻祖，关汉卿、白朴是元曲的有力推动者，乔吉将元曲推上巅峰，眼看元时的"书会"之类的"文艺沙龙"，已寥若晨星，元曲和杂剧从巅峰滑落下来，又是一个山西人罗贯中，却又妙手回春，给元曲艺苑添了最后一朵奇葩。这就是颇受世人喜爱并流传至今的《三国演义》。

　　从明代至今，《三国演义》一直享有极高的声誉，家喻户晓，妇幼皆知。但对它的作者罗贯中却长期少有所知。直到20世纪30年代，元末明初贾仲明所编《录鬼簿续编》被发现，才使人们知道了他较确切的情况。根据多方面的资料，罗贯中名本，字贯中，系山西太原人。约生于1330年，卒于约1400年。是一位才华横溢、学识宏富的作家。他虽生于太原，却长期生活与活动在江浙一带。他颇有雄心壮志，曾参加反元斗争，入张士诚幕府。

明朝人王圻的《稗史汇编》说他"有志图王"，是一个具有政治抱负的人。后来明太祖朱元璋统一了中国，他改而从事"稗史"的编写工作。他所处的时代是一个民族矛盾和阶级矛盾极其尖锐而复杂的时代。社会动荡不安，他东奔西走，南北漂流。农民起义开拓了他的眼界。他那"草堂春睡"和"清静简朴"的生活情趣，和儒家传统影响下的正统思想，代表的正是元末封建知识分子的精神境界。他的创作，集中于历史小说和历史剧，曾著录三种杂剧，今只存有一种，即《风云会》。他的历史小说《残唐五代史演义》、《隋唐两朝演义》及长篇小说《三遂平妖传》，均广为流传，只是后人多有改动。据传他还是著名小说家施耐庵的学生，并曾协助施耐庵完成《水浒传》的创作。三国故事并非罗贯中原创。早在唐代，三国故事就在民间流传，元朝至治年间的《三国志平话》是依据宋元民间艺人口头讲述而略加整理的。诸宫调和杂剧也有不少演唱三国故事的。罗贯中依据裴松之所注陈寿之《三国志》，并多方面吸收前人和民间艺人的成果，又出于他本人的想象和捏合，终于完成了《三国志演义》这部75万字的长篇巨著。他善于把历史上重大事件巧妙地通过艺术形象表现出来。封建统治阶级内部各个军事集团和政治集团之间的尖锐复杂的矛盾和斗争，通过作品中人物彼此之间的拉拢和排斥、合作和斗争等活动，被生动地再现出来。

《三国演义》这部作品，概括熔铸三国鼎立时期各政治军事集团错综复杂、尖锐斗争的内容。其场面宏伟壮阔、气势磅礴，情节缜密严谨，环环紧扣，如滔天大海，波翻浪卷，潮生潮长，此起彼伏，气象万千。作品中写了几百个人物，都个性鲜明，栩栩如生。作品成功塑造了曹操、张飞、关羽、刘备、诸葛亮、周瑜等具有各自鲜明个性的形象和人物性格。对曹操的刻画尤为成功。他雄才大略，豁达大度，胆略过人，又狡诈无比，不愧为一代奸雄。他在一败涂地、九死一生时的爽朗狡黠的大笑，更是耐人寻味，成为罗贯中刻画人物最富艺术魅力的一笔。在这部作品中常用的粗线条白描式刻画人物的方法。对比、夸张、衬托、渲染技巧的巧妙运用；高点立足，掌握节奏，注意变化的描写战争的艺术；文不甚深，言不甚俗的故事语言；个性化的人物语言，等等，都给后人的创作留下了宝贵的经验。尽管《三国演义》中人物性格定型化，缺乏发展变化，而且夸张过分，"欲显刘备之长厚而似伪，状诸葛亮之多智而近妖"（鲁迅语），但仍不失为一部经得起推敲和历史考验的不朽之作。特别是它对封建统治阶级彼此冷酷无情和对人民掠夺成性的真实面貌的揭露，是很深刻的，表现了从元杂剧《窦娥冤》继承下来的现实主义和斗士精神。正是这种精神，使得这一巨著获得了高度的艺术成就。（参见《山西文学史》，北岳文艺出版社1993年版）

与罗贯中同时的施耐庵，传说他同元末的农民起义运动有一定的联系，甚或亲自参加了起义的队伍。他把那些表现在口头传说、话本、杂剧中的彼此不连缀的水浒故事，运用惊人的艺术才能，进行了创造性的组合，对人物进行了更细致、更深刻、更典型的塑造，揭示了统治者压迫是造成农民起义的基本原因。而且通过宋江等接受招安，又奉诏征讨方腊等描绘了这场轰轰烈烈的农民革命的被分化和被瓦解，让《水浒传》的后半部，在一种凄凉悲惨的气氛中结束，真实地再现了这一历史的大悲剧。

无论《三国演义》，还是《水浒传》，它们都以生动的笔墨，色彩鲜明地塑造了一个个具有鲜明个性的人物典型。他们的成就已大大超过了宋平话的"说国贼怀奸从佞，遣愚夫等辈生嗔，说忠臣负屈衔冤，铁心肠也须下泪。讲鬼怪，令羽士心寒胆战；论闺怨，遣佳人绿惨红愁；说人头斯挺，令羽士快心；言两阵对圆，使雄夫壮志……"（《新编醉翁谈录》之一）这些老套。

正如人们对《三国演义》塑造人物典型所作的概括：曹操奸绝，关羽义绝，孔明智绝。善于抓住人物性格的基本特征，突出它的某一方面，加以夸大，用对比方法，使得人物个性鲜明而生动地出现在人们的面前，显示了作者高超的现实主义艺术手法。

《水浒传》描绘的人物也达几百个之多，许多英雄形象无不写得有血有肉，活灵活现，显示了不同的面目。李逵的坚决莽撞；鲁智深的慷慨直爽、疾恶如仇；武松的刚烈果敢；林冲的厚道、温情、优柔寡断……性格的奇特，形象的逼真，使人久久难忘。

这些人物的性格和精神面貌都由人物本身的行动去说明，而他们的行动，又是由其社会地位、生活环境、恶劣遭遇所决定的。这就使作品坚实地植根于唯物主义的基础之上，并在美学上取得了极高的成就。这两部作品，尤其是《三国演义》，它展示了祖国山川河流博大壮丽的自然之美；展示了各民族的地域风俗之美；展示了波澜壮阔的战争奇观；展示了鲜活的人物形象、性格、服饰、佩饰之美；展示了语言诗词歌赋格律文采之美；展示了人物的诚信之美，尤其是智慧之美。它显示了一种更高的智慧的生存。它是另一种奥运赛场。每个人物都在挑战极限，挑战智慧的极限。他们甚至在挑战儒家以礼为核心思想的极限，他们终归无法超越，就像孙悟空，本事再大，也逃不出如来佛的手掌。但是，对于儒家所维系的君权皇权，尤其是世袭的皇权，无疑是一种冲击。

心灵觉醒 正气凛然

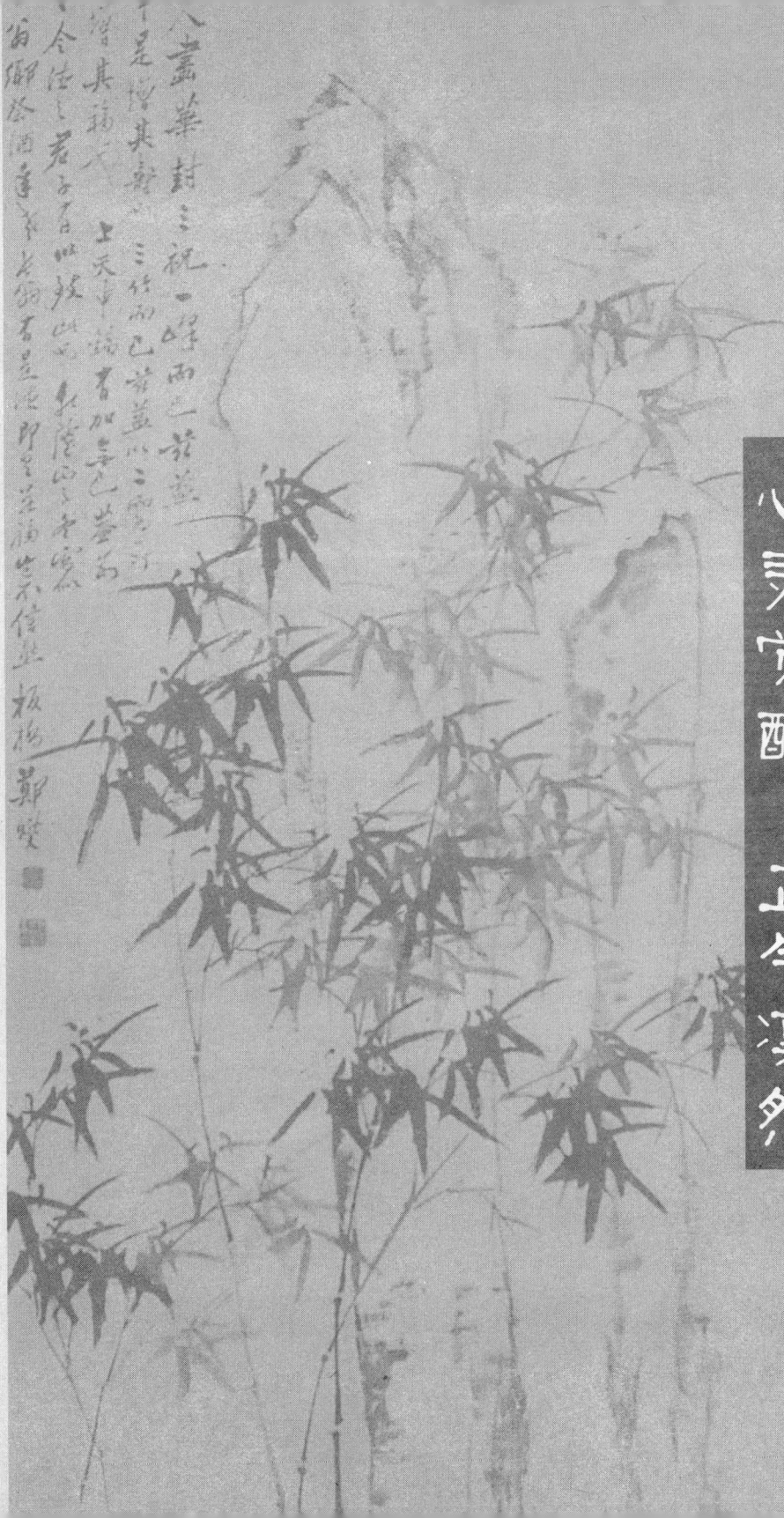

六十七、妍丽工致

朱元璋建立明王朝以后，以汉族"正统"自居，在文坛上实行禁锢政策，只允许点缀升平、歌功颂德，甚至规定"士大夫不为君用者罪该抄杀"。文网森严，文士往往因为一字一句之误而得祸。当时著名文人戴良、高启、张孟兼等就是因诗文招忌而被杀的。对明初杂剧，有利于封建统治的，大加提倡，讽喻抨击封建制度者则打击和排斥。

如《大明律》"禁止搬做杂剧律令"条中规定："凡乐人搬做杂剧戏文，不许妆扮历代帝王后妃、忠臣节烈、先圣先贤像，违者杖一百。官民之家容扮者与同罪。其神仙道扮及义夫节妇、孝子顺孙，劝人为善者不在禁限。"这样一来，明初杂剧就与元之杂剧完全不同，不敢涉及现实，多是宣扬神仙道化的"度脱剧"，歌功颂德的"庆贺剧"和宣扬封建道德的"节义剧"。情节既多因袭，艺术又少创造，自然逐渐趋于衰亡。

在绘画艺术方面，为适应帝王的需要，复设了画院。画家们竞尚模仿，更是缺少独创。为避政险，花鸟画盛行。画工们努力与统治者所追求的绮靡一致，作风妍丽工致，后世称它为"工丽派"。人物画大都为故事风俗画。仇英是故事风俗画的巨擘，所画仕女、鸟兽、台观、旗辇、军仗、城郭、桥梁等，皆是追摹古法，参用心裁，流丽巧整。院派的山水画也以细巧缜密、柔淡雅秀著称。

诗文则以台阁体的"措之于身心，见之于事业"为目的，把为统治者宣扬封建道德作为"崇实务本"、"致用"于"社会人事"的根本任务。所以终明王朝，所谓诗文几乎都成为李贽所斥责的"道家的口实，假人的渊薮！"除了模拟之外，极少新意。

艺术中只有建筑较有特色，其中最值得注意的是北京皇城的天坛。这坛的坛址叫做圜丘。坛共三层，周围栏板和柱，都是青白石做的。它是我国宗教建筑中最庄严的代表作。明王朝正是借它来表明自己是正统的继承者的。

祈年殿也是明代建筑之一，规模略小而式样则与天坛不相上下。殿顶是圆的，有三层檐，上层是青瓦，中层是黄瓦，下层是绿瓦。日光照映，霞光四射，色彩闪烁不定，伟丽罕见。

统治者生则建宫殿，死则建陵园。明十三陵的建筑，尤其足以说明他们穷奢极欲和对百姓荼毒之甚。

明十三陵建于北京之北天寿山下。这里地势雄胜，山谷秀美，明成祖爱之，因此建陵于此。历朝也都跟着在这里建陵，陵址广延六里余。各陵都有围墙相隔，巍立山坡，面临深谷，极为宏伟壮观。皇陵甬道两旁，立有石像。其尽处还有三覆檐门楼一座，门楼内有一院落，中有小殿，穿过此殿有祭殿，殿基是用大理石砌成的。四门各一阶，共九级，通于殿的三门，门上都镂刻着花格。殿长七丈，内高三丈，上覆重檐，以大桥木柱支持，共四列。每列八柱，柱围十二尺，高六丈，中隔天花板，板距地约三丈余，都用四方板斗合而成。此殿丹漆辉煌，结构奇特，确是一代伟构。皇陵上的各种石刻，雄奇伟丽，皆精妙绝伦。在大道的一端建有白石牌坊，饰以龙兽的雕刻。在皇陵之北，有碑亭，亭的四隅，立有白石华表四柱，刻有交龙盘环的形象，上立石兽。碑亭的北面有高丈余的十二个石人。文臣均方冠大袍，长衣大袖，袖口缀璎珞，腰束玉带。武臣的左手执刀，右手秉节，披甲戴盔，后面有石兽二十四个，如狮、象、驼、马、獬豸、麒麟，成对而跪扺、而立，交错其间。石兽刻得生气勃勃；石人的面部，虽似由佛像脱胎而来，而全部结构，亦表现出中国雕刻的特点。（以上参见刘思训：《中国美术发达史》）

　　从这些建筑的格局、气势中，不难看出当时由于物质材料的开发，工艺技巧较之过去更加细密精致，就像青铜器的雕刻一样，较之过去也是十分精巧了。

　　所有这些巍峨、宏壮、金碧辉煌的建筑，精巧妍丽的日用工艺，都反映了在政治相对安定时，专制政权统治者奢侈生活亦注重对审美的追求。

六十八、舍筏登岸

　　明太祖朱元璋在洪武六年（1373）开设文华堂，广储文学人才，并亲自策划和督促明成祖朱棣，召集天下文士两千多人来编纂类书《永乐大典》。为了进一步控制和禁锢知识分子的思想，他们大力提倡客观唯心主义的程朱理学。"四书"、"五经"和《理性大全》成为"国子监、天下府州县学生员"必读之书。八股取士限制了文人的思想。"代古人语气为之"，使得文学的发展受到严重的束缚。前后七子的复古运动极力鼓吹"文必秦汉，诗必盛唐"，使规步秦汉盛唐，成为一时文人追崇的风尚。他们本来是想把"正统文学"从"台阁体"所造成的危机中挽救出来，结果反而把它带到一个更深刻的危机中去。他们以模拟相标榜，并以王廷相的"理根于气"的思想作为他们模拟理论的哲学基础。

　　王廷相主张："元气之上无物、无道、无理"（《雅述》上篇）。"气"是实有之物，虽散而无形可见，却仍然是"有"而不是"无"，而且是产生"理"的客观基础。而"气虽无形可见，却是实有之物，口可以吸而入，手可以摇而得，非虚寂空冥无所索取者。世儒类以气体为无，厥睹误矣。"（《答何柏斋造化书》）基于这种观点，他不仅认为"人之性成于习"（《答薛君采论性书》），而且认为"物理不见不闻，虽圣哲亦不能索而知之"（《雅述》上篇），"心固虚灵而应者必借视听聪明，会于人事，而后灵能长焉"（《石龙书院学辨》）。

　　这里，"理根于气"的"气"化为"人事"，即所谓"接习"，强调虚心地学习，只有"思之精，习之熟不息焉，可以会通于道。"虽然，"广识未必皆当，而思之自得者真"，"泛讲未必吻合，而习之纯熟者妙。"（均见《慎言》卷六）总之，只有通过"习"与"识"，才能到达"气"的彼岸。

在复古理论的指导下，便产生了一批"假古董"，上面泛着铜绿，发着霉气，既似曾相识又佶屈聱牙，于是在他们之中即展开了争论。主要表现为何景明与李梦阳的争持。

何景明认为"登岸"要"舍筏"，然后才能"自创一堂室，一户牖，成一家之言"。模拟只要"领会神情"就可以了。诗"惟其有之，是以似之"，其目的无非是为了"成一家之言，以传不朽"（《与李空同论诗书》）。

李梦阳则认为既是古人的成法，那就要尺尺寸寸，守而勿失，不存在什么"舍筏登岸"的问题。没有规矩，怎么能成方圆？直到晚年，李梦阳才承认他的朋友王叔武"真诗乃在民间"的意见，并为自己做了痛苦的总结，不得不承认自己的诗"非真也"。

真正看出当时诗人生硬模拟杜甫所产生的弊病的是谢榛。这种弊病就在于"处富而言穷愁，遇承平而言干戈，不老曰老，无病曰病。"（《诗家直说》）所以他和王世贞都主张多方取法，不必拘于一家，"渐渍汪洋"然后才能"由工入微，不犯痕迹"。他们认为只有"气从意畅，神与境合"然后才能"随物赋形，无施不可，达到佳境"（《艺苑卮言》）。"有意于古，而终非古也"，"如蜂采百花为蜜，其味自别"，通过"易其貌，换其骨"，而神存千古（谢榛：《四溟诗话》）。

明代七子派的拟古，强调的都是所谓"不易之法"，到了唐顺之才悟出所谓"开阖首尾经纬错综之法"，"皆发于天机之自然"，只能从语言的气势和声调中求之。他认为"文从字顺"，"但直抒胸臆，信手写出"，"便是宇宙间一样绝好文字"。沈周、文征明、祝元明、唐寅等吴中诗人，他们的诗风较为平易，其中的代表者是唐寅。他作诗不拘成法，不避口语，颇能表现真挚的思想感情。他的生活狂放不羁，对世俗表现出很大的蔑视，因之在诗中也流露了自己的傲气。如他在《把酒对月歌》里说："我虽愧无李白才，料应月不嫌我丑。我也不登天子船，我也不上长安眠。姑苏城外一茅屋，万树桃花月满天。"他们对复古派文风之弊深恶痛绝，批评十分尖锐。唐顺之在给他友人蔡可泉的一封信里，即出之以嬉笑怒骂之笔，说："兄试观世间糊窗棂，塞瓶瓮，尘灰朽腐满墙壁间，何处不是近时人文集？有谁闲眼睛与之披阅？若此者可谓之不朽否？即本无精光，遂尔销歇，理固当然。设其人早知分量，将几块木板留却柴烧了，岂不省事？可笑！可笑！"（《答蔡可泉书》）他认为这都是"语性命，谈治道，满纸炫然，一切自托于儒家……"所造成的。愈是装模作样，就愈是丑态尽露（参见《答茅鹿门知县书》）。这说明正统文学这时已不能代表文艺新声。他们虽也推崇唐宋，被称为唐宋派，但他们描写自然与抒情记事，已不同于唐宋八大家，不同于《永州八记》或前后《赤壁赋》。正如归有光的抒情散文，虽然内容和形式都仍是标准的正统派，然而，它们却以对家庭日常细节的朴实无华的描写而打动读者。他的好作品并不是那些严格按照道学家文论要求所写的文章。他的集子中充满了大量的表扬孝子烈妇的文章以及寿序墓铭，这些都是糟粕。他写得好的是回忆往事，哀悼亲人的散文，如《项脊轩记》、《思子亭记》、《寒花葬记》、《先妣事略》等。这些文章感情自然真挚，善于捕捉生活中的典型细节，寥寥几笔，就能给人以深刻的印象，而且作品有一种抒情的气氛。王锡爵在为归有光写的墓志铭里说："无意于感人，而欢愉惨恻之思，溢于言语之外，嗟叹之，淫佚之，自不能已已"，就是指的这个特点。如《寒花葬记》中对一个少女的描写，虽没有详尽的叙述和介绍，只写了几件给作者留下深刻印象的小事，一个天真可爱的女孩的音容笑貌，便跃然纸上了。他们以自己的艺术实践，开始了向"公安派"过渡的先声。

在绘画上，以沈周、文征明为首领，以唐寅为代表的吴派画家，也共同体现了这样一种倾向：接近世俗生活，采用日常题材，笔法风流潇洒，秀润纤细。正如沈周，学董源、巨然二人深得三昧。凡唐宋名流，胜国诸贤，上下千载，纵横百辈，他能兼总条贯，莫不揽其精微。而唐寅也是拜"行笔精工"的周臣为师的，但他能青出于蓝胜于蓝，能矩蠖前哲，而和以天才，运以书卷之气。至于文征明，人家也说他风格似赵子昂而自具一种清和闲适之趣，以别子昂的妍丽（见刘思训：《中国美术发达史》）。他们一方面善学古人，一方面又以在野士大夫的角色"赋性疏朗，狂逸不羁"，不被传统技法及儒家思想所束缚，敢于抒写自己主观世界，追求气韵神采的笔墨效果。他们既与代表院体青绿山水的仇英一样，绘写一些近于市民趣味工整富丽的园林景物，如《东庄图》册之类（沈周），又能变他们的精致工整为粗放雅逸，使其别具一番风韵。他们代表了从写实向写情、写性的浪漫主义的过渡，反映了在明王朝专制统治下，文人墨客积极从"道学之口实，假人之渊薮"的樊篱下，力图解放自己的努力。

六十九、心灵觉醒

　　明朝后期，政治上中国社会内在矛盾空间尖锐；经济上商品经济发展，资本主义萌芽出现，市民工商业者成为重要力量；文化方面，由于科举制度使思想因循守旧；理学家鼓吹的理论具有虚伪性导致知识分子逆反。而真正向明朝道学家的虚伪和自私、社会腐败、贪官污吏发起正面冲击的是王守仁学说的继承人李卓吾。

　　李卓吾不服孔孟，宣讲童心，大倡异端，揭发道学，是这时期浪漫主义思潮的中心人物。他的书在明代曾被焚毁过两次，但观点却屡禁而不能绝，仍然风行一时。"大江南北及燕蓟人士无不为之倾动"（《乾隆泉州府志·明文苑李贽传》）。他的著作甚多，重要的有《焚书》、《续焚书》、《藏书》、《续藏书》等。他评点过许多小说戏曲，如《水浒传》、《三国志演义》及《琵琶记》、《幽闺记》、《红拂记》等都有他的评本。他把好的作品都看成是"童心"的产物。所谓"童心"在他看来，就是"真心"。认为若要是失掉了童心，便失掉了真心，失去真人。他高度赞扬《西厢记》、《水浒传》，把这些作品与正统文学经典相提并论，认为文学随时势而变化。"诗何必古选，文何必先秦，降而为六朝，变而为近体，又变而为传奇，变而为院本，为杂剧，为《西厢曲》，为《水浒传》，为今之举子业，大贤言圣人之道，皆古今至文，不可得而时势先后论也。故吾因是而有感于童心者之自文也，更说什么六经，更说什么《语》《孟》乎。"（《焚书·童心说》）他是第一个给予《水浒传》以高度评价的人，称这部小说是"发愤之所作"（《忠义水浒传序》）。他认为文学作品应该抒发人们对黑暗现实的愤懑和不平，并且主张创作要有激情，反对无病呻吟。他说："且夫世之能文者，比其初皆非有志于为文也。其胸中有如许无状可怪之事，其喉间有如许欲吐而不敢吐之物，其口头又时时有许多欲语而莫可所以告语之处。蓄极积久，势不可遏。一旦见景生情，触目兴叹，夺他人之酒杯，浇自己之垒块，诉心中之不平，感数奇于千载。既已喷玉唾珠，昭回云汉，为章于天矣。遂亦自负，发狂大叫，流涕恸哭，不能自止。宁使见者闻者切齿咬牙，欲杀欲割，而终不忍存于名山，投之水火。"（《杂说》）

他认为，文艺之可贵就在于各人表达自己的真实，而不在其他，不在代圣人立言，不在模拟前人，等等。他的思想可以说是一个了不起的思想解放，直接影响了"公安派"的三袁兄弟。在《袁小修文集》里《妙高山法寺碑》有一段记载："先生（袁中郎）既见龙湖，始知一切掇拾陈言，株守俗见死于古人语下，一段精光不得披露，至是浩浩焉如鸿毛之遇顺风，巨鸟之纵大壑……能转古人，不为古转，发为语言——从胸襟流出……"他们相互倾倒、赞赏、推行、交往，都有力地推动了这股思潮。

公安派在创作上所提出的口号是"独抒性灵，不拘格套"。要求文学充分表现作者的个性。他们认为"出自性灵者为真诗"。好诗好文，都是"任性而发"。在他们看来，人的个性是多种多样的，"性之所安，殆不可强，率性而行，是谓真人"（袁宏道：《识张幼于箴铭后》）。

"性灵说"是从"童心说"发展而来的。但是，"性灵说"不是把文学看做表现生活，而是看做表现抽象的"性灵"。他们缺少李贽那种淋漓痛快、锋利泼辣的进步思想，因而这种浪漫主义多流于消极遁世，追求闲适。它反映了在当时宦官擅权、政治腐败，朝内党派斗争剧烈的环境中，知识分子本身的软弱性和矛盾心理，不敢参加斗争，又不愿同流合污，想置身于是非之外，于是退守田园，忘情山水，以此来麻醉自己。袁中道在为李贽而写的《李温陵传》中说："公（李贽）直气劲节，不为人屈，而吾辈怯弱，随人俯仰。"正是说到了自己的痛处。《显灵宫集诸公以城市山林为韵》所流露的愤懑之情，最足以表明他们的苦衷："野花遮眼酒沾涕，塞耳愁听新朝事。邸报束作一筐灰，朝衣典与栽花市。新诗日日千余言，诗中无一忧民字。旁人道我真聩聩，口不能答指山翠。自从老杜得诗名，忧君爱国成儿戏。言既无庸默不可，阮家哪得不沉醉？眼底浓浓一杯春，㤭于洛阳年少泪。"

所以他多借描写自然景物及身边琐事，抒发文人雅士的情怀和闲情逸致。他认为自然之美在于"趣"，"唯会心者知之"。所以说："夫趣得自然者深，得之学问者浅，当其为童子也，不知有趣，然无往而非趣也"（《叙陈正甫会心集》）。"童子"之心是"会心"的条件，也是得"趣"的条件。这里他已经发展了谢榛的"非养无以发其真，非悟无以入其妙"（《四溟诗话》）的思想，取其"悟"而弃其"养"，强调"入理愈深，然其去趣愈远矣"（《叙陈正甫会心集》）。正如胡应麟在《诗薮》中所描绘的："诗则一悟之后，万象冥会，呻吟咳唾，动触天真"（《内编卷二》）。

七十、孤峭狂傲

李贽的"童心"和公安"性灵"的"情致意趣",对前后七子"复古模拟"之风都曾起过反驳的作用,但是发展至竟陵派,则已把美归于"灵心",归之于"性灵"的独往冥游。如果说公安派的创作之中还不时有愤懑之语,有对道学家的嘲弄,有自由旷达,反对礼法束缚的一面,那么,在竟陵派的作品中,几乎看不见这些,我们所看到的只是作家孤僻的情怀,对现实的淡漠,只是在那里冷静地观赏自然,自得其乐。他们把一切美化为"孤怀"、"孤诣"。并且夸耀什么"我辈诗文到极无烟火处",其实是比公安派更消沉,更脱离现实,作品内容也更苍白空虚。

在他们看来"真诗者,精神所为也。察其幽情单绪,孤行静寄于喧杂之中,而乃以其虚怀定力,独往冥游于寥廓之外。如访者之几于一逢,求者之幸于一获,人者之欣于一至。"(钟惺:《诗归序》)真正的诗篇,是精神抒写的。在喧哗杂乱中,体察孤寂静默地包含寄寓在其中的幽微细致的情绪,以后再在辽远空阔之外,用虚空平静的心情去独自悄悄地游览。就像去访求而偶然遇上的,去寻找有幸得到的。要"逢"要"获",靠的是"灵心"。所以说:"从古未有无灵心而能为诗者"(钟惺:《与高孩之观察》);甚至认为"性灵之言"绝不同于"众言"。而在刻意追求新奇的同时,却偏于追求形式,用怪字、押险韵,破坏了语言的自然之美。虽然他们标榜自己为"幽深孤峭",给人的印象却是"刁钻古怪"。如谭元春的诗句:"鱼出声中立,花开影外穿"(《太和庵前坐泉》),

"篷底坐僧全幅画，篙边访弟数家幽"（《移航至河同刘济甫僧开子寒碧弟远韵拟陶月泛》）；钟惺的诗词："树无黄一叶，云有白孤村"（《画泊》），"竹半夕阳随客上，岩前积气待人消"（《虎丘访章眉生看残雪作》）。他们都自诩要"别出手眼"，要借"无穷"的精神的"变"而"取异于途径"（钟惺：《诗归序》），结果被清钱谦益斥为"诗妖"、"鬼趣"。

总之，他们的浪漫情怀发展到此，有的已开始从空漠逐步向感伤主义发展，到了明末更成为流行于士人之间对人生空幻的时代感伤了。

在绘画上最足以代表这一时代浪漫主义思潮的是徐渭。他是一个愤世嫉俗的诗人、戏剧家和画家，在诗文、戏曲、书法、绘画等方面，都有相当高的造诣。他对社会现状有较清醒的认识，加上他狂傲，不为封建儒教和礼法所束缚，使他成为一个封建礼教的反抗者。"显者至门，皆拒不纳，当道官至，求一字不可得。"他写的杂剧洋溢着狂傲的反抗精神。在书法方面，他主要是学苏轼和米芾，吸取他们的长处而自成一体，寓劲挺于圆浑奔放之中，苍劲中见姿媚。在明朝画院衰落，画风偏重临摹古人，注重学习笔墨技巧的风气之下，他是当时敢于革新、创造，并且具有自己独特风格的画家。他批评"不出己之所得，而徒窃于人之所尝言，'为'鸟学人言"，即使很像，也不过逼肖而已。他用笔放纵，水墨淋漓，比一般的写意画更显得豪放、泼辣，故有大写意之称。他所绘的《墨葡萄》，构图奇特，藤条错落低垂，枝叶纷披。泼辣豪放的笔法，形成了动人的气势，同时又不失形象的真实。画上题的那首诗，"半生落魄已成翁，独立书斋啸晚风，笔底明珠无处卖，闲抛闲掷野藤中。"不仅字体行次欹斜，字势跌宕，同时反映了作者的心境。

在大写意的花卉画中，他曾用泼墨法来画牡丹，"扬州八怪"之一的李鱓（复堂），很推崇他的这种画法，题画诗中有"青藤笔墨人间宝，世人得知真稀少"。扬州八怪中的郑燮（板桥），就曾刻过一枚"青藤门下走狗"的闲章，以表示他对徐渭的无限崇敬。这种画法，经过明末的原济、朱耷（八大山人）和清代郑燮等人的努力，得到很大的发展，成为我国最具有民族特色的一种画法（参见雪华：《中国古代画家》）。以后追

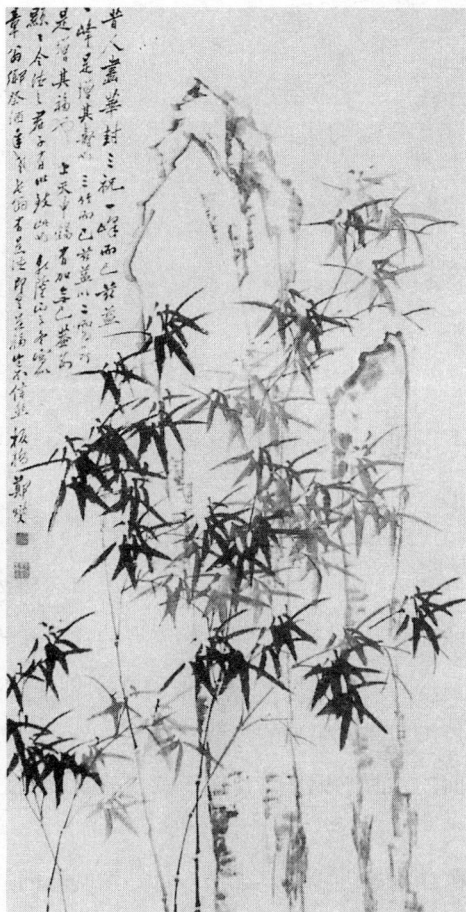

随他的，尚有王问、鲁治、孙光宏、曹文炳等。到了林以善、范暹，更放笔纵墨，如意挥写。这种风格一直影响到当代，即从董寿平的书画，亦可见出。他们都不求工而见工于笔墨之外，不讲秀而含秀于笔墨之内。

七十一、神奇瑰丽

明中叶，浪漫主义在小说中的最大成就，就是吴承恩的一百四十回的《西游记》。

《西游记》这部著作不仅以丰富的想象、奇妙的故事、宏伟的结构，开拓了幻想小说的领域，而且以强烈的色彩塑造了人民所喜爱的理想化的英雄形象。他是在民间流行的神话和传说的基础上，根据《西游记平话》和杂剧的情节进行他的文学创作的。其中不少是他个人构思的成果，即使采用来的情节，也无不一一经过他的大力润色和重新组织。以前的《西游记平话》偏于叙述故事，缺乏性格的描写，而且特别不注意细节。《西游记》在这方面大大前进了一步。在吴承恩的笔下，人物形象栩栩如生，呼之欲出，每一场剧烈的战斗，绘影绘声，使读者犹如亲历其境。

"大闹天宫"通过神话故事的形式反映了中国封建社会人民对统治者的反抗。孙悟空的形象就是一个叛逆者的典型。他对统治者是那样蔑视，居然竖起了"齐天大圣"的旗帜，并且提出"皇帝轮流做，明年到我家"的口号。在他面前，十万天兵天将望风而逃，天宫统治摇摇欲坠，以至玉皇大帝不得不向外求援。这些虚构和幻想的情节是以现实中的农民起义、农民战争作为基础的。如果没有历史上发生的许多次规模巨大的、猛烈地冲击了封建王朝的农民起义、农民战争，"大闹天宫"的情节不可能想象得那么大胆，孙悟空作为一个叛逆者的形象也不可能塑造得那样光彩夺目。

如来是一个非常庄严、法力广大的教主，观音是一位很热心为佛法奔走，救苦救难的菩萨。但孙悟空对他们也开开玩笑，诅咒观音："该她一世无夫"；奚落如来，说他是妖精的外甥。最后，在灵山圣境，还有阿傩、肋叶向唐僧索取好处的场面。如来反为他们辩护，说是以前卖贱了经，教后代儿孙没钱用。这一切又说明作者对神佛的蔑视。

孙悟空这个形象集中反映了劳动人民的一些优秀品质，同时也表现了人民对英雄人物的理想。对猪八戒一些缺点的描写，表现了人民对落后性格的嘲笑。神魔的性格也都是现实生活中人的性格的概括和升华。在具体描绘时，作者往往通过夸张的手法，着重表现他们性格本质的真实。

《西游记》展现了一幅五光十色的幻想世界的画卷，它的故事更是神奇瑰丽，丰富多彩。写环境，有鹅毛飘不起的流沙河；有"就是铜脑盖、铁身躯，也要化成水汁"的火焰山。写神奇的东西，人参果是"遇金而落，遇木而枯，遇水而化，遇火而焦，遇土而入"；芭蕉扇扇着人要飘八万四千里远，而且可以缩小如一个杏叶儿，噙在嘴里。写妖魔，除了使他们具有人的思想感情外，还根据他们原来的动物形态和习性的特点，加以艺术夸张。如老鼠精是住在陷空山无底洞的一个黑角落里，"洞里一重小山门，一间矮矮屋，盆栽了几种花，檐旁种着数竿竹，黑气氲氲，暗香馥馥"。盘丝洞的七个蜘蛛精，能从肚脐眼里冒出丝网，把一座庄园罩住，"那丝绳缠了有千百层厚，穿穿道道，却似经纬之势，用手按了一按有些黏软沾人"。他们一人还有一个义子，全是结网掳住的虫蛭——蜜蜂、蚂蜂、妒蜂、斑蝥、牛虻、抹蜡、蜻蜓。这些设想无不富有奇趣，同时又有一定的现实根据，能为读者所理解（参见《中国文学史》三，人民文学出版社）。

幽默和诙谐是《西游记》风格的一个重要特色。作者把幽默和诙谐作为孙悟空身上很突出的一个特点加以描绘，用以更加丰富多彩地表现他的英雄性格。使幽默乐观和开朗的孙猴子成为充满智慧、滑稽而又不借形体动作的夸张来取悦于人。这都是中国浪漫主义深刻而成熟、充满传统理性色彩的地方。

《牡丹亭》的作者汤显祖是李贽的崇拜者，徐渭的交往者，三袁的同路人。其作品与《西游记》共同构成明代浪漫主义文学的典型代表。

这部传奇通过杜丽娘和柳梦梅的爱情故事，揭露了封建礼教和青年男女的爱情生活的矛盾，歌颂了青年男女在追求幸福自由的爱情生活上所作的不屈不挠的斗争。在明统治者大力推崇程朱理学，皇帝和皇后亲自编写《女戒》之类的书来提倡"女德"，极力表彰妇女贞节的时代，《牡丹亭》竟敢如此向封建礼教挑战，确有着其积极的社会意义。

作者有意识地用"情"与"理"的冲突来贯穿全剧。"情"则是人们真正的感情。在《牡丹亭》里它表现为青年男女对自由的爱情生活的追求。"理"是指以程朱理学为基础的封建道德观念。在《牡丹亭》里它表现为封建教义和家长的专横及其对青年人身心的束缚和损害。作者让一对陌生的青年男女在梦中相会，由梦生情，由情而病，由病而死，死而复生。这种异乎寻常、出生入死的爱情，使全剧从主题情节到人物塑造都富于浪漫主义的色彩，在爱情悲剧方面，树立了新的独特的风格。

"良辰美景奈何天，赏心乐事谁家院，朝飞暮残，云霞翠轩，雨丝云片，烟波画船。锦屏人忒看的这韶光浅。遍青山啼红了杜鹃，荼蘼外烟丝醉软，牡丹虽好，春归怎占先……"抒写的是整个社会对一个春天般新时代即将到来的美好期望和憧憬。

按一般常理讲，死亡就是一个人生命的终结，但《牡丹亭》里杜丽娘的死并不意味着生命的结束。死亡使她摆脱了现实的束缚，实现了自己的理想。死亡成了通向胜利的开端。这个爱情故事正是在这一点上成为当时浪漫思潮的最强音。它呼唤着一个个性解放的近代世界的到来。呼唤得那样高昂，那样震撼人心而又那样迷人，那样积极浪漫，给人以无穷的审美享受，真可算是明中叶艺苑的一朵奇葩。

万古性情 风吹浪涌

七十二、万古性情

　　李自成失败后，接踵而来的是清帝国的建立。这个清帝国的统治者，作为女真族的后裔，他们的统治比汉族封建社会更为落后。他们入关以后，一方面强行圈地，一方面与汉族大地主阶级勾结起来共同镇压了明末的农民起义，对各民族的反抗进行了残酷的镇压。在最初七八十年中，征服者对于被征服者实行了残酷的统治、奴役和掠夺。这个时期除地主阶级和农民的矛盾之外，最突出的是满族上层统治者与汉族及其他少数民族的矛盾。

　　清王朝推行的是落后、保守、反动的经济、政治、文化政策，他们一方面巩固封建小农经济的闭关自守的落后状态；一方面推崇儒家正统理论，使明代一度突破传统的解放思潮，遭到压抑，代之以全面的复古主义。文字狱的屡兴，表明了清统治者思想统治的严酷。在严峻现实面前，明末的浪漫主义在封建文人身上则变为时代的感伤。他们也谈"情性"，但这时的"情性"之美，并非"温、良、恭、俭、让"那种安于身命的精神状态所能体现了。时代的感伤使一些稍有气节的封建士人如黄宗羲，公开鼓吹"激荡的风雷"。他们从传统的气一元论中继承了"气"的概念，并把"气"作为他们谈"美"的哲学基础，提出了"阳气"不灭的主张。而这种"阳气"即是他们所要发扬的民族斗争精神。"阳气在下，重阳锢之，则击而为雷，阴气在下，重阳包之，则搏而为风"（《缩斋文集序》）。这个时代艺术的任务就是要表现这种精神。能够表现这种精神，才谈得上"美"的创造，才能臻于"美"的境界。

在《谢皋羽年游录注序》中，黄宗羲说："夫文章，天地之元气也，元气之在平时，昆仑磅礴，和声顺气，发自廊庙，而畅浃于幽遐，无所见奇。逮夫厄运危时，天地闭塞，元气鼓荡而出，拥勇郁遏，忿愤激讦，而后至文生焉。"文章，是天地间的精气。这精气在平时，显豁浩大，无所不包，顺和着自然中的声气，从庙堂里生发出来，在幽深遐远的地方变得丰茂盛大。但这没有什么奇异的地方。厄运窘困到来的时候，天与地闭塞住了，这时精气翻腾激荡着喷发出来，汹涌澎湃但又受到压抑阻遏，愤怒地激荡着。这以后最完美的文章就产生了。他认为"诗"之道性情，有"一时"与"万古"之分。"美"不在于"道一时之情"，而在于发万古之性"。道"一时之情"的"怨女逐臣"，虽也是"天机之自露"，但那是"性情"之"末"，属于"一人偶露之性情"，只有发所谓"吴、楚之色泽、中原之风骨、燕赵之悲歌慷慨"，才近于"知性"。只有这种"气"、"性"，"其得于情者深矣"，才算得上"合乎兴、观、群、怨、思无邪"之旨的"万古的性情"。

他们的感伤是至深的，是在"扬州十日"、"嘉定三屠"的生灵涂炭的历史条件下，发出的哀怨和个人得失的激越之情。他们要表现自己的"真性情"，要发"迫于中之不能自已而发的情"，但又不是"劳苦倦极"、"疾痛惨怛"出自"习心幻结、俄顷销亡"的个人境遇的性。

这种性情就是顾炎武的"日入空山海气侵，秋光千里自登临。十年天地干戈老，四海苍生痛哭深。水涌神山来白鸟，云浮仙阙见黄金。此中何处无人世，只恐难酬烈士心"（《海上》）。

这种性情就是屈大均的"朝作轻云暮作阴，愁中不觉已春深。落花有泪因风雨，啼鸟无情自古今。故国江山徒梦寐，中华人物又消沉。龙蛇四海归无所，寒食年年怆客心"（《壬戌清明作》）。

这种性情就是《长生殿》中的："虽则俺乐工卑滥，碜碜愚暗，也不曾读书献策，登科及第，向鹓班高站。只这血性中，胸脯内，倒有些忠肝义胆。今日个睹了丧亡，遭了危难，值了变惨，不由人痛切齿，声吞恨衔"（第二十八出·骂贼·[仙侣·村里迓鼓]）。

这种性情就是《桃花扇》全剧结尾的《哀江南》散曲所描写的：

"山松野草带花桃，猛抬头，秣陵重到。残军留废垒，瘦马卧空壕，城郭萧条，城对着夕阳道。野火频烧，护墓长楸多半焦；山羊群跑，守陵阿监几时逃？鸽翎蝠粪满堂抛，枯枝败叶当阶罩，谁祭扫？牧儿打破龙碑帽……你记得跨青溪半里桥，旧红板没一条，秋水长天人过少，冷清清的落照，剩一树柳弯腰。行到那旧院门，何用轻敲，也不怕小犬哮哮，无非是枯井颓巢，不过些砖苔砌草。手种的花条柳梢，尽意儿采樵。这黑灰，是谁家厨灶？俺曾见金陵玉殿莺啼晓，秦淮水谢花开早，谁知道容易冰消。眼看他起朱楼，眼看他宴宾客，眼看他楼塌了。这青苔碧瓦堆，俺曾睡风流觉，将五十年兴亡看饱。那乌衣巷不姓王，莫愁湖鬼夜哭，凤凰台栖枭鸟，残山梦最真，旧境丢难掉，不信这舆图换稿。诌一套哀江南，放悲声，唱到老。"

这里所抒发的是"兴亡之感"，把"家国之恨"倾注于腐败的南明弘光朝廷，"进声色、罗货利，结党复仇，隳三百年之帝基者也"（《桃花扇·小识》），热情歌颂和表扬的则是发扬"民族正气"，"为国事，不顾残躯"的爱国者史可法和憎恶奸佞、敢于反抗、斗争，"碑首淋漓"染下桃花血痕、没有人身自由的歌妓李香君。正是他们可歌可泣孤愤绝人，彷徨痛哭于山巅水泽之际的真挚精神，"万古性情"，长留天壤，成为"天地之阳气"，成为最壮丽最崇高之美。正是这些作品代表了这一时代的感伤，反映了清初的社会氛围、思想状貌与文艺心理，表现了那个时代人民所崇尚的美。

七十三、风吹浪涌

　　遭受国破家亡、社会苦难的朱耷、原济，他们的画作，最足以代表这一时期艺术的风貌。在风格上，他们上承徐渭的笔墨，以简练的构图、突兀的造型、奇特的画面、刚健的笔法，"借物抒情"或"缘物寄情"来表现他们独特的个性。正如杜甫在国破家亡之时写"花溅泪"、"鸟惊心"；南宋郑思肖在国土沦落时，画兰花都露出了根。朱耷所画的鸟也都不见春光花影，不是"枯木孤鸟"就是"竹石孤鸟"。画鸟的眼睛常作夸张而奇特的处理，有时画成长方形，眼珠子点得又大又黑，往往顶在眼眶的正上角，表示一种"白眼向人"的神情；山水景物也大都是"荒山怪石、枯枝残叶"，表现一种所谓"残山剩水、地老天荒"的境界。正是借这些画，表现他那孤独、冷漠、高傲的性格和对现实强烈不满的情绪。

　　为了表达他的这种强烈的主观感受，他不惜夸大甚至改变客观事物的真实形象。正如郑板桥在题他画的诗上所说的："横涂竖抹千千幅，墨点无多泪点多"。因此，在造型方面，无论鸟、鱼，他都赋予它们独特的性格，使它们与画家主观意识结合起来，既有"白眼向人"的鱼，也有蜷足敛羽、忍饥耐寒的鸟。

　　在朱耷笔下，翠鸟、孔雀、芭蕉、怪石、芦雁、汀凫，全都突破了常格，各都表现强烈的激情和掩藏不住的孤独、寂寞、感伤和悲哀。与他同时代的苦瓜和尚原涛在《画语录》中也强调："夫画者，从于心者也"，"山川使予代山川而言也……山川与予神遇而迹化也"。在"搜尽奇峰打草稿"之后，亦要求客观服从于主观，在"深入物理"、"曲尽其态"之后，仍求"物我交融"。而且"我自用我法"。在构图上，他也积极突破前人成规，创造种种新颖奇特的画面。在笔墨技法上，不拘一体，配合多种多样的笔势，如肥、瘦、圆、扁、光、毛、硬、柔、深、淡、婉媚、泼辣、飞舞、凝重，等等，凡是笔所能表现的形态，都描绘得淋漓尽致。风格泼辣奔放，奇险中又显得沉郁、苍茫，具有一种风吹浪涌、地动山摇的气势。（《中国古代画家》）

七十四、带泪的笑

统治者的暴虐使时代的感伤同样传染于清初一代并非遗民的人身上。在残酷的现实面前，他们发的是清醒的悲音，揭的是政治的黑暗。宋琬的"山色浅深随夕照，红流日夜变秋声"（《九日同姜如农、王西樵、程穆倩诸君登慧光阁》），"茅茨深处隔烟霞，鸡犬寥寥有数家。寄语武陵仙吏道，莫将征税及桃花。"（《同欧阳令饮凤凰山下》）施愚山的"君看死者仆江侧，伙伴何人敢哭声"（《牵船夫行》）等，他们的感伤也都有"声驱千骑疾，气卷万山来"（《钱塘观潮》）之势。

在小说上，陈忱借《水浒后传》揭露统治阶级的昏庸污浊，暴虐自私，荒淫堕落，误国害民。借描写金人侵凌南宋，诉人民流离转徙之苦，赞起义英雄反抗金人的斗争。钱采的《说岳全传》，借歌颂民族英雄岳飞，斥责汉奸走狗秦桧，对金兀术的骄横残暴实行民族迫害表示无比的愤慨。

蒲松龄的《聊斋志异》，更是借曲折离奇的狐鬼遐想，成"孤愤之书"。那从肉体到精神被迫害至极，走投无路，不得不化为异物，去充当脑满肠肥的寄生者取乐消遣玩具的《促织》；那"金光盖地，因使阎魔殿上尽是阴霾；铜臭熏天，遂教枉死城中全无日月"，"从冥王到狱吏，都和地主恶霸沆瀣一气，狼狈为奸，残害人民"，魂入阴间也要遭杖笞、火床、锯体之苦的《席方平》；那借"八股""黜佳士而进凡庸"（《三生》）使有志之士人人都成为浑浑噩噩，碰得头破血流，鼻青脸肿，仍不知改悔的《叶生》、《范进》、《王子安》；那现实只堪厌倦，遐想便多奇葩，与封建礼教势不相容，化鹦鹉"可达女室"，为殉情幻化成花的孙子楚（《阿宝》）、黄生（《香玉》），等等，无不寄予深深的同情。

在这里，作者已经不只是一般的"愤世嫉俗"的感伤，而是通过对社会生活面的广泛接触，"痛定思痛"后的揭露和讽刺。他继承的是中国民间的传统，把人生的苦难和诙谐的风趣，巧妙地结合在一起，既表现针砭时弊的"理性"，又充满时代回音的感伤。它出之以喜剧的幻想，但在作品中却沉淀着带着苦难深重的民族生活和历史的"悲剧气氛"。分明是深沉的感叹与悲剧的苦难，却不想造成人们精神和感情上过分的压抑，总是努力以某种方式冲淡或减轻一下悲剧性的毁灭可能造成人们过分的紧张、痛苦、压抑、恐怖或战栗的情绪，使人们在自由幻想可以驰骋的时间内，获得一种超脱或安慰。

在艺术心理上，《聊斋》代表了我国美学传统的一个重要特征，反映了几千年来被奉为国教的孔子思想在民族心理结构上所形成的天真的固执。如"和平中正"、"温柔敦厚"、"哀而不伤"。作为一种美学理想，表现了中国人喜欢和谐，喜欢调和，即使在最恶劣的环境条件下，也追求社会性、伦理性的心理满足和平衡的执著。它更多强调的是"对立面之间的渗透与协调，而不是对立面的排斥与冲突"，是"情感性的优美（阴柔）和壮美（阳刚），而不是宿命的恐惧或悲剧性的崇高"（《关于中国古代艺术的札记（三则）》，载《美学》第 2 期）。这就像中国的现实主义和浪漫主义总以"和中有异"、"过犹不及"互相渗透为特征一样，即使是表现哭泣的时代，也总要蕴涵着一些深沉的富有哲理的"带泪的笑"。

七十五、神灯独照

　　当刀光剑影的乱世已成过去，在"避席畏闻文字狱，著书都成为稻粱谋"的情况下，不得不把考据作为封建统治回光返照的新热闹来填塞这人间的悲苦和寂寞，并深刻体味了这人世的虚幻之后，一些人真正唱出了这时代的哀歌。

　　出身贵族，为人谨慎，避谈世事的纳兰性德，也会有"惴惴有临履之忧"，弹奏起无限凄凉哀怨的曲子。

　　如"风一更，雪一更，聒碎乡心梦不成，故园无此声。"（《长相思》）"谁翻乐府凄凉曲；风也萧萧，雨也萧萧，瘦尽灯花又一宵。不知何事萦怀抱，睡也无聊，醉也无聊，梦也何曾到谢桥。""将愁不去，秋色行难住。六曲屏山深院宇，日日风风雨雨。雨晴篱菊初香，人言此日重阳。回首凉云暮叶，黄昏无限思量。"（纳兰性德：《清平乐》）"……归梦隔狼河，又被河声搅碎。还睡还睡，解道醒来无味"（纳兰性德：《采桑子》）等。

　　那朱彝尊也步姜白石的空灵，唱出了："衰柳白门湾，潮打城还，小长干接大长干，歌板酒旗零落尽，剩有渔竿。秋草六朝寒，花雨空坛，更无人处一凭阑。燕子斜阳来又去，如此江山。"（《雨花台》）抒的是真正深沉的感伤。

　　王渔洋高标"神韵"，要寄之于"冲淡闲适"，也是以王维的"看花满眼泪，不共楚王言"，作为自己理论的标准。人生的兴味、乐趣，往往"才着手便煞，一放手又飘忽去。"（王夫之：《夕堂永日绪论内篇》）"根抵原于学问，兴会发于性情"（《渔洋文》），"神理凑合"关键在于"本性求情"（《艺浦撷余》），从"写情"转而为"写性"，这就是他的诗被称为"南宗画"的原因。他在《池北偶谈》中引孔文谷云："诗以达性，然须清远为高"，这清远"皆神到不可凑泊"的"性"中的"灵"。在《香祖笔记》中，他把"逸品"视为"神韵"之致，所以引严沧浪为同道，认为"诗禅一致，等无差别"。美的境界，贵在"妙悟"，即在于"不著一字，尽得风流"，"味在酸咸之外"。

世俗的现实既充满了丑恶，避世或遁世者们便从自身的"性"中求雅趣，以求得心灵的和谐和满足。山水、花鸟实际成了一代文人"怡情养性"、寄托时代感伤、追求"性"的"无寄托"或"情"的"有寄托"境界的物象。"无寄托"是借之"明心见性"，要"蝉蜕"于世事的纷纭；"有寄托"是借"香草"以托"孤愤"，以避文字牢笼。他们都是因心灵的空寂，以求诗画之"奇"，又因有感于人生的痛愁，而寄情于笔墨之"趣"。王昱的《东庄论画》正是这种美学理想和心理需要的具体注脚。正是借山水、花鸟"嘘吸其神韵，长我之识见，而游览名山，更觉天然图画，足以开拓心胸。"所以"画之妙处，不在华滋，而在雅健，不在精细，而在清逸；盖华滋精细，可以力为，雅健清逸，则关乎神韵骨骼，不可强也。""奇者不在位置，而在气韵之间，不在有形处，而在无形处"，写情写性，无非借笔墨以求趣味。所以讲究："位置落墨时，能于不画煞处，忽转出别意来，每多奇趣。正如摩诘所云之行到水穷处，坐看云起时是也。"（载《民国书刊》线装本）

正因为这里的写情已经过于追求"闲逸"的提炼，而所谓"性"实又是已被大大冲淡为完全"空灵"或"无病呻吟"的"情"，所以，王士稹的"神韵"说才被以后的人讥抨为"诗中无人"、思想感情不真实。而袁枚则直接说："阮亭一味修饰容貌，所谓假诗是也。"在《答蕺园论诗书中》，袁枚的"性灵"说是建立在性情的绝对"真"的基础上的。他强调说："且夫诗者，由情生者也，有不可解之情，而后有必不可朽的诗。""以千金之珠易鱼之一目，而鱼不采者，何也？目虽贱而真，珠虽贵而伪故也。"诗之"味、趣"主要在于它的"新"和"真"，认为"性情遭遇，人人有我在焉"。他是从人的个性不同、际遇的迥异中，看到只有表现性情的"真"才能见到艺术的"新"的。所以说："我有神灯，独照独知，不取亦取，虽师勿师"；又说"诗如鼓琴，声声见心，心为人籁，诚中形外"（《续诗品》）。我心中有一盏神奇的灯，独自照着独自知道。做诗像拨动琴弦，一声声都体现出人的性情，性情就像人的口吹出的声音，内心真诚充实后，才在外表表露出来。当时的沈宗骞也持同样的观点。他说："时虽有古今，若本乎性情以为法，因即法以见性情，则古今无少异也。""若离却性情以求奇，必至狂怪而已矣，尚何足以相感而相慕乎哉！"只有"不假扭捏，无事修饰，自然形神俱得"，正如"风行水面，自然成文"（沈宗骞：《芥舟学画编》，人民美术出版社 1959 年版）。

这一时期的画家，上承朱耷、道济感伤、愤慨的傲岸不驯、极度夸张，而代之以独特的笔墨、构图、色彩。他们通过异常简略的形象表达出异常强烈的个性感受，使笔墨情趣成为绘画的核心。扬州八怪的花鸟绘画，正是这个时期感伤主义的代表。他们的花鸟作品既不完全脱离现实的形象而又不完全是客观模拟的忠实。它们是"笔墨性情之生气与天地之生气，合并而出之"（《芥舟学画编》，同前）的产物。正是这种"合并"，使得笔墨在其组合中，具有独立的"自有其性情"的审美意义，成为足以唤起审美感情的"有意味的形式"，在具象的再现中，具有一种"内在的生命"，而为人们所感知。

作为这一时期画家的代表，郑燮画的虽只是竹、兰、菊、石，但他所画的东西，即使是几笔青竹，数缕兰花，也往往蕴涵着耐人寻味的意境。不仅形象生动，笔致挺拔，风性爽朗，而且把客观对象和自己主观感受，成功地熔铸在一起。机趣天然，前无古人，后无来者，完全改变了清初内廷供奉等御用艺人徒尚形式之风。他说："凡吾画竹，无所师承，多得于纸窗、粉壁、日光、月影中耳。"他画的竹子，不是生活中的竹子的刻板的模拟，而是经过概括、提炼，以饱满的情绪，生动的笔墨，赋予了新的意境。扬州八怪之一的全农认为，竹的生命力非常强盛，经受住霜雪的寒冷的考验，一年四季常青，没有衰老的姿态。且竹"虚心"，"不狂妄自大"；竹"高节"，不与那贪图富贵、屈膝阿谀的人同流合污。郑燮擅长画兰、画竹，正由于这些东西符合了他的思想感情、风格个性。他的书法亦如他的为人，用隶体参入行楷，自称"六分半书"，体貌疏朗，风格劲峭（参见雪华：《中国古代画家》）。郑板桥及其所代表的这一时期画家作品，集中体现了"人的本质力量对象化"这一美学思想，他们作品所表现的正是一种人间的人格美、伦理美。

七十六、神疏则逸

在创作方法的探究上，这一时期不仅诗家或画家讲究性情，即使谈文论道以所谓一代正宗的桐城派的散文家们，最后也落根于性情上。

首先是方苞的"义法"说，他认为，依义以制法，才能由法以见义。因为法究竟是个有形迹、有程式的东西，所以姚鼐在《复鲁絜非书》里说："抑人之学文，其功力所能至者，陈理义必明当，布置取舍，繁简廉肉不失法，吐辞雅驯不芜而已……然尚非文之至。文之至者，通乎神明，人力不及施也。"

这里的"通乎神明"，指的是可以意至而不可言诠的文章意境之美，那就不属于法的范畴了。接着刘大櫆则持"神气"说，主张"行文之道，神为主，气辅之……然气随神转，神浑则气灏，神远则气逸，神伟则气高，神变则气奇，神深则气静，故神为气之主。"（刘大櫆：《论文偶记》，人民文学出版社 1959 年版）故曰："神者，文家之宝"。正如严羽论诗："诗之极致有一，曰入神。诗而入神，至矣，尽矣，蔑以加矣！"（《沧浪诗话·诗辨》）陶明浚解释说："入神二字之义，心通其道，口不能言；己所专有，他人不得袭取。所谓能与人规矩，不能使人巧。巧者其极为入神。"（《诗说杂记》）他们的"性情"，尚都是从"法"着眼，从奇趣着眼，因而尚不是真的。

《论文偶记》又云：文贵奇，奇者，于一气行走之中，时时提起。又说："文贵远，远必含蓄……说出者少，不说出者多，乃可谓之远。

昔人论画曰'远山无皴，远水无波，远树无枝，远人无目。'此之谓也。""文贵疏。宋画密，元画疏；颜柳字密，钟王字疏；孟坚文密，子长文疏。凡文力大则疏。气疏则纵，密则拘；神疏则逸，密则劳；疏则生，密则死。"

刘大櫆的所谓"神气"，实际就是人的思想感情。他说"神气者，文之最精处也……音节者，神气之迹也"。人的思想有激昂或平静，顿挫或起伏，发而为声，就有出于自然的抑扬顿挫的音节。所以说："神气不可见，于音节见之。"说明他们已注意到感情"因内而外"的作用。但所谓疏密、纵拘、逸劳、生死，亦正是从形式的效果着眼的。

这种"因声以求气"的观点，到了姚鼐则具体地以"意气"代"神气"，其偏于技巧则更明白。在《答翁学士书》里，他说："夫道有是非而技有美恶。诗文皆技也，技之精者必近道，故诗文美者，命意必善。文字者，犹人之语言也，有气以充之，则观其文也，虽百世而后，如立其人而与之语；无气，则积字而已。意与气相御而为辞，然后有声音节奏高下抗坠之度，反复进退之态，采色之华。故声色之美，因乎意与气而时变者也，是安有定法哉？"这里强调了"法"将随感情的变化而变化，强调"辞"和"意"与"气"要相适应，"意"与"气"和作者的性情也应是相适应的。"文如其人"，"法如其才"，翁方纲的"正本清源"，"穷形尽变"，也还是"由性情而含之学问"（《徐昌穀诗论一》），把"肌理质实"的"实"放在"性情"之上，而所以"不能使子面如吾面"，原因即在于"诗中有我在也，法中有我以运之也"（《诗法论》）。

这里的"我"是主要因素，而且是决定的因素。正如刘勰所说的："才有庸俊，气有刚柔……辞理庸俊，莫能翻其才；风趣刚柔，宁或改其气？"（《文心雕龙·体性》）又如严羽《沧浪诗话》所说："诗之品有九……其大概有二：曰优游不迫，曰沉着痛快。"也就是所谓刚柔之分。

可见从刘勰到严羽，从严羽到姚鼐，包括浑敬的使"才"、"学"、"性"浑然一体，臻于"天成"，他们之间，可以说既有继承，又有发展。

七十七、生气高致

　　关于"情性"之如何表现，周济具体地提出了"初求有寄托"，"后求无寄托"；"非寄托不入，专寄托不出"的观点。他主张先须"得屈子缠绵悱恻"之情，后"须得庄子之超旷空灵"，在这个基础上，然后再讲究"实"。因为，"空"即有"灵气往来"，有"由衷之言"，才能"表里相宣"，"实"则"精力弥满"，"意内言外"，可达"浑涵之诣"（周济：《介存斋选词杂著》）。

　　正因为他所追求的"空"是"实的空"，他所讲究的"实"是"空的实"，所以他才非常强调"非寄托不入，专寄托不出"。在他看来，前者直言而隐，方能感动人心。如南唐后主李煜游宴，潘佑向他进词说，"楼上春寒山四面，桃李不须夸烂漫，已失了春风一半。"意思是外多敌国，地日侵削也。后主听了为之罢宴。

　　后主词多清空（"清者不染尘埃之谓，空者不著色相之谓。清则丽，空则灵，如月之曙，如气之秋"）（沈祥龙：《论词随笔》），如辛弃疾所说："算只有殷勤，画檐蛛网，尽日惹飞絮。"陈亮云："恨芳菲世界，游人未赏，都付与、莺和燕。""感时之作，必借景以形之"，不言正意，而言有无穷感慨；"咏物之作，借物以寓性情"，凡身世之感，君国之忧，隐含其内，"既清又空"。"斯寄托遥深，非沾沾焉咏一物矣。如王碧山咏新月之《眉妩》，咏梅之《高阳台》，咏榴之《庆清朝》，皆别有所指，故其词郁伊善感。"（见沈祥龙：《论词随笔》）"人"的"有寄托"，要求

"驱心若游丝之穷飞类，含毫如郢斤之斫蝇翼，以无厚入有间"；"出"的"无寄托"，要求"如庄子之文"，"寄意题外，色蕴无穷"，"若存若亡、若近若远"，"如镜中花，如水中月，有神无迹，色相俱空"，使读者能联类无穷，触类旁通。以后的王国维，把他的"有寄托入"发展为"有我之境"；把他的"无寄托出"发展为"无我之境"。"有我之境"是"以我观物，故皆着我之色彩"，"无我之境"是"以物观物，故不知何者为我，何者为物"。而他的境界中的"我"又即他所强调的"真感情"。因为"境非独谓景物也。喜怒哀乐，亦人心中之一境界。故能写真景物、真感情者，谓之有境界。否则谓之无境界"。而真景物与真感情又来之于真实的感受。所以说："诗人对宇宙人生，须入乎其内，又须出乎其外。入乎其内，故能写之；出乎其外，故能观之。入乎其内，故有生气；出乎其外，故有高致。"（《人间词话》）既能入于物又能入于性；既有真感受又能诉之以真感情。语文明白如画，而言外有无穷之意。"言情则沁人心脾，写景则豁人耳目"，这就是"有我之境"。

"泪眼问花花不语，乱红飞过秋千去。""可堪孤馆闭春寒，杜鹃声里斜阳暮"。这"问花"，这"可堪"，已使"我"明明白白在其中；既有真感受，而又能"意境两忘"，"物我一体"，分不清何者为我，何者为物"，这就是"无我之境"。再如"采菊东篱下，悠然见南山"，"寒波澹澹起，白鸟悠悠下"。这"南山"中有"我"，而"我"又即"南山"；这"寒波"中有"我"，而"我"又寓之于"寒波"。所以说："上焉者意与境浑，其次或以境胜，或以意胜……出于观我者，意余于境……出于观物者，境多于意。然非物无以见我，而观我之时，又自有我在，故二者互相错综。能有所偏重，而不能有所偏废也。"（樊志厚：《人间词乙稿序》）强调非物无以见我，非我无以观物，两者浑为一体，从而达到意境之高度。

王国维在《蝶恋花》下半阕中写道："一树亭亭花乍吐，除却天然，欲赠浑无语。当面吴娘夸善舞，可怜总被腰肢误。"这正是他"无我"、"有我"词论的注脚。实际上，正如樊志厚在《人间词乙稿序》中所说的："二者常互相错综,能有所偏重,而不能有所偏废也"。情中有性,性亦有情。纯粹出之以"性"的"自然"的词,终竟不多而且同样是"难以言传"的,只是这一代的艺术家总是以写"性"的"真"与"自然"作为自己创作的理想境界而已。

王国维的"境界说"以他的情真、景真的"真"代替了王士禛只道其面目的"神",又以其感受真切的"真"代替了严羽"兴会神到,不可凑泊"的"趣";又以出之以物我浑然一体而又溢之言表的自然,代替王士禛"遇之匪深,即之愈稀"、"冲澹清空"的自然。这正是在"诗以道情性"上,"境界说"之比"神韵说"或"性灵说"都高出一筹的地方。又"因大诗人所造之境,必合于自然,所写之境,亦必邻于理想"(《人间词话》),所以境界又是"造境"与"写境"的结合。在"法"的探究上,王国维的境界说已近乎现在的"理想与写实的结合"的主张。

七十八、哭的艺术

　　中国历史上许多文学艺术作品，都渗透着血和泪。《红楼梦》固然是"一把辛酸泪"，《儒林外史》也充满了愤怒与悲号。在这部作品中，吴敬梓把封建正统观念和科举制度哺养下种种类型的知识分子的精神生活的腐烂做了彻底的揭露。那寡廉鲜耻的官僚，那热衷举业、醉心功名、媚上傲下、口是心非、险恶欺诈、为非作歹、精神空虚，整个头脑被名誉、地位和升官发财所占据，一旦爬上统治阶级的舞台就串演无知无行，荼毒人民的庸才们，一个个被揭露无遗。

　　此外，《离骚》、《史记》、《西厢记》、《老残游记》等，也被认为是哭的艺术。

　　刘鹗在《老残游记》自序中说："《离骚》为屈大夫之哭泣，《庄子》为蒙叟之哭泣，《史记》为太史公之哭泣，《草堂诗集》为杜工部之哭泣，李后主以词哭，八大山人以画哭，王实甫寄哭泣于《西厢》，曹雪芹寄哭泣于《红楼梦》。王之言曰'别恨离愁，满肺腑难陶溲，除纸笔代喉舌，我千种相思向谁说?'曹之言曰：'满纸荒唐言，一把辛酸泪，都云作者痴，谁解其中意?'名其茶曰：'千芳一窟'，名其酒曰：'万艳同杯'者，千芳一哭，万艳同悲也。"他把一切艺术都归纳为哭泣。

　　王国维更把《红楼梦》看成是悲剧中的悲剧，是"以生活为炉，苦痛为炭，以铸其解脱之鼎"，所以具有最高的美学价值。在他看来，美的标准就是"解脱"。"解脱"的程度就是美的程度，完全"解脱"就是

"至美"和"至善"。

哭的艺术反映的是作者悲的身世。

曹雪芹所以能以"苦痛为炭"铸其"解脱之鼎",首先在于他有苦痛的生活。曹雪芹本为富豪之家,但因政局反复,父亲获罪落职,家遭巨变,曹雪芹竟落得"环堵存身,蓬蒿没径",坎坷艰辛,流离放浪,甚至沦为佣保,身着短裤,躬亲涤器,卖酒当垆。他曾住到北京郊外偏僻山村,野水临门,薜萝满巷,无法生活,便"卖画贳酒,食粥餐霞",还常遭主司上官的凌逼。他挈妻扶幼,忧伤煎迫,不得已去做大僚的募兵,以致投亲靠友,寄食朱门……他怀才不遇,半世潦倒,胸中块垒,傲骨嶙峋,万苦备尝,白眼阅世,看穿了社会的腐朽,才终于听了友人的劝告,"莫弹食客铗","莫叩富儿门",而发愤著文,默默"著书黄叶村",把"一生心血结成字",成就了《石头记》这部奇丽深雅、石破天惊的伟著绝构(以上根据周汝昌先生考证)。

他就像传说中所说,女娲炼石补天时,弃在青埂峰下的那块顽石,自经锻炼之后,灵性已通,因见众石俱得补天,独自己无才不堪入选,遂自怨自叹,日夜悲号惭愧……于是,"无材可去补苍天,枉入红尘若干年"。便将"身前身后事",姑且"记去作奇传"。若是他被选去"补天",飞黄腾达,当然不会有这部哭的艺术。

《儒林外史》的作者吴敬梓,与曹雪芹一样,也是由富裕坠入贫困的。他既生长在累代科甲的家族中,也曾对自己曾祖父晚年才考取进士引为惋惜,正是在司空见惯了官僚的徇私舞弊,豪绅的武断乡曲,膏粱子弟的平庸昏聩,举业中人的利欲熏心,名士清客的附庸风雅和招摇撞骗后,才觉察到他们的悲剧,借嘲笑而寄之以感慨的。

他们所处的都是封建末世,或"愤政治之压制",或"痛社会之混浊",或"哀婚姻之不自由"(见王钟麒:《中国历代小说史论》),将这种种如鲠在咽、不得不吐的悲观绝望之情,凝结成这哭的艺术。

《老残游记》的作者刘鹗自白说:"吾人生今之时,有身世之感情。其感情愈深者,其哭泣愈痛,此洪都百练生所以有《老残游记》之作也。"他们的作品既反映了旧民主主义者对封建主义的揭露、批判的要求，也反映了这一时期人们对封建社会的悲观绝望的情绪。

王国维认为，艺术是"医空虚之苦痛的"，因为彼之痛苦既深，必求所以慰藉之道"，"彼之慰藉，不得不反而求诸自己。"其结论就是：天才之所以成为天才，是由于苦痛深；苦痛深，求慰藉之道就迫切，这就产生常人所不能写出来、画出来、唱出来、雕刻出来的作品了。他极其称誉纳兰性德，说他是"北宋以来，一人而已"，因为他能"以自然之眼观物，以自然之舌言情"。而这"自然"即是他所主张的"真感情"。就像他赞美李后主，就由于他"俨有释迦、基督担荷人类罪恶之意"，"真所谓以血书者也"。

王国维把诗人分为主观的诗人和客观的诗人，认为"客观的诗人不可不多阅世，阅世越深，则材料愈丰富、愈变化，《水浒传》、《红楼梦》之作者是也，主观的诗人，不必多阅世，阅世愈浅，则性情愈真，李后主是也。"（转引自陈元晖：《王国维的美学思想》）他一方面强调"真"，一方面强调悲。在他看来，悲就是真的，而真的就一定是悲。这就是中国的现实主义总是"批判"的、"感伤"的，而感伤之中又包蕴着比较深沉、消极的浪漫主义成分。王国维的美学思想正可以看做是中国清朝末期美学思潮的总结。

哭的艺术产生的是哭的效果。所谓，"歌一曲，众皆泣下"（李清照：《论词》）；"悲音奏而列坐泣"（潘安仁：《笙赋》）；"凄入肝脾，哀感顽艳"（《繁钦与魏文帝笺》）；"歌之者流涕，闻之者叹息"（阮籍：《乐论》）；"情感于苦言，磋叹涕未而绝泣流涟矣"（吉联抗、嵇康：《声无哀乐论》，人民音乐出版社），等等，都是这种哭的艺术效果。有的艺术家竟把能否产生这种艺术效果，当做判断艺术作品好坏的标准。明代的王士禛所以认为《拜月亭》不如《琵琶记》，就因为它在"歌演终场"时，"不能使人堕泪"。（复旦学报编：《中国古代美学史研究》，复旦大学出版社）黑格尔更把悲剧称为艺术的皇冠。这种悲，同时也是一种喜，因为观众通过同情、怜悯、悲伤地流泪与哭泣，引起对真、善、美的执著的热爱，在心底获得一种更大的艺术满足。一个美好的事物，受到伤害以致毁灭，就使人更加珍视它，更感到它的美。如果说美是一种更高的善，那么，沉痛的喜悦，则是一种更高的喜悦，悲剧的美也是一种更高的美。所谓哭的艺术，乃喜的艺术，美的艺术也。

阿炳的《二泉映月》，使我们听了凄婉回肠，又感到是一种满足。甚悲而乐之，甚悲而美之。这岂不是喜的艺术，美的艺术吗！明代的屠隆说："五音有哀有乐，和声能使人欢然而忘愁，哀声能使人凄怆恻恻而不宁。然人不独好和声，而亦好哀声，哀声至于今不废也。其所不废者，可喜也"，"其言边塞征戍，离别穷愁，率感慨沉抑，顿挫深长，足动人者，即悲壮可喜也"。（《〈唐诗品汇选断〉序》，黄霖：《悲喜交集》（二），中华书局2005年版）从这里也不难看出中国美学思想的许多深刻之处。

当然，不能把所有艺术都归结为哭的艺术，也不能认为只有悲惨身世之作家才能创作出好的艺术。但美与艺术，都根植于情——情感或感情，这却是无疑的。强调哭泣愈深，即感情愈深也。感情愈深，创作的艺术作品才愈能打动读者的感情。感情乃艺术之生命。所以，哭的艺术，美的艺术者，乃情的艺术也。这样来理解艺术，也许才比较的懂得了艺术。

七十九、综合特征

　　数千年的历史文明形成了中华民族特殊的心理结构，它以美学的形式沉积在各类艺术作品之中，可以表示其综合特征的，乃是中国的民间戏曲。在其发展过程中，各种艺术的营养如历代诗歌、小说、舞蹈、音乐、绘画、雕塑、杂技、魔术，等等，几乎无一不被戏曲所吸收。

　　在吸收的过程中，更完美地塑造了舞台人物形象。在塑造舞台人物形象的过程中，清朝一代的传奇和地方戏，正如各类小说一样，以表现人物的不同性格作为其成熟的特征。这里已不再是作为"弄臣"对封建主曲折讽谏时的"优孟衣冠"，不再是纯以滑稽、讽刺为特征的"参军"，也不再是篇幅以四折为限、角色以"五花爨弄"为限的"杂剧"、"院本"，而是在概括生活、再现生活、塑造人物形象的过程中，通过长期舞台实践，能够以行当的各类程式加以表现的，一种有自己独特表现体系的艺术。它把传统艺术中的各种精粹，全部集中在有限的舞台空间上。可以说"演员的唱念是语言的诗；细腻的表情是行动的诗，优美的舞蹈（包括武打）是动作的诗，艳丽的化装和服饰是色彩的诗"（傅晓航：《戏曲艺术表演体系探索》）。尽管在内容上总掺杂着各种新的时代所难以认可的落后因素，但作为一种已经相对独立起来的"有意味"的艺术形式，作为一种可继承的民族遗产，中国民族戏曲，在很大程度上代表着我国广大人民群众的审美兴趣和审美习惯。

　　它沿着民间的传统，即使在浪漫主义的感伤时代也以犀利的锋芒指向黑暗的现实。它不像大批士人所表现的颓唐，总是在痛苦中积极乐观起来，或者寄封建迷信于"报应"，或者借神仙道化以"死后团圆"。只有在他们所继承的讽刺、诙谐的传统中才会对封建末期的悲哀，借民间戏曲这一艺术，曲折地反映出那种失败了还要干，绝路中仍要求生的愿望和坚韧的苦斗精神。这种精神即表现为中国戏曲所代表的"大团圆"愿望与黑暗中总要透露出来的一些亮色。他们表现的多是悲剧，却又没有一出可以被现代人承认是真正的悲剧。就像"六月飞雪，三年亢旱"的《窦娥冤》；死后化蝶的《梁祝恨》；推倒雷峰塔叫法海受到报应的《白蛇传》；从"连理枝"、"比翼鸟"，一直发展下来的所有悲剧理想的实现……它们虽有其保守、调和、温情、幻想的一面，却也是这个民族在任何艰难困苦的条件下都不甘失败，要在看似绝路的荆棘丛中奋力找出生路，执著地相信正义必胜，执著地追求美好理想的一种曲折的表现。它跨越了这个"末世"时代的悲剧，表现了中国的"民族之魂"。正如鲁迅先生所概括的那样，不是像一些封建文人那样"大哭而回"，而是"跨过去，在刺丛里姑且走走"，"将无赖手段当作胜利，硬唱凯歌，算是乐趣，这或者是糖吧。"（《两地书》，《鲁迅全集》第九卷，第13—14页）它的现实主义始终是清醒的，而它的浪漫主义却又始终是现实的；表现现实并不放弃精神满足，浪漫幻想又不坠入神秘迷狂；善于讲"权衡"、谈"时势"、道"中庸"，使得"和而不同"，既成为中国民族传统的心理结构，又成为美学传统的中国式的理想特征。

美总是具有形式的。它既反映着民族的心理结构，又是民族历史具体积淀的产物。作为感性与理性、形式与内容、真与善、合规律性与合目的性的统一的许多中国民间戏曲艺术，它的"有意味的形式"正是借各类不同行当，借不同的人物类型塑造的方法，通过长期的提炼、概括而被创造成功的。这种类型化、规范化后由生、旦、净、丑所概括的男女、善恶、美丑，感性中有理性，个体中有社会，知觉情感中有想象和理解，是积淀了内容的形式。它们包容了封建社会不同性别、年龄、性格、品德、才貌的类型人物，用不同的唱腔、语言、动作、化妆、服饰给予区别和表现。它反映了封建社会人民群众对社会各阶层人物鲜明的道德评价和美学评价。这种程式化、规范化反映生活的方法，正如中国传统诗词的格律，绘画的基本技法一样，都经历了"应入乎规矩范围之中，又应出乎规矩范围之外"（《黄宾虹画语录》）的历程，对生活要求有更高的提炼、更大幅度的夸张，把戏曲表演看做是一种"心理技术"，认为是体验问题，实际是处理好内心经验和外部动作的辩证关系。成书于清道光年间黄旛绰的《明心鉴》对此做了如下概括："面状心中生"，"各声皆从心出，若无心中意，万不能切也"；强调"外部"的"欢"、"恨"、"悲"、"竭"，是内心"笑"、"躁"、"悼"、"恼"的反映。又如李渔在《闲情偶寄》中所说的："人谓'妇人扮妇人，焉有做作之理，比语属赘！'不知妇人登场，定有一种矜持之态，自视为矜持，人则视为造作矣。须令于演剧之际，只作家内想，勿作场上观。"

中国的戏曲艺术，不仅根据人物的形象类型创造了具有严格意义的以"行当"、"本色"为特征的表演程式，而且在重视外部动作的美和准确性的基础上，还总结了结合内心体验，按不同身份、不同性格、不同思想风貌，通过他们的"行当"，用准确、优美的外部动作，把剧中特定人物的心理活动、感情冲突，向观众交代一清二楚的行之有效的创作经验。李渔在《闲情偶寄》所说："闺中之态，全出自然。场上之态，不得由而勉强，虽由勉强，却又类乎自然，此演习之功不可缺少也。"把生活的"实"与艺术的"实"，把体验与表现，把"家中"之美与"场上"之美有机结合。通过实践借行当的形式，形成一种体系。使戏曲艺术在反映广大人民群众的心理愿望时，具有中国民族美学思想所特有的，为人民群众所喜闻乐见、与人民群众保持最密切联系的艺术形式（参见傅晓航：《戏曲艺术表演体系》，载《文艺研究》1981年第3期）。

正是在同样传统的影响之下，中国的工艺美术随着资本主义因素的出现而发展，也更加丰富和绚丽多彩。不少题材取之传统故事、花鸟山水，如陈洪绶之为《九歌》、《西厢》、《水浒》、《九歌图》、《西厢记》、《鸳鸯冢》等木刻插图和《水浒叶子》、《博士叶子》（酒令牌子，类似近代纸牌），包括他画的其他山水、草虫，也都富有装饰趣味。雕塑、版画、瓷器、家具、刺绣、纺织、园林建筑，其审美取向受审美趣味的影响，失掉汉之朴拙、六朝之飘扬、唐之圆深、宋之清新，而以纤细、繁缛、富丽、俗艳、矫揉造作为其特征，"流露着一种趣味不高的作风，显示着一种所谓暴发户卖弄财富的低级趣味和庸俗的倾向"（有的则反映着半封建半殖民地化后民族屈辱的心理创伤而适应着新兴资产阶级的庸俗需求）。"有些硬木雕花的立柜、茶桌、花盆架、全身雕满花纹，违反了虚实相生的规律，取消了节奏鲜明和格调清新的优点。这种家具，猛一看是富丽堂皇的，再一看就可能引起反感，使人觉得它好像正要熔化的蜡烛，好像完全丧失了木器的承重力量。繁复的花纹做起来吃力，没有主次的安排，没有虚实的对比，没有隐显的变化，没有鲜明的节奏，结果正如花哨的花瓶配上花哨的座子一样，并不讨好。立柜全身是花纹，在装饰效果上可以说等于没有花纹。不单纯不明快不清新的装饰，难免使人觉得腻味、单调、不轻松……这种作风不是民族文化遗产中的精华。"（参见《王朝闻文艺论集》第三集，第152页）正像《红楼梦》写贾宝玉随贾政游赏大观园稻香村时所作的评论："此处置一田庄，分明见得人力穿凿扭捏而成。远无邻村，近不负郭，背山山无脉，临水水无源，高无隐寺之塔，下无通市之桥，峭然孤出，似非大观；……古人云天然图画四字，正畏非其地而强为地，非其山而强为山，虽百般精而不相宜……"这种既是时代感伤的折射，又是讲究现实追求物质享受的心理需求，表明了美学思想由古代向近代转变。

悲剧震撼　应用再起

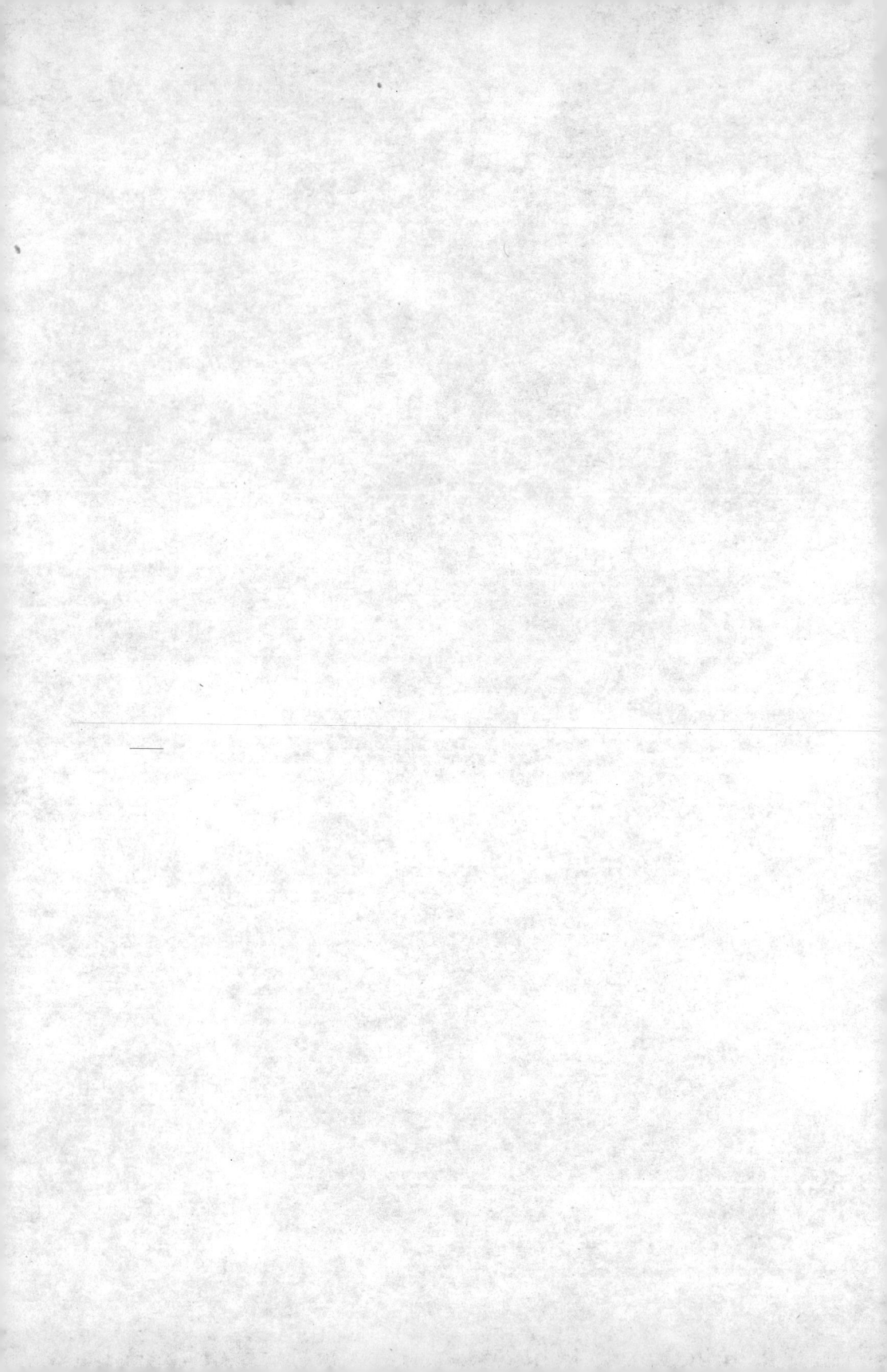

八十、悲剧震撼（概念世界）

悲剧与崇高一样，是美学的一个重要范畴，一个由西方引进来的范畴。悲剧亦产生于西方，产生于希腊。世界上第一个悲剧作家和第一部悲剧，亦诞生于希腊。因此，谈悲剧，是不能跳过希腊的。

悲剧一词，在希腊原文中是"山羊歌队"的意思。雅典盛产葡萄，神话传说葡萄是酒神狄奥尼索斯发明的。这位酒神曾在尘世遭受过种种苦难，人们既同情又怀念他。于是，每年冬去春来，在葡萄长出嫩芽时，希腊人便成群结队走上街头，庆祝酒神的降临。他们组成一个合唱队，由歌队队长领唱，用歌词诉说酒神昔日在人间的种种磨难，充满悲剧色彩。因为歌手们以羊皮做装束，胸前挂着山羊角，脸上贴着胡须，头上戴着花冠，扮成酒神侍卫的模样，边走边唱，所以被称为"山羊歌队"。这并非成型的悲剧，但希腊悲剧是从这里走出来的。

"山羊歌队"的演唱，最初由队长指挥，他讲一段，唱一段，有时也同歌队对唱，他的角色就相当于演员。公元前534年，诗人也参与进来了，他就是希腊的第一位悲剧作家特斯皮斯。是他正式把原由歌队队长充任的角色换成了演员，让歌队提出问题，由演员作答。演员实际是这位悲剧作家特斯皮斯的代言人，既宣布歌队延长的主题，又用道白完成主题的转换，使舞台表演面目一新，受到观众的热烈赞赏。（参见晏邵祥、杨巨平：《走进古希腊文明》，民主与建设出版社2001年版，第147页）悲剧由此逐渐成形。但悲剧的概念或定义却绝不是所谓“山羊歌队”一词可以阐明的。

悲剧展现的是一个广阔、深邃、诡异、可怖的伦理世界。它令人可怖所以恐惧、震撼，却又充满快感和美感。所以又像一个怪物。换言之，它给我们展现了痛苦，却由此给我们带来快乐。展现的痛苦越大，情节越可怖，我们感到的快乐，也越强烈。它似乎穷尽无遗地把剧情展现给我们，而我们，却难以一言以蔽之，透彻说清楚它是什么？即使希腊当时以及后来的许多哲人，包括其他许多西方国家的哲人，虽一直在讨论它、论说它，众所纷纭，也难以作出全面、深刻的判断。看了它却不能透辟地说明它，这又是它的一怪。

悲剧是诗，是诗人的特产。它是古希腊人首创的，因为古希腊人是自由的，是产生自由、民主、公正和诗人的故乡。他们对人生思考得越多，越由表及里，由现象到本质，就越感到生活中充满了邪恶，几乎事事都是不公正的，这个世界是不可救药的，同时他能用诗人的审视，发现生活中真实的美，尤其伟大，高尚人们的痛苦及其所遭遇的厄运中的真实的崇高的美。于是，在诗人的笔下，悲剧诞生了。探索的精神遇到诗歌的精神，悲剧就诞生了。第一位悲剧作家就是希腊的埃斯库罗斯。在希腊是第一位，在世界上也独占鳌头，被称为“悲剧之父”。所以人们说悲剧是属于诗人的，只有诗人才能“到达太阳的高度，在生活的不谐之音中奏响一个和弦”。只有诗人才能把痛苦升华为快乐。所以人们又说，悲剧是通过痛苦给人们带来快乐。而悲剧同其他原由引起的痛苦和快乐性质不同、程度不同，结果也不同。悲剧的快乐高于并超越了痛苦的不谐之境的谐趣。也许正因为这样，亚里士多德说：“悲剧是怜悯和畏惧，以及一种被清洁净化了的感情。”尼采说：悲剧是“重新肯定的向死而生的意志，而在这种重新肯定之际为意志的不可穷尽而欣喜。”“原始的狄奥尼索斯的愉悦，甚至是在痛苦呈现的正凭么时也是经验到愉悦的，此乃悲剧之来源”。（尼采：《悲剧的诞生》，湖南人民出版社1986年版，第3页）叔本华说：“心灵的激情会说：事情非如此不可，而悲剧就是对这种激情的接纳。"他还发现悲剧中有一种"奇妙的将人向上提升的力量"。（汉密尔顿：《希腊精神》，华夏出版社 2008 年版，第 199—201 页）

悲剧是对人类生命的尊严、意义、价值之追求。在这里，诗人又同悲剧作家不同，诗人可能追求生命的意义，但悲剧家必须如此，而不是"可能"。离开这一点，也就没有了悲剧。

悲剧展现的是社会中两种伦理力量的斗争，黑格尔认为，"美是理念的感性显现"，而悲剧最生动、理想地证实了他的这一理论。换句话说，悲剧正是理念的感性显现。黑格尔还认为，悲剧不是个人的偶然的原因造成的，而是两种社会义务，两种现实的伦理力量的冲突。尼采认为悲剧是"伦理学上的基础，是人类不幸的辩护，在事物心中的悲剧乃是宇宙心中的矛盾"。（《悲剧的诞生》，第 2 页）但悲剧并非像黑格尔认为的那样是调和，将生活中的不和谐融入了永恒的和谐之中，也不是每个人的死亡，都是自己的错误和罪过。

西方人认为世界上有四大悲剧作家三位出在希腊。他们创作了很多悲剧作品。亚里士多德是生活在这个悲剧的"老窝"中的著名的哲人、美学家。他在他所著《诗学》中，作为重中之重，对悲剧做了长篇大论的分析，提出"两论"、"三要素"和一个"长度"。所谓"两论"即"行动论"和"性格论"。所谓"行动"即悲剧主人翁的性格，这是决定命运"三要素"即"严肃性"、"完整性"和"陶冶性"。因为要完整，所以又必须有一定的"行动的长度"主题是严肃的，行动过程要有始有终，交代清楚，这就是"完整性"。而效果则是应该让观众的感情感受到陶冶，得到提升和净化。他的理论，为研究悲剧奠定了基础。

但不论讲多少个"要素"，悲剧所描写的均是高尚的人，比一般的人好的人，而由于他的高尚，"好"，所以陷入了厄运，遭遇是悲惨的，可怖的，因而引起人们的怜悯和恐惧，使情感得到陶冶。

汉密尔顿说，整个文学史上，只有两个时代产生了伟大的悲剧。一个是古希腊的伯里克利时代的雅典，一个是伊丽莎白时代的英格兰。这两个时代之间前后相距两千多年，但两者之间有很多相同之处，它们也用相同的方式表达自己。这两个时代都远远不是黑暗没落的，而是精神昂扬地看待生活，充满了令人震撼的无限的发展可能。然后，她发表了一段精辟的议论："那些在马拉松和萨拉米斯战胜敌人的人们，那些击败了西班牙人，眼看着无敌舰队沉没的人们，他们都是高高地昂头挺立。他们觉得这个世界充满了神奇；人类是美好的；生命就像是活在浪尖上。最重要的是，那种英雄主义的强烈快乐激动着人们的心房。有人可能会说，这里没有产生悲剧的土地呵。但是生活在浪尖的人们要么感觉到悲哀，要么感觉到欢乐；他们感觉到的不可能是平淡沉闷。"（汉密尔顿：《希腊精神》，华夏出版社 2008 年版，第 200 页）悲剧中的英雄就是那些"生活在浪尖上"的视死如归的人。

悲剧最重要的是要有一个感受强的灵魂。有了这样的灵魂，任何灾难都可能成为一部悲剧。即使大地被移动，山峰填平了大海，或刀刃搁到脖颈上，都不能使他的灵魂颤抖。这便是悲剧，或由此而构成悲剧。只有令人伤心掉泪的故事，只是无辜者遭受苦难，这不是悲剧。因为它没有让我们的灵魂向上攀登的高峰。悲剧所关心的不是所有的痛苦，而是关心为尊严忍受的痛苦，或忍受痛苦的灵魂的尊严。正因如此，我们才比麻雀更有价值。这也是汉密尔顿所强调的。这也是为什么普通人的死虽然悲惨，却会促使我们转身走开，而英雄的死却总是悲剧性的，会像有什么东西拉住我们使我们久久不能离开，不能忘怀，而且产生快感以及崇高之感！正如司各特爵士所言："永远不要对我说勇敢者的鲜血白流了，他们向未来所有的人提出同样的挑战。"希腊悲剧作家欧里庇得斯悲剧中的特洛伊女王在最危难的时候说："假如上帝没有玩弄我们的命运于股掌之间，并将我们降为凡俗，那么我们死去的时候不会给后人留下任何东西。后人在我们身上将找不到可以歌颂的主题，也不会将我们的悲哀写成伟大的诗篇。"懂得了她的话，也就揭开了悲剧的谜底。悲剧之所以为悲剧，就在于"伟大的心灵在忍受煎熬和遭受死亡的时候，将痛苦和死亡升华到了一个新的境界。"通过它我们可以瞥见斯多葛派的哲人王所称的上帝之城，比起我们活着的人面对的现实来说，那

是一个更深远、更终极的现实。（《希腊精神》，第 205 页）

上述诸多评论，从诸多方面揭示了悲剧的特征，许多论证还十分精辟，但我们仍觉不能满足，依然有一些重要问题未讲清楚。是的，甚至还可以说很不清楚。一个是产生悲剧的现实世界，一个是悲剧所展现的世界，还有一个是悲剧的概念世界。它们都是博大、精深、诡异的世界。要从中走出来，的确不那么容易。最终还是不得不求助于马克思主义。

马克思主义的悲剧论，可以概括为三论："反映论"、"新旧事物论"、"新旧制度论"。所谓反映论即各种悲剧艺术，是各个社会历史阶段上现实生活中悲剧冲突的反映，新旧事物，新旧制度矛盾冲突的反映。古希腊的悲剧反映了古代奴隶制社会的矛盾冲突，社会历史发展的必然性和自然界的威力，作为一种不能理解和不可抗拒的命运与人相对立，从而导致悲剧的结局。《俄狄浦斯王》即是如此。但它仍然反映了高尚的人们抗拒自然威胁和社会恶势力的英勇斗争，在他们身上闪耀出善与美的伦理光芒。《罗密欧与朱丽叶》、《水浒传》、《红楼梦》等反映的则是封建社会中，封建制度、宗教统治、旧的传统观念等对争取民主、自由人的自身价值的新生的力量的压制，从而造成了这些不甘屈服的人们，如哈姆雷特、贾宝玉、林黛玉等惨烈的悲剧。在资本主义尤其走向没落的资本主义社会中，同样由于新旧两种事物的斗争，引发的矛盾冲突，造成种种悲剧。不能不承认，这种悲剧本质的分析，超出了前人，使我们得以更全面、更深刻、更清晰地认识悲剧。还有一种是旧事物、旧制度自身的悲剧。它的产生，主要是由于在一定历史阶段上，曾经是先进的、合理的社会力量、社会制度。开始转化为旧的力量，阻碍社会进步的力量，因而同新的事物、新的进步的力量以及社会历史发展的进程相矛盾，发生冲突。而它又没有完全丧失自己存在的合理根据。它的代表人物的毁灭，也是一种悲剧。

马克思主义还认为，在社会主义社会，新的事物的成长，也会遇到矛盾。也存在产生悲剧的土壤。

　　总之，悲剧的概念本身就是一个深奥的理论问题，中外古今，纷纭众说，形成一个令人眼花缭乱但又哲理闪光的世界——概念的世界。在这里用得着这句话："磨刀不误砍柴工"。在我们研究中国悲剧时，也很有必要把悲剧的理论概念先弄清楚。

八十一、悲剧震撼（有无之争）

当我们从悲剧的概念世界走出来，研究中国悲剧时，我们首先遇到的还是悲剧的概念。

首先，中国长期以来，对悲剧没有一个明确的科学概念，只有这个词："苦戏"或"哭戏"。这是我们一代又一代人从少时随父母看戏回来就听到的。是民间给予悲剧的一个说法。顾名思义，即戏的主人翁是个悲角，经历是苦难的，结局是悲惨的。还可以延伸一句——他们是无辜者、善良的人，甚至是英雄好汉。后来，我们从学者的笔下看到了这个词。但谁也无法用这个词代替西方传来的悲剧这个比"苦戏"更深刻、更科学的概念，还必须使用这个概念，研究它并研究中国的悲剧。而当人们用西方悲剧的标准，分析中国悲剧时，悲剧消失了。因为他们发现中国没有悲剧！于是，争论也由此而来。

第二，中国有无悲剧？在今天看来，这好像是一个非常可笑的问题，但事实的确如此。甚至中国有无悲剧的问题，最早也并非发生在中国本土，而是在国外。在18世纪30年代，《赵氏孤儿》的法文简译本在杜黑德编的《中国通志》上刊出时，编者的按语竟说："在中国，戏剧跟小说没有多大差别，悲剧跟喜剧也没有多少差别"，"中国戏剧不遵守三一律"，"也不遵守当时欧洲戏剧的其他惯例，因此不可能跟当时欧洲戏剧相比。"（陈铨：《中德文学研究》，转引自杨建文：《中国古典悲剧史》，武汉出版社1994年版，第6页）起而反对的也不是中国人，而是英国的李却德·赫尔德。他说:"《赵氏孤儿》就它的布局或结构来谈,跟希腊悲剧是很相近的","中国诗人(即《赵》剧作者)对于戏剧做法的最本质的东西并不是不熟悉的。"(原文自英·帕尔塞《中国诗文杂著》中《诗的模仿》,转引自上书第7页)我们可以把这看做"有无之争"的先声。

"有无之争"的第二阶段,以蒋、王为代表。蒋即蒋观云,他在1904年发表了《中国之演剧界》一文在《新民晚报》上,认为悲剧"有益人心"并具有"陶成英雄之力",而汪笑侬所编《党人碑》是一部"切合时势"的悲剧。但他把这看成个别现象,整个中国剧界之最大缺憾,还是无悲剧。(阿英:《晚清文学丛钞·小说戏曲研究卷》,中华书局1960年版,第50—52页)

王即王国维,他的《宋元戏曲考》于1912年问世,宣称元代有悲剧,如关汉卿的《窦娥冤》,纪君祥的《赵氏孤儿》,而且认为"列之于世界大悲剧中,亦无愧色"。(王国维:《戏曲论文集》,中国戏剧出版社1957年版,第106页)

第三个阶段是20世纪30年代至40年代,以朱、郑为代表。朱光潜的《悲剧心理学》和郑振铎的《插图本中国文学史》,两种反差极大的观点相对峙:前者认为:"中国文学在其他各方面都灿烂丰富,唯独在悲剧这种形式上显得贫乏","事实上,戏剧在中国几乎就是喜剧的同义词","在他们的神庙里没有悲剧之神的祭坛"。后者则声言"纯粹的悲剧,在元曲中也往往遇之","《梧桐雨》确是一本很完美的悲剧"。

第四阶段即20世纪80年代后。我们跳过50年代至70年代,原因是在50年代"有无之争"的声音不响亮,50年代末到60年代前期,大致均属批判戏剧中的封建糟粕,而"文化大革命"之中,许多学者也在经历各种不同的"悲剧",也顾不得研究争论什么悲剧了。真正的热潮是在1980年前后围绕《中国十大古典悲剧集》的编撰展开的。其结果便是从元代的《窦娥冤》到清代的《雷峰塔》被确定为我国十大古典悲剧,并结集正式出版。1994年4月杨建文著《中国古典悲剧史》由武汉出版社出版。这部著作是作者10年研究的成果,不仅理清了中国古典悲剧发展的线索，而且论说精辟，新意迭出，为研究中国悲剧作出了极为重要的贡献。

不过，这并不等于可以改变希腊人关于悲剧的基本概念。悲剧——顾名思义，即指它的结局必须是悲惨的、惨烈的，并是一种伟大的痛苦。符合它，即可划入悲剧，不符合，便没有必要勉强称它为悲剧。更没有必要把"苦戏"同悲剧的概念拉齐。这不仅因为"苦戏"的结局未必是悲的，它可以也是喜的，拖一条"光明的尾巴"而结束，还因为它缺乏希腊人所称"悲剧"的深刻内涵。所以，也没有必要以此代替"悲剧"这一科学性、艺术性较强的概念。总之，不够格，就不要勉强，更不要用一个"中国特色"来掩饰一切。这本身就令人感到很滑稽，好像在严肃的学术、艺术、美学问题上玩"玩游戏"。

当然，希腊的标准，也无须全搬。不是任何拖有"欢乐尾巴"的"苦戏"都应排除在悲剧之外。欧洲有些悲剧，也有以欢乐收场的，更不应把亚里士多德所说"只有身世显赫的大人物才能充当悲剧的主角"，当做"金科玉律"。在这个问题上，讲中国特色，是完全必要的，正确的。

在悲剧问题上，中国同希腊相比，至少有以下特点或不同之点：

首先，悲剧在中国的形成或出现，比希腊晚了很多个世纪。早在公元前6—5世纪，希腊就出现了一系列悲剧。世界上被公认的有四大悲剧作家，其中有三位均出自希腊。这就是埃斯库罗斯、索福克勒斯和欧里庇得斯。因此，希腊堪称悲剧的故乡。

第二，在那时的希腊，尤其是雅典，悲剧"发烧友"不是少数个人，而是一个庞大的群落。雅典在公元前5世纪繁荣年代，已在卫城斜坡上建筑了可以容纳数万观众的剧场。你在登上雅典卫城时，会首先在山坡上看到狄奥尼索斯露天剧场。它在公元前6世纪就建起来了。原是为祭祀酒神狄奥尼索斯而建，后成为演出希腊三大悲剧作家及后来的莎士比亚的悲剧作品的主要场地。此外还有节日、庆典的街头演艺活动，也表演悲剧。悲剧在希腊尤其是雅典，家喻户晓，深入人心。在欧洲的许多国家，也有崇尚悲剧之风。人们在少童时代，即阅读或听大人讲解神话悲剧故事，由此影响了他们的一生。德国人海因利希·施里曼，就因为在 8 岁时看荷马史诗《奥德赛》和其他一些关于描写古希腊特洛伊战争的故事和插图，立下了寻找特洛伊的志向，为此度过了他的一生。好像他即为此而降临人间的。可见，悲剧对后人影响之大、之深、之广。中国人对悲剧喜剧也很热爱，也有像毛泽东那样的革命家，因李自成的悲剧影响了他的一生。但中国的剧场规模比希腊小得多。在农村或小城镇，戏台建在庙中，容量很小，即使在露天广场，也容纳不了多少人，无法同希腊相比。

第三，在希腊以至欧洲文学史上的悲剧主角多为男性和显赫人物。从希腊悲剧中的普罗米修斯——俄狄浦斯，到莎士比亚四大悲剧中的哈姆雷特、奥赛罗、李尔王、麦克白，均为社会上层、帝王将相，即亚里士多德所说的英雄或显赫人物。希腊悲剧中也有安提戈涅——俄狄浦斯的女儿，因反抗暴君的命令被处死；莎士比亚悲剧中的朱丽叶为爱情付出了宝贵的生命等，这也是描写普通民众。但中国的悲剧却与希腊与欧洲的悲剧相反，少数为帝王与英雄，如唐明皇与杨贵妃（《长生殿》），张飞（《西蜀梦》），岳飞（《精忠旗》），周顺昌（《精忠谱》）等。大多数为下层妇女。这同妇女长期生活在社会和家庭的底层不无关系。但无论表现上层还是下层，都不应是区别悲剧的标准。

第四，历史背景不同。一个很奇怪的现象是：公元前 6—5 世纪的希腊虽是奴隶制社会，它的民主政体却比中国的封建君主制先进得多。它的那一套民主制度，可以直接进入资产阶级民主共和国也不但毫不逊色，而且至今还没有哪个资本主义社会民主政体能达到它那种高度。虽然奴隶是享受不到它那些民主权利的。当时的雅典甚至不用国家这个（阶级统治的工具）名称，而称之为城邦。由于经过梭伦、克利斯提尼等实行的一系列改革，平民与贵族在政治上的地位日益接近。"主权在民"，"平等政治"的推行，使雅典公民沉浸在一片自由、民主、欢乐的氛围之中。即以文化与戏剧为例，雅典城邦每年春季都要举行大规模的祭祀娱乐活动，大街上人群络绎不绝，表演酒神生前的悲剧故事；在可以容纳数万人的大型露天剧场上，演出希腊著名悲剧作家的经典之作，并进行比赛、评比活动。悲剧内容展示人的自由意志对命运的抗争、在保卫城邦的战争中的遭遇以及民主制度下的公平、正义等问题，均对人的心灵以震撼净化，使情操得以提升。工商业的发达和他们对民主政治的需求，促进了民主政体的形成和发展。一些思想家最早挺身而出批判奴隶制。这同我国奴隶制度下的政治与经济大有不同。中国奴隶主及其亲属霸占了全国所有的土地和奴隶。加之黄河下游的地理环境和亚细亚生产方式，更形成了奴隶主的铁桶江山。根本不可能出现雅典那样的民主政体和民主制度。士人的自由也极为有限，不可能创作出来像希腊那样的悲剧作品。歌舞的表演也主要是在王室和宫廷、宗庙，供少数奴隶主享受。民间虽常有悲剧性的歌曲出现，但常常自生自灭，或在流传和收入诗歌集时，失去了原有的情调。别说奴隶制时代了，即从春秋到战国—汉承秦制—两汉隋唐，一千多年的封建社会，也没有出现像希腊那样成型的悲剧作品。最多也只形成悲剧的雏形。直到宋金对峙和元代，悲剧才真正诞生并在明清时期发展到顶峰。而这时，离希腊悲剧热演的时代，已有 20 多个世纪。不论怎样推崇中国的悲剧，同希腊相比，也是望尘莫及的。

第五，风格迥异。由于上述不同的社会历史背景，加之中国的悲剧作家大都出于社会下层、底层，如在中国悲剧兴起的元代，统治者把全国分为蒙古人、色目人、汉人、南人四个等级，又把汉人和南人分为一官、二吏、三僧、四道、五医、六工、七匠、八娼、九儒、十丐，十个层次。而悲剧作家乔吉、关汉卿等人，均属于九儒，在丐之上，在娼之下。足见他们社会地位之低下了。而希腊以及西方悲剧作家大多出身于上层统治阶级，或上层中的民主派，对上层社会的生活颇为熟悉，他们悲剧作品中的人物是高贵的、显赫的，在社会中影响巨大。崇高之美，是其表现的主要特点。他们作品中的主角，大多是英雄人物，追求崇高以至毁灭，结局是悲惨的、惨烈的，是有缺陷的强者的毁灭。而中国悲剧大多是完美弱者的毁灭，体现的是一种哀美、凄美、阴柔之美。当然，这只是指其主流，西方也并非没有下层人物的悲剧，中国也并非没有上层人物、英雄人物的悲剧。

我国古典悲剧大都经过长期的积淀。一个本子出世后，一代又一代不断充实、丰富，并非只由一位作者所完成，其中人物形象，随着时势，不断变化，越来越典型化。"美在典型"——在悲剧作品里，体现得最为充分。从姚牧良的《精忠记》，到冯梦龙的《精忠旗》，从刘兑的《金童玉女娇红记》，到孟称舜的《节义鸳鸯冢娇红记》，从白朴的《梧桐雨》到洪昇的《长生殿》，人物的形象，都经历了一个不断典型化的过程，使剧本精益求精。

结构的完整，富于变化，剧种的众多，表演形式的程式化，曲调的多样性，曲词的高度艺术性，这也是中国古典悲剧的突出特点。

中国古典悲剧，根据剧情内容、演出场地、时间和观众的不同，分本戏与折子戏。元人杂剧，绝大多数以 1 本 4 折，演一人一事，有时加一楔子。一般按时间的开端、发展、高潮、结尾，安排场次。结构相当完整。这属于小戏。大戏，剧情丰富，故事曲折，则增加本数，多的可达到 6 本 24 折。宋元南戏和明清传奇，有时长达 50—60 出。

前面我们说过，悲剧是诗。悲剧离不开优美动人、悲壮感人的诗词。别林斯基说："戏剧类的诗是发展的最高阶段，是艺术的冠冕，而悲剧又是戏剧类的诗的最高阶段和冠冕。因此，悲剧包括戏剧类的诗的整个本质。"（《别林斯基论文学》，人民文学出版社 1961 年版，第 187 页）而诗词艺术，正是我国古典文学艺术的一大瑰宝，有悠久的历史。唐宋更是它发展的一个高峰。宋元悲剧不但继承了这一优秀传统，而且将宋元以来民间流行的北曲和南曲运用于悲剧中人物的唱词，不仅烘托了悲剧的气氛，完成了悲剧角色的形象塑造，提升了悲剧角色的精神境界，也更使观众在"物我两忘"中得到高度的美的享受。

由于以上种种特点，尽管中国古典悲剧诞生很晚，但它却在某些方面"后来居上"，超越了西方。

八十二、悲剧震撼（黄金时代）

　　中国的悲剧意识，早在原始宗教和远古神话中，就萌发了。先秦的《诗经》和《离骚》，使悲剧的意蕴，进一步凝聚。每当我们读到司马迁《报任安书》中所说："盖文王拘而演周易，仲尼厄而作春秋，屈原放逐乃赋离骚，左丘失明，厥有国语，孙子膑脚，兵法修列，不韦迁蜀，世传吕览，韩非囚秦，说难孤愤，诗三百篇，大抵贤圣发愤之所为也"这段拨弄心弦的诉述时，都无不感到心酸，而屈骚则长久地印刻在我们的脑海中。屈原从"悲时俗之迫厄"，经"哀人生之长勤"，到"从彭咸之所居"，以至自投汨罗而死，本身就是一场悲剧，一直影响着后世悲剧的产生与发展。两晋的诗歌、辞赋、史传中的悲剧意识，一直贯穿着屈骚的余韵。深感不遇的悲怨，哲理的哀思，难以解脱的苦闷，一直贯穿在后世的悲剧作品之中。

　　从先秦时期的原始歌舞、俳优、古代音乐、傀儡戏，到汉代的百戏，汉魏的乐府歌辞，唐代敦煌变文、经历了漫长的历史过程，到了宋室南渡、宋元南北对峙，这个时候，悲剧的雏形，才得以诞生。这可不是什么"十月怀胎"，而足以"千年怀胎"，才"一朝分娩"。这便是源与唐戏弄（歌舞戏）和唐参军（科白戏）的宋"杂剧"和金"院本"。二者共称为"宋金杂剧"。它是脱胎于唐戏弄而最早产生的初具规模的戏剧，中国悲剧的雏形。及至元杂剧中的《窦娥冤》、《蝴蝶梦》、《鲁斋郎》、《双赴梦》、《哭存孝》、《汉宫秋》、《梧桐雨》、《赵氏孤儿》、《疏者下船》、《火烧介子推》、《东窗事犯》、《张千替杀妻》、《朱砂担》、《生金阁》、《魔合罗》、《五侯宴》、《陈州粜米》这 17 种被学界认定的悲剧，以磅礴的气势登上历史舞台。以"铜豌豆"著称的关汉卿以及马致远、白朴、纪君祥、孟汉卿、武汉臣、狄君厚、孔文卿、郑廷玉以及《琵琶记》的作者高明等悲剧作家，亦被载入史册。这些作家通过这些悲剧展示了一个广阔的伦理世界，成为教育群众的伟大学校。同时，他们创造了一种独特的事苦情悲，曲词哀伤，唱念凄愁，景趣苍凉的审美意境，在美学上也达到极高的成就。

在元杂剧悲剧盛行于大江南北的同时，南戏悲剧也相应发展起来，及至元杂剧在元末成强弩之末，南戏悲剧却勃然崛起，独领风骚。它相继推出《三负心陈叔文》、《李勉》、《柳颖》、《浣纱女》、《祝英台》、《梅竹姻缘》、《许盼盼燕子楼》、《甄皇后》等多种，而留有全本的仅有元末高明的《琵琶记》一出。它对创造悲剧审美意境的贡献在于：使早期南戏悲剧建立起来的"双线并进"的结构模式更臻于完善，更具"串插甚合局段，苦乐相错，具见体载"的特点。戏曲音乐更趋典型化和规范化。与宋南戏悲剧相比，它更注意了选择宜于渲染苦情的南曲曲牌，用以强化悲剧的声情。声情悲哀的主曲构成的联套，即是悲哀之套。《琵琶记》在强化悲剧声情的时候，尤注重选择声情悲哀的主曲组合为悲哀的套数，悲剧声情的表达和度曲的谨严。它比宋南戏悲剧向前进了一大步，而开明、清传奇悲剧选曲联套的先河。

孟子曾形容流水的风格："源泉混混，不舍昼夜，盈科而后进，放手四海"（《孟子文选·仲尼亟称于水章》）。中国悲剧的酝酿、产生与发展也经过了一个相当长的"盈科"的过程。从悲剧性意识的萌发、到悲剧雏形的形成，经过了千余年；从宋元古代悲剧第一次高潮，到明代悲剧的第二次高潮，或称为悲剧的黄金时代，其间也"盈科"了百余年。由于明王朝的专制政治与思想禁锢的堤坝筑得太坚固了，悲剧的源泉，需要一憋再憋，直到明中叶以后，朱明王朝出现颓势，而剧坛也终于聚集起足以冲决明文化禁锢的坚堤的能量时，明悲剧便如开闸之水，一拥而出了。先是嘉靖年间李开先的《宝剑记》和接踵而至的王世贞的《鸣凤记》以及汤显祖的《牡丹亭》，然后，冯梦龙的《精忠旗》，范世彦的《磨忠记》，陈开泰的《冰山记》，张岱的同名作《冰山记》，高汝拭的《不丈夫》，白凤词人的《秦宫镜》，王元寿的《中流柱》，盛于斯的《鸣冤记》，王玄旷的《鋮牟记》，佚名的《孤忠记》等忠臣悲剧；周朝俊的《红梅记》，孟称舜的《娇红记》与《贞文记》，张道的《梅花梦》，王骥德的《题曲记》，顾元标的《情侠梦》，郎玉甫的《万花亭》，无名氏的《访友记》、《长城记》、《和戎记》、《西湖雪》等爱情悲剧；明中叶后的杂剧悲剧，如康海的《王兰卿贞烈传》，汪道昆的《陈思王悲生洛水》，陈与郊的《文姬入塞》、《昭君出塞》，沈自徵的《杜秀才痛哭霸亭秋》，徐士俊的《小青娘情死春波影》，陈季方的《情生文》，茅维的《秦廷筑》，胡思奇的《小青传》等。各类悲剧，风起云涌。

以上忠臣悲剧，尤以讴歌东林党人宁死不屈、慷慨就义的内容为多。其特点是突破了宋元杂剧"假托前朝"故事的陈规，而以现实社会中的朝政大事为题材，直面惨烈的人生，将真人真事搬上现实的悲剧舞台，"它们所触及到的社会问题的广度和深度，又远在前代之上；其历史价值，更为前代所不可能有。这正是明中叶以后之所以被视为中国古代悲剧发展的黄金时代的一大标志，并得开清初部分悲

山西大同下华严寺合掌露齿菩萨像

剧的先河。"（杨建文：《中国古典悲剧史》，武汉出版社 1994 年版，第 275 页）

上述明中叶以后的爱情悲剧的题材，除传统爱情悲剧故事，如孟姜女、王昭君、梁祝的悲剧故事外，亦有像才女冯小青等的悲剧故事，加以新编而粉墨登场。"这些悲剧，在汹涌澎湃的以'情'抗'理'的时代大潮冲击下，大都是通过揭露'理'的虚伪、残酷，高擎起了呼唤人性复苏的胜旗，显示出了在悲剧的青春岁月不曾多见的与封建伦理相抗衡的道德批判力量。这又正是明中叶以后之所以被称为中国古代悲剧发展的黄金时代的更为重要的标志。"（同上）其中有不少类同西方反抗中世纪黑暗统治，张扬人性的思想内容，也有许多封建伦常的阴影，但这些历史的局限，并不能掩盖其进步的思想光彩。

上述明中叶以后的杂剧悲剧之题材，一类为小妾王兰卿和小青郁郁而死的爱情悲剧，成为以上以"情"抗"理"的传奇爱情悲剧的补充；另一类是历史或历史传闻的题材。它亦是直面惨淡的人生，抒发作家坎坷凄凉的人生感受，而不像元杂剧中一些悲剧借重演义历史，寄托民族之失落感。他们在这些悲剧中，倾诉的是自身人生价值的失落。这些明中叶以后的杂剧悲剧，亦不失为悲剧黄金时代剧坛的一支劲旅。它就像一支"轻骑兵"，同以上传奇忠臣悲剧与爱情悲剧的重武器，共同构成对明朝封建专制与以"理"杀人的程朱理学的强有力的轰击。

八十三、悲剧震撼（巅峰境界）

  李自成起义失败，满清入关建立的有清一代，是中国自秦始皇称帝至宣统退位上下两千年封建帝制的最后一个王朝，这个时期的悲剧，被悲剧史家称为古典悲剧的黄昏落霞，而实际上是中国古典悲剧发展到有清一代集悲剧艺术之大成的悲剧之巅峰。尽管从乾隆中叶开始，清政权已空前巩固，社会趋于安定，经济和文化均相当繁荣，清代之悲剧也日渐形成一个多向的走势，题材与主题也日益多样化。清前期抒发故国之思与亡国之痛的悲剧潮流，余音未绝，前期较弱地揭露传统理学残害人性的悲剧，又茁壮而起，升为主流，伴之以反映其他社会伦理悲剧的浪潮，中国古典悲剧在有清一代形成一个波澜壮阔的局面。黄图珌的"看山阁乐府"《雷峰塔》传奇，陈嘉言父子的"梨园抄本"《雷峰塔》传奇，方成培的"岫云词逸改本"《雷峰塔》传奇，蒋士铨的《空谷香》和《香祖楼》，桂馥《后四声猿》之二的《题园壁》，瞿颉的《桐泾月》以及出自乾隆五十七年（1792）至道光十五年（1835）间的几种"红楼"悲剧：仲振奎的《葬花》，孔昭虔的《葬花》，仲振奎的《红楼梦传奇》，万玉卿的《潇湘怨》，吴兰征的《绛蘅秋》，许鸿磐的《三钗梦》，朱凤森的《十二钗》，吴镐的《红楼梦散套》，石韫玉的《红楼梦》，陈仲麟的《红楼梦传奇》等，矛头均一直指向残害人性的理学。而洪昇《长生殿》与孔尚任的《桃花扇》，不仅是批判理学，而且通过男女的悲欢离合与国家的盛衰兴亡，揭示国家与民族的悲剧，在艺术上也达到了很高的境界。

《长生殿》是一部敷演帝妃爱情悲欢离合与国家盛衰兴亡的历史大悲剧。唐李隆基与杨玉环的爱情悲剧故事，早在民间流传，白居易的《长恨歌》和白朴的杂剧《梧桐雨》已为世人所共知。而洪昇围绕一个"情"字又重新抄作起来，其主旨在于兼写钗盒情缘之悲和王朝祸败之悲，演帝妃之悲剧，国家之盛衰，情缘之虚幻。

《长生殿》的基本情调，它给人的审美效果，正是这种人生的梦幻感，也正是因此，它将悲剧意义升华到人生哲理的高度，引起世人的反思。同时，由于它内含对社会生活的深刻揭露和讽刺，又具有某种批判现实主义的内在倾向。这正是由上层浪漫主义一变而为感伤文学的重要特点。这在孔尚任的《桃花扇》中，得到更突出的体现。在时间上《桃花扇》虽是《长生殿》的殿后之作，但在思想性和艺术性上，却冠绝前世。它在剧情结构、场景安排、人物塑造、语言锤炼以及反映生活的深度、广度方面，都达到了极致。宏伟的戏剧结构与细密的情景安排，历史的真实与艺术真实的统一，使它冠居前代所有悲剧之上。表面上看，它写的是李香君与侯方域的离合之情，实际上，渗透在全剧中的是一种极为深沉浓厚的家国兴亡的悲痛感伤。李侯的悲情，始终同当时的社会动乱和朝政得失紧密相连，与南明的兴亡相伴始终。

孔尚任于康熙四十三年三月，在《桃花扇小识》中写道：

"桃花扇何奇乎？其不奇而奇者，扇面之桃花也；桃花者，美人之血痕也；血痕者，守贞待字，碎首淋漓不肯辱于权奸者也；权奸者，魏阉之余孽也；余孽者，进声色，罗货利，结党复仇，隳三百年帝基者也。"巨大沉重的空幻感，皆由此而来。这种空幻感，并非始于此时，但在元代与清初，由于异族的侵入，国家的衰亡，这种人生空幻感才由于有了巨大而实在的社会内容而获得真正深刻的价值和沉重的意义。"《桃花扇》便是这种文艺的标本"，"与《桃花扇》基本同时的《长生殿》的秘密也在这里。"（李泽厚：《美的历程》，文物出版社1981年版，第202页）

　　山村野草带花桃，猛抬头，秣陵重到。残军留废垒，瘦马卧空壕，村郭萧条，城对着夕阳道。野火频烧，护墓长楸多半焦；山羊群饱，守陵阿监几时逃？鸽翎蝠粪满堂抛，枯枝败叶当阶罩，谁祭扫？牧儿打破龙碑帽……你记得跨青溪半里桥，旧红板没一条，秋水长天人过少，冷清清的落照，剩一树柳弯腰。行到那旧院门，何用轻敲，也不怕小犬哤哤，无非是枯井颓巢，不过是砖苔砌草。手种的花条柳梢，尽意儿采樵。这黑灰是谁家厨灶？俺曾见金陵玉殿莺啼晓，秦淮水榭花开早。谁知道容易冰消。眼看他起朱楼，眼看他宴宾客，眼看他楼塌了。这青苔碧瓦堆，俺曾睡风流觉，将五十年兴亡看饱。那乌衣巷不姓王，莫愁湖鬼夜哭，凤凰台栖枭鸟，残山梦最真，旧境丢难掉，不信这舆图换稿。诌一套《哀江南》，放悲声唱到老！

　　《桃花扇》结尾的这首《哀江南》散曲，淋漓尽致地描绘了家国衰亡的情景，道出了全剧的主旨。如果说《长生殿》写的是一个"情"字，那么《桃花扇》则吐出的是一个"痛"字。家国毁灭，痛煞人也。而且它与《长生殿》的结局不同，没有光明的尾巴，欢乐的结局，团圆的旧套，而是一悲到底，结束于侯李割断情根，双双入道，把侯李爱情的毁灭同南明覆灭的悲剧，推至终点，也推至峰巅。最散、最整、最幻、最实、最真、最美。气足神完，意味深长。

　　浪漫主义—感伤主义—批判现实主义，这是明清文艺及明清悲剧发展的必然进程。在《长生殿》、《桃花扇》这些悲剧作品中，已含有对现实历史的批判现实注意倾向，而曹雪芹的《红楼梦》，则正式踏上批判现实主义的征程。

　　《红楼梦》的"程甲本"和"程乙本"，是先后于乾隆五十六年和五十七年刊刻问世的，戏曲剧本几乎同时产生。在乾隆五十七年，一种关于黛玉《葬花》的短剧即出现在剧坛了。此后，从嘉庆元年至道光十五年，40 年间，"红楼"悲剧的创作和演出，从未间断。在不长的时间里，竟被连续谱写出 10 余部相同题材的戏曲，在中国古代悲剧史上，实属罕见。它在社会上影响之大，也是空前的。在整个 20 世纪的中国甚至改革开放的今天，这个悲剧亦未失去它的观众，也未失去它的思想和艺术光彩。

《红楼梦》的问世，使中国一切古典悲剧都为之黯然失色了。

它是对以"理"害"情"，扼杀人性、剥夺人的生存价值的封建礼教的控诉。

它是对其生活在其中的金玉其外、败絮其内的糜烂、腐朽、已经不堪一击的封建专制社会的有力的反戈一击。

它是为两个梦幻世界——贾家荣、宁二府所象征的表面繁荣实则如残灯将尽的梦幻世界与他所寄托的情的梦幻世界——唱挽歌。

它是对已经经历了两千余年的封建末世的大悲剧的总结，是这个封建末世的百科全书。

它是中国古典浪漫主义、感伤主义文艺思潮的突破和升华，是中国古典悲剧的最后一座高峰。

它的创作艺术达到了与外国 19 世纪资产阶级批判现实主义可以媲美的辉煌的高度。

它引起了一代伟人、中国共产党领袖毛泽东的高度赞赏，认为它不仅是一部文学名著，也是一部形象的阶级斗争史。不读它就不知道中国的封建社会。

正因如此，"自有《红楼梦》出来以后，传统的思想和写法都打破了。"（鲁迅：《中国小说的历史变迁》，《鲁迅全集》第 9 卷，人民文学出版社 1981 年版）

曹雪芹是当时最伟大的一位批判现实主义者。他一方面"追踪蹑迹，不敢稍加穿凿"，崇尚现实的"真"，另一方面又十分善于写意，追求空灵的意境之美。二者水乳交融，珠联璧合，使人难以分清何者为真实，何者为空灵。《红楼梦》的前 80 回，处处在写实，又笔笔写意，构

成一个写实与空灵交织在一起的诗的世界。黛玉葬花、听曲、宝钗扑
蝶、湘云卧病、龄官画蔷、宝琴立雪、秋爽斋赋诗、芦雪庵联句、凹晶
馆闻笛，无处不空灵，无处不写意，无处不是诗。但在写实之上，还罩
了一层东西，这就是梦幻。作者开篇即声明自己"曾经历过一番梦幻"，
书中也常常出现梦、幻二字。《桃花扇》中所写的梦幻，在他的笔下更
进一步发展了。人们也说《红楼梦》的要旨，即这个"梦幻"。实际上，
在"梦幻"之中，还有一个"痛"，"梦醒之后无路可走"的苦痛，"梦
幻消去后一切茫茫然"的苦痛。就像酒醒之后，一切空空荡荡，只留下
了苦痛。这个"痛"便是现实，便是批判，对现实的批判。这正是它的
美学价值之所在。"满纸荒唐言，一把辛酸泪；都云作者痴，谁解其中
味。"这个"言"，这个"痴"，这个"泪"，这个"味"，都凝为一个
"痛"。

在以上所讲《长生殿》、《桃花扇》、《红楼梦》这三大悲剧前后，清
代还有很多悲剧，尤其到了道光年间，鸦片战争前后，延续两千余年的
中国封建王朝，进入总崩溃的前夜。国力颓败，外强欺凌，西学东渐，
国学生变，资产阶级民主革命三大思想运动，此起彼伏，文化艺术，空
前活跃，从1839年龚自珍发出"我劝天公重抖擞"，到1918年鲁迅呼
吁"救救孩子"的第一声呐喊，虽不过79个春秋，"但中国古典悲剧思
潮，却经历了一场划时代的转型变革，其形式从袭旧到趋新，内容从嗣
响到呐喊，或变旧式而创新型，革古制而采新体；或图富强而振新声，
倡首义而施革进，为中国悲剧史写下了新的一页。"（杨建文：《中国古典
悲剧史》，武汉出版社1994年版，第359页）此间，"花部"悲剧，京剧悲
剧，传奇杂剧悲剧，也曾异彩纷呈，粉墨登场，大显身手，被称为"激
昂慷慨，血泪交流"的"民族文学之伟著"，"政治剧曲之丰碑"，为即
将到来的划时代的历史变革，鸣锣开道，作出了应有的贡献。为中国古
典悲剧画上了一个完满的句号。但作为中国古典悲剧发展的巅峰境界的
标志，还是《长生殿》、《桃花扇》、《红楼梦》这三大悲剧。

八十四、悲剧震撼（应用再起）

　　纵观中国悲剧发展的历史，每一种悲剧的诞生，都有鲜明的时代特征，均为那个时代所需要。尽管斗转星移，改朝换代，换了一代又一代，许多悲剧依然在流传，直到现代，亦未在剧坛上消失，或虽曾销声匿迹一阵之后，又应"用"而起、而热。所谓"用"，即时代的召唤，实践的需要。谁能想到，一些古典悲剧，如《水浒传》、《红楼梦》以及关于李自成的悲剧，在20世纪三四十年代，在抗日战争、解放战争以及中华人民共和国诞生前后，却一下子热了起来呢？

　　1948—1949年全国解放前，当时我十四五岁，不止一次在家乡看临汾蒲剧团演出的关于李自成即李闯王进京后李岩和红娘子被牛金星迫害的那段令人悲哀的故事，剧名记不清了，可能叫《闯王进京》或《李岩与红娘子》。这出戏对我印象很深刻，历久不忘，但并不懂得当时的解放区为何大演特演这出戏？1951年参加工作后，立即遇到大规模的"三反""五反"运动，即由于党内出现了刘青山、张子善两个大贪污犯，所以在全国展开了反贪污、反浪费、反对官僚主义的运动。后来读《毛泽东选集》，又读郭沫若的《甲申三百年祭》等，才得知这一切均同中国共产党的最高领导人毛泽东有关，才得知他的用心之深远。毛泽东对李自成这个悲剧和郭沫若的文章《甲申三百年祭》情有独钟，远非偶然。近年来我读人们所写回忆毛泽东的文章以及关于毛泽东读书谈史的书籍，才得知毛泽东生前研究了大量悲剧，并发现在抗日战争、解放战争以及中华人民共和国成立前后，有四位"发烧友"是值得在中国悲剧研究史上记上一笔的。这就是毛泽东、郭沫若、李健侯、姚雪垠。他们的故事也是联结在一起的。在毛泽东的主导下，他们为了一个目的"发烧"——让革命少受挫折，保证革命斗争的胜利和取得政权后党和国家的健康发展。其重大意义在于毛泽东代表了一个新的时代和对悲剧的独创性地运用——运用于指导革命和治国安邦。这是具有划时代的意义的。

毛泽东运用悲剧指导革命、治理国家的经验可以概括为三点：

第一是研究悲剧，吸取悲剧的经验教训，并把它提高到理论的高度，借以教育全党、全军和全国人民。

第二是将悲剧理论化、通俗化、形象化、艺术化，把它以喜闻乐见、不得不见的形式，如戏剧、话剧、说唱艺术、党内文件、报告、讲话、图书等形式展现在全党、全军、全国人民面前，使悲剧震撼到每个人的心灵之中。

第三是不仅利用现成的、已有的悲剧作品，而且对原有的悲剧作品进行改编，甚至支持作家创作新的悲剧作品。

而他的"第一炮"便是把《甲申三百年祭》所写的这一悲剧列为党内整风的学习内容。

1941年"皖南事变"后，郭沫若写了《甲申三百年祭》一文。文章以丰富的史料揭露了明末尖锐的阶级矛盾和民族矛盾，隶属于延安府辖区的李自成、张献忠发动和领导农民起义，并在李岩的帮助下，使"农民起义走上了正轨"，势如破竹，直打到北京城，推翻了明朝最专制的王权统治。

进了北京以后，李自成便进了宫。丞相牛金星所忙的是筹备登基大典，招揽门生，开释选举。将军刘宗敏所忙的是"拷挟降官，搜刮赃款，严刑杀人。纷纷然，昏昏然，大家都像以为天下就已经太平无事了的一样"。近在肘腋的关外大敌，他们似乎全不在意。山海关只派了几千士兵镇守，而几十万的士兵都屯积在京城里享乐。进京不久，李岩便被陷害。及至清军入关，"自成亲自出征，仓皇而去，仓皇而败，仓皇而返"。不得不离开北京，一败再败，终于在湖北通山九宫山战死，时年 39 岁。"这无论怎样说都是一场大悲剧。李自成自然是悲剧的主人"。

此文于 1944 年 3 月在《新华日报》全文连载。此时正值伟大解放战争胜利的前夕，历史转折的重要关头，毛泽东自然洞悉它的重大政治意义，立即批示在《解放日报》全文转载，并加发了《编者按语》，同时把它作为整风文件，印发全党学习。4 月 12 日，毛泽东在作《学习与时局》报告时，详细阐述了印发《甲申三百年祭》的意义："我党在历史上曾经有过几次表现了大的骄傲，都是吃了亏的。第一次是在 1927 年上半年。那时北伐军占领了武汉，一些同志骄傲起来，自以为了不得，忘记了国民党将要袭击我们，结果犯了陈独秀路线的错误，使这次革命归于失败。第二次是在 1930 年，红军利用冯阎大战的条件打了一些胜仗，又有一些同志骄傲起来，自以为了不得，结果犯了李立三路线的错误，也使革命力量遭到一些损失。第三次是 1931 年，红军打破了第三次围剿，接着全国人民在日本进攻前发动了轰轰烈烈的抗日运动，又有一些同志骄傲起来，自以为了不得。结果犯了更严重的路线错误，使辛苦地聚集起来的革命力量损失了百分之九十左右。第四次是 1938 年，抗日战争打响了，统一战线建立了，又有一些同志骄傲起来，自以为了不得，结果犯了和陈独秀有某些相似的错误。这一次，又使得受这些同志错误思想影响最大的那些地方的革命工作，遭到了很大的损失。"然后，毛泽东语重心长地告诫大家："全党同志对于这几次骄傲，几次错误都要引以为戒。近日我们印发了郭沫若论李自成的文章，也是叫同志们引以为戒，不要重犯胜利时骄傲的错误。"

1944 年 11 月 21 日，毛泽东在给郭沫若的复信中说："……你的《甲申三百年祭》，我们把它当做整风文件看待，小胜即骄傲，大胜更骄傲，一次又一次吃亏。如何避免此种毛病，实在值得注意。倘若经过大手笔写一篇太平军的经验，会是很有益的；但不敢作为正式提议，恐怕太累你。最近看了《反正前后》，和我那时在湖南经历的，几乎一模一样。

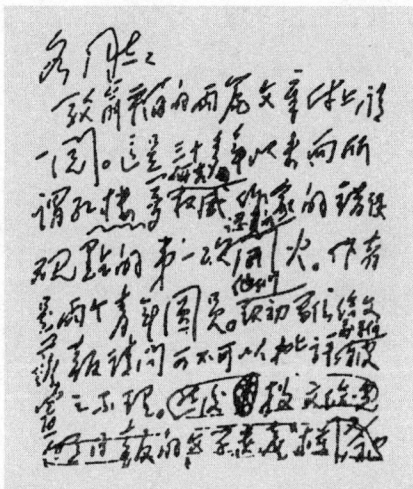

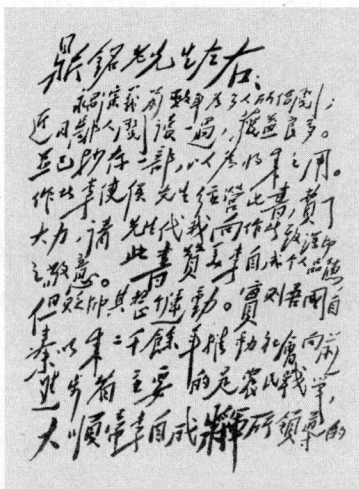

不成熟的资产阶级革命，那样的结局是不可避免的。此次抗日战争，国际条件是很好的，国内靠我们努力。我虽然兢兢业业，生怕出岔子，但说不定岔子从什么地方跑出来；你看到了什么错误，希望随时示知。你的史论、史剧有大益于人民，只嫌其少，不嫌其多，精神决不会白费的，希望继续努力……"（见《毛泽东书信集》）

他的"第二炮"是解放前夕即 1949 年 3 月 13 日在党的七届二中全会上的报告。他在这个著名的报告中，又一次以李自成的悲剧为例，向全党发出了警告："因为胜利，党内骄傲情绪，以功臣自居的情绪，停顿下来不求进步的情绪，贪图享乐不愿再过艰苦生活的情绪，可能生长。因为胜利，人们感谢我们，资产阶级也会出来捧场。敌人是不可能征服我们的，这点已经得到证明了。资产阶级的捧场则可能征服我们队伍中的意志薄弱者。可能有这样一些共产党人，他们是不曾被拿枪敌人征服过的，他们这些人在敌人面前无愧英雄称号，但是经不起人民用糖衣裹着的炮弹攻击，他们在糖弹面前要打败仗。你们必须预防这种情况。"

无疑他想用悲剧这个"炮弹"对付"糖衣炮弹"，但还是未能使所有共产党员尤其高级党员干部，逃过"糖衣炮弹"这一劫，还是有刘青山、张子善这样的高干被"糖弹"击倒。为了引以为戒，防止更多的党员干部被"糖弹"或"金弹"击倒，便在全国开展了轰轰烈烈的"三反"运动。将许多"魔鬼"收回了"潘多拉的盒子"。

第三，抓住不放，一部"水浒"用到家。

毛泽东为了革命不走弯路，防止党员、干部特别是高级领导干部思想倒退、政权变质、国家变色、悲剧重演，呕心沥血，从悲剧中引出经验教训，借以教育党员、干部和广大群众，指导工作，推动工作。李自成的悲剧和"水浒"的悲剧，便成了他随时使用的武器和教材。

《水浒传》揭露封建统治阶级，上至朝廷大员，下至一般贪官污吏对民众特别是农民经济剥削、政治压迫，从而"乱自上作"，"官逼民反"，造就了一批敢于斗争反抗、神采各异、光辉夺目的英雄，演出一幕幕威武雄壮、惊心动魄、可歌可泣、诙谐有趣的剧目。然而由于义军领导权被主降派宋江所篡夺，终于演成一幕以受招安——投降和一个个英雄人物被残害的大悲剧。毛泽东对这个大悲剧，不断研究、分析、运用各个革命阶段的实践，教育党员、干部防止类似悲剧在新的历史条件下的重演。这部大悲剧整整伴随了他的一生，直到临终。我们虽不能说他"一部'水浒'得天下"，但完全可以说他把"一部'水浒'用到了家"。可以说，他把《水浒传》中可以"为我所用"的东西用尽了。如"替天行道，劫富济贫"，靠武力、靠山头，建立革命根据地；"官逼民反"、"造反有理"和拼命精神；《三打祝家庄》那种重视调查研究的精神和灵活的战术；讲平等，均贫富，不要"不准人家革命"，不要拿"不义之财"等，借《水浒传》里的许多故事，对党员干部尤其高级领导干部进行思想政治教育。

新中国成立后特别是他生命的晚期仍强调"水浒"悲剧的要害是投降，梁山义军的悲剧突出表现在宋江当政后，只反贪官不反皇帝，接受招安，以招安为荣，攻打方腊，自相残杀，以投降、失败、灭亡而告终。特别令人痛心的是：他们不是在被逼无奈情况下向统治者投降的，而是在两赢童贯，三败高俅，节节胜利的时候，主动接受招安、投降的。毛泽东常常对此义愤填膺，而且以此为最大悲剧，防止在革命领导中重演此类悲剧。

1952 年到 1960 年，国内学术界曾对"水浒"展开过讨论，有的人发表文章认为宋江是农民革命的叛徒，接受招安是背叛革命。而大多数人认为宋江属于起义英雄，受招安是阶级局限，反映了农民起义的历史局限性。而到 1964 年以后，大多数人倾向于前者，认为宋江是阶级异己分子。1965 年 7 月，《光明日报》总编室在《情况简编》中刊登了《古典文学界对〈水浒传〉及宋江形象讨论的若干情况》一文，呈送毛泽东。毛泽东在阅读这份材料后，在题目前连画了四个圈，表明他对这些评论相当重视。此时，正值"文化大革命"前夕。

在"文化大革命"后期的 1973 年 12 月 21 日，毛泽东接见部队领导时，劝人们读古典小说。他说："《水浒传》不反皇帝，专门反对贪官。后来接受招安。"

1975 年 8 月 14 日，毛泽东发表了那篇著名的关于《水浒传》的谈话："这支农民起义队伍的领袖不好，投降。李逵、吴用、阮小二、阮小五、阮小七是好的，不愿意投降。"

"鲁迅评《水浒》评得好，他说：'一部《水浒》，说得很分明：因为不反对天子，所以大军一到，便受招安，替国家打别的强盗——不替天行道的强盗去了。终于是奴才'。"

"金圣叹把《水浒》砍掉二十多回。砍掉了，不真实。鲁迅非常不满意金圣叹，专门写了一篇评论金圣叹的文章——《谈金圣叹》。"（《南腔北调集》）

"《水浒》百回本，百二十回本和七十一回本，三种都要出。把鲁迅的那段评语印在前面。"

毛泽东讲这段话时，心情确实是很沉重的，内涵是丰富深刻的。正如《毛泽东评点古今诗书文章》一书作者所说："60 年代以后，毛泽东思考的重心在于：革命的真正目的在于取消压迫，改变产生压迫和官僚主义的社会结构，与传统实行最彻底的决裂。而这一切，革命了几十年，不但没有达到，反而在社会主义土壤上滋生了许多欺压老百姓的大大小小的官僚。毛泽东还意识到历代革命的悲剧，就在于原来的革命者逐渐消退了革命的感情和意志，最后都在根本上背弃了真正的革命目标。"鉴于此，有必要大力加强对党员干部的思想教育。（以上参见《毛泽东评点古今诗书文章》，红旗出版社 1998 年版，第 1194—1219 页）这就必然搬出《水浒》这罐陈酒了。何况世界上第一个社会主义国家苏联演变的悲剧，还无时无刻在他心中翻腾呢！

第四，提倡把一些悲剧作品当历史读，认识再认识，从中挖掘悲剧的新的内蕴。

毛泽东提倡把一些小说当做历史来读，从中看出阶级斗争和社会发展的规律，挖掘悲剧的深厚内蕴。如毛泽东评《红楼梦》，认为它是很仔细很精细的历史。

1962 年，毛泽东在扩大的中共中央工作会议上讲话时说："17 世纪是什么时代呢？那是中国的明朝末年和清朝初年。再过一个世纪，到 18 世纪的上半期，就是清朝乾隆时代，《红楼梦》的作者曹雪芹就生活在那个时代，就是产生贾宝玉这种不满封建制度的小说人物的时代。乾隆时代，中国已经有了一些资本主义生产关系的萌芽，但是还是封建社会。这就是出现大观园里那一小群小说人物的社会背景。"（《毛泽东著作选读》下册，第 828 页）

1964 年，毛泽东在北戴河接见哲学工作者时说："《红楼梦》我至少读了五遍……我是把它当历史读的。开始当故事读，后来当历史读。"（《毛泽东的读书生活》，生活·读书·新知三联书店 1986 年版，第 220 页）他在谈论苏联《政治经济学（教科书）》时又说："《红楼梦》里有这样的话'陋室空堂，当年笏满床。衰草枯场，曾为歌舞场。蛛丝儿结满雕梁，绿纱今又糊在蓬窗上'。这段话说明了在封建社会里，社会关系的兴衰变化，家族的瓦解和崩溃。"

《红楼梦》中可以看出家长制度是在不断分裂中，贾琏是贾赦的儿子，不听贾赦的话。王夫人把凤姐笼络过去，可是凤姐想各种办法来积攒自己的私房。荣国府的最高家长是贾母，可是贾赦、贾政各人又有各

人的打算。（毛泽东关于苏联《政治经济学（教科书）》的谈话，载《党的文献》
1994 年第 5 期）

毛泽东强调：《红楼梦》是讲阶级斗争的。这个观点，他从 20 世纪
60 年代一直讲到 70 年代。

他说："这部书不仅是一部文学名著，也是一部形象的阶级斗争
史，……不读《红楼梦》，就不知道中国的封建社会"。（《缅怀毛泽东》上
册，中央文献出版社 1993 年版，第 237—238 页）"《红楼梦》这部书写得好，
它是讲阶级斗争的，要看五遍才有发言权……多少年来，很多人研究
它，并没有真懂"。（《当代》1979 年第 2 期，张仙朋：《为了人民……》）"什
么人都不注意《红楼梦》的第四回，那是个总纲，还有《冷子兴演说荣
国府》，《好了歌》和注。第四回《葫芦僧乱判葫芦案》，讲护官符，提
到四大家族：'贾不假，白玉作堂金作马；阿房宫，三百里，住不下金
陵一个史；东海缺少白玉床，龙王请来金陵王；丰年好大雪（薛），珍
珠如土金如铁'。《红楼梦》写四大家族，阶级斗争激烈，几十条人命。
统治者二十几人（有人算了说是三十三人），其他都是奴隶，三百多人，
鸳鸯、司棋、尤二姐、尤三姐，等等。讲历史不拿阶级斗争观点讲，就
讲不通。《红楼梦》写出二百多年了，研究红学的到现在还没有搞清楚，
可见问题之难。有俞平伯、王昆仑，都是专家。何其芳也写了个序，又
出了个吴世昌。这是新红学，老的不算。蔡元培对《红楼梦》的观点是
不对的，胡适的看法比较对一点"。（《毛泽东的读书生活》，生活·读书·新
知三联书店 1986 年版，第 220—221 页）

毛泽东由评《红楼梦》而谈及《金瓶梅》，认为它揭露了封建社会
的黑暗，也反映了尖锐的阶级矛盾。在《金瓶梅》世界里，几乎没有一
个正直廉洁的官吏，从上到下，都是贪赃卖法，徇情枉法。它暴露统治
者与被统治者、被压迫者的矛盾，最典型的事例就是西门庆迫害他的忠
实家奴及其妻子宋惠莲。他不但奸占了来旺的妻子宋惠莲，还设圈套，
陷害了来旺。宋惠莲忍辱不过，上吊自杀，等等。《金瓶梅》表面上写
北宋末年，实际反映的是 16 世纪晚期明朝的中国社会。这一时期，资

本主义萌芽已经产生，商品经济得到急剧发展，小说对西门庆经商致富的过程、资金运转、商业经营的方式和所经营的商品种类，都做了详细描绘。也可以说它是嘉靖、万历朝代的一部经济史。1961 年 12 月 20 日，毛泽东在中央政治局常委和各大省市第一书记会议上讲话时说："你们看《金瓶梅》没有？我推荐你们都看一看，这本书写了明朝的真正历史。暴露了封建统治，暴露了统治和被压迫者的矛盾，也有一部分写得很仔细。《金瓶梅》是《红楼梦》的老祖宗，没有《金瓶梅》就写不出《红楼梦》……"

第五，在悲剧世界漫游，寻找所有可能对革命事业造成损害的经验教训。

在毛泽东的眼里，吴承恩的《西游记》也有了它类似《水浒》的悲剧结局。这也正是毛泽东之所以特别欣赏张天翼的论文《〈西游记〉札记》（1954 年 2 月号《人民文学》）的主要原因。毛泽东指出：不读《西游记》的第七回以后的章节不足以总结农民起义的规律和经验教训。《西游记》为什么写魔头孙悟空闹了一阵天宫后又失败了，并归顺而修成"正果"了呢？该文解释说，究竟闹出了一个什么局面，连先锋孙悟空也糊里糊涂，直到如来佛问起他，他才想到玉帝的尊位——"只教他搬出去，将天宫让与我，便罢了"。可见即使孙悟空成功了，也不过是把玉皇大帝改姓了孙，就像刘邦、朱元璋之乘农民起义而爬上龙位一样。那是当时的作者们所见到的历史现实，只能如此。于是，在前七回孙悟空造反不成，作者就只看见这么两条路摆在孙悟空面前：或者是像赤眉、黄巾、黄巢、方腊他们那样，被统治阶级血腥镇压，或者像《水浒》里所写的宋江那样，接受"招安"。《西游记》写孙悟空走了后一条路。（参见陈晋主编：《毛泽东读书笔记解析》，广东人民出版社 1996 年版，第 1403—1404 页）

毛泽东对岳飞的悲剧，也有与众不同的见解。他在读了文徵明《满江红·拂拭残碑》后说："主和的责任不全在秦桧，幕后是宋高宗。秦桧不过执行皇帝的旨意。高宗不想打，要先'安内'，不能不投降金人。文徵明有首词，可以一读。是赵构自己承认：'讲和之策，断自朕意，秦桧但赞朕而已'。后来史家是'为圣君讳耳'，并非文徵明独排众议，他的《满江红》：'慨当初，倚飞何重；后来何酷！果是功成身合死，可怜事去言难赎'，一似丘浚的《沁园春》所说：'何须苦把长城自坏，柱石潜摧一'。"（摘自舒湮：《1957 年夏季我又见到了毛泽东主席》，载《文汇月刊》1986 年第 9 期）

再如毛泽东对《战国策》中《触龙说赵太后》一文的评介，更说明他不放过任何一个哪怕是很细小的可能对革命事业造成悲剧的情节。

战国时期，赵国受侵，求助于齐，齐国要赵太后（赵惠文王妻赵威后）的儿子做人质，方予出兵。太后不依，并宣称若有人再劝她，就要唾他的脸。老臣触龙明知太后盛怒，为了国家存亡，还是用"引而不发，跃如也"的方法，从自己"脚有毛病，走路不便当"，"太后每天饮食"、"胃口"等家常谈起，进而由让其子到王宫当侍卫，谈到太后应如何爱自己的儿子，为什么应当让儿子去齐国做人质，为国立功，保住江山社稷，继承祖业，使太后心悦诚服，接受了触龙的建议。毛泽东在1967 年的一次中央会议上慨然说："这篇文章，反映了封建制代替奴隶制的初期，地主阶级内部，财产和权力的再分配。这种分配是不断进行的，所谓'君子之泽，五世而斩'，就是这个意思。我们不是代表剥削阶级，而是代表无产阶级和劳动人民，但如果我们不注意严格要求我们的子女，他们也会变质，可能搞资本主义复辟，无产阶级的财产和权利就会被资产阶级夺回去"。（张贻玖：《毛泽东读史》，中国友谊出版公司 1991年版，第 159—160 页）

第六，理论化、通俗化、形象化、艺术化。

从对待悲剧的态度可以看出毛泽东革命精神与科学态度的统一。他一生自信无比，胆略过人。但他的自信和胆略是建立在对必然的认识上的，同时防止各种偶然性。他研究悲剧，正是为了吸取悲剧的教训，防止悲剧的产生。为此，他不但以农民起义、农民革命和农民战争为重点研究《李自成》、《水浒传》这些悲剧作品，而且研究《红楼梦》、《三国演义》、《朱元璋传》、《东周列国志》、《战国策》、《六国论》、《过秦论》、

《史记》、《汉书》、《后汉书》、《晋书》、《隋书》、《南史》、《北史》、新旧《唐书》、新旧《五代史》、《宋史》、《明史》、《左传》、《元史纪事本末》、《论语》、《资治通鉴》、《楚辞》、《离骚》、《红与黑》，商纣王、屈原、曹操、秦始皇、朱元璋、李秀成、司马迁、康有为、梁启超、孙中山以及苏联、东欧、斯大林、赫鲁晓夫、哥穆尔卡……古今中外，几乎无所不涉猎。就连吴承恩的《西游记》及其主人翁孙悟空也不放过。其数量是惊人的。他多视角、多层次、多学科、多种形式研究悲剧。从哲学、伦理学、政治学、军事学、史学到文学艺术和美学，不遗余力，不遗一隅，进行研究、开发、利用。

为了用悲剧教育党员、群众，毛泽东不仅把悲剧的教训理论化、通俗化，而且形象化、艺术化。早在延安时代，"水浒"就被编成《逼上梁山》、《三打祝家庄》等戏剧在舞台上上演。在解放战争时期，《李岩与红娘子》的悲剧，在解放区广大农村，妇孺皆知，家喻户晓。《三打祝家庄》是在他亲自指导下编写和修改出来的。在同苏共论战时，《三打白骨精》被排成戏剧、拍成电影。毛泽东是中国革命的总导演，也是以上各类悲剧故事的"大导演"。因为李自成不像"水浒"那样，有千锤百炼的章回小说，所以，毛泽东就渴望有人能把它写出来。在郭沫若写出《甲申三百年祭》后，他曾鼓励郭沫若写太平天国。1930 年，陕西一位叫李健侯的士绅，写了一部长篇历史小说《永昌演义》，描写了明末农民起义领袖李自成的英雄事迹和高尚人格，称他"崛起草泽，战必胜，攻必克，十余年间覆明社稷，南面而王天下"，业绩可与刘邦、朱元璋媲美。而且他人不贪财，不好色，光明磊落，有古豪杰之风。但该书对李自成所领导的农民革命事业缺乏正确评价，而且归结为"成则为王，败则贼"，并带有宿命论的色彩。1944 年，时为陕甘宁边区副主席的李鼎铭先生将《永昌演义》一书的原稿推荐给毛泽东。毛泽东如获至宝，欣然读之，还留了一个手抄本，以为备用，并于 4 月 29 日给李鼎铭先生写了一信："《永昌演义》前数年为多人所借阅，今日鄙人阅读一遍，获益良多。并已抄存一部，以为将来之用。作者李健侯先生经营此书，费了大力，请先生代我向作者致深切之敬意。此书赞美李自成个人品德，但贬抑其整个运动。实则吾国自秦以来二千余年推动社会向前进步者主要是农民战争，大顺帝李自成将军所领导的伟大农民战争，就是二千年来几十次这类战争中的极著名的一次。这个运动起于陕北，实为陕人的光荣，尤为先生及作者健侯先生们的光荣。此书如按上述新历史观点加以改造，极有教育人民的作用，未知能获作者同意否?"（见《毛泽东书信选集》，第230页）并邀请李健侯到延安，予以热情款待，还奖励给他200元边币，两石小米，聘请他当边区参议员。

但毛泽东决不就此为止丢开李自成。新中国成立后，毛泽东建议李健侯先生任陕西省文史馆研究员，继续修改《永昌演义》，然书稿未修改完毕，李健侯于1950年逝世了。于是，又支持姚雪垠创作《李自成》。1961年8月中旬，在中央政治局常委（扩大）会议上，毛泽东特意对列席会议的王任重说，你告诉武汉市委，对姚雪垠要加以保护。他的《李自成》写得不错，让他继续写下去。1973年姚写完了《李自成》第二卷，为能尽快出版，1975年10月，他又给毛泽东写信汇报了写作进度。毛泽东作了批示，同意作者按此计划写作，并指示帮助他解决写作和出版中遇到的困难。此时，不但正值"文化大革命"斗争激烈之时，而且毛泽东身体已经衰老，竟如此重视和支持《李自成》的创作和出版，不难想象，他对这一悲剧及其历史与现实以及深远意义的重视。（以上参见《毛泽东评点古今诗书文章》，红旗出版社1998年版）

综上所述，毛泽东是以革命家的眼光看待历史上这些悲剧的，而重点当然是农民革命战争的悲剧。试想，李自成与太平天国，那么大规模的农民起义和波澜壮阔的革命战争，死了那么多人，流了那么多血，及至成功在望，甚至已经夺取了政权，却转眼之间全线崩溃，而且由此造成外族长达近三百年的统治。它不是一个人家破人亡的悲剧，而是国家民族衰亡的悲剧。满族并不比汉族先进，它的统治绝不像当今电视剧里所宣扬的那样，富有人性味。而且是近三百年，没有曙光，长夜漫漫，终于使中国落在欧洲后面。欧洲已经过文艺复兴发展到启蒙时代，而我们的先辈们却仍然像牛马一样生活在残暴的封建专制统治之下。这是多么惨痛的教训啊！所以，从防止这种悲剧重演出发，毛泽东以农民起义、农民革命和农民战争为重点，中外古今，多视角，多层次，多学科，多形式研究悲剧。而当他把这些悲剧归结到哲学上时，他写了两句话："坟墓都是自己掘的。""而一切大的政治错误没有不是离开辩证唯物论的。"（毛泽东读艾思奇《哲学选辑》批语，《毛泽东哲学批注集》，第371页）他研究悲剧的广度、高度和深度，特别是在悲剧的运用上，都称得上是一个伟大的范例。在悲剧史上——不论中国悲剧史还是世界悲剧史上，均不得不记上一笔。而且，作为美学，这个"用"字是极为重要的。尤其用之于国家大事，更是史无前例。

在中国美学史上，荀子可能是第一个提出"尽美致用，谓之大神"的美学家。

《荀子·王制》中说"北海则有走马吠犬焉，然而中国得而畜之。南海则有羽翮齿革、曾青、丹干焉，然而中国得而财之。东海则有紫紶鱼盐焉，然而中国得而食之。西海则有皮革文旄焉，然而中国得而用之。故泽人足乎木，山人足乎鱼，农夫不斫削、不陶冶而足械用，工贾不耕田而足菽粟。故虎豹为猛矣，然君子剥而用之。故天之所覆，地之所载，莫不尽其美、致其用，上以饰贤良、下以养百姓而安乐之夫斯谓之大神。"（转引自《中华美学大词典》，安徽教育出版社2002年版，第315页）

荀子讲的是用物产之美富民安邦，毛泽东是用悲剧来治国安邦，而且一以贯之，无微不至，并在用中加以创新，创造出更为大美的境界，大神的境界，真可谓荀子所言："尽美致用，谓之大神"了。在战争中，人们称"毛泽东用兵真如神"。那么，在美学中，是否也可以说"毛泽东用美真如神"呢？同时，"尽美致用"，不也是一种美的境界吗？荀子谓这种境界为"大神"，足见其不同寻常了。毫无疑问，从欣赏美，到运用美，创造美，的确是又一个飞跃。这在西方美学史上，恐怕也是绝无仅有的。

天人合一　气为主体

八十五、天人合一

　　美学原本就是整个哲学大体系中的一个组成部分。研究中国美学思想，必须在哲学上有清醒的头脑，而且必须紧紧掌握住中国哲学的特点。因为中国哲学在根本态度上同西方以及印度哲学，有很多不同之处。如果弄不清这些不同之处，就会产生误解，就不能正确地把握中国美学思想发展的基本线索。

　　张岱年先生在《中国哲学大纲》中概括中国哲学之三大特点为："合知行"、"一天人"、"同真善"，这是很有道理的。这三个要点九个字，对于我们了解中国美学思想的基本特点和发展线索是非常重要的。尤其是其中之"一天人"，更是抓住了中国哲学思想之根本。抓住这个根本，才能抓住中国美学思想之根本。

　　所谓"一天人"，即天人合一。其基本意思是：天即物。天与人，物与人，本来就是一体的。"物我本属一体，内外原无判隔"。人生的最高理想，就是自觉地去达到天人合一之境界。中国大部分哲学家认为：天是人的根本，又是人的理想；道这个东西没有什么天人之别，天道与人道只是一道。中国古代哲人的宇宙论也就是不分天人、内外、物我的思想。这是中国哲学的一个最根本的观点。这个观点对中国美学思想的影响是很大的。古人所谓"学不际天人，不足以谓之学"（《观物外篇》）。学习和研究中国美学也是这样，不研究"天人"，不成其为中国美学。必须紧紧抓住"天人"这个根本之点，沿着道、理、气、数、情、性这条线，才能把中国美学思想理出一个头绪。

出现于先秦春秋战国时代的天人合一的思想，表现了对旧的天命神灵观念的逐渐否定的趋势。

先秦诸子的天人合一观念，大致有三种形态：一种是以老庄为主要代表的以人合天的天人混一论，墨、法两家在天道观上与它们相近。另一种是以孔、孟及荀子为主要代表的以人驭天以求得天人和谐的天人统一论。后期阴阳家均以儒释易，以人知天倾向，亦可归入这一类。还有一种是以《易经》、《洪范》为标志的早期阴阳家和五行学派为代表的天人相配的天人感应论。尽管这三种形态各有差别，但思想体系是一致的，尤其是最终都表现为天人合一的共同倾向。

天人合一是人类对自身和客观世界认识的一个飞跃，是对人类自身创造力的一个肯定。在这里，天与人都已经不是纯粹的天和人。所谓"天"，既是自然的"天"，又是被创造的"天"。这里所谓"人"，既是自然的人，又是创造着的人。"天"既带有人的色彩，"人"也带有自然色彩。人们不仅从自然中发现了人，而且也在人的身上看到了自然。随着人对自身力量的认识和肯定，自然象征意义的外化形式也从"神祇"转换为人类自己。人既把自己的属性赋予自然，体现着人对自然的"精神改造"，自然也对人发生影响，表现为自然对人性、人情的渗透。自然不但在相当的程度上影响着人的生活，而且还影响着人的心胸。一旦人与自然的距离被缩短，人与自然的联系被日益加强和丰富，大自然的气质不仅潜移默化地渗透进他们的心胸，而且在那里积淀下来，成为灵与肉的一部分，成为民族心理、习惯、风尚；成为性格、气质、禀赋乃至思想感情。它同自然本性产生契合、共鸣，达到一种"隐秘的和谐"。中国历史上的"天人之辨"，正是在发现与创造美的过程中，终于被"合一"了。正因为在美的被发现过程中，人不仅发现了客观世界的美，而且发现自己能够感觉到美之所以为美，中国文明的历史也就是为探索与追求这种美的实现，进行着永不停顿的奋斗的历史。人类的文明史所反映的也正是人们为实现美的世界而奋斗，并积极从事美的创造所留下的业绩。

　　在大自然面前，人总是被制约的。人不仅在接触自然时观赏到它的美，而且在模拟、追求与创造的过程中，有时对它感到无能为力。这就是自然的"天"有时被幻想为可敬畏的、代表某种意志的东西，说明人想通过这种代表自身意志或愿望的"神"或"巨人"的手，重新创造人所理想的"天"。这就是自然的"天"一旦进入人的实践和意识愿望的领域，即成为创造的"天"的原因。在美的创造过程中，人们从前者接受了形式，并在原有物质材料的基础上添进自己的内容，使自然具有人自身的品位，成为人的自然。问题是并非所有"天人"之"合"都能创造出真正美的自然。这里还有一个是否达到了"一"的要求。"一"即"神"，"神"即"自然"。中国美学传统中的"一"，指的是合乎"自然之理"的"一"。合"一"才能通"神"，这里不仅表现为一种统一与和谐，而且还能使人感到它在对立统一转化过程中所显示的"神奇"。美即存在于这种既"神奇"又和谐的创造之中。传统的人们正是从自己实践的经验中觉察到，要实现这种美的创造，似乎还有一个可以计量的"数"存乎其间，就是称之为"一"的"神理"的"数"。因为它是通向实现具体的美的唯一的途径。这个实现"一"的"数"的"神理"，又被概括为"道"。这是合于"道"的"一"，而"一"又是"道"所生的"具体"。美作为合于"道"的具体的"一"，既以"天"、"人"为因素，又以合于"道"为条件。所谓美之所以为美，"其美者自美"，这个"自"即是合于"一"的自己的"道"的"自"。所以这里天人合一的"一"既是生成之后的"一"，又是合于"道"的"一"。"道"即自然，美既来之于"自然"，又须表现为与"自然"一样和谐的统一，所以就有一个合于自身自然的和谐与统一的要求。合乎这个要求，一种美的新质的"自然"才能生成，人所创造的自然，也才具为人所赞赏的美质。

　　所以就创造说，"道"又有规律的性质。所谓"美者自美"，"道在其中"，"道"既"自在"且又能"自为"、"自化"，具有人们无法想象的功能；对于初发现它们的人类来说，它就是"神"。它的具体化，无非是"自然"二字，无非是人们所感觉的和谐和统一。古人只知实在自然，为了模仿、创造，也曾"取象"、"问数"，因为不能说出其所以然来，所以，就只好笼统地概括说："道可道，非常道，名可名，非常名"，"玄之又玄，众妙之门"。实际上它指的是天人合一过程中，各有其具体的"一"的"众妙之门"。这个"门"需要人的具体实践去打开。这个"门"存在于通向自然的"天"的崎岖山道上。俗话常讲的"门路"、"路数"，其中蕴涵着深刻的哲理。"一"就是"神"，就是"妙"。"妙"有其"门"，"妙"有其"数"。"数"在哲学上就是"度"。"度"的认识，是一个很高的境界。因此，这个"道"的发现所达到的理性概括的高度，可以说是中国传统文化对于美学的最大贡献。只要我们拨开那笼罩在"天人合一"上的宗教迷雾，就可能像发现中国不是"贫油国"一样发现我们祖先的智慧，看到中国美学传统中极其可贵的丰富宝藏。

老子历来被推崇为道学思想的始祖。《老子》书中曾多次用"朴"来比喻"自然"。在老子笔下，"朴"是在与"器"相对立的意义上出现的。从词的原始意义看，"朴"指原木，"器"是原木受斫斧加工后产生的各种器物。"朴"在概念上与"自然"相通。王弼在《老子注》中说"朴，真也"。在谈论人时，他们也用"真"代替"自然"。《庄子·大宗师》说："天与人不相胜也，是之为真人。"天与人"不相胜"，也就是"天人合一"，不分彼此。一切以其"自然"为美。《易·贲上九》中即已提到"白贲"为美。《文心雕龙·情采》云："'衣锦褧衣，恶文太章'；'贲象穷白'，贵乎反本"，认为理想的美即在于"自然"二字。春秋初年，工匠艺人创造了一个"莲鹤方壶"，壶盖装饰主要取材于自然：莲瓣之中挺立一鹤，举翅欲飞，睥睨一切，生动地表现了一种清新俊逸之美（郭沫若：《殷周青铜器铭文研究、新郑古器之一二考核》）。

嵇康在他的诗中写道："朱紫虽（杂）玄黄，太素贵无色。渊淡体至道，色化同消息"（逯钦文编：《先秦汉魏晋南北朝诗》，第489页），认为含蓄素淡乃是天道自然的本色。他们都把"道"看成是本质的自然。晋末宋初的大诗人陶渊明则用自己的创作实践，成功地体现了这种与"道"和谐的艺术美。苏轼平生最推崇自然平淡的美，他主张为文当如

"行云流水"，做到"文理自然，姿态横生"（《答谢民师书》），在《书鄢陵王主簿所画折枝二首》中说："诗画本一律，天工与清新。""天工"即是"自然"之意。严羽说："谢所以不及陶者，康乐之诗精工，渊明之诗质而自然耳。"（《沧浪诗话》）李阳冰谓"书以自然为师而备万物之情状"（《佩文意书画谱》卷一《唐李阳冰上采访李大夫论古篆书》）。董其昌言"画当以天地造化为师"（董其昌：《画禅室随笔》卷二《评旧画·题天池石壁图》），甚至袁宏道说及栽花种草时，也指出"花之所谓整齐者，正以参差不伦，意态自然"（《袁中郎全集》卷二《文漪堂记》）。所以王国维概而论之说："古今之大文学，无不以自然胜。"（《宋元戏曲考·元剧之文章》）"道法自然"，说明"道"是采之于自然；同样，也可以说"美法自然"，"美"的规律即是自然的规律。"道"所显示的美，即是"自然"按其自身的规律所显示的美。所以美的创造也必须合乎自身结构和谐的规律，才可能显得自然。

自然是如此绚丽多彩，在自然面前，"五色"、"五音"甚至足以"使人目盲"、"使人耳聋"，问题在于人们往往因它的丰富而有所沉溺，看不到它的本质所在。"万物以始以成，而不知其所以然，故曰恍兮惚兮，惚兮恍兮，其中有象也。"（《老子注》二章）美感区别于美的本质，即在于它足以使人忘乎所以，从大自然的有限空间开拓出无限的心理空间，让人们获得心理的共振和思考。实际上，它只是审美者与审美对象在审美过程中瞬间的"浑而为一"。但美的本质却是它的抽象。中国的道家在阐述这种抽象时强调："大音希声，大象无形"（《老子》四十一章），以极其朴素的辩证观点，引导人们透过纷繁的现象去认识与欣赏美，进而掌握"美"被发现与创造时的"归真"、"返璞"。这里的"归真"是要认识对象的"真"；这里的"返璞"是"返""天人合一"时所表现的"自然"的"朴"。作为一种新质的自然，在"万殊"的"一"中，它应该表现为一种只是"这一个"的和谐和统一。这种和谐统一，对于"神与物游"时的观赏者来说，美的心理境界也应该是感觉上的平衡，这里既有不平衡时的心理补偿，也有"以天合天"的完全"合一"。

洪洞元代壁画祈雨仪式

北京有天坛、地坛、日坛、月坛，都是君王用于祭天、地、日、月而建的，广义的天，即自然，包括天、地、日、月，虽说封建帝王之祭祀，目的在于维护自己的统治地位，把自己扮成天的化身，真龙天子，他们还是要祈求天的恩惠，给予风调雨顺，这也是一种形式的"天人合一"的表现。换言之，因为天的力量太大了，人们不得不求得它的保护和宽怀。

望灯

燔柴炉

一旦观赏者与对象"浑然一体",就像金圣叹在《鱼庭贯闻》中描绘过人赏花时的美感状态:"人看花,花看人。人看花,人到花里去;花看人,花到人里来。"在这瞬间,尽管万象纷呈,百音齐奏,也可能"若忘"、"若失","不见"、"不闻",从心理上说是一种选择;从结构上说,是一种统一;就美学上说,是一种"既雕既琢,复归于朴"的"大巧之巧"(《庄子集释·山水》)所达到的境界。这时候,美感符合了美的本质,不能不说它是美的,所以只要能"以天合天",使创造的"美"合于自然的"美",这时候,美感的自身也成为一种美或一种心理范畴的美,存在于人的意识之中。这也是中国美学思想不同于西方纯心理分析或纯物质概括的一种特征。

正如魏禧在《文瀫序》中用"风水相遭而成文"来说明主客观因素的交替作用,"然而势有强弱,故其遭有轻重,而文有大小。洪波巨浪,山立而汹涌者,遭之重者也;沦涟漪瀫,皴蹙而密理者,遭之轻者也。重者人惊而快之,发豪士之气,有鞭笞四海之心;轻者人乐而玩之,有遗世自得之慕。要为阴阳自然之动,天地之至文,不可以偏废也"(魏禧:《魏叔子文集》)。魏禧等古人借水喻文,正是就主客体不同素质、不同感遇、不同"阴阳自然之动",依循"文理自然"的原则所成就的"浑然天成"、"姿态横生"风格各异的境界,来说明"至美之文"所需要的条件。

可见,中国美学传统讲美的创造规律时,除了讲两物相和的原则之外,也涉及一些"数"的概念。但我们讲"数"的比例不像西方那样机械,硬要分析创定什么"黄金分割律"或"三一律"之类的东西,而是根据各个因素的具体,标举中国人所特有的"增一分太多、减一分太少"的所谓"中"的准则。它的特点是把一切美之所以为美的标准放在事物的联系与关系之中,既看到自然的"万殊",又能以"一"来贯之。只不过这个"一"较之作尺度的"中"或"和"的原则更抽象、更概括、更富哲理的意义而已。这种似乎没有尺度的尺度,被作为一种普遍的尺度,包含着深刻的辩证法!

八十六、"气"为主体

　　人们总是习惯于把中国的美学传统说成"唯心"、"抽象"，就像中医之谈六经脉理一样，似乎玄妙得难以理解。实际上，即使是美感的心理现象，中国的美学传统也有自己的唯物主义解释。它的基本范畴即是"气"。在中国传统哲学看来，这种"气"是一种精微的动态的物质，它见不到、摸不着，但它的功能却可以为人所感知。古代的中国人凭着他们的直观感觉承认了它的存在。就像康德关于电磁之间有联系的设想，如果不是经过实验的验证，它永远只能被视为假说一样，闪光的真理常常混杂在错误与迷信的污泥之中。正如量子力学的波粒二象说之都可获得验证一样，倘若用现代科学成就的光芒加以照射，我们亦有可能看到"气"中的真理之光。

　　在中国道家的眼中，"气"是生命的基础，"万物因之而生，万象随之而成"。所以说"气变有形""形变有生"，"形者，生之舍也，气者，生之充也；神者，生之制也；一失位，则三者伤矣"。（《淮南子·原道训》）"神"是"气"之精，"形"是气之粗。《管子·内业》篇中，基于唯物主义的"精气说"，认为"人之生也，天出其精，地出其形，合此以为人"，把人的精神说成是一种特殊的物质——精气。其根据是：天是自然，人也是自然，所以古代人把"天、地、人"作为三才来表述。天地居上下，人处其中。

　　在以人为中心的美与美感的范畴中，刘勰在《文心雕龙·原道》中是这样来阐述他的美学原理的,所谓"文之为德也大矣!与天地并生者何哉?夫玄黄色杂,方圆体分,日月叠璧,以垂丽天之象;山川焕绮,以铺理地之形;此盖道之文也。仰观吐曜,俯察含章,高卑定位,故两仪既生矣。惟人参之,性灵所钟,是谓三才。为五行之秀,实天地之心"。这里的"文"的美是作为"与天地并生"的"形"与"象"来理解的。古代的"五行"指的是物质的五种基本元素,"人"是"五行秀",是所谓"性灵所钟"的物质,所以充当万物的主宰,充当所谓"天地之心"。但是它们共通的物质却是"气"。"性灵"是"气"之所聚,天地也是"气"之所聚,只是前者较为精微而已。在他们看来,"气"、"性"相通,"气"有可见,有不可见。可见的为"器",不可见的为"神";在心为"性",在体为"形";在人为"意",在物为"象"。从可见不可见和占有不占有空间上的抽象概括,发展为所谓本体论上的"有无之争",实际上争论的都是"气"或"自然"空间的虚实问题。如果以"实体"作为空间的边界,空间也就无所谓"全虚、全无"。就像制造器皿,雕镂刻形,建筑房屋,垒墙开窗,都是通过"有"使用"无","有"是"无"中的"有","无"是"有"中的"无"。山水画卷,组成山水形象是"有",需要距离间隔的欣赏空间是"无"。前者"实",后者"虚"。"实"的美易于感知,"虚"的美则需在事物的或空间联系中见出。中国园林艺术讲究"因借"理论,"因"是按照自然山水的地形条件,是一种"实";"借"是它的引申、联系,所谓"极目所至,俗则屏之,嘉则收之"(计成:《园冶》)。把飞鸟流云、远山近水统统组合到基本空间中来,包含着审美主体对审美空间的理解和领悟,是一种"虚"。美只能在时空中展现,"以虚带实","虚"也具有某种"实",它们被统一于中国的"气"上,就像"无"虽不是"有",却可以是一种"虚"的"有"。

对于美的创造,以上认识具有更高的实践意义。明朝唐顺之在以唱歌比喻写作时,曾说:"最善为乐者,则不然。其妙常在于喉管之交,而其用常潜乎声气之表。气转于气之未湮,是以渲畅百变,而常若一气；声转于声之未歇，是以歇宣万殊，而常若一声。使喉管声气融而为一，而莫可以窥，盖其机微矣"（《董中峰侍郎文集序》），讲的也是虚与实、有与无、声与气、意与象的统一。所以就中国的美的哲学看来，实际讲的都是神器之学、忘象之学、虚实之学与有无之学，作为它的基础是老庄的"道"与"气"的学说。

中国的道家所说的"气"似乎是不带任何规定性的，只有在"气"、"性"连用或"气"作为具体物质存在时，这种"气"才具有一定的规定性。美是一种带有一定规定性的"气"，它的规定性即是前面我们所理解的"顺乎其自身内在和谐规律"的"自然"。人的"情性"也是一种"心气"，"心气华诞者，其声流散……心气宽柔者，其声温好"（《大戴礼记·文王官人篇》）。这里的"气"被作为因感而起的"情"来看待。"情有好恶"，缺少的正是它的规定性。

中国传统的美学观点中，符合于"美"的规定性的"心气"，历来指"喜怒哀乐之未发谓之中"的"性"。因为"情见于外"，"诚在其中"，这个"诚"被作为"心气"的"自然"的"真"来看待，指的是属于情之未发而尚处于相对和谐的"性"的"自然"。这样"和谐"的只能是"性"，不和谐的可能就是"情"；"和谐"成为"美丑"的主要尺度。这就是为什么人们往往以"性"为美、以"情"为恶、为丑的原因。道家以事物的内部统一规律为"性"，儒家以人的本质道德为"性"。概念的范畴本不相同，但在"和谐"上却被互相沟通。正如孟子所谓"吾养吾浩然之气"，讲的是"养性"功夫，他的"气"是"配义与道"的，具有人格的内涵；魏晋玄学家讲"越名教而任自然"的"顺性"，他们"顺"的"性"是所谓"娱无为之心"，达到"逍遥于一世"的目的。所以"顺性"实际是为了"适情"，尽管标榜的也是"性的自然"，实际是以"情"的"自养"来达到"意"的"自若"的目的。这些"养性"、"养情"的"美"的追求都带有较大的主观性与片面性。因为美作为一种具有创造性的客观存在，它的"自然"除了外部的主客体的统一以外，还有一个自身内部的统一问题；外部的主客体统一，既有物质自然的内容，也有社会道德评价的内容；内部的情性的统一，既有"情"的层次，也有"性"的层次，甚至既有"志"的层次，还有"意"的层次。所以"美"要成其为"美"，在所谓"统一"和"和谐"上，可能还是多系统、多层次的。正如刘勰的"气以实志，志以定言"，"吐纳英华莫非情性"（《文心雕龙·体性》）。这里所谓"情性"的"气"，不仅被用来指"性"的自然，"情"的特点，"志"的社会目的，"意"的作品内容，而且以某种形式的特征出现，表现为某种只是"这一"的"既有诸内又有诸外"的自然风格。"气"不仅被作为人的个性的具体，而且被作为作品个性的具体。"象形于外"，"意生于内"，气以其可感而不可见的"风"，被表现于所形成的"意"与"象"之中，构成所谓"风韵"。一旦"气"与"韵"并举，这种"气"即被看成是流贯于作品之中的，所谓"既有诸内又有诸外"，"既有内容又有形式，既有情性又有风骨"的新的主客体统一的第二人格的自然。曹丕之所以主张"文以气为主"，就有这个意思。谢赫的"妙在气韵"，以及姚鼐"气运（韵）精灵"也有这个意思。他们都把美之所以为美，具体化为具有第二人格意义，既有生命意义又有自身气势的第二自然来理解。

在美学上，坚持"气一元论"比较彻底的张载，他的"凡象皆气"不仅继承了中国传统本体与现象相统一的观点，而且为从老子以来关于"有无"范畴的争论，找到可以统一的根据。所谓"凡可状，皆有也；凡有，皆象也；凡象，皆气也"。（《正蒙·乾称篇》）"气"或聚或散，或精或粗，或幽或明，聚则有形可见，散则无形不可见，而且提出了一个"客有"的范畴，把"心象"作为一种"客有"，用以区别实际的"有"，认为若把"心象"说成具体的"有"，它却"幽而不显"，若硬要说它为"无"，却又并非凭空而生。这样，"心象"即成为"有"的"虚见"，说它"虚"只是"幽"而不明而已，并非"非有"。所以他才说："气聚则离明得施而有形，气不聚则离明不得施而无形。方其聚也，安得不谓之客；方其散也，安得遽谓之无？故圣人仰观俯察，但云知幽明之故，不云知有无之故。盈天地之间者，法象而已。"（张载：《正蒙·太和》）"知虚空即气，则有无、隐显、神化性命，通一无二。"（《正蒙·太和》）他把浑然未分的"气"称为"太和"，"太和"即是处于自然和谐统一的"道"。所以说："太和所谓道，中涵浮沉、升降、动静相感之性，是生细缊、相荡、胜负、屈伸之始。"（《张子正蒙》）在"太虚即气"的作为物质本体的同时，还看到了"气"的内部，存在着引起转化的处于相对和谐统一的"性"的自身的对立的本质。

这种"气"的"相适"的理论，到了后期又发展为以"性观"还是以"情观"的争持。"性观"是"反观"（或称为"内观"），"情观"是外观。"反观"是"以物观物"，讲的是"性"的"交通"；"外观"是"以我观物"，讲的是"情"的"交通"。"情""性"都以"气"为基础，区别即在于动静、内外。按中国美学传统"气"的"中和"理想说，人们更多地以"自然"作为自己的标准。在美的创造过程中，多提倡"以有我入"；在美的实现时，则要求"以无我出"，追求的是"实景清而空景现"，"真景逼而神境见"的"气韵生动"。唐志契在物质观念基础上，讲的是"性在气中"，"性"是"动静相感"、"细缊相荡"变化的根据，"气因性生象"，美感以形象为中介，"感者性之神，性者感之体"，一

切"感"都表现为"性"的"交通"与"交通"过程中"性"的"相适"。所以说："气之为物，散入无形，适得吾体，聚为有象，不失吾常。"（《正蒙·太和》）说明即使是"散入无形"的"气"，只要与"吾体"的"性""相适"，即能"聚为有象"，成为"吾常"的"客有"的基础。

这种"感于物而动"，通过"性"的相适而"成形成象"，进而创造出新的具有人格意义的第二自然的"气化"说，较之当今只从形式着眼的"同形同构"理论，似乎更"物质"也更具体"辩证"一些。因为它近乎"以内因为根据"的物质转化论。他们在肯定"气"时，讲究的是"无笔之笔"，"无墨之墨"，"无画处有画"（布颜图：《画学心法问答》），所谓"虚起实结，实起虚结"，"笔不到而意周"的"无穷意趣"（布颜图：《画学心法问答》）。在美的创造过程中，既讲"体性"求其"真"，又讲"养气"求其"神"，终讲"笔气"谋其"势"。"性"从"气"始，"笔"依"气"终；既以自然的"气"贯彻始终，又以"气"的"自然"作为标准。

因此，我们可以大胆地说，中国美学是以"气"为本体的美学。

八十七、浩然之气

　　气与志的关系，可以说是孟子的一个独特的命题。孟子是在回答公孙丑"不动心有没有道"和"夫子之不动心与告子之不动心有何区别"时，发表这一看法的。他说："告子曰：'不得于言，勿求于心；不得于心，勿求于气。'可；不得于言，勿求于心，不可。夫志，气之帅也；气，体之充也。夫志至焉，气次焉。故曰：'持其志，无暴其气。'"就是说，气是充盈于人的体内的，受志的统率。志立而气随之。志要坚定不移，但也不能滥用气。

　　公孙丑又问这二者是什么关系，应如何理解时，孟子又说："志一则动气，气一则动志也。今夫蹶者趋者，是气也，而反动其心。"（《孟子·公孙丑上》，转引自《四书五经》（精华本），宗教文化出版社 2003 年版，第154 页）就是说，志太专一了，气也会发生变化，渐渐转移到这一方面；气太专一了，志也会发生变化，渐渐向气转移，使志弱于气。

　　正是在上述对话的基础上，孟子第一次提出他的"浩然之气"。

　　公孙丑问他："敢问夫子恶长乎？"（老师在哪方面见长？）孟子说："我知言，吾善养吾浩然之气。"（知言，是善于分析别人的言辞。）又问："敢问何谓浩然之气？"孟子说："难言也。其为气也，至大至刚，以直养而无害，则塞于天地之间。其为气也，配义与道；无是，馁矣。"（《四书五经》（精华本），宗教文化出版社 2003 年版，第155 页）就是说，这个问题是很难说清楚的。这种浩然之气，最伟大最刚强，用正义的力量来培养，而不使它遭受损害，日后它就会充满天地宇宙，无所不在。这种浩然之气，必须与义和道的力量相配合，否则它就缺乏应有的力量了。这种浩然之气，是由正义力量的长期积累而形成的，并不能凭一两次偶然的正义行为而速成。只要做一件于心有愧的事，这种气就会变得软弱无力。

对孟子的这个"浩然之气"，有各种理解和解释。朱熹认为这是一种盛大刚直之气："浩然，盛大流行之貌。"（同前，第157页）张岱年先生认为，孟子这里讲的气，同讲志与气时不一致。前面讲志与气时，气是构成身体的东西。后面讲"浩然之气"，则是精神的东西。气本来充满于体内，如能"善养"，则有塞乎天地之间的感觉，与天地之气融合为一的感觉。"这是一种与天地为一体的神秘经验"，"是一种神秘的修养境界"。"这种境界是从道德行为的累积中产生的，是长期修养的结果。"（《中国哲学范畴集》，人民出版社1985年版，第108页）

冯友兰先生认为，孟子的"浩然之气"不同于士气、勇气。因为有浩然之气的人的境界，是天地境界，是至大、至刚，比大丈夫还刚。"因为此所谓大丈夫的刚大，就人与社会关系说；有浩然之气者的刚大，则是就人与宇宙的关系说。"因此，"孟子所谓'塞于天地之间'，'上下与天地同流'，可以说是表示同天的意思"。因此，就这点而言，孟子的境界高于孔子。（《冯友兰集》，群言出版社1993年版，第357—358页）冯先生对"浩然之气"的解释，确实比一般人要高明。

李泽厚先生对此如何看呢？他说："我以为除去其中可能涉及养生学说的生理理论外，它主要讲的是伦理学中理性凝聚的问题，即理性凝聚为意志，使感性行动成为一种由理性支配、主宰的力量，所以感到自己是充实的……它是自己有意识的有目的的培养发扬出来的，这就是养气。"（《中国古代思想史论·附论孟子》，天津社会科学出版社2003年版，第44页）李泽厚先生在这里没有对"浩然之气"说的美学价值做更多的说明。

这里特别需要提一下王建疆先生。他在他的《修养·境界·审美》

一书中，对孟子的"浩然之气"说做了深入分析。他提出了下列见解：

一、赞同冯友兰先生的观点，认为从人与社会、人与宇宙两方面考察孟子的"浩然之气"说，的确要比单方面从人与社会伦理道德角度去解释，更符合孟子学说的本义。但只注意到"浩然之气"说与他自造的体系范畴所涉及的多重关系，而未揭示这些关系所蕴涵的内容。李泽厚虽然既说了"浩然之气"说的道德意志的培养，又说了其生理养气的基础，从理论上看似全面备至，但从实践中领悟，实际上是一边倒，倒向了理性和道德意志，把"养气"当成了一种简单的理性活动，从而忽略了它所具有的系统质和系统功能。

二、认为孟子的"养浩然之气"，是"道德修养与内审美的统一"。根据是孟子在论"浩然之气"时所说的"行有不慊于心，则馁矣"。"慊"是快乐的意思，"馁"在这里是指泄气、气馁。"由此可见，欲养浩然之气，须得有心中之快乐，否则泄气。而心中之快又来自集义。因此，养浩然之气应被视为道德修养与内审美的统一。"（《修养·境界·审美》，中国社会科学出版社 2003 年版，第 159—160 页）

三、认为解开"浩然之气"说这个"千古之谜"的关键，在于弄清中国古人的"养气"活动。他对中国历史上高、低层次的"养气"以及道、儒、佛的"养气"、"养心"做了分析比较之后，认为孟子的"浩然之气"说十分类似于佛家的"金刚勇猛"，培养一种至刚、至大、至勇的涵盖一切、包容一切、压倒一切的精神气质。它是生理的又是心理的，是道德的又是养生的，是一种系统功能质，而不是生理与心理因素的简单相加，其威力远远超出了简单的生理修炼道德和单纯的培育，它的境界既是社会的，又是宇宙的，在形而上的意义上与道家的天人之道相通，又给予现实的社会人生积极的充实和砥砺。他把孟子"养浩然之气"说归结为"配义与道"、身心并养、人天合一的高级修养方式。

四、认为孟子的"浩然之气"说实质上既讲了人格美，又讲了人格的内审美。至刚、至大、至勇，可以说是一个人的人格成就的最高等级。它是人的本质和本质力量的直接显现，闪耀着人格美的光辉。而

"于天地之间"、"上下与天地同流"的浩大高渺，则展示了一种崇高的审美境界。在这一境界中，天人合一，小我与大我相融，精神与肉体统一，思想感情与精神气魄相互生发，自然精神与道德意志互为表里，将一种宏大的精神境界展现在天地人生之间，成为人格的楷模和人生的理想境界。

五、认为孟子提出了一个非常独特、非常有价值的修养美学命题，它可能成为沟通佛、道、儒的一个枢纽。

两千年来，人们对孟子的"浩然之气"说，做过多种解释和研究。其中必定有属于孟子此说原有之意的，也有的未必是其原有之意。不管怎样，总是步步深入了。王建疆先生比别人研究得更为深入，给我们以更多、更大的启发。

王先生说，这个命题有可能成为"沟通佛、道、儒的一个枢纽"。其实还可以说它也可能是沟通中西哲学与美学的一个枢纽。一语点破，其实"浩然之气"也就是西方哲学和美学中所说的"崇高"，只不过它有自己鲜明的特色，是"中国式的崇高"。

崇高，顾名思义，即伟大、高尚的意思。它是一种刚劲雄浑、气势磅礴的美。"自然界的崇高首先以其数量上和力量上的巨大引起人们的惊讶和敬赞。它们经常以突破形式美（如对称、均衡、调和、比例等）一般规律的粗粝形态——如荒原的风景、无限的星空、波涛汹涌的磅礴气势、雷电交加的惊人场面以及直线、锐角、方形、粗糙、巨大等（与美的曲线、圆形、小巧、柔滑……恰恰相反）来构成崇高的特点。"（王朝闻主编：《美学概论》，人民出版社 1981 年版，第 50 页）在社会中，它则是一种伟大、高尚、辉煌、壮丽的美，包含着必须经过剧烈斗争才能显现的至大至上、至刚至勇之美。自然界之所以使人感到其崇高，是同审美主体的崇高感相联系的，是人的本质力量在对象世界中的感性显现。它是人类为了崇高的目标进行艰苦卓绝斗争的产物，是真、善、美同假、恶、丑斗争的产物，是阳刚美、伦理美的最高形态或最高境界。孟子不但对美与大加以区别，而且提出"文气"之说，以后的文论、画论所说

"其得于阳与刚之美者，则其文如霆，如电，如长风之出谷，如崇山峻崖，如决大川，如奔骐骥；其光也，如杲日，如火，如金镠铁；其于人也，如凭高视远，如君而朝万众，如鼓万勇士而战之"（姚鼐：《复鲁絜非书》）。又如"挟风雨雷霆之势，具神工鬼斧之奇，语其坚则千夫不易，论其锐则七札可穿……如剑铺土花，中含坚实，鼎包翠碧，外耀光华，此尽笔之刚德也"（《芥舟学画编》）。这里体现的就是崇高，就是孟子提倡的文章、艺术中的"浩然之气"。

当然，在孟子的"修养经"中，斗争和实践无疑是个薄弱的环节，我们也不可能用《矛盾论》与《实践论》苛求古人。但从孟子所讲，"故天将降大任于斯人也，必先苦其心志，劳其筋骨，饿其体肤，空乏其身，行拂乱其所为，所以动心忍性，增益其所不能"（《孟子·告子下》）观之，他提倡的"浩然之气"，也决不单纯是一种闭门修养或自省。

不错，孟子所说的"浩然之气"虽不像西方的"崇高"那么明确，但它要比西方的"崇高"更哲学、更美学、更艺术、更深刻和具有广阔的包容和想象空间，更能说明"崇高"之所以为"崇高"。孟子所说的"浩然之气"，绝不是唯心的，而是真实存在的。因为它是真实存在的，所以，真实的存在便是一把打开它的奥秘或神秘的钥匙。

其实孟子本身就有这种"浩然之气"。孔子、老子、庄子身上和他们的学说里，也有这种"浩然之气"。尧、舜则更是如此了。孔子在赞扬尧帝时说："大哉！尧之为君也。巍巍乎！唯天为大，唯尧则之。荡荡乎！民无能名焉。巍巍乎！其为成功也。焕乎！其有文章。"（《论语·泰伯》）这不就是孟子所说的"浩然之气"吗？

和谐社会 和谐世界

八十八、诚信之美

　　真，作为伦理美基础的问题，是老子提出来的，他认为"礼崩乐坏"是由统治者的"伪善"造成的，是因为他们把人类社会那种淳朴的、真诚的风尚丢掉了。所以，要揭露"礼"的虚伪性，"返璞归真"、"反礼取真"。老子提倡和追求的是真善之美，去伪存真之美，益民、利民、爱民的伦理之美。孔子则反老子之道而行之，提出"克己复礼"，核心是"非礼勿视、勿听、勿言、勿动"，"志于道，据于德，依于仁，游于艺，存于信"。他第一个提出"信"，而且要求"去食存信"，不吃不喝，也要坚"信"到底。孟子大在继承孔子"性本善"的理论基础上，提出天道是诚善的，人道也是诚善的。而要做到"诚"，就要"反求诸己"，"己所不欲，勿施于人"，这样才能"反身而诚"。这也是"悦亲"之道，若"反身不诚，不悦于亲矣"。诚身有道，不明乎善，不诚其身矣。"是故诚者，天之道也；思诚者，人之道也。至诚而不动者，未之有也。不诚，未有能动者也"。诚，成为人际关系中最重要的原则和范畴。庄子强调伦理美的基础是真，提倡朴素之美、真美、诚美。他说：真在其内，神动于外。不精不诚，不能动人。

　　在我国统一的封建专制国家建立和发展的时期出现的《大学》、《中庸》两书中，进一步发挥了孟子关于"诚"的思想，认为要做到"修身、齐家、治国、平天下"和掌握"中庸之道"，就必须"正其心，诚其意"，就必须"反求自诚"，"诚者自诚"。董仲舒则把"信"列为人们必须遵守的"三纲五常"的"五常"之一，即"仁、义、礼、智、信"。认为质朴、诚实、诚信，是人的美德。他说："春秋之意，贵信而贱诈。诈人而胜之，虽有功，君子弗为也。""春秋尊礼而重信"，以此提倡"尚信"、"重信"、"贵信"。当然，他所讲的"信"，首先是对君王的忠信，然后才是人与人之间的信。而刘向则是在强调"取悦于民"，"遍予而无私"的前提下讲"诚信"的，认为伦理美的本质就是"诚"，相信"诚能通金石"。他甚至认为"诚"的本身就能收到伦理美的良好教化效果。扬雄认为，文辞威仪同德行、忠信比起来，是本末关系、表里关系。文辞威仪是形式、是表，德行忠信是内容、是里，后者决定前者。王充强调"诚见其美"，"精诚由中"，所以最能感人、化人。只要能"诚"，"自见其美"。离开"诚"和"实"的那种"伪"的"文饰"，不会有什么感召力。美不在古今、故新，而在于是否真、是否"诚"。他反对孔子所说的"去食存信"，因为不吃不喝，离开一定的物质条件，单纯强调"信"。那只不过是一句空话。"仓廪实而知礼节"，"谷足"才能行"礼义"。当然，人不能只顾饮食，而不信礼义。处理好"信"与"食"的关系，培养以礼义为基础的"诚信"，才能达到伦理美的一定境界。

古代的诗歌如《国风》中的《采蘩》、《采苹》，《大雅》中的《行苇》、《洞酌》，都是颂扬诚信之美的。《史记》的作者司马迁则把"忠"与"信"当做伦理美的最高标准。但他以夏禹为例讲"忠"、"信"，不是忠君个人，而是为天下"兴利除害"，"为天下之人尽忠"、"尽信"。他把伦理美的形式归结为：聪、明、公、正、忠、信、清、廉，总称为"志行之美"。他的《侠客列传》中赞颂侠客的"任侠"精神："行必果，言必信，已诺必诚"，"不知自全"，坚"信"不渝，从而揭示了"诚信"的崇高美。荆轲"壮士一去兮不复还！"也讲的是一个"信"字。

纵观中华民族发展的整个历史，"诚信"作为一种美德，一种伦理美，几乎是一条线发展下来的，即使韩非子的"人性皆恶"，"隆主论"和"刑德"之治，也没有斩断"诚信"这一美德的延续和发展。

　　孔子在提出他的立国纲领时，同时提出他的大政方针也是六个字："足食、足兵、足信"。民以食为天，兵亦以食为天，兵不可一日无食，国不可一日无兵。但在特定条件下，食可少，兵可减，但信却绝不可少。因为"民无信不立"，国无信不存。"民信"是国家政治的灵魂，失民心者失天下。政府重视诚信，政策、法令才能施行、落实。所以，在"信"的问题上，在任何情况下，无任何机动、灵活的余地。

　　无论从历史传说原始社会的"尧舜禅贤"也好，旧石器时期以至新石器时期仰韶文化、龙山文化的遗存陶器上的彩绘纹饰、龙盘上的图腾崇拜也好，从"夏墟"中发现的饕餮纹青铜器也好，都说明伦理美的思想很早就产生了。特别是史书记载的"楚王问鼎"的故事中所说王孙满关于"在德不在鼎"的回答，更证明了这一点。所谓"昔夏之方有德也，远方图物，贡金九牧，铸鼎象物，百物而为之备，使民知神奸"（《古文观止》《王孙满对楚子》，原载《左传》）。说的就是建都在山西的夏朝，用铜铸成九鼎，把各种奇怪的图形铸在鼎上，以象征其政治的美善光明，教化臣民，以识善恶神奸，使山川中的鬼怪，不敢伤害他们。这个鼎即夏朝王权及伦理美的象征，同时也是诚信的象征。所谓"一言九鼎"就是强调诚信的重要。历史上流传的成王"桐叶封弟"的故事，本来是一句戏言，但因"君无戏言"，既然说了就必须得算数，所以便封其弟叔虞于唐（今山西翼城西）。介子推"割肉献君"，救重耳于危难之中，重耳即位，介子推因自己被忽视而与其母硬是被烧死在绵山（今山西介休市境），也不出山受封。又因为介子推被烧死的那天，正好是清明头两天，后人为纪念他，每逢清明便不生火做饭，俗称"寒食节"。《国语》中《箕郑对文公问》的故事，更为有趣。当时晋国闹饥荒，文公向箕郑询问说：怎么救灾荒？回答说：讲诚信。文公说：怎么讲诚信？回答说：君心要讲诚信，官位名分要讲诚信，法令要讲诚信，办事要讲诚信。文公说：讲诚信将会怎样？回答说：君心诚信，善恶就分明。名分诚信，上下级就互不干涉。法令诚信，就时时会成功。办事讲诚信，百姓都可以就业。于是百姓了解君王的心，贫穷的也不害怕，富裕的拿出自己收藏的东西如同往自己家拿一样痛快，又有什么贫困匮乏呢？文公拜他为箕大夫。《文公称霸》也记载，由于文公按子犯的建议，围绕诚信、义和礼做了三件大事，得以顺利击败曹国、卫国和楚军，为宋国解了围，从而称霸天下。而救宋也是为了报答其礼遇之恩，实现自己的诺言。

至于对出生于解州（今山西解县），与刘备、张飞"桃园三结义"，并为扶汉，横刀立马，"过五关斩六将"，奋战一生，威武不能屈，富贵不能淫的关云长，那就更非同小可了。他的原型已经是"忠、信、义、勇"的代表，宋、元、明、清以来，更把他美化得圣乎其圣，神乎其神，由"侯"及"公"及"王"，册封不止。明神宗在万历年间还曾封关公为"协天大帝"——这在中国两千余年的封建社会恐怕是绝无仅有的。儒家和儒教不必说了，因为关公显然是孔子所倡导的"礼"的化身。外族统治者不嫌弃他，佛道各教也争先恐后地拉他"入伙"。苏州的五百罗汉堂中，竟然也出现了持刀站立的关云长。原来佛教把他封为护法的"伽蓝神"。而笃信道教的宋真宗则把他请入道教。他没有让他去隋唐战秦琼，却让他到解州盐池，大战蚩尤。虽说有点滑稽，但也说明从封建君主到各大宗教对关公的推崇。在民间对关公更是家喻户晓，妇孺皆知，成为伦理美和诚信美的化身。关公文化，即诚信文化。这一文化，经久不衰，至今影响犹存。过去是"县县有文庙，村村有武庙"，现在则在海外——亚洲、澳洲甚至西方国家也有造像并被顶礼膜拜。尤其海外的华商，更是把关公奉为财神。这也许是因为"诚能通金石"，诚信才能发财的缘故吧。历史上晋商的崛起，重要的依托，不也在诚信吗？

晋商兴盛达五个多世纪。早在夏、商、周时期，山西境内的产品交换已经兴起。在夏帝都和各部落活动的中心区域，如平阳、蒲坂、安邑，今襄汾陶寺、夏县、翼城、垣曲等地，市场交易已很活跃。在春秋战国时期的晋与三晋，即出现了像猗顿、吕不韦那样的豪商巨贾以及他们在思想政治上的代表纵横家学派。与此同时，由于商业的繁荣，货币流通量的增加，山西成为中原地区商业之枢纽。秦汉时期，山西商业已拓展到内蒙古、东北辽东一带。隋唐宋元时期，山西商人不仅携资竞争于全国市场，而且通商于塞外以至欧洲。在明代，因蒙古族不断侵扰，北部驻兵增加，粮饷缺乏，便实行"开中法"，用发给食盐专卖执照"盐引"的办法，鼓励商人把粮食和食盐贩运到晋北边防粮仓。山西商人利用自己靠近边防的有利条件，捷足先登，以当时盐业集散地扬州为中心，不但向晋北边防输盐，而且向全国市场进军，与安徽的"徽帮"展开竞争。"晋商"借助自己得天独厚的地理优势和雄厚的实力，到明代末期即成为雄踞海内的、中国当时最大的商业集团。

同时，晋商利用明末实行汇票的机会，又来了一个捷足先登，率先建立"票号"，将商业资本与金融资本相结合，在清代达到鼎盛。它不但在山西平遥、祁县、太谷有总号 30 家，而且在各地有分号，既接受公私存款，又经营官商汇兑。不但基本上控制了全国的金融，而且把分号设到了日本的东京、大阪、神户，俄国的莫斯科以及东南亚，每年获利达 500 万两。在清咸丰、光绪年间，则是"山西票号"发展的高峰，曾一度执全国之牛耳。光绪三十四年，全年汇兑达到两千万元以上。而卓越的商业信用正是晋商尤其是"山西票号"得以持久、旺盛发展的一个重要因素。晋商的成功不仅在于资本雄厚、管理严密、法规完善，更在于他们在实际运营中同生产者、消费者、储户以及商业同仁之间建立了值得信赖的诚信关系。因其诚信享誉全国以至全球，其生意才能覆盖全国及全球，真正做到"生意兴隆通四海"。

信用在古代以至近代有着特殊重要的作用。试想当时北方的农民、牧民，生活很贫困，甚至无力用现钱、现物购买或兑换商品，只能凭信用。晋商采取的就是"春赊秋收"的交易方法。在春天青黄不接时赊给他们商品，解其燃眉之急，秋天再来收账。晋人的商号还常为蒙民捎购物品，甚至垫借钱财，一旦答应，就一定要办到。所以，深得蒙民信任。蒙民购物，只认商标，不问价格，对山西商号的商品，从不怀疑其质量。这种信用买卖关系，多少年如一日而不变。及至发展到"票号"，更是不论款额大小，路途远近，均必按期兑付，绝不延误。储户如需用款，随时可以提取，此地存款，彼地亦可支取。客户感到方便可靠，吸储自然不会困难，即使达官贵族，也愿把钱存在"票号"。

对于"山西票号"的信誉，清朝《续文献通考》卷十八评价说："山右巨商，所立票号，法至精密，人尤敦朴，信用显著。"《英国领事报告》中也说："山西票号"信用很高，有力量买卖中国任何地方的汇票。上海汇丰银行说：二十五年来与山西商人作了几亿两的巨额交易，"没有遇到一个骗人的中国人。"由此可知，"山西票号"之所以能"分庄遍于全国，名誉著于全球"的根本原因了。（以上参见黎风：《山西古代经济史》，刘建生、任志国：《晋商信用及历史启示》）

总之，诚信体现着真、善，表现为一种伦理之美。这种伦理美，可以使事业发达，生意兴隆，国家强盛，所以又具有重大的实用价值。

八十九、美善统一

与"一天人"相联系的是"同美善",即"美善统一",美学思想与伦理思想的紧密结合——这是中国美学史的又一显著特点。

中国字的"美"和"善",在造型上有一个共同之处,它们的上部都类似一个"羊"字。这是为什么呢?据《说文解字》解释:美,甘也。从羊大。羊在六畜主给膳也。段玉裁注:"膳之言善也。"美与善同意。羊可以供人食用,尤其是肥大的羊,更为肥美。可见中国古人认为对人有益的事物或事情,是善的,也是美的。美善同义,就是这个道理。

当然,这个解释不可能那么精确,但是我国古人把"美"与"善"作为同义语使用,这却是事实。如屈原《离骚》中的"理美"、"厥美"、"信美",既指美丽,又指"善",与"好"、"大"、"佳"有同义。《哀郢》中所说:"憎愠怆之修美兮,好夫人之慷慨。"这里指体态之美。"众踥蹀而日进兮,美超远而逾迈。"这是指美善。《离骚》中"世溷浊而嫉贤兮,好蔽美而称恶",把美和恶相对而言。美显然是作为善来使用。《离骚》最后一句所讲的"美政",则类于"善政"、"仁政"。同《论语》中所讲的"里仁为美"类同。

孔子是中国古代著名的思想家,他的哲学以"仁"为核心,其美学思想也必然打上伦理的烙印。在反映他思想学说的一部重要著作《论语》中,他不但同"善"联系起来谈美,甚至把"美"与"善"当做同义使用。如"君子成人之美，不成人之恶。"（《颜渊篇》）"里仁为美。"（《里仁篇》）"如有周公之才之美，使骄且吝，其余不足观也已。"（《泰伯篇》）"尊五美，屏四恶，斯可以从政矣。"（《尧曰篇》）都是把美当做善通用。孟子在看到美与善的差别的同时，指出它们二者的联系，认为"充实善信，使之不虚，是为美人，美德之人也"。在孟子看来，从人的品德而言，美与善是直接联系的，而美与善相比较，美是比善更高一级的品质，更高的善。墨子所说的"美章而恶不生"（《尚贤上》）、"务善则美"（《非儒下》），庄子所说的"孰恶孰美，成者为首，不成者为尾"（《盗跖》），也是把美、善、好等同起来使用的。荀子也是这样，他说"则崇其美，扬其善，违其恶"（《臣道》），"君子崇人之德，扬人之美，非谄谀也"及"言已之光美，拟于舜、禹，参于天地，非夸诞也"（《不苟》），这里的"美"也是"善"。而"君之能亦好，不能亦好；小人能亦丑，不能亦丑"（《不苟》）或"好女之色，恶者之孽也"（《君道》），这里的"好"，也是"美"的意思。在荀子看来，凡是"善"或"好"的内容，以好的形式表现出来的东西，也就是美的东西。韩非在许多场合下，也把"美"与"善"与"好"同义或混合使用。如他所说的"夫以父母之爱，乡人之行，师长之智，三美加焉……"（《五蠹》）这个"三美"的"美"，同"善"基本上同义，是指人的道德行为而言的。"君子不蔽人之美，不言人之恶。"（《内储说上》）"诸用事之人，一心同辞以语其美，则主言恶者必不信矣。"（《三守》）这里的所谓"美"都是"善"与"好"的意思。

基于上述对美与善的认识，许多思想家都肯定了审美感与道德感的一致性。

中国美学的"同美善"是由中国哲学的"一天人"、"合知行"、"同真善"而来的。

如前所说，所谓"一天人"即认为"物我本属一体，内外原无判隔"，天人实乃一统，天道与人道其实只是一道。天人之间的联系是性（大多数哲学家这样认为），性即道德原则。道德原则即来自天道的原则。因此，中国哲学必然主张"合知行"，即"知行合一"，思想学说与生活实践，融为一德。中国哲学家探索真理，目的即在于生活之迁善，行为之改进，道德之提高。荀子说："……君子之学也以美其身"（《荀子·劝学》），讲的就是这个道理。因此，在中国哲学中，真与善，也必然是同一的。

中国有些哲学家认为，真理或至理即至善，求真乃求善。至真的道理也是至善的道理。他们大多数人都不是为求知而求知，而是为了求善而求知，致知与修养不可分开，宇宙真理的探求与人生至善的达到，是一事之两方面。道是宇宙之大法，亦是人生至善之准则。所以，"朝闻道，夕死可矣"。中国哲学的这三大根本观点、根本特点，决定了中国美学必然是"同美善"的，是重美善、崇美善的。必然是注重内秀、内美和同善联系起来观察、研究、评价美的。如屈原就不仅欣赏事物的外在美，而且很重视其内在美。因为他认为"善不由外来兮，名不可以虚作"（《由思》）。他把内美看成主要方面，同时又不忽视对外美的"修饰"。所谓"纷吾既有此内美兮，又重之以修能"（《离骚》）。"修能"即"秀态"。全句的意思是既要有高尚的道德品质、人格美、心灵美，又要有形式的美。他的辞赋，就是这种美学思想的结晶。"余幼好此奇服兮，年既老而不衰，带长铗之陆离兮，冠切云之崔嵬。"（《涉江》）真是高冠表华贵，奇服状高傲，长剑显勇武。这峨冠佩剑的崇高而傲岸、雄伟而奇特的形象，是多么壮美呵！这是形式美，又不只是形式美。形式表现内容，内容充实形式，内美外美，相得益彰；文质彬彬，然后君子。这充分表现了诗人的审美观。古人在评屈原作品时说："其志洁，故其称物芳；其行廉，故死而不容自疏。""膺忠贞之质，体清洁之性，直若砥矢，言若丹青。"这都说明屈原辞赋的内美与外美有机统一的特点。

孔子有时是把美与善当做同义语使用的，有时则把美当做与善有区别的概念使用的。如"恶衣服而致美于黻冕……"（《泰伯篇》），这里指的就是具有文饰的衣冠，这种"黻冕"的形式的美；"宋朝之美"（《雍也篇》）则指的是宋公子朝这位"美人"——"面目美好者"的美；"有美玉于斯……"（《子罕篇》）的"玉"，也是具有美观形式的东西，但由于他常常与善联系起来讲美，所以不仅注重形式，而且注重内容，并把道德内容当做比形式更主要的东西了。"惠而不费，劳而不怨，欲而不贪，泰而不骄，威而不猛"，这"五美"就不只是重形式的一般的美，而是主要由其道德内容所决定的伦理美了。在这种情况下，美的也是善的，善的也是美的，是美与善的统一。相反，如果只有形式的美，没有内容的善，那就不那么可取了。因为按照他评价人的美学标准，善比美更为重要。认为，美女虽有倩盼美质，亦须礼以成之（《八佾篇》）。或者说，为人之美，也必须以礼成之，合乎"礼"的也就是善的，只有合乎"礼"之"善"的品质，才使人之美成其为真正的美。不仅如此，他甚至认为自然美之所以被人们认为美，也在于自然物本身的形象表现出与人的美德相类似的特征。"智者乐水"，是因为水"缘理而行，不遗小闲"，与智者有类似的地方；"仁者乐山"，是因为山"草木生焉，鸟兽蕃焉，财用殖焉，生财用而无私为……"，有与仁者类似的地方。就是说，因为水有"似德"、"似仁"、"似义"、"似智"、"似勇"、"似察"、"似礼"、"似善化"等特征，所以，智者看到大水的形象，就觉得它美不胜收，意趣盎然了。

墨子在谈作为文饰的美时，着重在它的善的内容。他承认"衣服不美，身体从容丑羸，不足观也"（《非乐上》）。但作为美的文饰，对于社会生活没有什么好处，甚至有坏处，如统治者奢侈荒淫，造成"身死国亡"，纵观古今，不乏其例。

孟子同善联系起来讲美，也坚持美的内容和形式的统一，认为作为伦理的美，不仅要有善、信的充实内容，还要具有"茂好于外"的形式。因此，他把美——作为具有善的内容的伦理美，看得比一般的善更高。荀子也认为凡是那些具有善或好的品质而又有其"文饰"的东西，都是美的。他还认为决定人的美丑善恶，是人的内在品质而不是形象外貌。在人的内在美和外在美这两个方面中，内在美是决定的方面。"食饮衣服，居处动静，由礼则和节……容貌态度。进退趋行，由礼则雅，不由礼则夷固僻违，庸众而野。"(《修身》) 就是说，人的容貌态度、穿着打扮、行为作风合乎"礼"是善的，也就是美的；反之，不合乎"礼"就不善，也就不会表现出美，而是"庸众而野"了。同时，荀子不仅把"礼"即封建道德修养规范当做美的内容，还把"知"即知识学问的文化修养当做美的内容。认为有了道德修养和知识，修养才能成为美的，所谓"君子之学也以美其身"(《劝学》)，就是这个道理。

中国哲学决定了中国美学具有"同美善"这一特点，使中国大多数美学家在处理美与善的关系时，总是把美和艺术服务于善，使之服务于教化、善化之目的。因此，中国美学又有下列四个具体特点：

第一，美学家们在强调美和美学的伦理价值时，大都以美的形式和善的内容相统一为前提，而且大都把善的内容放在更重要的地位。认为只有这种内容和形式相统一的美才是真正的美，才能起到积极的伦理教化的作用。没有内容的形式，是"空瓦罐，碎片"。如果形式引人，内容淫秽，就会像在"芜秽的草原中培养牛羊"一样，使污秽深入心灵。

第二，他们都主张寓教于乐，乐中有教，在"娱乐观赏"之中，使伦理深入人心。

孔子强调："志于道，据于德，依于仁，游于艺。"(《述而》) 所谓"艺"，即音乐、舞蹈、诗歌等艺术，"游"即"观"、"乐"、"戏"。整个意思是：目标在道，根据在德，依靠于仁，娱乐观赏于艺术园圃之中。因为"艺"和"道"相互联系，你中有我，我中有你，既学道，又学艺，于艺术观赏游戏之中，得到美的熏陶，使精神世界更完满，更符合道的要求。孔子说："移风易俗，莫善于乐；安上治民，莫善于礼。"(《说苑·修文》) 而二者结合，其效力当然就更为显著了。罗马的贺拉修斯也认为"寓教于乐，既劝渝读者，又使他喜爱，才能符合众望。"(《诗艺》，第155页) 美和美学的一个重要的伦理价值，正表现在这里。

第三，都很强调诗美、乐美和它们的净化作用。特别是孔子的"兴、观、群、怨"说，对于诗美的教化作用给了极高的评价，对于我们理解美学的伦理价值最有意义。

据《论语·阳货篇》孔子对他的学生说："你们为什么不学《诗经》呢？学习《诗经》可以兴，可以观，可以群，可以怨。近可以事父，远可以事君，还可以多识于鸟兽草木之名。"所谓"兴"，就是"感发志意"的意思，就是说，"诗"可以兴发人的感情和兴起事理。所谓"观"，就是说"诗"可以"观"风俗，明得失，甚至参政事，还可以由"诗"知人，如通过宴酒赋诗，看一个人的文化教养和思想品质。所谓"群"，就是会合、团结的意思，就是说，"诗"可以使人心相印，情相通，使天下不同人等，情感交融，心音互通，团结一致。这也就是托尔斯泰所说的"艺术"的感动人心的力量和功能，就在于这样把个人从离群和孤单之中解放出来，就在于这样使个人和其他的人融合在一起。所谓"怨"，即"怨刺"或"批评"的意思，尤其是可以"怨刺上政"，批评统治者上层的不良倾向。这不仅直接说明了诗歌以及文艺作品的社会作用，而且间接说明了美学的伦理道德价值，即古人所说的"经夫妇，成孝敬，厚人伦，美教化，移风俗"（《诗·大序》），甚至"经国之大业"（曹丕：《典论·论文》），"济文武于将坠，宣风声于不泯"。

荀子也认为"顺乎礼义"的"诗"和"文学"具有使鄙俗之人变为"天下列士"的改造情性的教化作用。因为在他看来，人的"性"和"情"原都是一种"恶"的本能，只有被"文学"加以琢磨、教化，才能服以"礼义"，变为"善"、"美"。而人美了，特别是作为"天下之本"的"人君"美了，才能美政、美俗，使整个国家的政治和社会风俗都变得美起来。风俗美起来，国家才会和谐富强。

第四，气贯美善。就是说，以"气"为本体的中国美学是无所不包的，既包括了自然的因素，也包括了社会的因素；既贯穿于美，也贯穿于善，并把二者统一起来。

在中国美学中，美的人是合乎天道的人，美的自然是"天人合一"的自然，社会化了的、人化了的自然。中国传统美学中的"气"，除了作为物质材料基础的自然的"气"之外，还包括了大量社会内容的"道德的气"、"民族的气"、"时代的气"。"气"不仅属于物质范畴，也属于社会范畴。不仅流贯于个人，也流贯于社会。所以他们是"个人"与"社会"的统一论者。就像所谓"阳刚之气"与"阴柔之气"，既流布于个人也流布于社会一样，可以是"气质"、"风格"，也可以是时代精神、风尚。就个人说，"阳刚之气"近于"主情"，"阴柔之气"近于"主性"；就社会说，"阳刚之气"强调"相激相荡"的所谓"壮美"，"阴柔之气"强调"执中"、"协和"的所谓"优美"。总之，"气"贯穿于美，也贯穿于善，使二者统一起来。

人类的社会实践总是有目的的。这种目的有时表现为一种内在的需要，就像"气"在人的美的追求与创造的心理上所存在的"性、志、意"等不同层次一样，审美心理在哪一个层次上与美感对象发生"相应"，西方的结构主义可以"同形同构"来解释，这种解释似乎还只是机械的孤立的，用中国的"气"来阐明也许更准确、更妥帖。因为中国的"气"不仅是动态的，而且具有自身的"活性"。作为一种"精微"的存在，它是"既有诸内又有诸外"的。不仅不虚空，而且更具实体意义。如果"同形同构"可作为解释美感产生的共同的基础，用"气"的"相应"来说明就更充实具体。特别是以"气"中的"性"作为沟通的"根据"，突出的是"质"而不是"形"。这也是中国美学传统理论更讲究实体的地方。

中国美学的"目的论"是把人作为一种社会存在来理解的。因为人的社会自觉性正是人之所以区别于一般动物的地方。人的生理、心理、"情、性"，除了"自然"的继承之外，还有"社会"的继承。"无目的的有目的"论，即是根据这种事实，把人的社会需要纳入人的"潜意识"之中的。不能否认美的发现与创造同人的合目的的"潜意识"是有关的，否则"劳动创造了人"与人的"情性的自然的社会性因素"，便成为一句空话了。正因这些合目的性的因素参与美的发现与创造，美的"自然"才不仅带有强烈的个人色彩，而且透过它，人们同时可以窥及它的社会内容。这些内容一旦为美的自然所包容，成为一种客体的存在，对社会的其他个人自然要产生社会的效果。如果"美"也作为社会的某种特定的信息，这种信息极其自然地会在社会的范围内互相"反馈"。如果"美"是一种特质的"气"，在社会不断"反馈"过程中，也必然会"积淀"在人们再创造的美的产品之中，而且继续影响着人的观念、形象、风格、品行、审美标准以及各种各样的习惯。

九十、共同理趣

翻开一部哲学史，就不难发现：不仅中国历代美学家对美善的关系谈论不休，而且世界各国的著名美学家也对此颇感兴趣。

从西方美学史看，第一个以独立体系阐明美学概念的思想家亚里士多德，在他的《形而上学》一书中，就把美与善相提并论。在《政治学》中，他也明确指出："美是一种善，其所以引起快感正因为它是善。"罗马的哲学家普洛丁的美学思想虽具有浓厚的宗教神秘主义性质，但对真、善、美也做了精彩的论证。他说："真实就是美，与真实对立的东西就是丑。

首先应该肯定的是：美也就是善；从这善里理性直接得到它的美。

在美后面的我们把它叫做自然的善，美是摆在这善前面的。

美是理式所在的地方，善在美后面，是美的本原。"（《九卷书》第一部分卷六）

意大利诗人但丁把美与善联系起来评论文艺作品，认为："作品的善在于思想，美在于辞章的雕饰。善与美都是可喜的，这首歌的善应该特别能引起快感"（《筵席》）。

法国学者波瓦洛用诗的语言，谈论艺术中真善美的统一，要求人们"处处能把善和真与趣味融成一片"（《诗的艺术》）。英国的美学家夏夫兹博里也认为"凡是既美而又真的也就在结果上是愉快和善的"，"美与善仍然是同一的"（《论特征》）。

狄德罗说:"真、善、美是些十分相近的品质。在前面的两种品质之上加以一些难得而出色的情状,真就显得美,善也显得美"(《绘画论》)。

歌德说:"但是道德方面的美与善可以通过经验和智慧而进入意识,因为在后果上,丑恶证明是要破坏个人和集体幸福的,而高尚正直则是促进和巩固个人和集体幸福的。因此,道德美便形成教义,作为一种明白说出的道理在整个民族中传播开来"(《歌德谈话录》,第127—128页)。他还认为道德美"是题材本来就有的",剧作者只不过"使道德美本身显出戏剧性效果。"

18世纪德国启蒙运动时期的一些思想家,在谈美时,也常常同善联系在一起,如温克尔曼就把坚毅地忍受肉体和精神痛苦的斯多葛主义者,看做体现美的理想人物。创作于公元前1世纪的希腊晚期著名作品"拉奥孔"雕像群,就是这种理想美的最好体现。拉奥孔在被巨蛇缠绕的极度痛苦中,仍然保持镇定静穆,显示了希腊人伟大而宁静的灵魂。这种灵魂在温克尔曼看来是善的。因此它"分布于整个形体结构之中"的、"并且仿佛是达到了平衡的"形体,是美的。他把"逆来顺受"当做美和善,是他消极软弱的世界观的反映。但他把美与善、审美与道德联系起来,确是他美学思想的一个特点。

另一位德国学者赫尔德则用真、善、美"三位一体"的原则来论证美。他认为,美就是"真"的感性现象,"真"的感性形式,永远是美的。真、善、美这三个概念有密切的相互关系,它们在本质上是统一的。"真是一切美的基础,任何美都应该导致真和善"。(《赫尔德全集》第8卷,第56页)真和美很难分开,没有真也就没有美。不真的东西,不可能是美的。福斯特更认为,只有人才是艺术的最高对象,正是在对人的描绘中,美达到了自己的最高形式。在他看来,"理想"即是以一定感性形式表现出来的人体美和道德的完善。理想的本质就在于"道德的完善在感性可见形式下的表现"(《福斯特文集》第9卷,第66页)。换句话说,他认为"理想"的美,即人体美和道德美的统一。

17 世纪末、18 世纪初英国美学家夏夫兹博里也很强调美的内容的重要性。他指出:"形式决不能有真正的力量,如果它……只是作为一种偶然的符号或标志,显示出平时爱挑动的感官和满足人的动物性的那种东西……美与善仍然是同一的。""我们可以假想美引起我们快感的是它的实体的坚固的部分,但是如果这问题经过仔细剖析,我们也许就会发现就连这外在形状里我们所欣赏的还是性情中某种内在东西的一种奇怪的表现,一种阴影。"(《论特征》)

柏拉图也很重视诗美的教化作用。他以提问的形式,发人深省地告诫人们不仅要让诗人们在诗里只写善的东西和美的东西的影像,而且不许其他艺术家在作品中模仿罪恶、放荡和淫秽,以防止人们在丑恶事物的影响中培养起丑恶的思想,就像牛羊在芜秽的草原中一样,天天在那里嚼毒草,天长日久就不知不觉地把周围许多坏影响铭刻在心灵的深处,应该寻找一些有本领的艺术家,把自然的优美方面描绘出来,使青年们像住在风和日暖的地带,四周一切对健康有益,天天耳濡目染于优美的作品,像从一种清幽境界呼吸一阵清风,不知不觉培养起对于美的爱好和融美于心灵的习惯。

柏拉图还劝告人们,若想依正路达到这神秘境界,就应从幼年起倾心向往美的形体,并逐步从许多个别美的形体中见出一般的美,还应该进一步学会把心灵的美看得比形体美更珍贵。如果遇见一个美的心灵,纵然他在形体上不甚美观,也应该对他起爱慕,凭他来孕育最适宜于使青年人得益的道理;再进一步,应学会见到行为和制度的美,因此把形体美看得比较微末;再进一步,应进到各种学问知识,看出它们的美,于是,放眼一看这已经走过的广大的美的领域,就会不再像一个卑微的奴隶,把爱情专注于某一个别对象上,"这时他凭临美的汪洋大海,凝神观照,心中涌起无限欣喜,于是孕育无数的优美崇高的道理,得到丰富的哲学收获。如此精力弥漫之后,他终于一旦豁然贯通唯一的涵盖一切的学问,以美为对象的学问"(柏拉图:《文艺对话集》,第 271—272 页)。按我们的理解,这门"以美为对象的学问"也就是美学,至于它的伦理道德的功用，柏拉图论证得真是太精彩了，虽然他的论证是为他的唯心主义体系服务的。

俄国的别林斯基对于普希金诗美的教化作用给予很高的评价。他认为普希金的诗特别是抒情诗的总色调，是人的内在的美和抚慰心灵的人情味。如果说任何人性的感情已经是美的，那么，在普希金的笔下，作为艺术的感情，是尤其美的。他所用的形式是高度的美，情感是雅致的、娴熟的、高贵的、温和的、柔情的、馥郁的。阅读他的作品，是培养人性的最好的方法，能够培养人的优美感情和人道的感情，这也正是他诗的一大特性。别林斯基指出："总有一天，人们将用他的作品来培养和发展不仅是美学的，并且是伦理的情感。"（《别林斯基论文学》，第62页）

亚里士多德把乐调分为伦理的乐调、实践或行动的乐调以及狂热的乐调，并指出，音乐所以需要学习，同时为着几个目的：（1）教育；（2）净化；（3）精神享受，即紧张劳动后的安静和休息。他认为某些人特别容易受某种情绪的影响，他们也可以在不同程度上受到音乐的激动，受到净化。柏拉图更认为音乐教育比其他教育都重要得多。如果教育的方式适合，它会以美浸润心灵，使心灵因而美化。受过良好音乐教育的人，可以很敏捷地看出一切艺术作品和自然事物的丑陋，很正确地加以厌恶，一看到美的东西，就会赞赏它们，很快乐地把它们吸收到心灵里，作为滋养，使性格变得高尚优美。

美与善的联系也不仅反映在中国的字义上。古希腊哲学家所说的美，即"To'KaVo'Y"，也包含着一种道德的内涵。柏拉图还为它创造了一个复合词"Kalokagatho—m"，意为美与善同为一体。在俄罗斯童话和史诗中，"HpekpacHoe"一词，用来表示体力的完善，精神的力量和德行的纯洁。所以有人说："苏格拉底、柏拉图和亚里士多德都是通过对美德的一般强调和对美德的特殊强调开始了对伦理美学的研究"（弗朗西斯·科瓦奇：《美的哲学》，第12页）。

古今中外美学家、哲学家们对美与善的关系如此不约而同、不厌其烦地谈论与探讨，绝不是他们的偶尔所为或个人所好，而是对客观必然的一种反映。根本的原因在于：美与善的统一，本是一条不以人的意志为转移的客观规律。不仅是审美发展的客观规律，而且是整个人类社会发展的客观规律。从古到今，从中国到世界，大多数的人们都是向往既善而美的，随着社会不断由低级向高级发展，随着物质生产和物质生活的提高，这个要求就愈来愈明确、集中、一致和迫切。共产主义社会就是符合人类的这一共同要求和客观发展规律的理想社会。德、智、体、美、技术的统一，是人类精神文明发展的根本规律，是人类人口素质发展的根本规律，其中也包含了人类审美发展的根本规律。

九十一、至美大同

　　中国的思想家对美学的研究，总是由个体到群体，由家庭到社会以至整个世界，并归结为一个至善至美的社会模式，这便是：天下为公，世界大同。从以孔子为代表的儒家，到近代现代的康有为、孙中山均是如此。儒家经典《礼记·礼运》，对这一思想做了精辟的论述。

　　《礼运》这个篇名寓意非常深刻，其重要性也是显而易见的。它说明其要旨在于阐明"礼"在天地间的运行，并引申为古代君王应当如何用"礼"来治理国家。治理国家就要有一个立国的纲领，纲领又分最高纲领和最低纲领，"天下为公"的"大同"世界，这是它所提倡和向往的最高纲领；"宪章文武"这样的"小康"社会，则是它从现实出发所不得不承认和实施的最低纲领。

　　据《礼运》记载，孔子曾参加年终的蜡祭，在蜡祭结束后，他走到门旁唉声叹气。他的弟子揣测孔子一定是因为鲁国的政治而感叹的。子游当时在他身旁，就问道："老师为什么叹气？"孔子答道："大道通行天下的时代以及夏禹、商汤、周文王等英才统治天下的时代，我都没有赶上，但我却一直敬慕那些时代。"接着就发表了下面这段精辟绝伦的言论："大道之行也，天下为公，选贤与能，讲信修睦。故人不独亲其亲，不独子其子。使老有所终，壮有所用，幼有所长，矜（鳏）寡孤独废疾者皆有所养，男有分，女有归。货恶其弃于地也，不必藏于己；力恶其不出于身也，不必为己。是故谋闭而不兴，盗窃乱贼而不作，故外

444

户而不闭。是谓大同。"

意思是说:"大道通行天下的时候,天下是天下人所共有的天下,选举的是有道德有才能的人,讲究诚信,致力和睦。人们不只是把自己的亲人当亲人,不只是把自己的子女当子女;使老年人能够安享天年,壮年人能够充分发挥自己的才能,幼童娃娃们能得到很好的照料、培养、成长,鳏寡孤独和残疾人能得到供养;男人有相应的职业,女子能适时建立自己的家庭。对于财物,即使丢在地上不管,也绝不据为己有;人们厌恶那些有力不出力的人,不允许只为自己出力。因此,奸谋被遏制而没有机会发作,盗窃的人和乱臣贼子无法产生。外边的门户不必关闭,这就叫做大同社会。"这是一幅多么安定、幸福和谐的富有诗意的景象呵!

处在中国奴隶社会的孔子或后来的儒家,能提出如此崇高的政治理想、立国纲领,确实是非常伟大的。他提出的这一"大同"社会,是古希腊哲学家柏拉图的"理想国"所望尘莫及的。在柏拉图的"理想国"中还有奴隶的存在。至于亚里士多德政治学中提出的理想社会,就更无法同孔子的"大同"社会相比拟了。

伦理美学最突出的特点就是它的功利性——对人、人类有利有益,这才是善的、美的,既美且善,美善统一。孔子"大同"社会的"天下为公","天下是天下人所共同的天下",没有剥削,没有压迫,不独亲其亲,不独子其子……当然是儒家关于伦理思想发展的顶峰,至善至美的境界。

我们之所以说它是儒家伦理美思想发展的顶峰,是因为它毕竟缺少了一个重要的字:真,即科学性、规律性、可行性。也就是说在那个历史阶段,那是根本不可能实现的。孙中山发动资产阶级民主革命,提出"天下为公",也很伟大,比孔子伟大。但同样缺少一个字:真。因为资产阶级民主革命既不可能彻底,也不可能真正"天下为公"。只有马克思提出的共产主义的理想,那才是合乎历史发展规律的,是迟早要实现的。那才是真正的真善美的统一,至善至美,天下为公。孔子伦理美思想的伟大与局限及其历史价值和地位，就是如此。

孔子或儒家"大同"社会的提出不是偶然的。

首先，这是他"温故而知新"，总结历史传统经验和对现实进行分析的结果。他的思维方式同马克思一样，既研究历史，又分析现实，同时又超前思维，对未来作出预见。中国原始社会的美好图景，使他留恋、向往；奴隶社会的残酷现实，使他烦恼。因此他希望今后也能重新出现原始社会的美好图景。

其次，这是孔子以"仁"为核心思想发展的必然逻辑。孔子认为，"仁"的第一要义就是"己欲立而立人，己欲达而达人"。"己所不欲，勿施于人"。自己希望衣食住行富足便宜，亲朋好友幸福、和睦，老有所终，幼有所养……那么，就要让别人也能如此。别人如此，自己才能如此。所以，他以"仁"为红线，以尧舜为榜样，以原始社会为蓝本，便提出了社会发展的最高纲领，即"天下为公"的"大同"社会。"己所不欲，勿施于人"、"己欲立而立人，己欲达而达人"闪烁着人与人关系的辩证法光芒。

第三是这种思想之所以被大胆道出，并被允许收录于《礼记》之中，也是因为在大剥削、大压迫的所谓"拨乱反正"之后和处于汉初的"无为之治"的宽松环境之中。这就是关于孔子"天下为公"的"大同"社会的历史背景。

孔子既是一位伟大的思想家、哲学家，同时也是一位务实的、对现实有清醒认识、深刻理解的政治家。他之所以在蜡祭后感叹不已，正是看到"今不如昔"。同时昔日已为之远去，"木已成舟"，且"积重难返"，对当前社会之现实必须正视，矛盾不求根本解决，而只求予以改善。他在对尧舜之治深感惋惜之后，发表了下面一段精辟的论断：

"今大道既隐，天下为家，各亲其亲，各子其子，货力为己。大人世及以为礼，城郭沟池以为固，礼义以为纪；以正君臣，以笃父子，以睦兄弟，以和夫妇，以设制度，以立田里，以贤勇知，以功为己。故谋用是作，而兵由此起。禹、汤、文、武、成王、周公由此其选也。此六

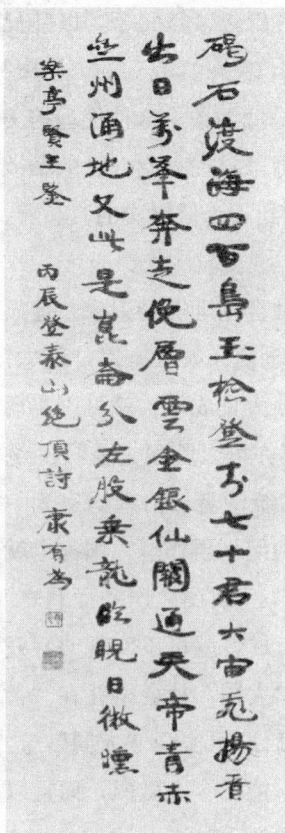

康有为书法

君子者，未有不谨于礼者也。以著其义，以考其信，著有过，刑、仁、讲、让，示民有常；如有不由此者，在执者去，众以为殃。是谓小康。"（《礼记·应运》）

意思是说，现在，美三代以后，大道已经消失，天下成了一家一姓的天下，各人只把自己的亲人当亲人，只把自己的孩子当孩子，创造财富和出力都是为了自己。天子和诸侯把国家传给儿子，没有儿子的传给兄弟，把这种传位方式作为礼规定下来。用城郭沟池来巩固自己的统治，用礼制仁义做纲纪，用它来确定君臣的关系，用它来强化父慈子孝之情，用它来使兄弟和睦、夫妻融洽，并根据礼义的基本思想建立制度，划分田里，尊重有勇力才智的人，建功立业完全是为了一己的私利。所以奸谋因此而产生，战火因此而燃起。夏禹、商汤、周文王、周武王、周成王、周公用这种礼义治理天下，成为出类拔萃的圣人。这六位杰出人物没有不严格遵守礼制的，并用礼来表现义的精神，考验诚实的程度，昭示过错，效法仁爱，提倡谦让，让百姓看到这才是为人应有的正常行为。如果出现违反礼义要求的行为，即便是有权有势的人也会受到贬斥，大家把不按"礼"做事的行为视为祸害。这就叫小康社会。

有人认为孔子在提出"大同"社会之后又提出"小康"社会，是孔子作为儒者的弱点，或叫知识分子的软弱性，或是站在奴隶主阶级的立场上，纯粹为奴隶主统治阶级着想。其实不然。相反，这正是孔子实事求是、审时度势，从社会现实出发的必然结果。他认为当时的西周虽已是"天下为家，各亲其亲，各子其子，货力为己……"若是真正实行

"仁"政，"克己复礼"，"礼义以为纪，以正君臣，以笃父子，以睦兄弟，以和夫妇，以设制度，以立田里"，这样的"宪章文武"的"小康"社会，也还是"过得去"的，可以成为立国的最低纲领。这种伦理的美比较切近当时社会的实际，体现了孔子爱民并力争君主克制自己的私欲去爱民，实行"仁政"，在人与人的关系上，达到一个低层次的真、善、美的境界。

同时，孔子并没有由此完全放弃"大同"社会伦理美的追求。他颇有信心地认为，"如有王者，必世而后仁"。就是说，如果有以"民志"为本的统治者，在三十年以后，其"仁政"就会大见成效，就可以实现"小康"这样的和谐社会。还说"善人为邦百年亦可以胜残去杀"（《论语·子路》）。就是说，能立志坚持行"仁政"的统治者，治理国家到一百年以后，也就可以制服社会上残暴的人，使他们不再作恶，国家也就不需要杀人的刑法了。统治者若能施行"仁政"，"因民之所利而利之"（《列子·仲尼第四》），且能够"博施于民而能济众"，就可以实现"胜残去杀"的社会，即"大同"社会。孔子把实现"大同"社会寄托在"善人"、"圣人"的统治者身上，并幻想一百年以后即可实现"大同"，这当然不切实际。但他的崇高的伦理美思想，却不能不令人敬佩，而且以此为后人留下了一笔值得不断研究的伦理美学遗产。

九十二、美在崇高

美学的悲剧就在于它是美学——一般人们眼中的那种美学，一呱呱坠地便成为政治的附庸或奴仆，或把自己藏在"象牙塔"中，限制在艺术领域，而远离社会与政治。儒家的美学统摄一切，并重在构建一个理想的社会，但只把自己限于开"处方"而供统治者采用。柏拉图的理想国也是寄托在一位"哲王"身上，把"处方"开出后去寻找"哲王"。他们虽被称为圣人，但谁也比不了《西游记》作者吴承恩美学思想的化身——孙悟空，敢于穿天入地，大闹天宫。当然，孙悟空仍受唐僧及观音菩萨的管制，还是有一个限制他的圈。中国甚至世界的美学只有到了毛泽东手里，才完全变了样。它是真正的"孙悟空"，不靠天、不靠地，不靠神仙与皇帝，当然也不受制于神仙与皇帝，自己起来救自己，解

中国古代四大民族英雄（山西临汾华门的铜雕）

放自己。美学破天荒从奴仆变为主人，从书斋走上战场，走上政坛，统摄一切，辐射一切。

我国第二个大美学时代，是继儒家大美学时代之后的以毛泽东为代表的大美学在中国大地大展风采的时代，解放战争时期和新中国成立初期，发展到了巅峰。

毛泽东的大美学是在马克思主义哲学和美学思想的指导下，批判地继承了中国传统大美学思想的基础上形成的，是古典的现实主义与浪漫主义，现代的现实主义与浪漫主义相结合的产物。毛泽东的这一大美学观统领的大美学时代，也可以称为毛泽东大美学时代。其主要特点是：

第一，以阶级论代替人性论；以新仁学代替旧仁学；以阶级分析为基础，摒弃了抽象的民和仁的观念，而代之以全新的为民的思想。把"爱人"、"亲人"变为"爱人民"、"亲人民"。在半殖民地半封建的旧中国，工人、农民、小资产阶级、民族资产阶级以及依附于他们的知识分子，即人民。而官僚买办阶级、封建地主阶级是人民的敌人。他们借以统治人民的政权是被推翻的对象，而工、农、兵是人民的主体。新仁学讲的"仁"，是对人民的"仁"，而不是对那些骑在人民头上作威作福、残酷压迫剥削以及镇压人民的统治者的"仁"。相反，对他们的仁慈就是对人民的残忍。对这些统治者，不是规劝他们"克己复礼"、改恶从善，而是彻底推翻他们的统治，并由人民取而代之，当家做主，由人民来掌权。不是像儒家那样要你照我的干，而是我自己来干——这同儒家的大美学观有着根本的区别。不是像柏拉图那样，培养或选一个理想的"哲王"按自己的美学去治国，而是自己当这个"哲王"，按自己的哲学与美学去治国。这是同柏拉图大美学观的显著区别。正因如此，才能发出"惜秦皇汉武，略输文采，唐宗宋祖，稍逊风骚。一代天骄，成吉思汗，只识弯弓射大雕。俱往矣，数风流人物，还看今朝"的感慨！才能"会当凌绝顶，一览众山小"。在时代的峰巅，达到如此博大崇高的审美境界。

第二，力求用科学的审美理想和社会模式代替乌托邦的审美理想与社会模式，即以新民主主义社会、社会主义社会以至共产主义社会，代替儒家提出的小康社会和大同社会，以人民当家做主的"理想国"代替柏拉图不改变奴隶主政权的理想国。

第三，不是像儒家那样面对残酷的封建统治大讲和谐，而赋予儒家的"杀身成仁"、"舍生取义"以新的意义，响亮地提倡斗争，提倡"枪杆子里面出政权"，用"枪杆子"推翻旧的统治，建立新的统治，分阶段实现自己的审美理想和社会模式。正是有了阶级斗争这个手段，才使理想由空想变为科学，变为现实。也正因如此，为实现革命理想英勇奋斗，不怕牺牲，才是崇高的、最善最美的。崇高成为时代的主旋律。

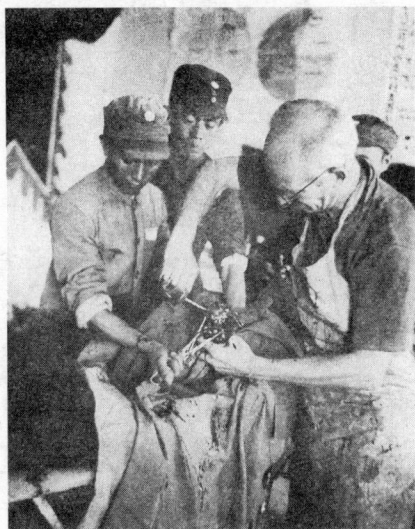

白求恩在山西五台松岩口模范医院为八路军伤员动手术（沙飞摄）

亲切地为伤员诊病（沙飞摄）

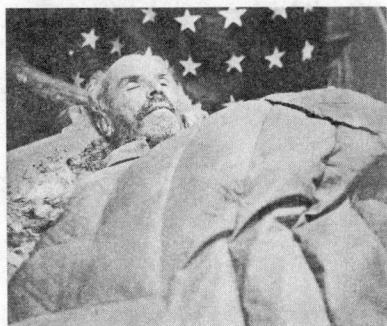

白求恩在1939年11月12日逝世后，人们为他举行了隆重的悼念活动（沙飞摄）

第四，全新的社会风尚，全新的文艺伦理美思想。这就是剥削丑恶，劳动光荣的思想；大公无私光荣，自私自利丑恶的思想；为人民，为革命，为民族斗争而牺牲最伟大、最光荣、最美的思想；大众文化的文艺思想，文艺为政治服务的思想；作家站在人民立场上为人民特别是工农兵而写作的思想；弘扬崇高这个主旋律的思想，讴歌人民英雄为人民为革命为民族英勇善战、视死如归的思想；揭露敌人的反动本质和罪恶的思想；文艺作品应当比生活更高、更强烈、更有集中性、更典型、更理想、更具普遍性的思想；百花齐放，推陈出新的思想；在同假、恶、丑作斗争中宣扬真、善、美的思想；等等。毛泽东在延安文艺座谈会上的几次讲话和其他的一些论著，集中地阐述了这些思想。

在这些思想的指导下，在解放区和解放后的中国大地上出现了一片欣欣向荣、生机勃勃的景象。在战场上，英勇战斗、可歌可泣的事迹，层出不穷；部队在前方打仗，老百姓抬担架、送粮食、运送弹药，军民同甘共苦；在后方，军民携手搞大生产，欢庆胜利打腰鼓，扭秧歌，头扎白毛巾，身穿粗布衣，就是一种美；能穿上灰色的军服，腰里别上手榴弹，登云梯，攻城楼，炸碉堡，就更美了。还有纺线织布做鞋支前，打土豪、斗地主，自由恋爱、自由结婚……所有这些都是新鲜的，美的。张思德、刘胡兰、董存瑞、黄继光、雷锋等的形象是美的，各党政工团以及社会各界许多部门包括法院、报刊、电台的牌子上，都加上"人民"二字和"为人民服务"五个大字，也是美的。总之，社会风尚完全改变了。这就是那个时代，那个"美在无私"、"美在战斗"、"美在人民"、"美在为民"、"美在崇高"的大美学时代。

斗争和统一是对立的统一。崇高与和谐也是对立的统一。任何时候也不可能只有斗争没有统一，只有崇高没有和谐。只是在那个时代，斗争、崇高成为矛盾的主要方面。尤其在人民内部、党内、军内、政府内，和谐、团结、统一更是主要的。但也不是没有斗争。只是斗争的方式不同，目的不同而已。

九十三、美在和谐

崇高与和谐的历史转换，也是一个翻天覆地的巨大工程。而这正是目前我国开启的大美学时代，是继毛泽东大美学时代之后，又一个特色鲜明、规模空前、前景无限的波澜壮阔的大美学时代。它是在党的十一届三中全会后，不断由量的积累到质的飞跃逐渐浮出水面的。这是一个崇高与和谐历史转换的、节奏鲜明的进行曲。

第一，通过"实践是检验真理的唯一标准"的讨论，纠正"左"的思想影响，解放思想，平反冤假错案，取消阶级划分，大胆实行改革开放，土地包产到户，提倡"让一部分人先富起来"，多种经济成分共存，私营经济取得合法地位，大胆发展中外合资企业，搞活市场经济等，高速向现代化进军。

第二，提出建设有中国特色的社会主义，把马克思主义理论同中国实际更好地结合起来，步入健康、稳定、科学发展的轨道。

第三，明确、响亮地提出构建社会主义和谐社会和构建和谐世界，把它作为我们党和国家切实追求的伟大目标。这可以说是新的大美学时代的序曲。

第四，随着经济的发展、人民生活的改善，特别是高科技和文化艺术两大产业的迅速发展，使人们追求美的自由空间日益扩大，各种美的愿望的实现，成为现实可能。从建筑设计、园林、雕塑、时装、美容、商品设计包装、产品造型，新的审美观遍布各个领域，无处不有，无处不在。尽管人们未必意识到美学与己有关，但事实是每个人时时处处都在与美相交，沉浸在美的海洋中。特别是从党中央所提倡的"五讲四美"——精神文明——"三个代表"——以人为本——执政为民——群众利益无小事——"保先"教育——诚信教育——诚信建设——和谐社会——和谐世界——科学发展，使审美观的问题被提上重要日程，贴近、逼近到每个人身边。采取"不承认主义"已经不可能了——不承认也得承认。美学也是如此，它已于无形之中在人们不知不觉的时候被提上了极为重要的地位。当今的美学已不是"神坛上的美学"，也不只是"走向艺坛"、"走向文坛"、"走向学堂"的美学，而且是"走上政坛的美学"。

这里所涉及的只是一个很浅显的道理：真、善、美是与假、恶、丑相比较而存在，相斗争而发展的。美善统一，是社会发展的一条规律。人类社会发展的历史，就是真、善、美同假、恶、丑相斗争并不断在战胜假、恶、丑中求得发展的历史。尽管人们对真、善、美的认识各有不同。

真、善、美是三种不同而又相互联系的价值，而尽善尽美是最高的价值，是人类需要和追求的最高层次。构建一个既善且美的社会，是人类的共同愿望。古今中外众多的"理想国"反映的就是人类的这种愿望，但一个共同的弊病就是不切实际，缺乏科学性，因此被称为"乌托邦"。而我国提出构建的社会主义和谐社会，之所以为人所称道，就在于它既善且美又合乎现阶段的实际。它同科学发展并不矛盾，就在于只有科学发展才能实现社会和谐，社会和谐才有利于实现科学发展。

更重要的是，"和谐"从一开始就是一个美学命题。中国儒家提出的"中和"也好，古希腊毕达哥拉斯的"美在和谐"也好，都是一个美学的命题。柏拉图的"理想国"，儒家的"小康"——"大同"社会，托马斯、欧文、傅立叶的空想社会主义等社会模式，其实也都是大同小异的和谐社会的版本。马克思提出的社会主义，第一次把空想变为科学。中国共产党的实践则使其越来越适合中国的实际，越来越科学可行。构建社会主义和谐社会的提出，具有极为重要的美学意义，标志着我国开启了一个崭新的、特点鲜明的、波澜壮阔的大美学时代。其主要特点是：

一、无阶级区分的境界。即由于取消了阶级划分和阶级斗争，解放了一大片，使人们均获得了平等的政治地位，使人与人之间的紧张关系骤然缓和，人们可以在同一起跑线上参与竞争。阶级成分不再成为区分美与丑的标准。为人与人之间开始一种新的和谐关系提供了客观条件。

二、生活审美化，审美生活化。这本来也是人类的一种理想。儒家将艺术精神视为人生的内在价值，主张为人生而艺术，融艺术于人生。把审美自由当做最高的人生境界。但在那个时代，审美自由毕竟非常有限。而现在不同了，审美的天空广阔无限，人们获得了空前的审美自由。审美不再局限在狭小的领域、狭小的人群，而被渗透到衣、食、住、行等日常生活的各个角落。艺术活动和审美活动已经远远超出了文学艺术作品如小说、戏剧、诗歌、散文、绘画、雕塑、音乐、舞蹈等以高雅形态呈现出来的文学艺术，而泛化于 DV、FLASH、卡拉 OK、动漫、卡通、网络文学、网上视频、网络游戏、三维设计、QQ、POP、广告、流行歌曲、时装展示、名模表演、国际选秀、电视连续剧、手机视频、手机短信、数码摄影、欧式楼宇、豪华装修、名牌产品、名牌服装、新款轿车，等等。年轻男女更是随时审美，"随身听"，不错过一切审美享受的机会。以往审美的贫乏，已变为审美的泛滥；审美的饥渴，变为审美的疲劳。以致有人发出了"给审美一块休耕地吧！"的呼吁。

（《时代文艺需要怎样的美》，载《光明日报》2005 年 7 月 1 日）

三、经济审美化，审美经济化。这几乎是同生活的审美化，审美的生活化同步进行的。"肠胃"的需要毕竟是有限的，而精神的需要、审美的需要是无限的。它比"肠胃"更为"贪婪"。由于很多人已经从"肠子"前进到精神，前进到审美者，已不仅仅满足于物品的实用价值，同时，要求物品的审美价值，要求其美观。他们不但消费物质产品，更消费广告，消费类型，消费品牌，消费符号，消费感觉和体验。他们逛超市、上酒店，不只是为了买东西和填满肚子，而且是一种美的体验与享受，得到精神上的一种满足。适应社会需求便出现了一种新的经济转型，即超越以产品的实用功能、物质价值和一般服务为重心的传统经济，代之以使实用与审美、产品与体验、物品与人品、现实与虚拟、生活与艺术、物质性价值与精神性价值、经济提供物的多样化与个性化、一切市场参与者之间的审美互动与人格生成有机统一的经济。它被称为体验经济或大审美经济。

　　这种大审美经济正是大美学时代的一个突出的经济特征。它与以往一切经济形态的不同之处就在于它体现一种多元主体互动、互利、互益、互生的关系；企业与客户之间的互选择、互体验、互增值、互审美、互依存的关系；企业与企业之间的竞争、协同、重组、赢利共存、共繁荣共发展的关系。良性循环而不是恶性循环的关系。（张宇、张伸：《大审美经济正悄然崛起》，载《光明日报》2005 年 5 月 10 日）

　　四、科学技术的审美化，审美的科学技术化。这也不是今天才开始的。自然界的美，也是科学研究的一种动力。正如爱因斯坦所说："我坦白承认，我被自然界向我们显示的数学体系的简单性和美强烈的吸引住了。""照亮我的道路并不断给我新的勇气去愉快地正视生活的理想，是善、美和真。"若是离开审美，"生活就会是空虚的"。（《科学美学思想史》，湖南人民出版社 1987 年版，第 618 页）他还把简单性、统一性、唯一性列为科学美的标准，衡量科学理论体系是否科学的真理性标准。可以说，"美学是科学的皇后"。科学技术的审美化，审美的科学技术化，几乎是与科学技术与生俱来的，只是当今显得更为充分。从小小的手机到飞机、空中客车、轮船、航天飞机、宇宙飞船、人造卫星等，无不在实用的同时力求造型的完美。同时，科学技术的高度发达，使人们更自由。过去说是"天高任鸟飞，海阔凭鱼跃"。而现在则是人想上天就上天，想入海就入海。想美容就美容，想换肤就换肤，想变"脸"就变"脸"，想克隆就克隆。正是科学技术的发达，给予了人们无限广阔的审美自由。

五、政治的审美化，审美的政治化。特别是构建社会主义和谐社会及和谐世界的提出，使我国人民所有审美理想都化为政治，化为对这一政治目标的追求。它使美学径直登上政治的最高殿堂，从而也就强有力地促进了经济、科技、生活的审美化，审美的经济化、科技化、生活化。康德曾说审美能力是"人类社会和文化的最高成果"，他的美学是他整个哲学体系建筑的"顶盖"，审美判断力是弥合其纯粹理性和实践理性的一般与个别的统一的"圆拱顶"。我们也可以说美是我们要构建的这个政治大厦的最华丽最精美的那个"顶盖"、"圆拱顶"。美学是科学的皇后，自然也是政治学的皇后。作为美学范畴的这个"和谐"，可以说就是一个包含着遗传与变异的内涵极其丰富深邃的人类社会历史发展的"密码"。一旦触动它，一切就都启动了，融通了，激活了。中外古今，党心、民心、世界人民之心之情，都被调动起来，使真、善在美的层次上把人们的认识统一起来。不仅中国人思和，世界人民也思和，这正是当今大美学时代的突出特征。启动这个"密码"者，必是时代最为伟大的伟人或政党。当然它就像"核电钮"一样，并不是任何时候都可以随便按动的。

六、美学研究的门类化，美学理论传播的网络化。由于中国古代的大美学有极其广阔和深厚的基础，也由于多年来我国学者对中国伦理美学与和谐社会有长期多方面的深入研究，加之部门美学遍地开花：艺术美学（含摄影、音乐、舞蹈、影视、绘画、书法等）、工艺美学、服饰美学、心理美学、建筑美学、城市美学、园林美学、山水美学、旅游美学、科学美学、技术美学、民族美学、军事美学、医学美学、经济美学、劳动美学、冶金美学、新闻美学、烹饪美学、佛教美学、道教美学、禅宗美学、党政干部审美学等，美学的触角伸展到了各个方面、各个部门、各条战线、各个角落，构成一个庞大的网络。统摄力、辐射力、渗透力更加增强，为进入新的大美学时代做了扎实的准备。

七、真、善、美与假、恶、丑泥沙俱下，鱼龙混杂。假、恶、丑沉渣泛起，或粉墨登场，或赤裸裸展现，就像"张天师误走妖魔"或打开了"潘多拉匣子"，一时间，不仅金钱至上，利欲横流，诚信缺失，巨骗、巨贪层出，而且见财忘义、忘亲、杀人、灭亲等恶性案件也时有所闻，令人触目惊心。反映在文学艺术、电影、电视连续剧中，是低俗、庸俗、媚俗的东西，也不断出现，在西方被称为"电视垃圾"的东西，也被奉为圣明。而正是在假、恶、丑肆意泛滥之时，才更显出真、善、美的珍贵和美学研究的重要。正是贫富差距的拉大，公平、正义的被践踏，才更显出提倡社会公正与和谐的重要和迫切。

八、多元化的美学，美学的多元化。美学从来就不只是一个模式。在古代中国，也不只是儒家一家，还有墨、释、道、法等。五四运动后，西学东渐；新中国成立初期，受苏联美学的影响；改革开放以来，西方美学思潮扑面而来；发展到今天，中国美学思想发展逐渐趋于稳定，以马克思主义为指导的美学，仍然是主流。儒家美学和西方各种美学流派，也广为存在。美学呈现出一种以马克思主义美学为主体的多元化现象。儒家美学思想在今天依然根深蒂固。西方美学思想既有积极的一面，也有消极颓废的一面。现在我国文学艺术作品包括电视剧以及社会上出现的一些消极、落后甚至貌似新潮，实为颓废没落的东西，并非离开了美学，而是受到了一些不良美学思潮的影响。这是大美学时代不可忽视的一种现象。它说明美学本身也有一个"净化"的问题，美学工作者在美学领域也有许多工作要做。也必须加强马克思主义美学研究和审美观的教育，成为构建社会主义和谐社会的题中之义。

九十四、和谐世界（模式寻求）

本书把"和谐世界"作为最后一章，想必读者不会感到突然。从神话传说所说的女阴崇拜、两性和谐；《周易》本经所讲的儒家所阐释和主张的天地、万物、男女、夫妇、父子、君臣以至整个社会和天下的和谐、以崇高为主体的社会和谐、以和谐为主体的社会和谐、对和谐世界的追求与构建，这是我国甚至人类历史发展至今必然的逻辑进程。仅从儒家提出构建"小康"、"大同"社会，至今已经经历了极为漫长的岁月。先人若能看到今天，他们也会像我们把他们那个时代看做神话时代一样，认为今天是一个神话时代。他们那时对于龙飞、凤舞、抟土造人、嫦娥奔月等的想象，已经变为现实。人们可以自由地上天入地，九天揽月，海底捉鳖，甚至可以克隆"人"。他们的审美理想和社会模式，已由和谐社会与和谐世界所代替，或被做了新的表达。人类审美享受，从未像今天如此丰富多彩。人类对美的向往，从未像今天如此的强烈。美善统一的发展规律，已一再得到历史的验证。不论有多大的曲折，条条道路均是通向真、善、美及将其集之于一体的和谐社会、和谐世界的。和谐社会与和谐世界的研究，是美学研究必然的归宿。"美在和谐"从毕达哥拉斯开始提出即是一个美学命题。和谐社会的美学意义，是不言而喻的。无论你愿不愿意，思想有无准备，历史的逻辑已经把你引到这里。对美学史的研究，不应当停止在故人堆里，而应当进到生气勃勃的活人的世界，并回答当今中国与世界最前沿的问题。这个问题首先就应该是一国构建社会主义和谐社会是否可能？构建和谐世界的提出，有什么理论的、现实的根据与意义？它同我国构建社会主义和谐社会是什么关系？

苏联十月社会主义革命成功后，就曾遇到一国能否建成社会主义的问题。事实证明，一国可以建成社会主义。但矛盾重重，斗争异常激烈，而且从未停止，一直发展到在世界出现众多社会主义国家的情况下，作为第一个社会主义国家的苏联，反而崩溃，分崩离析了。资本主义一涌而来，军事包围接踵而至。各种压力朝着社会主义的中国而来。经济的全球化使我们正面对着全球化的资本主义。正是在今天，资本主义已成为一种真正的全球现象，并第一次接近成为一种世界体系。它的运动法则和意识形态，正在向全球渗透。在经济全球化发展的同时，政治上的民族利己主义、种族排外主义、帝国霸权政策、以各种借口推行的新干涉主义和战争行动，正在升级。地区战火，此起彼伏。我国周围，布满了军事基地。我们能否在这种国际环境下建成社会主义和谐社会，自然成为人们关心和担心的问题。

但是，如果我们全面地分析一下国际形势，若干疑虑就会得到缓解了。

首先，追求社会和谐与建立一个和谐的社会和和谐的世界，不仅是我国人民的普遍愿望，而且也是世界各国人民的共同愿望。在世界历史上，曾产生过许许多多的乌托邦。乌托邦思想家的名字和他们提出的社会模式，可以拉出一大串：古先知阿摩司等到耶稣的天国——古希腊赫西俄德的黄金种族——古希腊柏拉图的理想国——中国孔子及儒家的小康、大同社会——康有为的大同模式——斯巴达立法者吕库古的无专制的国都——古希腊亚里士多德的无弊端之国——古罗马圣奥古斯丁的上帝城——英国托马斯·莫尔的乌托邦——意大利康柏内拉的神殿/太阳城——德国约翰·凡·安德里亚的基督城——法国拉伯雷的随心所欲的乌托邦——英国温斯莱的掘地/自由世界——法国梅叶的绞死最后一个帝王——法国马布利的公有制——法国摩莱里的新社会——法国巴贝夫

中国古代四大外使先驱、四大发明（山西临汾华门大型铜雕）

尧庙　　　　　　　　　　　天安门

鸟巢　　　　　　　　　　　水立方

希腊卫城

美国独立宫

联合国总部大楼及楼前雕塑

的平等之国——法国圣西门的开发地球——法国傅立叶的从情欲引力到
地上花园——英国罗伯特·欧文的富有理性的和平联合体……他们的学
说和理想都被称为乌托邦、空想社会主义甚至宗教迷信。但它们代表了
古今人类对公正的追求与建立一个和谐社会、和谐世界的强烈愿望。他
们关于社会公正、公平的理念，都是同社会主义息息相通的。正是这些
乌托邦思想，催生了一个个和谐社会以至社会主义和谐理论的出现。我
们还可以看看在世界上曾付诸实现甚至在今仍然存在的一些社会模式，

中国的尧舜社会，希腊的雅典城邦，中华民国，华盛顿缔造的美国联邦等，起码创造者的初衷都是想使这个新的社会更能体现真、善、美，比较公正、平等、民主、自由。尽管不知今日的美国离当初的"独立日"有多远。和谐世界的提出，体现了人类的这一强烈愿望，因此具有强大的号召力。

其次，在当今世界，不仅有屹立于世界之林的社会主义国家在构建和谐社会，还有一些新型资本主义国家也在讲社会和谐。国际社会把每年的 3 月 21 日定为"民族和谐日"，处于南太平洋的澳大利亚，即把民族和谐作为国策，并把每年的 3 月 21 日定为本国的民族和谐日，围绕多元文化与民族和谐开展各种活动。

再一个是北欧的瑞典，其社会福利和劳动保障比澳大利亚更为完善，简直可以说是"从摇篮到坟墓"都由国家和政府包下来了。他们遇到的不是福利少的问题，而是福利多的副作用的问题。环境保护也搞得很成功。

悉尼和谐日庆典

我们以上只是想从瑞典以及澳大利亚的事例说明，追求社会和谐，是世界人民的共同愿望。我党在提出构建社会主义和谐社会的同时，倡导构建和谐世界，符合历史发展的规律和时代的潮流，代表了全世界人民的共同愿望和要求，因此具有强大的号召力、凝聚力，成为保障我国国内构建社会主义和谐社会和推动构建和谐世界的强大思想武器。它既是守，又是攻，给予那些醉心于军事干预，制造分裂，破坏国际和平和世界和谐的力量，是一种有力的反击。同时，尽管一些国家在社会和谐方面作了很多工作，但由于资本主义不可能从根本上解决社会和谐的问题，社会主义和谐社会将越来越具有吸引力，成为构建和谐世界的一盏明灯。

再次，尽管一些社会主义国家消失了，但又有一些国家在怀着火一般热情追求社会主义。如委内瑞拉、玻利维亚、厄瓜多尔等。他们把这称为"21世纪的社会主义"。这些国家是顶着巨大的风浪追求社会主义的，对马克思主义怀着极大的热情，对资本主义进行猛烈抨击。委内瑞拉总统查韦斯用1100亿美元资助拉美一些国家反对资本主义。这相当于第二次世界大战后美国用于"马歇尔计划"的费用。他预言一场世界经济危机将证明资本主义的失败和霸权国家走向历史终结。

九十五、和谐世界（全球时代）

"21世纪社会主义"热的兴起，也是构建和谐世界的一种有利的国际因素。

最后，是全球化。什么是全球化？它同构建和谐世界和和谐社会是什么关系呢？

毫无疑问，全球化——这是一个大课题，大趋势。它来势凶猛，规模宏伟，气势磅礴，如同飓风，将要把一切不适合它的东西，一扫而光。人们对此好像毫无准备，甚至一些理论家也被弄得目瞪口呆。对什么是全球化，它的定义和本质是什么？虽众说纷纭，却得不出一个统一的、准确的结论。

赫尔穆特·施密特（德国政论家、曾任联邦德国总理）认为，全球化是一个实践政治命题，也是一个社会经济命题，还是一个思想文化命题。其特征是世界五大洲之间、各国之间联系和接触在数量和质量方面的巨大飞跃，是世界经济的新发展。其表现是四个全球化：社会文化（电视文化）的全球化；公司企业经营方针的全球化；交通运输的全球化；金融市场的全球化。三个自由化：贸易的自由化；工商企业经营的自由化；货币与资本流通的自由化。但他没有给全球化一个明确的定义。

拉尔夫·达伦多夫（德裔英籍学者）描述了全球化产生的背景和极限以及消极后果，对全球化的定义，一点也不去碰。

于尔根·哈贝马斯（德国著名社会哲学家）把全球化界定为"世界经济体系的结构转变"。但现在还没有一个无所不包的世界市场，而只是一个过程。这个过程的标志有四：国际资本在地域上的扩大，相互作用日益增强；金融市场的国际网络化，资本流通骤然加快；跨国协调合作空前发展；从"门槛工业国家"出口的工业商品直线上升，加强了对于经济发展和合作组织的竞争压力，使它们不得不在优先发展高新技术产业部门的方向上，对于本国经济进行改造。

乌尔利希·贝克（慕尼黑大学教授）认为："全球化描述的是相应的一个发展过程，这种发展的结果是民族国家与民族国家主权被跨国活动主体，被它们的权利社会、方针取向、认同与网络挖掉了基础。""全球化指的是经济、信息、生态、技术、跨国文化冲突与市民社会的各种不同范畴内可以感受到的、人们的日常行动，日益失去了国界的限制。""全球化指的是空间距离的死亡。人们被投入的往往是很不希望、很不理解的跨国生活形式中。"（《什么是全球化》，祖尔卡姆出版社1997年版）这是一个超越空间距离的世界，是世界的第二次现代化。以前把民族国家与（世界）社会当做地域上用边界相互隔离的组织与生活单位，现在这种基本设想结构不断崩溃。他也企图为全球化下定义，但终归还是描述了一些现象。

里斯本小组（由欧洲、北美、日本等发达国家近20名专家组成的研究组织）认为，由于目前还没有一个行之有效的全球化模式，所以今天人们很难找到一个普遍承认的定义及它的全部本质与特点。而且认为，即使一位居于领袖地位的理论家也不能说自己比别人更准确地说出了这一伟大真理的内容。不过，他们终于还是提出了一个定义，这就是全球涉及了国家与社会之间多种多样的纵向和横向联系，从这些联系中产生了今天的世界体系。全球化由两种不同的现象所组成：作用范围（或者横向扩展）与作用程度（或者纵向深化）。但全球化并不意味着这个世界已经从政治上实现统一，经济上已经完全一体化，文化上已经同文同质。全球化在很大程度上是一个十分矛盾的过程，它的影响范围十

分广大，它的结果又是多种多样的。（《竞争的极限——经济全球化与人类的未来》，联邦德国政治教育中心，1997年德文版）

尽管上述专家、学者未能对全球化给出一个明确的定义，但对我们还是颇有启发的。

我们认为，全球化是世界经济、科学技术特别是资本主义发展到一定阶段的产物，总的来说，它没有离开马克思主义理论所预见的轨迹。

早在150多年前，马克思即预见到资本的国际化。他指出，大工业建立了由美洲的发现所准备好了的世界市场，而世界市场引起了商业、航海业和陆路交通工具的大规模发展。这种发展又反转过来促进了工业范围的扩大，同时资本主义也随之进一步发展了。它既然榨取了世界的市场，这就使一切国家的生产和消费者都成为世界性的了。20世纪末所出现的经济全球化，只不过是马克思早已指出的在很久以前即已存在的资本国际化的新发展。

20世纪末，世界经济、科技、金融、贸易、交通运输、商品与服务的流通、通信交往网络、基础设施、公司企业组织、消费观念和行为、价值体系、贸易组织等发生了重大变化。信息革命把人类居住的整个世界变成现实的空间。从电话经过电子计算机到国际互联网的发展进程，大大消除了人们的空间界限。从20世纪70年代的生态危机，80年代的切尔诺贝利核电站泄露事故引起的核武器辩论，到90年代的信息革命，当下的金融危机，使人们日益感到自己所居住的国家、区域，只不过是一个"地球村"。骤然发现，自己处于全球化的环境之中。

全球化的突出特点是经济的全球化，即生产、金融、贸易、旅游服务等的全球化。一个国际生产体系已经形成，跨国界的协作日益扩大。资本、信息、技术等生产要素和资源在全球自由流动配置。自由贸易，在全球展开，国际货物贸易总量和规模不断扩大。为之服务的技术、劳务、金融保险、邮电通信、文化教育、交通运输、信息咨询、法律服务等空前发展。跨国投资，大大增长。国际资本从未像现在如此广泛、迅速的流通。世界各国的金融市场和机构，从未像今天如此联系紧密，国际金融危机，从未像今天近在身边。

第二个特点是科学技术的全球化。不仅跨国公司，各国政府间也加剧了科技领域的交流、合作和竞争。科技人才，自由跨国流动。原来分散在各个企业、各国家的科研资源和优势力量，得以重组优化。技术的利用和开发，也随之在全球展开。科技成果在全球被广泛利用和共享。电子信息技术市场迅猛发展，全球信息产业产值已超过 2000 亿美元。航天业的发展，更是惊人。

第三个特点是文化尤其电视、网络文化越来越具有全球性。随着经济、科技、信息、交通等的全球化，各国、各民族的文化交流也必然更加兴旺起来，并在交流中得到提升和发展。一些共同的价值观念和行为准则，得到共同的认同。在观念上的求同存异，增强了各民族的相互了解与团结合作。而一些国家和集团则大力推行文化扩展和渗透，以使经济的全球化变为政治的全球化，政治的一元化或一极化。因此，全球化呈现出极其复杂的情况。

总之，当今出现的全球化，是资本主义以及世界经济、科技、文化发展到一定阶段必然产生的现象、趋势和过程。它是随着西方资本主义生产方式逐步确立及其资本对外扩展而出现的逐步超越和克服不同空间、制度、文化等疆域，在经济、政治、文化、科技以至社会生活、旅游、服务等各方面日益密切的相互交往和融合的现象、趋势和过程。它是以社会生产力发展为动力，使人类逐步超越各种障碍和制约因素，在各个领域加强互动、交流，逐步取得共识，遵守共同规则，采取共同的行动的趋势和过程。它使全球所有国家和地区的人们在各个领域、各个方面越来越紧密的连接在一起。一些发达的资本主义国家必然乘势进行政治、军事、文化扩展，以使全球按照自己的全球战略发展。

有人说，全球化是一个无主语的概念，其实，在不同人们的头脑中，各有自己的主语，或企图把自己的主语给加上去。经济的全球化加快了资本在全球范围的流通，资本主义如鱼得水，迅速向世界各地扩展。与此同时，加强意识形态与政治的扩张与渗透，以实现政治的全球化、一体化、一极化。这无疑对我国社会主义和谐社会的构建形成了威胁。

然而，同经济的全球化得到资本主义的推动一样，世界大同的共产主义也是通过资本主义的高度发展和经济的以至政治的全球化而得以脱颖而出和最终成为现实的。所以，全球化对任何国家来说，都有利亦有弊，都是"双刃剑"。

九十六、和谐世界（奋斗纲领）

经济的全球化，使我国面临着全球的资本主义，面临着资本主义从外部的包围和内部的渗透——它的运动法则和意识形态的渗透。因此，我们在改革开放，引进西方先进科学技术、管理经验及其资本的同时，防止被其套牢，落入陷阱，抵制其腐朽的意识形态，同时向全世界推出我们的全球战略。构建和谐世界正是我们的一个重要的全球战略。

构建和谐世界，有四个要点，即坚持多边主义，实现共同安全；坚持互利合作，实现共同繁荣；坚持包容精神，共建和谐世界；坚持积极稳妥方针，推动联合国改革。每一条均是现实可行的。因为它代表了世界人民和大多数国家的共同愿望和要求，甚至是很强烈的要求。多边，既体现人权，又体现国权以及联合国之权。既是尊重他人、他国，也是尊重自己，尊重本国和世界各国人民的和平愿望，以防止战争的发生。战争不仅使和平难以维持，新的建设无以为继和推进，且会使以往的成果毁于一旦。战争无论对于大国和小国、强国和弱国都是一种灾难。由于单边主义造成的冲突与战乱，不仅对战乱地区，而且对单边主义者自己，其恶果也是不言而喻的。

多边主义不仅应当体现在政治上、军事上，而且应当体现在经济上、贸易上。应当力求在各国间建立一个健全、开放、公平、平等的多边贸易体制，进一步完善国际金融体制，为世界经济增长营造健康、有序的贸易环境和稳定高效的金融环境。对全球金融能源、环保、教育、卫生、人权，开展对话与合作，坚持互利合作、实现共同繁荣。合作共赢——这也是时代发展的潮流和世界各国人民的共同愿望和要求。

随着经济全球化趋势的深入发展，使各国利益相互交织，各国的经济发展日益同全球发展密不可分。对别国的经济封锁，也等于对自己的封闭。损坏别国的经济，也等于损坏了自己的市场。自己的发展繁荣，不应以损害他国利益为前提。经济全球化应使各国特别是广大发展中国家亦受其益，而不是贫者愈贫，富者愈富，加剧两极分化。发达国家应为全球普遍协调、均衡发展作出更多贡献。发展中国家应充分利用自身优势，推动经济发展和社会的全面进步。中国正是如此身体力行的，并在同非洲国家的合作方面实施了举世瞩目的重大举措。软硬实力，同时并举，使构建和谐世界的口号，更具号召力。

多元文化与和谐世界是密不可分的。在世界文明发展史中，文化与文明，从一开始就是多样性的，并在其发展中进一步呈现多样化。它们都曾为人类文明进步作出过自己的贡献，并在历史实践中得到发展。各国有自主选择自己的社会制度、社会模式与发展道路的权利。对不适合自己的社会制度和社会模式，应当有一种包容精神，尊重别国人民的选择，平等相处。应当承认文化的多元性，文明的多样性，促进国际关系的民主化，共同构建各种文明兼容并蓄的和谐世界。2008 年北京第 29 届奥运会，就是多元文化、多种文明的大融合，尤其是中希（腊）理念与美学精神的又一次融和和展现。

良好的愿望、思想和主张，是要通过一定的组织形式去实现的。这个组织形式就是联合国。无论多边主义也好，合作共赢也好，包容相处也好，对话交流也好，都需要联合国这个国际性组织。既然联合国以维护世界和平为己任，并把它写进了联合国宪章，就应当充分发挥联合国的这种作用，并通过合理、必要的改革，使之更加有利于发挥其维护世界和平，实行多边主义，加强对话交流，增强各国团结合作，促进共同发展繁荣。联合国若能成为一个"和谐国"，它就更能有效地在构建和谐世界中发挥重大作用。

"和谐世界"应当是一个不断发展的概念，它也同"小康社会"与"大同世界"一样，有一个由低级向高级发展的过程。以上关于"和谐世界"的四个内容，只不过是根据目前国际形势提出的具有可行性的最低纲领，与"大同世界"相比，它属于"小康"阶段，其核心是在和平的国际环境下，开展各国之间的合作共存、共赢、共荣。人类经过大量地区性战争和世界大战，吃尽了苦头，如饥似渴地需要和平和发展。"和平"与"和谐"的口号，具有强大的号召力、凝聚力。表面上看，崇高消失不见了，实际上，和谐后面站立着崇高。正是由于崇高的精神，才为本国和世界人民去追求与构建一个和谐社会与和谐世界。看起来就这么简单四条内容，威力却非同小可。像一条条巨大的绳索，捆绑着霸权主义的手脚。一方面，它对霸权主义是一种遏制；另一方面，它对我国以及其他建设和谐社会的国家也是一种保护。当今的世界，什么事也可能发生。我们没有必要为光明打保票，但坚信历史发展的客观规律。

从长远的观点看，人类的审美理想终归会实现的。一个真、善、美统一的和谐世界，必将出现在人类所居住的这个星球上。

九十七、"科学皇后"（结束语）

这部史话虽已写了 35 万字，但意未尽，似乎还有很多话想说，特别是在经过这一美的巡礼，在本书即将结束时，我的一些想法更加明朗而又坚定了："美学是科学的皇后"，"美在社会"，对真、善、美社会模式的追求，是人类的永恒主题，终极图标。

不错，人类对功用的需要先于审美的需要，人类审美心理的发生后于其他的心理，如先祖们对食物需求以图温饱的心理，防御野兽袭击以保生命安全的心理等等。随着人类谋生手段的发展，审美心理才逐渐萌生、逐渐内化、独立。形式美才成为与功用同时被追求甚至被优先考虑的东西。如果要像行为科学那样，把人的需要分开层次，那么，"美"字应当居于最高层次、顶尖。特别是与真善统一的那种伦理美。正是由于审美心理、审美意识发生和发展的这种滞后性，同时也是美作为比真、善更高一个层次的需要，因此，姗姗来迟的美学极其缓慢的发展，也就是完全可以理解的了。人类在历史发展很晚的时候才登上美学的宝座，也是完全合乎历史发展逻辑的。人类认识经历了一个由真、善到美的逐步升华过程，社会科学家和自然科学家，也经历了一个由真、善到美的逐步升华的过程。

美学——康德哲学体系建筑的"顶盖"

康德（1724.2.12—1804.2.12）是由研究自然科学开始的，后来转而专攻哲学。他的思想可分为两个时期，其成果即著名的"三大批判"。1770 年以前，是他的前批判时期，主要研究自然科学。他在大学上学时期即研究"活力测定"，后来又研究潮汐，在其论著中提出地球自转由于潮汐的摩擦而减慢的科学假设。1755 年，他发表了著名的自然科学论著《自然通史和天体论》，说明太阳系起源于星云状态的物质微粒，否定了关于"地球第一推动力"的论点。1770 年以后，是康德的批判时期，他转而研究人性和社会，第一部成果便是《纯粹理性批判》，通过"我能知道什么？""我应该做什么？""我可以希望什么？"和"人是什么？"阐述了他的哲学的核心思想，即"理性"与"自由"。他的第二批判是《实践理性批判》，是讲伦理学的，研究理性与精神界的自由。他从人类理性的两种功能，即理论理性与实践理性出发，引出他哲学的两大主题：自然与自由。由此，他写出了像诗一般的名句："有两种东西，我对他们的思考愈是深沉和持久，他们在我心灵中唤起的惊奇和敬畏就会日新月异，不断增递，这就是我头上的星空和心中的道德律。"（《实践理性批判》）

康德的第三批判是《判断力批判》，是讲美学的。这可以说是他"不由自主"而为之的。因为他在写《纯粹理性批判》时，还认为"把美的批判提升到理性原则之下和把美的法则提升到科学，是一个不可能实现的愿望"。而当他完成前两个批判后，随着研究的深入，它改变了原先的看法，而认为在鉴赏的领域里，也可以找到先验的原理，并可以把美学提升为科学。更为重要的是他发现，审美能力作为人类社会和文化的最高成果，是人的本质所有方面的积累和结晶，通过它这个桥梁，可以调和自然界的必然与精神界的自由之间的矛盾，理性主义与经验主义之间的矛盾，可以把他的第一批判和第二批判连接起来。所以，第

一、第二批判，必然发展到第三批判。

"三大批判"展现的是康德哲学的多元化价值体系，即"科学的——真，道德的——善，审美的——美"。揭示的是"真、善、美"的本质联系和内在的逻辑。正是这种内在的逻辑，就像"神灵的魔法"一般，促使康德"不由自主"的"灵魂"由"真"、"善"游移到"美"。

同时，康的学术研究的逻辑历程，也揭示了"真、善、美"的结构与层次，正如他所说，"审美能力"是"人类社会和文化的最高成果"，他的美学是他整个哲学体系建筑的"顶盖"，审美判断力是弥合纯粹理性和实践理性的一般与个别的统一的"圆拱顶"，从而成为一个完美的整体。

康德一言定"乾坤"：他实际已经最好和最有力地说明了"美学是科学的皇后"，是科学建筑中至高无上和最为美丽的部分。

最高最后的圆融

我国学者们研究哲学的逻辑历程，也可以得出与康德相同的结论。

我国著名哲学家汤一介先生曾指出：中国传统哲学中真、善、美的问题有三个长期影响和支配中国人思想的命题，即："天人合一"，"知行合一"和"情景合一"。"天人合一"是关于"真的理论"，要求解决人与整个宇宙的关系，也就是探求世界的统一性的问题；"知行合一"是关于"善"的理论，要求解决人与人之间关系，也就是关于人类社会的伦理道德标准和原则问题；"情景合一"是关于"美"的学问，要求解决在艺术创作中人和所反映的对象的关系，它涉及审美和艺术创作问题。三者之间具有内在的、本质的、必然的联系。因此，研究美离不开真与善，研究真与善也必然联系到美，或必然伸张、升华、发展为对美的研究。追求真、善、美的统一，既是中国哲学家的夙愿，也是西方哲学家的夙愿。康德的第一批判是讲"真",第二批判是讲"善",第三批判是讲"美"。我国著名哲学家牟宗三先生为会通中国哲学做了大量工作,早年就研究罗素的数学原理和康德的纯粹理性批判,曾撰著《逻辑典范》和《认识心之批判》。二十年后,又陆续出版《智的直觉与中国哲学》、《现象与物自身》以及《圆善论》等著作。牟先生本想以他的《圆善论》作为他的最后一部著作,以表示圆满的善即是哲学系统之终极或究极完成的标志或标示。但是,随着他进一步的研究、体味,终于领悟到这是不够的——最高的、最圆满的"善",也不过是"善",还没有达到"美",因此仍然不是最后的圆融。

基于上述认识,牟宗三先生晚年又致力于对康德的进一步研究,把康德的第三批判即讲审美判断的《判断力批判》翻译出来,深入研究,写成了《真善美的分别说及合一说》,力图消化康德并超越康德,从而指出康德并没有达到"即真、即善、即美"的合一境界,而中国哲学却在这方面达到了相当高的境界。牟先生的研究证明:只有真、善、美统一才是最高、最后的圆融,才能畅通中华民族的文化生命,并与西方文化生命相会通。

我国著名哲学家冯契先生也是这样一位难得的学养深厚,兼通古今中西,融贯儒释道,能以自由地出入于形而上学、知识论、逻辑学、伦理学、美学等学科的,圆真、善、美于一体的哲学家。冯契先生的"智慧学三论":①《认识世界和认识自己》;②《逻辑思维的辩证法》;③《人的自由和真善美》的基本思想就是依据真、善、美统一的理论,"化理论为方法,化理性为德行",培养知、情、意统一,真、善、美统一的全面发展的人格——自由人格。(以上参见方克立:《现代新儒学与中国现代化》,《追求真、善、美的统一》一文,天津人民出版社1997年版)

牟宗三、冯契先生的研究,有力地说明了科学研究并不完全是以人的主观意志为转移的,而是由其所研究的客观对象本身的内在逻辑或根据决定的。正是真、善、美内在的逻辑决定了美学在科学中的地位。

自然科学建筑体系的"顶盖"

然而最能说明问题的还是自然之美对科学家和科学研究的吸引力和推动力。

一个前提就是我们必须承认自然的美，而且不只指它那使人眼花缭乱、神秘莫测、浩瀚无垠等现象的美，还包括它内在的、本质的、结构、层次、系统、运动、变化等的美。正是这些宇宙的奥美，吸引科学家们去废寝忘食、不顾一切的探索它、研究它，并用他们的发现和研究的结果，进一步展示它的美。而我们平常人只看到自然界的外在的、现象的美，而科学家向我们揭示出自然内在的、本质的、深层次的、相互联系的结构的美。如科学理论在形式上的简单、一致，内容上的和谐、自恰。数学的公式美；科学理论概念的包容美、同一美、层次美、互摄美、区别美；定义的明晰美；概括的递进美；限制的逆溯美；划分的层次美。判断的逻辑美；判断形式的多样美；对当关系的关联美和对称美；主谓项的周延美；负判断的转化美；推理判断中的否定美；换位推理的主谓项的易位美；三段论逻辑结构的严谨美；逻辑形式的简洁美和逻辑体系的和谐美；复合判断中前提与结论之间的蕴涵美；逻辑规律的统摄美；归纳推理与类比推理中的综合美，创新美，超越美等等。（参见《略论逻辑的真、善、美》，载《光明日报》2004年4月27日）所有这些正是科学家所向往、追求和揭示的科学美。

杨振宁说："自然界似乎倾向于用数学中漂亮的基本结构去组织物理的宇宙。"爱因斯坦更激动地说："我坦白承认，我被自然界向我们显示的数学体系的简单性和美强烈地吸引住了。"正是这位伟大的科学家把"简单性和美"引进了"真理的美学标准"。换言之，他把审美标准引进了科学理论发现和真理性判断之中。

从毕达哥拉斯开始，至今人们认为正多边形比任何多边形要美。因此，用圆规和直尺能够作出多少种正多边形，一直是一个吸引人的科学美学问题。被称为"数学王子"的德国科学家高斯（1777—1855），证明了这个分圆方程的根，可以用一个方程序列的有理数根表示出来。这些方程序列的次数，正好是分圆方程中 x 的指数 p 减 1 的质因子。对于每一个质因子，即使是重复的质因子，都有一个方程序列中的某个方程与之对应，而这个方程序列是可以用根式方程法求解的，分圆的方程当然也可以求解。高斯把他的这一理论直接用于指导正多边形的几何作图问题。特别是对于正十七边形作图问题的沉思，使他沉醉在数美的王国中，如痴如醉，直到晚年，仍陶醉在自己在青少年时期的这个科学美的杰作。在他逝世后的墓碑上，就刻了一个"正十七边形"。

高斯 20 岁时写了一部《算术探讨》的书，对数学美学的贡献很大。数论中十分美丽的同余理论，就是在本书中发表的。书中不但探讨了实数的同余式，而且探讨了多项式的同余式，从而向我们展示出了一种互补性的美。二次反转定律的一个严格证明，也是在本书中给出的。高斯称这个二次反转定律是算术中的一颗宝石，足见他是何等欣赏它的美。（《科学美学思想史》，湖南人民出版社 1987 年版）

在科学史上，这种被科学的美所吸引而又在科学研究中进一步去揭示科学美的事例是不胜枚举的。在这里，美表现为科学研究的动力，同时又表现为科学研究的结果。

最近，我国 40 岁的科学家王小云破解全球两大密码算法的消息，使全世界为之震惊！长期以来，被绝大多数密码专家认定固若金汤的两大密码算法的破解，使媒体惊呼："新闻世界密码大厦轰然倒塌！"人们料想他们的研究会是多么的艰苦。但是，王小云却说："……我们觉得它非常有趣。因为我们习惯用数字方式思维，而一旦养成了这种思维方式，数字在我们眼中就变成了美妙的音符，我们的研究就像音乐创作一样有趣。"（《震惊世界·王小云破解全球两大密码算法》，载《文汇报》2005 年 3 月 25 日）至于在密码破解之后，她们的愉悦和兴奋就更可想而知了。这种合规律性与合目的性完美统一的愉悦，正是科学研究达到的最高境界。

审美能力是人类社会和文化发展的最高成果。而美学不仅像康德所说是哲学体系建筑的"顶盖"，也是自然科学建筑体系的"顶盖"。

科学的目标即"完美"

还没有人说过爱因斯坦是物理学和自然科学中的康德。但他正如康德在哲学领域所信奉的那样，只有由"真"到"善"最后达到"美"，才算是"完美"。他也像康德一样认为，美学是自然科学体系的"顶盖"——至高无上和最为美丽的部分。科学美学理想是科学研究的最有力、最高尚的动机。科学和艺术的作用就在于向人们传递这种科学美学理想，激起人们的这种"宇宙宗教感情"，并使他保持蓬勃的生气。在这种科学美学理想的指导下，自然科学家就可以从一切自私欲望的束缚中摆脱出来。这样，对科学的美学追求，就成了指导科学家工作和生活的原则。他主张自然科学家同时也是科学艺术家、鉴赏家。如果说他同康德有什么不同，那就是他的这种科学美学理论更为严密、更富有逻辑、更具有操作性。

首先，爱因斯坦科学美学思想的"本体论"就是立足于自然、宇宙本身所具有的属性。就是说，完美的和谐不是体现在万能的人之中，而是体现在永恒不息地运动着的宇宙物体之中。而他信仰的就是这个。

他说："我信仰斯宾诺莎的那个在存在事物的有秩序的和谐中显示出来的上帝，而不是信仰那个同人类命运和行为有牵累的上帝。"（《爱因斯坦文集》第一卷，商务印书馆 1977 年版，第 243 页）更不是哥本哈根学派的量子物理学家信仰的那种"掷骰子的上帝"。

信奉这种宇宙、大自然的"上帝"的人，必然有一种"宇宙宗教感情"，对科学表现出极大的热忱甚至迷狂，就好像那些自古以来一切虔诚的宗教徒对宗教偶像的迷狂一样。

古代科学家的科学美学理想是由于对我们生活在其中的自然界惊人的和谐感到神秘。而爱因斯坦是由于确信自然中必定具有一种"完备定律和秩序"。由于宇宙中存在的普遍的因果关系，未来同过去一样，它的每一个细节都是必然的和确定的。宇宙的秩序和和谐，是由其内部和外部的必然性所决定的。

他说："相信世界在本质上是有秩序的和可认识的这一信念，是一切科学工作的基础。"（同上，第 284 页）"任何科学工作……，都是从世界的合理性和可知性这种坚定的信念出发的。"（同上，第 284 页）

第二，既然自然、宇宙本身存在美，那么真者必美，因而就应当用这个美，即科学美学的标准去衡量、检验、选择和淘汰各种科学理论。如果它们不是符合这些科学美学标准的，它们就很可能缺乏真理性，就会被放弃或淘汰。这就是爱因斯坦大胆将美学标准引入真理标准而且是最高标准的一个伟大的创举。他不同意莱布尼茨关于"先定和谐"的说法，而认为理论选择的依然是科学美学的原则，如果某一物理理论符合科学美学的一系列标准，那么，这个理论就可以使其他科学理论相形见拙。世代有很多物理体系，在发展过程中，有的流传下来了，有的却没有，因为它们站不住脚，被淘汰了，原因就在这里。

第三，"美"的真理标准三要素：统一性、简单性、唯一性。

爱因斯坦说："科学的目的，一方面是尽可能完备地理解全部感觉经验之间的关系，另一方面是通过最少个数的原始概念和关系的使用来达到这个目的。在世界图像中尽可能地寻求逻辑的统一，即逻辑元素最少。"（同上，第 344 页）统一性和简单性本来是科学美学的传统标准，而爱因斯坦却把它们纳入人的认识活动之中，把逻辑的统一性与逻辑元素的简单性统一起来，一致起来。同时，他又进一步指出："科学是这样一种企图，它要把我们杂乱无章的感觉经验同一种逻辑上贯彻一致的思想体系对应起来。在这种体系中，单个经验同理论结构的相互关系，必须使所得到的对应是唯一的，并且是令人信服的。"（同上，第 384 页）因为基本概念数目最少的逻辑体系，才可能有最大的统一性，因而其美学价值也越高。这样，它会离现实的经验感觉越来愈远，但却不背离"真"，它永远应当以客观的真实性作为基础。优美的科学理论，一方面要达到逻辑的统一性和简单性，另一方面，又要达到与客观现实相符合的唯一性。

但爱因斯坦对科学理论的"真"的美学标准，要求是很高的。如果创造出的科学理论体系，只是同已经存在的、已经得知的客观现实相符合，这是容易的，却是不够的。这只能算是科学理论美的低级阶段，高级阶段应当是从理论体系中演绎出客观现实还不存在、人们尚未得知的事实，并且可以经过实验或观察的验证，证明它是正确的，是新发现的"真"。同时，爱因斯坦还认为不仅科学理论、科学实验也可以是美的典范。如迈克尔逊—莫雷实验，关于地球转动的试验，就是 19 世纪末和 20 世纪以来物理学实验中，最美丽的一个实验。

第四，科学语言的美学特性。

科学语言一方面要使符号与印象之间建立起固定的对应关系，另一方面，又可以部分地独立于感觉印象，具有某种内在的一致性。它与一般语言的不同之处在于它特别讲究概念的敏锐性和明晰性。如在欧氏几何中，引进少数独立的概念及符号，如整数、直线、点、面等，同时也使用一些表示基本运算的符号。而各种运算规则就是那些基本概念之间的关系。这即构成或者定义其他一切陈述和概念的基础。以概念和陈述为一方，以感觉材料为另一方，这两方面的联系是通过足够完善的计数和量度工作建立起来的。两者联系越简单、越完备、越对应，科学语言的美学特性表现得就越充分。科学语言是我们理解自然界优美的结构、和谐和秩序的必不可少的工具和手段。科学语言的美，也能判断科学理论的"真"。

第五，科学美的相对性与绝对性。

如同在其他领域一样，在科学美学领域中，也不存在绝对的美。美就像真理一样是一个无限接近的历史过程。因此，决不能满足于已经达到的科学美的发现，而要不断前进，超越"完美"，达到更高的"完美"。爱因斯坦正是这样一个不达更高"完美"誓不休的人。

狭义相对论认为只有那些坐标用洛伦兹变换作了变换以后，仍然不改变形式的方程，才有资格表示自然规律。这种方程称为对于洛伦兹变换具有协变性。这是物理学中一种很重要的形式美。

爱因斯坦创立的狭义相对论，可以说比以往一切物理理论都更美。但是爱因斯坦却不完全满意。因为拿它同其他运动状态作比较，仍然保留了惯性系运动状态的优越地位。这更使人难以接受，更不能协调一致。真理既是美的又是平凡的。美妙的物理理论，不应当区分出任何特别优越的运动状态。在有效的尺度范围内，一般不存在物理学上需要特殊看待的运动状态。用科学美学的语言来说，就是自然规律应当可以通过一组特殊的坐标选择，使这些规律不做实质性的变化。就是通过对狭义相对论这一"不完美"的质疑，经过多年潜心研究，爱因斯坦才认识到只有引进一般的协变理论，即黎曼协变理论，相对论才能达到一种令人满意的美，并惊喜地发现，确定黎曼度规的微分定律——即决定坐标微分齐次函数系数的方法，已经由黎曼曲率张量数学理论十分完美的解决了。爱因斯坦终于在科学美学思想的指导下，从纠正狭义相对论的"不完美"，到创立"广义相对论"这一"更完美"的科学理论。而且他认为，美无止境，广义相对论也不会是绝对的美的理论，它还会被找出某种不和谐，如引力场和电子场的某种不和谐的关系，也就是"不完美"之处。为此，他整整用了 40 年的时间，提出了不少方案，但终未能解决这个难题。他坚定地相信，会有人在某一天来解决，使广义相对论这一理论更完美。（以上参见徐纪敏：《科学思想发展史》，湖南人民出版社1987 年版）

因此，爱因斯坦认为，科学研究的任务，就是从科学理论的"不美"或"不完美"开始，通过自己的研究、实验，使之由"不美"变"美"，由"不完美"达到"完美"。科学家同时也应当是科学美学家、科学艺术家、科学艺术鉴赏家。只有以一个科学艺术家的身份进行科学美学的鉴赏，然后才能对科学的内容进行评论。科学家并不一定就因为它懂科学就有科学艺术鉴赏能力。这是需要有抽象思维能力才能做到的。即使是实验物理学家，只要他对抽象思维有某种程度的厌恶，他也不能发现科学理论所含有的特殊的美的光辉。爱因斯坦自己正是一位集物理学家、自然科学家、科学美学家、科学艺术家和鉴赏家于一身的伟大科学家。他所创立的科学理论，就像一件件艺术品。

正如德国物理学家玻恩说："广义相对论在我面前像一个被人远远观赏的伟大的艺术品。"（钱德拉萨克：《美学与科学对美的探索》，载《科学与哲学研究资料》1980 年第 1 期）苏联物理学家朗道与栗弗席兹也称赞广义相对论是一切现有物理理论中最美的一个。法国物理学家德布罗意称爱因斯坦对牛顿万有引力现象的解释充满了美，"这种解释的雅致和美丽是无可争辩的。它该作为 20 世纪数学物理学的一个最优美的纪念碑而永垂不朽"。（《纪念爱因斯坦文集》，上海科学技术出版社 1979 年版，第 256 页）而海森堡更把爱因斯坦誉为科学领域中的达·芬奇或贝多芬。

海森堡是从数学形式的美来论证物理规律的"真"的。他认为简单而美丽的数学形式，显示出自然界真正的特征——简单和美。这些数学公式虽然渗透了我们主观思维的成分，但是这种美是自然界显示给我们的。

爱因斯坦坚持同海森堡相同的看法。他认为，自牛顿和莱布尼茨发明了微分学以后，科学理论才找到了一种最美的数学形式。他说："迄今为止，我们的经验已经使我们有理由相信，自然界是可以想象到的最简单的数学观念的实际体现。我坚信，我们能够用纯粹数学的构造来发现概念以及把这些概念联系起来的定律，这些概念和定律是理解自然现象的钥匙。"（《爱因斯坦文集》第 1 卷，商务印书馆 1977 年版，第 816 页）他认为，理论物理科学家在描述各种关系时，要求尽可能达到最高标准的严格精确性，而这样的标准只有用数学语言才能达到。（《科学美学思想史》，湖南人民出版社 1987 年版）换句话说，只有数学的美，才能满足理论物理学家的这一要求。

海森堡和爱因斯坦，解决了以上两个关于"皇后"命题的矛盾。当我们说"美学是科学的皇后"时，也提升了数学在科学中的地位。

对社会模式的探求又一次把美学
推上"皇后"的宝座

古今中外的思想家、政治家们一直在苦苦探求和塑造一个真、善、美的社会模式，因此在历史长河中出现了被后人认为是"乌托邦"式的一连串社会模式。还有一连串是付诸实施、曾出现在现实历史中后来又消失了的社会模式，也有的至今依然存在，或兴旺、或没落的社会模式。它们就像航行在茫茫大海的船舰，经历着历史的颠簸，接受着"物竞天择"的命运。

从中国讲，尧舜时代和它的社会模式早已消失，今日只是模糊的在人们头脑中存在；儒家的"小康"、"大同"社会，也从未真正实现，但在二千多年存在的封建社会模式中，浸注着儒家的思想；康有为的《大同书》提出的改良主义社会模式构想，则如"昙光一现"；孙中山的中华民国模式，是一个难产并很快被变形了的怪物；毛泽东的一生几乎把精力全用在一个理想社会模式的追求和塑造上。《三国演义》、《水浒传》中的英雄吸引过他，也崇拜过康有为和梁启超、拿破仑、叶卡琳娜女皇、彼得大帝、惠灵顿、格莱斯顿、卢梭、孟德斯鸠、林肯。美国的社会模式，他也向往过。憧憬过"19世纪的民主"，乌托邦主义、旧式自由主义。他曾想实行美国式的联省自治即中国的各省分别独立，尔后再联合。他曾赞成美国的门罗主义和门户开放，实行男女平权和议会政府。他也曾想搞资产阶级民主主义革命。后来他转向马克思主义，寄希望于苏联的"十月革命"和列宁所缔造的社会主义模式。他论过"联合政府"，写过新民主主义论，组建了中华人民共和国，模仿过苏联模式，搞过人民公社，这一切都是属于模式的寻求和塑造。毛泽东是诗人，他想使他领导的革命和缔造的国家也像诗一样。日本学者竹内实说："他不仅吟咏了革命，还想同吟咏那样完成革命，不是吗？诗与革命还是不同的吧，他从诗人的立场出发，即使是革命，也把它看成像诗一样的东西，不是吗？"（《毛泽东传记三种》，中国文联出版社 2002 年版）怎能不是呢？一点也不错。井冈山是一首诗，延安是一首诗，长征是一首诗，三大战役以及整个解放战争是一首诗，共和国也是一首诗，抗美援朝是一首诗，大跃进、大炼钢铁、人民公社也是一首诗。虽然这些诗有的辉煌，有的悲壮，有的蹩脚，有的拙劣，但都是诗，都是美。他所追求的就是希腊人所说的卓越，更高的生存。不是自己一个人的更高的生存，而是整个民族和人民的更高的生存。所以，他是用诗，用美来指导革命、战争、生产、建设和国家的治理的。他的理论与实践，就是一首首诗，一部美学。真、善、美，美是最高层次的需要。低层次也不会没有美和美的追求。一个人如此，一个国家，一个世界，也是如此。而社会主义和谐社会的提出，又一次牵出了美与美学。今日的中国社会越来越显示出自己的美。许多则是毛泽东在世时所没有达到的，所以称之为"发展"。"发展"是情理所在，势所必至的事。后人不甘"吃白饭"，当应"发展"。本来，"难在创新"，搞社会主义是最难的，标准高了更难。降低一点，过渡也好，务实也好，坚持就好，但尽量不要吃"夹生饭"，更不能照搬西方。资本主义的路子，驾轻就熟，走起来很容易，但后患无穷，成功了也不算本事。

再说西方，希腊是西方文化之根，或称为发祥地。希腊的雅典城邦，雅典民主制模式，当时轰动世界，今日它的光辉犹存，而且是对今人的永恒的挑战。即使标榜自由民主、盛极一时的西方大国，也不得不甘拜下风。美国脱离英国实现独立，华盛顿缔造了美利坚联邦共和国，这个社会模式，一开始就是现代的。自由、独立、民主，叫得最响。华盛顿本人廉洁奉公，不连任，不传位子孙，说他是西方的尧舜，也不为过。只是今日的美国，究竟离华盛顿、林肯和"独立日"有多远，实在难说了。由它引起的战争，尤其是这次国际性金融危机，使它的社会模式遭到众多的怀疑，在世人面前产生了很多问号。也是西方和拉丁美洲，人们在"见贤思齐"，出现了一股社会主义热，即以委内瑞拉总统查韦斯为代表的"21世纪社会主义"。他们从这个模式中寻找真、善、美。

总之，人类发展到今天，对社会模式的寻求，逐渐提上日程，同时也使美学日益登上"皇后"的宝座。然而，这并不是说只要说明这一点，给美学戴个"高帽子"就万事大吉了。这同时也对美学提出了更高的要求，要求美学更重视对社会、社会模式、社会结构等的研究，回答时代前沿提出的问题。也可以说，美学和对美学的研究，也需要转型，需要变革。美学需要把各个学科的成果纳入自己的框架，去回答时代提出的问题。在对于以美为最高层次需要的社会模式的研究上，不是哲学包括美学，而是美学包括哲学及各个学科。美的缔造，是各学科一盘棋。但愿这不是一个悖论。这就需要美学和美学研究者从书斋中、"象牙塔"中，从古的、老的、死的、远得没边的、老得没牙的领域中回到现实中来。这对于我们很多美学研究者是一种革命。是的，只是在这个意义上才能这样说，而不是说我们高于前人、古人。因为中西古代学者早就把美学应用于对社会模式的研究而提出"大同社会"、"理想国"了。我们当然也不能"吃白饭"，并应当利用现代社会科学与自然科学研究的新成果，把对现实社会、社会模式的研究，在更高层面上展开。美学不只是"未来的伦理学"，而且早已是"古近代社会的伦理学"，更是"当今社会的伦理学"。和谐社会，就是"和谐的伦理社会"。和谐世界，就是"和谐的伦理世界"。而且不管你叫什么社会，什么世界，它起码都应该比过去的社会更公正，更和平。

最后，让我们用著名科学家、科学美学家爱因斯坦临终前写在羊皮纸上的"遗嘱"来结束本书吧：

"假如你们不比我们现在或过去更公正、更和平以及更理智的话，那么你们就见鬼去吧。"

昨夜西风凋碧树，独上高楼，望尽天涯路。衣带渐宽终不悔，为伊消得人憔悴。众里寻他千百度，蓦然回首，那人却在灯火阑珊处。

录王国维人间词话三境界，宗室盛昱书

两个春天的回忆
——沉痛悼念朱光潜先生

《太原日报》编者按：朱光潜先生是我国著名美学家、文艺理论家和教育家。他学贯中西，对中西文化都有很高的造诣，在美学研究方面贡献尤大，是我国美学界的泰斗。他的谢世，是我国学术界的巨大损失。为了纪念他，我们特发表山西美学学会会长李翔德的这篇悼念文章。

看着朱光潜治丧办公室发来的讣告，我陷入了深沉的悲痛与沉思之中。我国学术界的一颗巨星陨落了，怎能不使人感到痛惜呢？

朱先生是蜚声中外的著名美学家，但他研究的疆域远超出美学。他解剖过鲨鱼，制过染色切片，读过建筑史，学过符号名学，测验过心理反应，等等。他写过《谈美》、《变态心理学派别》、《诗论》、《谈文学》、《克罗齐哲学述评》、《美学批判论文集》、《西方美学史》、《谈美书简》、《美学拾穗集》等，还翻译了大量西方美学名著。他在国外读书时就写出了震动一时的博士论文：《悲剧心理学》。他1936年出版《文艺心理学》时，我才刚刚出生，我连做他学生的资格也没有，但他是那样谦虚可敬，竟然把我当做朋友。我在同他不多的接触中，留下了对这位长辈不可磨灭的印象和深刻的记忆。

第一个美好的记忆是在春城昆明，那是1980年5月，天朗气清，百花盛开，朱老的形象，就像这昆明的春天一般，温暖、可亲。他是专程由北京来昆明参加中华全国第一届美学会议的，我们同住在昆明军区招待所，不过我们住在大楼，而他住在一个僻静的小院，当我们去拜访他时，他正在院里练功，谈话便由他的身体开始。他说，他小时候身体就虚弱多病，大半生可以说都在同肠胃病、关节炎以及失眠症作斗争。由于身体不好，读书学习的效率很低，深感物质决定精神，懂得了劳逸结合的重要。"文化大革命"中他被关进牛棚，精神和肉体受到折磨，他对国家和个人的前途还是乐观的，坚持慢跑、打简易太极拳，练气功等，身体逐渐得到恢复。他说：要在锻炼成健康的身体中，锻炼出健康的精神。朱老有一个习惯：每天要饮一小盅酒，他深感得益不小。我们没有敢多耽搁朱老的时间，但求他同我们合影，他欣然答应了，使我得以留下一张珍贵的照片。

在那次美学会议期间，我们还同朱老游览了云南石林和筇竹寺。石林是我国岩溶石芽丛发育的典型，筇竹寺，以五百罗汉见奇，朱老给予极高评价。在筇竹寺院内休息时，我又给朱老和伍蠡甫先生等拍了一张照片。

第二个回忆是 1981 年春天，我专程到北京大学燕南园拜访了朱老。我印象很深的是朱老夫人在房间的入口处安放了一张床，坐在那里，我立即预感到不妙：这一关难过。但是，朱老却破例接见了我，而且使我大有所获，因为这次朱老回答了一个更重要的问题：他怎样成为一个马克思主义者。

当时他正在翻译意大利学者维柯的《新科学》，便向我讲起《新科学》是怎样一部很有价值的著作。他说，马克思主义在欧洲哲学思想上的重大发展，就是树立了历史发展的观点，叫做历史学派。历史学派在欧洲是从维柯《新科学》开始的。他是社会学也是历史学派的开山祖。他对文艺的许多问题，像语言学与美学、形象思维与抽象思维的关系等，谈得很好。翻译这部书，是为了帮助人们了解马克思主义，了解马克思的基本观点——实践的观点，了解辩证唯物主义与历史唯物主义。

朱老说，坚持马克思主义，尤其在美学研究方面，他走过曲折的道路，大半生沉埋在我国封建时代的经典和西方唯心主义美学和文学的论著里，到新中国成立后，才逐渐接触到社会主义的新生事物和马列主义、毛泽东思想。先是逐渐认识自己过去美学思想上的基本错误，然后相信马列。

1981 年，正是"解放思想，拨乱反正"的时候，有的青年对党的这一方针缺乏正确理解，觉得马列好像也要抛在一边了。而朱老却明确地批评了这种倾向，他说："近来不是说解放思想吗？那么是不是要从马克思主义这个思想中解放出来呢？我觉得这是个荒唐的论调。马克思主义是科学，不论你是不是共产党员，也不管是在社会主义国家还是在资本主义国家，也不论是搞社会科学还是搞自然科学，不懂马克思主义，就走不上正道，这是肯定的。坦白地说，我们的美学研究还处于落后状况，这情有可原，但马列主义的研究处于落后状况，却是说不过去的。"他给我看了他写的一首诗，其中有这样几句："不通一艺莫谈艺，实践实感是真凭。坚持马列第一义，古今中外须贯通。"

当朱老相信马列，热爱马列，学习运用马列的时候，他发现了一个问题：我们研究马列处在相当落后的状态。并指出了落后的原因之一是马列著作大都是在革命战争年代翻译的，一些老同志在很困难的情况下，把马、恩、列的著作翻译过来，作出了很大贡献。不过因为他们当时处于极为不利的环境，而且大半外语没过关，所以我们出的马列著作，翻译中的问题很多，有的几乎每页都有问题。他举了很多例子，都很使人耳目一新，确感问题的严重。如《费尔巴哈和德国古典哲学的终结》，我们读了多少年，从未发生过怀疑，不料，这个"终结"二字就译得不对，应为"出路"。朱老说，本书最后一句话说，继承德国古典哲学的是法国工人运动，那么怎么能说德国古典哲学到马克思就完蛋了呢？可见一个字的错译会对全书产生多么大的误解。再如《1844 年经济学—哲学手稿》，把"眼睛"译成"理论家"，眼睛怎么是"理论家"呢？等等。这样的翻译确实很误事。

朱老认为马克思主义研究落后的另一个原因是：过去常听说，包括某些领导同志，认为马克思主义美学从来没有一个完整的系统。我看这责任不在马克思，而在提这个问题的人，在所谓研究马克思主义的理论家。

朱老说，基本的问题在于马克思主义的出发点是历史唯物主义、辩证唯物主义，这个大前提要抓住，美学只是这个大前提下面的一个项目。马克思对古代艺术，从古代希腊的神话、史诗、悲剧，到中世纪的但丁，一直到19世纪的巴尔扎克，都有非常重要的看法。对现实主义、浪漫主义，悲剧、喜剧，典型人物，形象思维等，这样一些我们现在仍在研究的问题，都有很完整的体系。说马克思主义美学没有完整体系的人，就是要人搞美学不要去学马克思主义，那怎么行？

最后，朱老交给我一份他在高校美学教师进修班的讲话稿，我要求带回发表，他同意了我的请求，并亲自进行了审阅修改。后来这篇讲话以《怎样学美学》为题，发表在山西人民出版社出版的《编辑之友》1981年第1期和《夜读》1981年第2期上。

也是在这年春天，朱老的《美学拾穗集》出版了，他特意签上他的名字，寄赠给我一本，并把他出版全集的设想和全部目录寄给我。《拾穗者》是近代法国画家米勒的一幅名画，画的是3位乡下妇人在夕阳微霭中弯着腰，在田里拾那收割后落下来的麦穗。朱老青年时在法国罗浮宫看过这幅画，如今他用这幅画比喻自己晚年的美学研究，说自己的心情就像那拾穗的乡妇一样。谦虚之情，漾然其间。

啊！如今他与世长辞了，我们再也看不到这位在夕阳下辛勤劳作的"拾穗者"了，燕南园里再也找不到他的踪影了，这怎能不使人凄然泪下呢？

（载1986年3月31日《太原日报·双塔副刊》；《朱光潜纪念文集》，安徽教育出版社1987年版，第106页）

以博大胸怀拥抱世界的人

——沉痛悼念著名史学家、思想家季羡林先生

《太原日报》编者按：惊悉季羡林先生猝然长逝，哀恸才起，追思又生，遂急约与季老素有交往的山西美学学会会长李翔德先生匆撰此文，以为翔德先生和本报编辑部全体采编人员对一代大师季羡林先生之文悼。

《山西日报》编者按：7月11日，北京大学教授、国学大师羡林先生在北京逝世。季羡林先生的逝世，标志着一个学术时代的终结。季先生身上的那种睿智，饱经沧桑之后的淡定，亲历战乱后的悲悯，都让人们对他怀有崇高的敬意。

为此，我们谨发表李翔德先生写的怀念季羡林先生的文章，以示悼念。

季羡林先生离我们而去了，一颗文化巨星陨落了。噩耗传来，倍加悲痛。

虚怀若谷　平易近人

今年 3 月 8 日，我曾去北京 301 医院探望先生，并得以聆听他的教诲。3 月 29 日和 30 日，我又去取回他为我的图文系列的题签、题词和所作序言。他一见到我时说的那句出于无奈与谦恭的话："我站不起来!"使我感到揪心，又无地自容。我赶紧走到他桌边——一张小桌，握住他早已伸出来的手。他示意让我坐在他的身旁，又连连向我问好，感谢我来探望他。他虽然已 98 岁，久病住院，但精神很好，腰板直挺，没有一点驼背，思维清晰，甚至还很敏捷。我说到我们山西人民出版社在 1982 年出版晋阳学刊编辑的十大卷《中国现代社会科学家传略》，并在首卷收入他的照片和他 1980 年写的自传时，他连连表示感谢。我说我们应当感谢你赐稿。他说："那个年代，你们敢为我们这些人立传，已很不容易了。学术界刚刚解冻，许多人还未正式平反恢复名誉，恢复工作哩!"我将我《美的哲学》（上、下卷）赠送给他，请他指教。他拿到沉甸甸的这两本书说："你们搞出版工作的，能写这么多文章，很不容易，不像我们成天埋在书堆里。"又说："美学，我不懂。不过美学很重要，真善美，社会离不开美，离不开诗，离不开想象力和爱。英国著名浪漫主义诗人雪莱为现代社会种种弊端开的药方就是诗——想象力——爱。我们中国人，我们的祖先提出的天人合一，最重要的就是这个爱字，爱护自然，才有人与大自然的和谐。"他说他千年之交，写了不少关于天人合一的文章。我说我都拜读了，还有东西方文化"三十年河东，三十年河西"这个论断太超前了。我算了一下，你提出到现在已经 18 年，现在金融危机更被证实了。他说他起先也无把握，不过现在越来越坚信是"东风要压倒西风"……我向他介绍了我的《万水千山总是情》游记和摄影作品系列，给他看《情系德国》和《"疯"在印度》画册，他颇有感慨，说："一个西方文明古国，一个东方文明古国，很值得研究。我在德国待了十年，但重点研究的是印度。""德国出了很多伟大的思想家和科学家，印度的美学思想也很丰富，印度诗人泰戈尔就认为美是和谐，并构建了美学体系。"我提出请他为我的图文系列题词作序，为《美的哲学》、《中国美学史话》题写书名，他欣然答应了。在我临走时，又说："我先看看你的书！"他又一次紧紧握住我的手，并又一次说："我站不起来"！事后听他儿子说他看不见了，但我没感觉到他失明，一点也没有。

季老能接见我，允许我到他病榻前探望，这已是我最大的荣幸，对于题词作序之事，我确实不敢奢望。不料他很快为我的书题了字，题了词，还作了序。他的家人反对他写，他说："人家都那么大年纪了，很不容易，我咋能不写呢？"这是他第三次说："很不容易"！这深深地感动了我，震撼了我，也撞击了我。使我深加敬佩，又深感不安，深感惭愧。"有求必应"——这样的事，已不止一次了。曾有一位掏粪的工友求一位名家题字被拒绝后，找到季老。季老听说他是掏粪工人，便很高兴地为其题了"六郎庄农民书画展"的横幅。还有一位被拒之门外的人，已经走到大院，即将离去，季先生又打开窗户把他请进来……著名记者唐师曾曾讲过一件趣事：当年一位北大新生，因刚到校园有急事，便把行李交给路边遇到的一位老头看管。等到他办完事，早已日薄西山，他才想起去找行李。他看到那个老头还待在原地，替他看着行李。等到学校开校会时，这位同学才从主席台上发现，那个替他看行李的老头，竟是当年的北大名誉校长季羡林先生。所以他被称为"有求必应"。

曾几何时，称呼季老"国学大师"、"学术泰斗"、"国宝"者，在各种媒体举目可见。而现在却悄然消失了。为何？因为季老反对这样的称呼，要求摘掉这三顶帽子。

季老1911年8月生于山东省清平县（今临清市）一个农民家庭，6岁离开父母，在济南靠叔父为生，在济读完小学，初中和高中。1930年考入清华大学西洋文学系，1935年秋赴德国入哥廷根大学学习，1941年获哲学博士学位。他留德十年后，于1946年回国，任北京大学教授兼东方语言文学系主任。自1954年起，历任全国政协委员，全国人大常委会委员、中国科学院和中国社会科学院学部委员、院士、北京大学副校长等。他精通 12 国语言，熟悉英文、梵文、巴利文、斯拉夫文等语言文字，对印度学、佛学等都有深入研究。在吐火罗语研究领域，有填补国内外空白的贡献。对中国文学、东方文学、比较文学，文艺理论的研究，成绩斐然。堪称中国语言学家、文学翻译家、历史学家、东方学家、思想家、佛学家、作家。他学问高深，虚怀若谷，礼贤下士。对此，我是亲身感受到的。4 月 28 日我去美国时，就准备再次去探望季老，却因我老伴重病住院，几乎取消了行程，后虽成行，因晚上到京，次日凌晨即登机起程，未能如愿。5 月中旬回国后，因流感已引起人们的恐慌，我也不便在京逗留，又未能看望。回并后，我一直惦念季老，去电询问，听说他不吃不喝，心里更是惴惴不安。而今，所担心的事，终于发生了。我终于不能在他生前再探望一次，怎能不倍加悲痛和悔恨呢！季老：你为何如此去之匆匆呢？

珍惜生命　注意史德

我对季老印象最深的是他的治学精神。早在 20 世纪 80 年代初，我社（山西人民出版社）出版《中国现代社会科学家传略》时，季老即在他的自传中谈了他几十年治学的六点感受：

第一，要遵循历史唯物主义和辩证唯物主义。这是我们进行科学研究的基础，离开它是不行的。这同说人必须吃饭一样，是老生常谈，但却是真理。

第二，要注意史德，要讲实话，不要讲连自己都不相信的话。有的人为了证实自己的"学说"，不惜歪曲事实，强词夺理，这是研究工作的大敌。

第三，不要老想走捷径，要像蜜蜂那样，不辞辛苦，一点一滴地积累资料，大量积累资料。不要只发空论，讲一些"假、大、空"的话。

第四，要珍惜生命，珍惜时间。浪费时间就等于自杀。

第五，知识面要广一些，要多知道些外国的情况。近几十年来，特别是解放以后，我们的科学研究确实取得了很大的成绩。如果说还有什么不足之处的话，我认为，最突出的是知识面窄，对外国情况不甚了了。结果自己的研究工作就不可避免地要受到局限性。看问题的角度不够多，只从一个角度看问题，必然看不全面。但是，如果想扩大知识面，必然需要很多有关外国的书籍。目前用中文写成的有关外国情况的书少得可怜，想扩大知识面，必须能看外国文，这就需要多学一些外国语。今天在中国，在其他国家也是一样，不懂外文，就很难认真地进行科学研究工作。

第六，态度和方法都要十分严谨。社会学虽不同于自然科学，没有法子用仪器来实验，但因此就更需要严谨的态度和方法。当今国内有不少人的著作经不起检验，你只需把他的引文同原文对上一下，就会发现有不少地方是引错了……

季老 29 年前说的这些话至今仍未过时，没有一条不对，没有一字多余。今日读之仍如醍醐灌顶，使人豁然开朗，对今日学术界的不良之风也是一种有力的针砭。

东西文化"三十年河东　三十年河西"

第二是季老在 1991 年年初即著文大胆提出了东西方文化"风倒运转"的论断，这就是著名的使人耳目一新的"河东河西"论：东西方文化"三十年河东，三十年河西"的论断。也就是辉煌了二三百年的西方文化已是强弩之末，它产生的弊端贻害全球，并影响了人类的生存前途，20 世纪末可能是由西向东的转折点。他在 1991 年 2 月所写《东西方文化的转折点》一文中指出：

人类历史告诉我们，一个世纪的转折点并不总是意味着社会发展的转折点，也不会在人类前进的长河中形成一个特殊的阶段。但是世纪末往往对人类的思想感情产生影响，20世纪末就是一个明显的例子。

在对人类文化发展的看法方面，我是颇为同意英国史学家托因比（Toynbee）的观点的。他在人类全部历史上找出了二十几个文明。他发现，每一个文明都有诞生、成长、兴盛、衰微、灭亡这样一个过程。哪一个文明也不能万岁。尽管托因比论多于史，在论的方面也颇有一些偏颇之处，但总体来看，他的看法是正确的，是持之有故、言之成理的。

近代中国受到西方文化的猛烈冲击。最初是震于西方的船坚炮利，以后又陆续发现，西方的精神文明也有其独到之处。于是激进者高呼"全盘西化"，保守者则想倒退。公说公有理，婆说婆有理，其实都不全面，都有所偏激。

原因何在呢？我个人认为，原因就在没能从宏观上看待东方文化和西方文化，目光浅隘，认识肤薄，只看到眼前的这几百万平方公里，只想到近代这一百多年。如果把眼光放远，上下数千年，纵横几万里，则所见必是另一番景象。托因比是具有这样眼光的人。他虽然是西方人，但并不迷信西方文明，在他眼中，西方文明也不能千秋万岁。这个文明同世界上其他文明一样，也有一个诞生、成长、兴盛、衰微、灭亡的过程。对我们中国人来说，我们当然更不应该认为眼前如日中天的西方花花世界会永远这样繁华昌盛下去。

人类历史又告诉我们，东方文化和西方文化在历史上更替兴衰，三十年河东，三十年河西。今天我们大讲"西化"，殊不知在历史上有很长一段时间讲的是"东化"，虽然不见得有这个名词。你只要读一读鸦片战争以前西方哲人关于中国的论著，看一看他们是怎样赞美中国、崇拜中国，事情就一清二楚了。德国伟大诗人兼思想家歌德在1827年同爱克曼谈话时，大大地赞扬了中国小说、中国文化、中国人的思想感情和道德水平。他认为，西方人应该向中国人学习。这是一个非常典型的例子。根据我个人的看法，是鸦片战争戳破了中华帝国这一只纸老虎。从那以后，中国人在西洋人眼中的地位日降，最后几乎被视为野人。奇怪的是，中国人自己也忘记了这一切，跟在西洋人屁股后面，瞧不起自己了。

我不敢说到了 21 世纪，中国文化或包括中国文化在内的东方文化，就一定能战胜西方文化。但是西方文化并不能万岁，现在已见端倪。两次世界大战就足以说明西方文化的脆弱性。现在还是三十年河西，什么时候三十年河东，我不敢确切说。这一定会来则是毫无疑问的。21 世纪可能就是转折点。

此后不久，他又在《再谈东方文化》一文中指出：

最近一年多以来我经常考虑东方文化与西方文化的关系问题。初步考虑结果已经写在《宏观上看中国文化》那篇文章中。我的总看法是，从人类全部历史上来看，东方文化和西方文化的关系是"三十年河东，三十年河西"。目前流行全世界的西方文化并非从来如此，也绝不可能永远如此。这个想法后来又在几篇短文和几次发言中重申过，而且还做了进一步的发展，这就是，到了 21 世纪三十年河西的西方文化就将逐步让位于三十年河东的东方文化，人类文化的发展将进入一个新时期。

那么为什么我们又很自信地认为，到了 21 世纪西方文化就将让位于东方呢？我是从一种比较流行的、基本上为大家接受的看法出发的：东方的思维方式，东方文化的特点是综合；西方的思维方式，西方的文化特点是分析。从总体上来看，我认为这个看法是实事求是的。（季羡林：《做人与处世》，中国文联出版社 2009 年版，第 51—53 页）

季老提出这一论断后，已经过了 18 年。这 18 年来国际形势，特别是美国为首的西方国家经济的发展，越来越证实了季老的这一论断的正确性。安然、施乐和世界通用汽车公司等企业的不受约束的扩展、弄虚作假、腐败行为的曝光，特别是近在眼前的金融危机，以及由此引起的世界学者对西方资本主义经济体制、社会模式的质疑，对中国模式的肯定，都在说明，季老的论断是多么英明。

普及中国史，提倡"大国学"

第三是季老提出开展"大国学"的研究。在国内掀起"国学热"之际，他又警告人们不要把自己局限在儒学的圈子内。2005 年，中国人民大学成立国学院，冯其庸先生作为首任国学院院长，专程到医院探望季老并交流了对国学的看法，达成共识：国学应该是长期以来中国各民族共同创造的涵盖广博、内容丰富的文化学术，而绝非乾嘉时期学者心目中的"汉学"、"宋学"为中心的"儒学"的代名词。在接见中国书店出版社的同志时，他又指出，传统文化就是国学。"现在对传统文化的理解歧义很大。按我的观点，国学应该是'大国学'的范围，不是狭义的国学"。"国内各地域文化，就都包括在'国学'的范围之内……敦煌学也包括在国学里边……而且后来融入到中国文化的外来文化，也都属于国学范围。"

就在 2009 年春季，已是 98 岁高龄的季老，同有关媒体和学者谈话时，仍极力提倡大国学，并进一步发挥了他关于"大国学"的思想。我今年 3 月 8 日见他时，虽然谈话时间不长，他也不忘"大国学"与东西文化"三十年河东，三十年河西"的这些主题。

季老认为，今天我们讲国学，不应像过去那样的"尊孔读经"。我们的视野应当更宽广，展现中华民族历史的全貌，真正继承和发扬由生活在神州大地上的各民族共同创造的传统学术文化。地域文化，不可忽视。如齐鲁、荆楚、三晋、吴越、巴蜀、燕赵、河陇、青藏、两淮、新疆、北方草原、齐辽等地域文化。与此相应而涌现出的敦煌学、西夏学、藏学、龟兹学、回鹘学等，既有民族性、地域性，又是民族文化交融的结晶，不可忽视。少数民族的语言文字也要重视研究，否则便难以深入研究少数民族的文化。不懂满文，不便研究清史，有怎样编好《清史》。藏文、藏学也是这样。这不仅涉及研究藏学，也涉及对佛学的研究。出于对"大国学"的关注，就在北方联合出版传媒集团请求他为

《中国通史》题词时，98 岁高龄的季老，欣然命笔题了十个大字："普及中国史，提倡大国学。"（以上为《季羡林再倡"大国学"尊孔读经太狭隘》，载《光明日报》2009 年 4 月 8 日）

在季老关于"大国学"的论述中，有一句话特别重要："后来融入到中国文化的外来文化，也都属于国学范围。"当我问到他这是不是也应包括"西学东渐"以及传到中国的马克思主义理论，或中国化的马克思主义时，他做了肯定的回答。这就为他所说的东西文化"三十年河东，三十年河西"注入了新的内容。

爱——医治"现代病"的药方

季老是借郑敏教授的一篇文章（《诗歌与科学：世纪末重读雪莱〈诗辩〉的震动与困惑》）加以发挥的。季老亦认为雪莱的这篇文章很重要，闪耀着"天才的火花"，说"诗人是预言家"这个话是有道理的。这位英国的浪漫主义诗人，以惊人的敏感揭示了西方工业发展带来的恶果。正如郑敏先生所说，雪莱已感受到 19 世纪上半期的英国社会的心灵危机。从 17 世纪到 19 世纪，西方文明在强大富裕的路上疾驰，价值观念经受强大的冲击，科技的惊人成就使得人文科学黯然失色。为积累财富所需的知识和理性活动为文教界所重视，而诗和想象力由于其无助于直接换取市场上的优势而受到忽视，前者雪莱称之为钻营的本领。诗人意识到物质的丰富并不必然促成文明自低向高的发展。随着高科技在 20 世纪的发展而产生的"罪恶"：原子弹、艾滋病、臭氧层遭破坏、吸毒的蔓延、国际贩毒活动猖狂、黑手党的暴力活动、灭绝种族的纳粹大屠杀、恐怖的夜间失踪、精神病院的黑暗等，郑先生列举的这些令人触目惊心，不寒而栗的"弊端"，季老也在一些文章中指出过，而雪莱不仅敏锐地发现、尖锐地批判了这些"罪恶"或"弊端"，而且为医治这些弊病开出了药方，这就是诗——想象力——爱。诗是神圣的，足以克服邪恶。想象力，包括柏拉图的理念，康德的先验主义以及带有大量非理性（但非反理性）色彩的人文主义的成分。雪莱认为这种想象力正是与物质崇拜和金钱专政相对抗的解毒剂。而爱则是连地下凶神也赞赏的治疗人们创伤的灵药。雪莱在《解放了的普罗米修斯》中写到，地下凶神德莫高说，爱这双有医疗功能的翅膀，可以拥抱满目疮痍的世界。总之，以爱来医治人的心灵创伤，以想象力开拓人的崇高，以诗来滋润久旱的土地——这就是雪莱医治"现代病"的药方。

季老认为，雪莱的这些观点，我们虽然不见得都能接受，但却对我们很有启发。尤其是这个爱，它把人与大自然联结起来了。他进一步赞扬了郑先生所说人若要存在下去，就要了解自然，保护自然，而不能盲目破坏自然，否则是要受到自然的惩罚的。认为这些见解同他所写《"天人合一"新解》的意见是完全一致的。接着他强调指出："中国和东方一些国家自古以来的'天人合一'思想，表达的正是这种思想和感情。拯救全人类灭亡的金丹灵药，雪莱提出来的是想象力、诗与爱，我们东方人提出来的是'天人合一'的思想，殊途同归，不必硬家轩轾。"（《做人与处世》，第 43—45 页）李老在《做人与处世》中有七篇文章，谈的都是这个古老而又崭新的主题"天人合一"。他既是一个以博大胸怀拥抱世界的人，又是一个以满腔热情拥抱宇宙的人。

哲学是诗　理论是散文

我对季老印象很深刻的还有一点，这就是他的文风。我读他的书和文章，深感其哲学是诗、理论是散文，论据是故事，解读是审美。在他的笔下，思想如金，炉火纯青，真善美绕指柔。他用雪莱的诗，用想象力、诗与爱，解读天与人、人与大自然的关系，真是太精辟了。他的散文，更堪称文苑奇葩。中国历史上的各大家之精华，都被他兼收并蓄，凝聚为一了。《史记》的雄浑，六朝的浓艳，陶（渊明）、王（维）的素朴，徐庾（信）的华丽，杜甫的沉郁顿挫，李白的豪放流畅灵动，《红楼梦》的细腻委婉，《儒林外史》的简明……都被他吸取融合而成为自己独特的文学或文章的艺术风格。(蔡德贵：《季羡林及他的学术贡献》)

在《做人与处世》这本书中，《关于"天人合一"思想的再思考》，是一篇20页的长文，也是一篇理论性、学术性很强的论文，但却像是一次轻松活泼的谈话。在这里论文和散文是难以分清的。《我的美人观》，写得更美不可言，美不胜收。轻松、活泼、幽默、诙谐被融为一体。他从动物界的雄美谈起，说雄狮威武、雄壮，气势磅礴；孔雀也是雄者展翅开屏，遍体金碧辉煌。而一到了人，完全颠倒过来，不知造物主囊中卖的什么药。她（他）先创造了人中雌（女人）。精雕细琢，刮垢磨光，美妙，悦目，闪光。后来想到传宗接代，没有男人不行，才不得已又造了人中雄——男人，因不经心，显得粗陋。后来，造物主老年忽发少年狂，把本已很美的女人又再提升，从中选出几个出类拔萃、傲视群雌的超级美人。于是人类中出现了西施、明妃、赵飞燕、貂蝉、二乔、杨贵妃、柳如是、董小宛、陈圆圆。于是，季老作了一首打油诗："中华自古重美人，西施貂蝉论纷纭。美人只今仍然在，各为神州添馨淳。"世界文明尤其亚洲文明古国不止一个，为何只有中国传留下来这么多超级美女，这绝不是一个无足轻重的问题，如果研究比较文化史，这个问题绝对躲不过去。我现在越来越不安分了，越来胆子越大了。我想在太岁头上动一下土，探讨一下"美人"这个美字的含义。我没研究过美学，只记得在很久以前，中国美学论坛爆发了一场论战。我以一个外行的身份，从窗外向论坛上瞥了一眼（这使我们想起了孙大圣在天空用手遮着火眼金睛往人间一看——本文作者），只见专家们意气风发，舌剑唇枪，争得极为激烈。有的学者主张，美是主观的，有的主张美是客观的，有的说是主客观相结合。讨论完了，一哄而散，问题仍然摆在那里，原封未动。我认为，美人之所以被称为美人，必然有其异于非美人者。但她们也只具有五官四肢，没有被造物主多添一官一肢，也没有挪动官肢位置，只是在原有的排列上弄了一点手法，使这个排列显得更匀称，更和谐，更能赏心悦目。

然后季老选出美人身上多个亮点中的一个：细腰。说这个问题虽古老，但古老不到蒙昧的远古。那时人类的首要问题是采集野果，填饱肚子，男女整天奔波，腰都粗而又粗，哪有什么余裕来要妇女的细腰？大概到了先秦时期，情况有了改变，《诗经》的第一篇就讲"苗条（窈窕）淑女，君子好逑"。先秦典籍中还有"楚王好细腰，宫中多饿死"的记载。他列举了古典诗词尤其宋词中描绘美人的一系列词句，最后说：为什么细腰这个现象会同美联系起来。简捷了当地说一句话，我是想使用德国心理学家 Lipps 的"感情移入"的学说来解决这个问题。比如说，你看一个细腰的美女走在你的眼前，步调轻盈，柔软，好像是曹子建眼中的洛神。你一失神，产生了感情移入的效应，仿佛与细腰女郎化为一体，得大喜悦，飘飘欲仙了。真诚的喜悦，同美感是互相沟通的。（同前，第 196—200 页）

就这样，我们像玩耍似地被他带领进入了美学的理念世界，使我们明白了人类审美的起源、发展，美与结构、比例、和谐之关系以及"移情"——"感情移入"等美学的重要问题与范畴。并领悟到："真诚的喜悦，同美感是互相沟通的。"

在这里，我想一举两得，既说明季老在平淡中见真奇的文风，又介绍他的审美观和美学思想，并使我们进一步了解他文章的审美特征。在他的文章里，找不到"土八股"，"洋八股"；也找不到"党八股"和现在某些学术文章那种晦涩别扭的"怪八股"或称为"博士八股"。他没有因为长期留学德国就把那些欧化的句式弄进自己的文章。这对当今学术界流行的"怪八股"，也是一种无言的挑战。

总之，读过季老的著作，聆听过他的教诲的人，都会为他那种高踏远引之气，深邃峭拔之思，颖慧奇绝之悟和平淡中出彩、趣味横生的文风所感动、感染、感化。如今他永远地远去了。我忽然感到一种莫名的孤寂。我将陷人无穷的、永远的思念中。是的，无穷的，永远的……

2009 年 7 月 11 日

（载 2009 年 7 月 13 日《太原日报·文化版》；2009 年 7 月 20 日
《黄河文化周刊》第 1 版，标题内容有别）

思想界的一盏明灯

——回忆哲学大师任继愈

两位大师 8 个共同之点

"7·11"（2009 年 7 月 11 日），文化天穹的"双子星"相继陨落了。先是季羡林先生，4 小时后，任继愈先生也与世长辞。他俩人曾在千年之交，2000 年在一起合影。十年后，你追我赶，竞相去了另一个世界。他们还都是山东人；在思想交融的问题上都有共同的见解；都很重视"究天人之际"；都对印度和中国宗教，有深入的研究；都格外看重师友之情，并有专著，如季老的《谈师友》，任老的《念旧企新》；都不忘在美学上留下自己的看法；都是那样虚怀若谷，平易近人；他们的哲学如诗，理论像散文，解读是审美，通俗流畅，生动活泼，没有一点"八股气"，树一代大家之风。我为悼念季先生，写了一篇《一位拥抱世界的智者仁人》；赠送一幅挽联："以博大胸怀拥抱世界，用满腔热情呵护自然。"且是请著名书法家、我们山西人民出版社原社长宋富盛书写的。我同任继愈先生相识比季先生早，在出版和书信上均有过往来。他的哲学思想，对我影响很深。

哲学的哲学

不过，我读他的书比认识他本人早得多。20 世纪 60 年代，我就读他主编的《中国哲学史》全四册。这四册本的哲学史，本是作为大学哲学系的教科书而编写的，但却印着四个黑体字："内部发行"。而在那个年代，越是"内部发行"，人们买得越积极，读得更起劲。这四本书又是"拖泥带水"出版的，第 1 卷为 1963 年 7 月第一版，第 2 卷 1963 年 12 月第一版，第 3 卷 1964 年 10 月第一版，第 4 卷 1979 年 3 月才出。不是执著的读者，不可能等着出，出了就去买。中间我搬家丢了两本，又去旧书摊补买上。他后来主编的《中国哲学发展史》（四卷本）、《中国佛教史》（四卷本）等，我都是见了就买，爱不释手。我曾打算写一本《哲学的哲学》，但已忘记此念头是从何而来？最近又把这套书取出来一看，书上多处用铅笔画了记号，就在第一卷第 96—98 页即"第一章 封建社会确立时期的社会状况和百家争鸣"这一章的落尾部分，我作了眉批："认识（哲学认识）的由低向高的发展。""继承性——倒掉脏水，取出婴儿。"在本章末尾"中国先秦哲学史发展的道路，表明历史的发展和逻辑的发展是一致的"这句话后面，我批了四个大字："哲学的哲学"。原来我的这一意念渊源于此。我从这部《中国哲学史》得到的启发是：哲学史即可作为哲学原理立论的根据，哲学就是沿着哲学（辩证唯物主义与历史唯物主义）的三条或四条基本规律产生和发展的。这四条规律即对立统一规律，量变质变规律，否定之否定规律与由低级向高级发展的规律。哲学发展史即哲学的哲学。或者说哲学的哲学即关于哲学发展史的理论概括。可惜我中途被美学拉了差，至今未将《哲学的哲学》写出来。

天际来文

　　1979 年 10 月，"文化大革命"后也是新中国成立 30 年来的一次盛会——中国哲学史讨论会，在我们山西太原迎泽宾馆召开。由于哲学总是处于意识形态斗争的前沿，"左"的思潮对哲学的冲击最为严重，造成极大的思想混乱，在这方面拨乱反正的任务最为艰巨。会议留下的虽系研讨的论文，但却具有超前和破冰的意义。所以我决定出版这本文集。中国社会科学院哲学所的谷方同志送给我的论文集中，选入了著名哲学家冯友兰、张岱年、张立文等人共 29 篇文章，但没有任继愈的文章。我随即给任老去信，请他为本书补撰一篇。但任老能否惠允，心中也无数，总以为被推辞的可能大。不料，我发出信不久，接到任老 1980 年 3 月 3 日写的一封信，是从天那边的美国寄来的，称：一月来信，由国内转到，《中国哲学思想》一书，希望我能写一篇文章，感谢你们的盛意。因为这里教学时间忙，恐怕写不了长篇的，三月内我将写一篇短一些的文章，寄给你们……不合用就不要用，云云。然而，只过了六七天，即 1980 年 3 月 10 日，任老即将他写好的文章，由美国寄给了我，题为《论中国哲学史上普遍存在的思想交融问题》，并在信中又一次重申："如合用即用，如不合用，就不必用，可退寄北京三里河南沙沟 4—2—2 号刘苏同志收即可。"这篇文章被放在这部 30 余万字的论文集《中国哲学史论》一书的首篇。本书于 1981 年 4 月正式出版，印行 10000 余册。后来任老见到书时，一再表示把他的文章放在第一篇不太合适，应放在冯友兰、张岱年等先生的文章后面。

　　其实，我们不是只从个人在学术界的地位考虑的，主要考虑的是文章的内容，所论述的问题。如冯友兰论的是《楚辞》，张岱年论的是孔子，而任老讲的是方法论，具有更普遍的指导性。

　　就当时意识形态背景来讲，此文也是对"左"的思潮的一个重炮反击。对当时哲学史研究存在的问题，任先生轻轻一点说是中国哲学史研究的"不足之处"，实则是一个"重大误区"：即对唯物主义与唯心主义对立阵线思想斗争方面讲得比较多，对思想本身的发展，注意不够，对思想相近的流派或学说的交互影响方面大量的现象注意不够。大家思想上有顾虑，生怕这方面讲得多了，会背离阶级斗争这个"纲"，会挨棍子。应当看到：对立双方在斗争中各自都在吸取对方的有用的东西来充实自己。相近的思想互相有影响，相对立的思想也相互有影响，相临近学科领域也相互有影响，如哲学与宗教，本属不同领域，也相互有影响。然后，他顺着这条线把从春秋战国以来一直到新中国成立 30 年哲学发展的历史梳理了一遍，作出了具有强大说服力的结论。

哲学的发展如同江河奔流

春秋战国时期哲学的繁荣，百家争鸣的可喜局面，是在旧制度解体、新制度形成的背景下展开的。各家在激烈的相互辩论中，也在相互吸取对方的思想，以充实自己。尤其在秦统一中国前后，百家之学逐步走向融合，吕不韦组织编写的《吕氏春秋》就是这种思想融合的典型之作。西汉初年司马谈的《论六家要旨》，推崇道家之理由正是因为道家"因阴阳之大顺，采儒墨之善，撮名法之要"。传统哲学史称董仲舒是醇儒，实际他的儒术也不醇。他本人既是儒生，又是道士，其思想学说是儒家与道士、方士的混合物。东汉王允被称为古文经学派，实际上他除了继承孔、孟、荀的儒家传统，还有黄老的传统，乃儒道的合流。这时的汉儒已不同于春秋战国时的儒。魏晋南北朝时期的佛教，已非印度佛教的原貌。三国时汉地译经常常加入中国固有的某些观念，佛经的阐释逐渐中国化，也包括把中国的传统哲学思想弄进佛经。唐代的三教合一，已像一股不可阻挡的潮流。只不过有人偏重儒佛合流，如柳宗元、刘禹锡、梁肃及僧人宗密等；有的偏重儒道合流，如傅奕以及许多信道教，服长生药的皇帝宪宗、武宗等；佛道合流现象也很普遍，天台宗的慧思则最典型。还有既信儒、佛又信道的，白居易就是这样。当时从朝廷到地方都在提倡三教，而以儒为主。思想上提倡，政治上也鼓励。到了宋代，三教融为一家，成为"理学"，也就是儒教。魏晋玄学以老庄为旗帜，事实上也不是先秦那会的老庄，有的甚至与老庄原旨相反。

有了深入研究就可以大胆下结论了。任老经过上述分析之后指出：中国哲学史的发展，好像江河的奔泻，它不停止，不倒流，不断有支流融会聚合，既融会之后，即形成新的学派。它有旧的成分，但又不同于旧的。水流是上游细小、下游浩瀚，上游清浅，下游浑浊。哲学的发展也有类似的情况。古代思想比较单纯、朴素，后来变得复杂。认为古代哲学比现代更丰富，这种观点是不对的。同时指出，哲学史的研究，除了了解有关哲学，还要兼顾到与哲学有关的其他上层建筑，还要了解那些不属于上层建筑的意识形态。

又指出："思想一经形成体系，并在社会上发生影响，它必然与其他思想发生交流、融合的关系。这种关系的存在，既影响了自己，也影响别的学派。今后，如何正确对待这种交流和融合的关系，并如何善于分析这种交流和融合的关系，是一个十分艰巨的任务。即使从现在开始着手，没有十年八年的艰苦努力，是见不到明显的效果的。但是一旦见到效果，则必将使中国哲学史的研究面貌大为改观，它将促进文学、艺术、宗教，以及许多有关部门的研究大步前进。"（《中国哲学史论》，山西人民出版社1981年版，第1—8页）

认识一位大师的好处，就是能够比较多的关注和带着感情学习他的著作。尤其任老关于不同哲学思想对立统一，相互交融的思想，就像吕洞宾"点石成金的指头"，是方法，方法的方法，是把研究中国哲学史的认识，上升为理论，又把理论变成方法，钥匙——打开中国哲学以及整个传统文化殿堂之门，进入其中，更好地了解其奥秘的钥匙。这正是这篇文章不同凡响之处。

特别是在29年后的今天，在和谐社会和和谐世界语境中，任老的这些思想就更显得重要。不仅哲学，也不仅在国内，从世界范围看，思想文化的对立统一，相互交融的现象，也是普遍存在的。古今中外，各种社会模式，都在相互吸取，相互交融。即使中国的社会主义模式，也是这样。有人说，中国在"克隆"资本主义，这当然是荒诞之说，但吸取其某种有益于自己发展的东西，那是毫无疑问的。构建社会主义和谐社会以及构建和谐世界的提出，给思想以及政治的交融，敞开了一个广阔的世界，就看谁在这个舞台上演出最威武雄壮的话剧了。当然，融合是结构，各种因素在结构中并非平分秋色不分主次的。我们的国家所作的是在社会主义框架内的交融或融合，目标是社会主义性质的和谐社会，而不是其他。

师友，大写的人

我们同任老在出版上的往来，并未就此停止。继 1981 年 4 月出版《中国哲学史论》之后，1982 年我们又在《中国现代社会科学家传略》第二卷中，出版了任老的传略，1997 年 12 月，我社又出版了任老所著《念旧企新——任继愈自述》。这本自述洋洋 20 余万字，从他的出生，初小、高小、初中、北平大学附中写到抗日战争时期的北京大学，但就像季老的《谈师友》一样，并非述自己，而是述别人——老师和友人。如初小的老师曹景黄，高小老师夏育轩，大学师长汤用彤、熊十力、贺麟、冯友兰、金岳霖、刘文典、闻一多、钱穆、张颐、郑天挺、马一浮、艾思奇，青年学友张立文，助手刘苏等 40 多人。这样的写法，说明这些师友在他心目中的地位，也说明他自己在自己心目中的地位。学术主张，写得非常简单，好像"不值一提"似的。他把自己写成一个小写的人，把师友写成一个大写的人。这就是他——任继愈。

但是有一条，在他的著述中，处处体现思想交融的思想，他主编的

《中国哲学发展史》、《中国佛教史》以及一些大辞典，都是如此。即使在他为《山西寺庙大全》一书所作序言中，也不忘记指出那些保存在造型艺术绘画、雕塑、建筑中所体现的三教融合，三教会通思想。

美学思想交相辉映

同李老一样，任老对美学也情有独钟。只不过季老是从动物界的雄美谈起，任老是从美学这个词谈起。

季老在《我的美人观》中说雄狮威武、雄壮，气势磅礴；孔雀也是雄者展翅开屏，遍体金碧辉煌。而一到了人，完全颠倒过来。不知造物主囊中卖的什么药。她（他）先创造了人中雌（女人）。精雕细琢，刮垢磨光，美妙，悦目，闪光。后来想到传宗接代，没有男人不行，才不得已又造了人中雄——男人，因不经心，显得粗陋。后来，造物主老年忽发少年狂，把本已很美的女人又再提升，从中选出几个出类拔萃、傲视群雌的超级美人。于是人类中出现了西施、明妃、赵飞燕、貂蝉、二乔、杨贵妃、柳如是、董小宛、陈圆圆。世界文明古国尤其亚洲文明古国不止一个，为何只有中国传留下来这么多超级美女，这绝不是一个无足轻重的问题，如果研究比较文化史，这个问题绝对躲不过去。我认为，美人之所以被称为美人，必然有其异于非美人者。但她们也只具有五官四肢，没有被造物主多添一官一肢，也没有挪动官肢位置，只是在原有的排列上弄了一点手法，使这个排列显得更匀称，更和谐，更能赏心悦目。

然后季老专讲美人的细腰。说这个问题虽古老，但古老不到蒙昧的远古。那时人类的首要问题是采集野果，填饱肚子，男女整天奔波，腰都粗而又粗，哪有什么余裕来要妇女的细腰？大概到了先秦时期，情况有了改变，《诗经》的第一篇就讲"苗条（窈窕）淑女，君子好逑"。先秦典籍中还有"楚王好细腰,宫中多饿死"的记载。他列举了古典诗词尤其宋词中描绘美人的一系列词句,最后说:为什么细腰这个现象会同美联系起来。简捷了当地说一句话,我是想使用德国心理学家 Lipps 的"感情移入"的学说来解决这个问题。比如说,你看一个细腰的美女走在你的眼前,步调轻盈,柔软,好像是曹子建眼中的洛神。你一失神,产生了感情移入的效应,仿佛与细腰女郎化为一体,得大喜悦,飘飘欲仙了。真诚的喜悦,同美感是互相沟通的。(《做人与处世》,中国文联出版社 2009 年版,第 196—200 页)

就这样,我们像玩耍似地被他带领进入了美学的理念世界,使我们明白了人类审美的起源、发展,美与结构、比例、和谐之关系以及德国美学家、哲学家、美学家特奥多尔·李普斯的"移情"——"感情移入"说等美学的重要问题与范畴。并领悟到:"真诚的喜悦,同美感是互相沟通的。"

任老也是如道家常似地谈美学的。在《自述》中,他用了三十来页文字讲美学,虽然题为《美学与宗教》,实际上是对美学所有基本问题一一论述,系统阐释了他的美学观。

任老一开始先谈"aesthetics"这个词,说明西方传过来的"美学"这个词的原意通常指的是能引起人们惊叹、怜悯、恐惧等感情的艺术品。这个词的意思比较肤浅,不太准确,用"鉴赏之学"表达更为恰当。平常说美学研究的范围是美也不完整。如艺术家画的鬼、钟馗,中国园林中的石头,往往选残缺的、有窟窿的,不完整的,看起来丑陋的,讲究所谓"瘦、透、皱、陋"。仕女画讲究的是淑静之气,而不是画得很漂亮。鉴赏是主客观的结合。美的概念是人类通过感觉对于对象加以分析、判断所得到的结果。从美学作为独立学科来看,只有艺术美而无自然美。所谓自然美,说到底还是经过人们思想意识加工过的美。是人类创造美的一种必要的补充。如果没有发达的文化、自我意识的觉醒,纯自然就无所谓美。古朴的美也是在今天高度文化的社会中才能提出。因对大量人工艺术品看厌了,需要调剂一下,这就要求回到自然。

它是技巧高度发达的社会的人做的翻案文章。在这篇文章中,任老对美的感受,美的普遍有效性,艺术美的共同性,审美判断,美的社会性,美的范型、形式,审美判断的目的性,艺术创造,艺术鉴赏,鉴赏修养,联想,想象,缺陷——不完美的美,悲剧等美学的一系列基本问题,均一一做了阐释,最后才谈到美学与宗教的相互影响。

美学治国与"各学科一盘棋"

任老的美学思想,有两点特别值得关注:一是美学与治国的关系;二是美学与宗教的关系。

关于美学与治国,他是从鉴赏标准的民族性、社会性、阶级性谈到美学也是上层建筑的组成部分这个角度切入的。他认为美学同道德、法律、哲学、宗教一样,具有维护社会秩序的功能。现在(当时是 20 世纪 80 年代)把美学归入哲学门类之下,是哲学一个分支,但从发展趋势看,美学很可能独立出来,另立门户。随着生产力的发展,人们生活水平的提高,对美的要求更迫切。鉴赏的需求,小的如养花、画画;大的如园林,美化城市,更扩大为绿化国土,共产主义时代还要美化地球。可以说美学的前途无量,会有很大发展。关于美的应用,在社会生活方面,是社会上层建筑,这一点,中国人早就有认识。传统的古典著作《礼记·乐记》提出美的教育、训练,与道德、政治、法律、教育配合起来,可以治国,以礼乐作为六艺之一。荀子《乐论》提出:"乐,先王之所以饰喜也。"高兴,用乐来表示。"夫声之入人也深,其化人也速,故先王谨为之文。乐中平,则民和而不流,乐肃庄,则民齐而不乱。民和齐,则兵劲城固,敌国不敢婴也。"音乐有教育作用,和平的乐可增加人民的团结;严肃的乐,可以使人民齐而不乱,加强社会秩序。如果内部团结,更有秩序,国家就安定了,敌人就不敢来犯。荀子说："礼别异，乐和同。"这是从社会功能来说礼乐的区别，是最早提出礼乐互相配合的辩证关系。这是古人对封建社会的国家学说与文化艺术的作用关系提出的深刻见解。同西方学者认为"艺术的目的即道德，即人格自我完善"，"最高的自我完善的保证即上帝"的观点比较起来，荀子的思想要比他们更高一筹。

在我国新老学者中，能直提"美学治国"者，尚属罕见。我之对此命题如此敏感，也是经过多年学习特别是解读柏拉图的《理想国》、《法制篇》等之后，忽然冒出了这个概念的。然后又联想到中国的儒家，清朝的谭嗣同，民国的孙中山，西方的欧文、傅立叶以及众多的乌托邦和空想社会主义者，其实都是企图构造一个既真又善更美的社会模式，均可称为"美学治国"。毛泽东又何尝不是这样呢？所以，我今天重读任老的这一段话，就特别敏感。多年前则不会如此。

关于美学与宗教的关系，任老特别指出：鉴赏与创作都离不开民族的历史、文化、哲学、宗教，离不开社会环境、时代。美术作品包括文学作品在内，不可避免地要受宗教流行时期的影响，创作题材受到宗教的影响。吴道子画的寺庙壁画"天人变相"，画得很好，很感动人，庙外"屠沽为之不售"。西方文艺复兴时期，许多作品是宗教画，那时画出的神像都带有人情味。艺术创造的目的，与宗教哲学很相近，甚至相同，都要通过这门学科，指导社会生活、人们的方向。宗教、哲学、艺术相互融合、感染、交流。这就更加使得宗教通过艺术来发展自己，艺术也划不清与宗教的界限。因此，可以说宗教存在的长期性，除了它本身长期存在的根据外，其他的学科，也帮助宗教，让它长期存在。艺术表现宗教生活、宗教思想。宗教在社会上的作用，更多的因素是其他学科自觉地、不自觉地和宗教混合在一起、交织在一起，在人们的生活中起作用，影响人们的理想。我们客观地看艺术与宗教问题，应该更深入地理解生活、社会，才能正确地对待宗教存在的社会现实。

任老还提出了关于"各学科一盘棋"的思想。他说：从科学分类上看，社会上层建筑有社会的、道德的、法律的、哲学的、美学的各门学科。但从它的功能看，不是分得那么清楚，是一盘棋，共同配合，有交叉，有重复，维持当时当地的社会秩序，不论文学、音乐、艺术，互相配合、支持，也相互影响，为当时社会制度服务。因此，宗教学原理，不能仅仅就盯着宗教学这个狭小的范围，要与文学、艺术、哲学以及其他上层建筑领域联系起来考察，才能真正理解历史唯物主义的精髓所在。为什么历史唯物主义是一门科学？就在于它把社会发展的规律看透了，从社会存在的各个方面综合地观察，最后作出科学结论。

学问是相通的，"各学科一盘棋"。任老的这一思想，不仅对于宗教学，对于哲学、美学等各个学科的研究都有重要指导意义。

而今，任老和季老都永远地离我们而去了。我们在悲痛之余，重温他们的思想和教诲，并通过研究和传播，使之在更大范围流传下去，这也许是一种最好的悼念和哀思。

（载 2009 年 7 月 20 日《太原日报·文化版》）

从"寿平"到寿平

——国画大师董寿平逝世九周年祭

菲菲桃李花，竞向春前开；何如此君子，四时清风来。

董老——寿平先生已经过世将近九年了，至今不但使我难以忘怀；相反，随着岁月的消逝，怀念愈来愈加深了。

忘年之交

董老虽是我的老乡，久闻大名并崇尚他的人格、学问和艺术，但一直未能相识。多次去京，总因为觉得没有个得力人引见，担心去了碰钉子。

1986年4月，我在北京大都饭店召开《当代青工》丛书和《现代行政管理》丛书座谈会，硬着头皮登门求见，并邀请他出席这个会议。出乎意料，董老不但非常热情接待，而且不顾自己身体不适，欣然答应了我的邀请。他剪了胡子刮了脸，穿上笔挺的黑色西服，打上领带，戴上礼帽和眼镜，提起拐杖，神采奕奕，气质非凡。顿时换了一个人，宛如一位日本贵宾。他夫人刘延年劝他感冒未好不要出去，他摇头断然否决。他住在和平里，而大都饭店在车公庄西面，整整穿过一个北京城。

不辞辛苦而来，使我深受感动。

这次会议，真是高朋满座，高人满座。时为文化部部长的高占祥、北京市委副书记徐惟诚、中宣部出版局局长许力以等领导以及首都知识界、新闻界的知名人士40余人，兴致勃勃地来到了会场。他的莅临，更使满堂生辉。

当会议临近尾声，当时身为光明日报副总编辑的王晨（现为中央委员、人民日报社社长）提请董老为《当代青年》丛书题词时，会场顿时活跃起来。因为董老系悬纸书写，即由两人将宣纸悬空拉平，董老侧身挥毫，如飞龙走蛇，题了八个大字："书林奇葩，青工之友。"笔力遒劲，结体完美，章法森然，既不透纸，又不滑墨，令现场观者无不惊叹！

我国历史上曾有"高祖抚膝肆书，王铎悬纸而书"的传说，而董寿平把这一传说化为现实。说来这与同乡亦有关。王铎乃洪洞人，他的书童李存也是洪洞人。李存少时曾为王铎抻纸，90多岁方归故里，曾向董寿平高祖父董霁堂详述王铎悬纸作字之状。董寿平师王铎即由此而来。他年轻时即练就一手悬纸挥书高超的技艺，堪称一绝。这就是说我同董老刚相识，他亮出的竟是他的这一绝活！当晚，中央电视台在新闻联播中播发了这次会议和这一壮观的场景，使更多的人得知董老悬纸挥书的超群技艺。

转瞬已经20年了。那时董老已经83岁，我比他小30多岁，只不过一个地方出版社的编辑室主任，且与董老素不相识，更谈不上交情，他竟能如此倾情相待，我想就是凭着"老乡"二字。而这便是"情"，不交的"交情"。这就是董老，这就是我们"洪赵人"。他同我兴致勃勃所谈的也大多是洪赵人。因为贾题韬、张瑞玑是我们赵城人，因此谈得更多。他非常敬佩张瑞玑的人品、骨气和诗文，赞赏贾题韬的聪明过人，数学学得最好，诗有韵味，字有功力，对佛教各宗——密宗、禅宗、显宗、净土宗均有深入研究，下象棋更是街头称王，盘盘皆胜，摆地摊的都怕他。他还有一条很深的感受："洪赵历史上没有出过秦桧——奸臣!"这也是他引为自豪的。此外,我们还有一个共同的喜好,就是哲学与美学。我第一次的见面礼即赠送他我于 1982 年出版的《美的哲学》,这使他非常高兴。交谈中,我得知他不仅少时即对中国传统哲学有深厚的功底,而且对中国书画中的哲学与美学颇有研究,尤其对《乐论》,谢赫的《古画品录》,王国维的"境界说"很感兴趣,对近现代美学思想,尤其对朱光潜先生的美学和文艺心理学也很熟悉,因此,我曾请他为我题过一幅字:"独上高楼望尽天涯路"。我不好意思让董老把王国维的"三个境界"都写下,同时,对我来说,这第一个境界也就够了,甚至我连第一个境界也尚未达到呢。

董老还给我谈了他的一些坎坷遭遇和书画生涯以及对书画艺术的一些精辟见解。我都用笔记下来了,并提出为他作传的事。但因他此前答应过北京日报的一位记者,所以就把此事搁下了。

董老不吝谈吐,也不吝作画。几乎我每去看他,他都要给我画一张或写一幅。但有三张画对我印象至深:

一张是 1987 年初春,他给我竖着画的一幅墨竹,没有风吹雨打,端端正正,亭亭玉立,愈看愈像中华的那个繁体字"華"字。我称它为"中华竹"。他起笔时,手握双管,由下而上,同时运笔,而画出来,生枯有别,阴阳分明。后来才得知这是唐时王维的崇拜者张璪的一种特殊技法。

第二张是一幅横幅墨竹,我称它为"疾风劲竹图",实际上应命名为《高风亮节图》。时为 1987 年仲秋,董老当时兴致很好,让他孙子良达取纸,良达取出一张对开,他让另取一张全开(四尺),挥笔画了一张很张扬、很挺拔的"疾风劲竹",呈现出一种硬折不弯的气势。然后又在画的右边题了一首诗:"菲菲桃李花,竞向春前开;何如此君子,四时清风来。"接着是很长的一个落款:"丁卯仲秋翔德同志嘱即希正之八十四翁董寿平写于玉垒草堂"。最后,他让良达从柜中取出印章,取了小的印章后,又让将一个很大的沉甸甸的玉印取出来,在右边的落款处盖了三个:"董寿平"、"寿平书画"和"年愈八十岁"(这个印章要比前两个大）；在画的左边盖了两个，上方盖了一个长立方形的"师造化"，下方盖了一个最大的印："丹青不知老将至"。据我所知，"玉垒草堂"的落款，董老是很少用的，而且一张画加了五个印，也颇为少见。加之，董老把"何如此君子，四时清风来"赠给我，可谓"最大鼓励"，"最高奖赏"，实不敢当，且心中有愧。我为董老又做了些什么呢？

第三张是彩梅：这是 1988 年的一天上午，他正要给我画墨竹时，我说："董老，我还没有你的彩梅哩！"他本来是不愿画彩梅的，羊毫都干了，不得已，只好强为我作画。他一边画，一边说："你真是个毛料（即生瓜、傻蛋之意）！"意思是他的墨竹比彩梅更有品位，更值钱，而我却不知好赖！他画完这张彩梅后，叹了一口气，说："你把我一天的情绪都没有了！"因为给我画这张彩梅，大大地挫伤了他的创作兴致。

还有一次，我拿了一个册页，让他为我的册页题签，他欣然命笔在封面上写了：《结瀚墨缘——翔德藏·寿平书》，并在上面画了一幅竹和一幅梅花。然后他说："你就把册页留下吧，哪天启功他们来了，再让他们往上画。"他还给范曾写了一封信，请他结识我。并边写边说范曾这人很有才气等。这也说明他在画坛上，不搞门派，也不嫉贤妒能。

1997 年董老逝世后，范曾送挽联痛悼：

寿平大师千古

从北苑以还，山川烟雨凭谁写，我哭艺坛陨巨擘；
信董公而后，松竹风云暂得闲，应知人世少奇才。

艺术魅力

董老的魅力首先就在于他的精湛的书画艺术。他的山水画，气韵生动，章法恢弘，笔墨精妙，清新典雅，充分体现出自然造化之美，博大幽深之美，雄伟峻峭之美，钟毓氤氲之美，叱咤风云之美。他笔下的青松苍劲古朴，华盖亭亭，郁郁葱葱，挺拔秀丽，风韵万种，犹如苍龙探海，大鹏凌空，扶摇直上。他笔下的竹，立意新颖，构图神奇，用墨简练，行笔挺拔，高骨秀硬而又润色柔和。湿笔过处有如雨后翠竹，枯笔落后有如临风飘舞。疾风劲竹，刚劲挺拔，宁折不弯，似可闻搏斗之声。和风之竹，迎风摇曳，姿态婀娜，有如婆娑起舞之状。雨中之竹，亭亭玉立，苍翠欲滴，有如洁身自好君子之态。春日之竹，枝壮叶茂，层次分明，疏落有致，欣欣向荣，生机勃勃。雪中之竹，苍劲豪放，坚贞不屈，寒气袭人，而使人精神抖擞。他的粉梅，墨枝粉蕊，衬托有致，光彩照人；他的"朱砂红梅"，繁枝密萼，绚丽夺目，婀娜多姿；他的墨梅，洋洋洒洒，幽香飘逸，沁人心脾；他的雪梅，更是冰骨雪肌，冷艳傲霜，轩昂自若，香气袭人。辛亥革命元老、著名书法家、诗人于右任曾作诗赞董寿平画梅："寒梅雪里香浓，仙境人间自永；犹余故国青山梦，画得神州一统。"（1946 年于成都）

"少陵笔墨形意画"。董老的书法也同其画作一样，"苍劲刚健，古朴潇洒，沉静谦和，严谨庄重，神采飞扬，行笔流畅，气度豪放，大有飘逸超凡之神，而无求妍媚俗之意，有如行云流水，清澈高洁，妙曲徐来，余音袅袅"（刘恪山：《董寿平先生生平及艺术成就》，载《董寿平研究》2002 年第 1 期）。"平原书法东坡画，龙马精神海鹤姿。"（赵朴初赞董寿平书法艺术）他字中有画，画中有字，诗中有画，画中有诗，乃是诗、书、画的结晶。

人格魅力

董老的魅力，还在于他高尚的人格。我们在董老家遇到过两次拿票子求董老作画的人，均被董老拒绝了。后来更得知不止一次有人拿着珍贵出土文物彩陶登门求画的事，更被严词拒绝。他甚至对来人说："你若不把这东西抱走，别想我会给你作画！"淡泊名利，洁身自好，助人为乐，这是董寿平从小就养成的一种精神——习惯——性格。甚至在自己也缺钱的时候，亦能舍己助人。

1923年，他在北京世界语学校求学时，本准备暑假回晋探亲，因遇到一位燕京大学的同学的同学，苦于没有路费，不能回四川老家探亲，他便毅然决定放弃了自己回家探亲的计划。他对那位同学说："我正有点路费准备回家哩，那我就不回了，把这30块钱借给你吧！"这位同学一听，高兴得简直要跳起来了。这位同学就是胡寄窗，后来很有成就的。青少年时代的董寿平，这类义举不止一次。及至他成名后更是不胜枚举。60多年来，他参加各种义务展览、笔会、慈善、赈灾活动，捐献字画数不胜数。全国侨联副主席陈彬藩，为弘扬茶文化常请他作画，多是墨迹未干就匆匆拿上走了。董寿平不但不烦，反而觉得开心，非常赞许陈氏的这种风风火火的作风。1994年，华南发生百年不遇的水灾，香港《大公报》等6个单位发起名家书画赈灾义卖会，董寿平闻悉后，画了一幅四尺墨竹《风雨劲竹》，捐献义卖。这次活动，共有207名书画家、雕塑家捐献作品200件，共有30位人士及机构购画44幅，总金额为240.9万港元。而董寿平的这幅《风雨劲竹》由升华服务有限公司主席包玉刚之女包陪庆女士以29万港元认购，创此次义卖之最高记录。

董老这样做并非为了出名或作秀。因为他早已名震海内外，他的作品早已被陈列在天安门、人民大会堂、钓鱼台国宾馆等重要场所，并被国内外许多博物馆及个人收藏，视为珍品。日本政要及名家对他的作品和人格更是崇尚不已。

我每次去他家，就想起张岱年在蔚秀园住的房子，两室各不到14平米，一厅只能放一张小餐桌。据说以前比这更小，是同一个工友共用两居室的一个套间，充其量也只有14平米，连一张画桌也放不下，只好在床板上作画。北京市一位领导曾提出以优惠价格照顾他一套房子，他婉言谢绝了。著名收藏家陈丽华女士为感谢他大幅题词，要送他一把紫檀木椅子，他也婉言谢绝了。他说："近百年来，我家由巨富到赤贫，我都随遇而安。实不相瞒，我的家里连一张椅子也放不下了。"董寿平的一位叫周国强的老乡，在本地征集到董寿平许多早年的画作，董老一张未留，全转赠给了"寿平美术馆"。此人后来又征集到一个过滤面粉的铜锣，上面写着"洪洞董氏置"，是他家老先人的东西。对他来说也算一件难得的"文物"，理应收下。但他却让退回其主："还是归还那位乡亲吧！"他的价值观就是："既不恋财，也不恋物。""什么也不看成是我的，只有把收藏的书籍字画看做是我的。但这是古人的东西，不一定是我要的，只要能在世上传就行了。除此之外，为什么要全归我呢？我的岁月是有限的。传给子孙，可能吗？佛家的话，自己用的财物，死了以后，天一份，地一份，水火盗贼一份，不肖子孙一份。轮到我个人，今天有的只算是五分之一，那五分之四随时在那儿放着呢。"（任复兴著：《董寿平传》，中国青年出版社2000年版，第196页）"南北山头多董田，清明祭扫各纷然，纸灰飞作白蝴蝶，血泪染成红杜鹃。日暮狐狸眠冢上，夜归儿女笑灯前。人生有酒须当醉，一滴何曾到九泉。"他常引宋人写洛阳墓地北邙山的这首诗，谈笑自若。他是以此劝人们不要过于恋物贪财，而绝不是主张醉生梦死。只要有一口气，他也要作画，要奉献，而且省吃俭用。1994年他到钓鱼台义务作画，这是李鹏总理请他去的，吃好点那是当然的，但他一日三餐都很俭朴，午餐两小碗炸酱面加黄瓜丝，晚餐馒头、鱼香肉丝加冬瓜汤。有一次保姆要了碟海参，他还批评说："咱们这已经给人家负担不少了。"1995年9月，他画完这幅画后，也就躺倒了，开始了长达21个月的久卧病床的生活，直至1997年6月21日逝世。

董寿平是我国现代为数不多的德艺双馨的书画大师。他经历了清末、民国、抗战、国民党统治和解放后的新中国——"文化大革命"前后与改革开放的洗礼，始终保持了崇高的品格，即使在市场经济大潮的冲击下和物欲横流的世道中，仍洁身自好，洁身自处，完美地度过了自己的一生。

根深叶茂

然而，董老的人品、学识和艺术从何而来，人们大都只"知其然而不知其所以然"。

说起来，中国这块土地就像一个大熔炉或就像冶炼孙悟空的"八卦炉"。它炼出了无数英雄好汉、圣人志士，也炼出了许许多多的炉渣。谁也逃不过这种冶炼。董寿平也是如此。我在同董老的多次畅谈中，深感董老的一生是多么不容易。我未能为他作传，但后来由忻州日报记者任复兴完成了这一光荣使命。看了任复兴为董老写的传记——写得非常成功——更加深了我的这一印象。我们老家人们谈成才之不易，爱说"老天不负有心人，铁杵磨成绣花针！"一个老大"铁杵"要磨成"绣花针"，当然并非用现代的机床去磨，那是多么不容易呵！但董老这根"绣花针"就是这样用一生的心血磨炼而成的。

富贵之家，可以出四肢无力、五体不勤、花天酒地、挥霍无度、倾家荡产、贻害社会甚至危害国家、民族的后代，也可以出仁人志士，英雄好汉和利国利民的后代。出身于富贵人家的董寿平，便属于后一种类型，这同董家有一个好的家风和教育有关。

董寿平祖上几辈，都是经商的，同时又是书香门第、忠孝传家、为人和善、温良恭俭让、舍得散财接济乡亲、邻里和穷苦人家。董寿平的高祖董得昶，晚年在家，抓住了偷东西的人，不打不骂不报官，反而给了这个人一个银元宝，叮嘱说拿这去做点小买卖，别再胡来了，连姓名也没问。回到房里也没有给老伴讲，也从没给其他人讲过这件事。若干年后，老汉去世了，从远方来了一个陌生人，不吐姓名，跪到棺材前就是个哭——号啕大哭。别人问是什么关系？这人才吐露了真情。这时，此人也已是靠老汉当年资助发了财的体面之人。曾祖父董思源也是个"以力善行志于乡"而著称的人。"居乡排难解纷，尤好义举"，"族之贫者，给之田令其自耕，不征其人"。本村各户的全部田赋，每年都由他家向官府代交,人赞:"董公世积善,万世仰家法。身退畏先人,勇为独不怯。里无盗牛事,比屋忘匮乏。县吏不识村,年荒赋早纳。"这种家风,代代相传,一直到董寿平的祖父、父母以至董寿平本人。

董寿平练字作画也是在家庭熏陶下从幼年开始的。外祖父字写得好,画也画得好。舅父陈凤标的书法,在当地更是大有名气的。他开始练字时,仿引子即舅父给写的,当地人叫仿纸即描红纸,是馆阁体。那时纸何其珍贵。即使是麻纸,生产量也很少,价格也不便宜,更何况民间认为纸与字均与孔夫子相连,是必须珍惜的。所以董寿平尽量采用"湿写","干写"和"心写"法。所谓湿写即不用纸,而是把泥土——黄土或红土同水化在一起当墨用,在光滑的油漆木板或墓砖上写。古时的墓砖很大,有一米来长,中间空格,一面有图案,一面为光板,被称为"琴砖"。写起字来龙飞凤舞,也挺流畅。所谓"干写"即拿木棍在地下写,干地、沙地都可以。既可以练习字的间架,把握字的结构,又可以练习手劲、臂力、功力。所谓"心写"就是时时处处眼中有字,用心、用眼写字,心到、眼到即手到,笔道、笔形,由此出矣。

山西忻州诗人王锡纶在和董寿平的祖父的诗时,有这样的名句:"侧身天地间,慨然思所树。"还有民间常说的"老天不负有心人"。这个"思"和"心",正是董寿平以及天下仁人志士成功的秘诀。

除这个"思"和"心"之外,还有一个"泡"字对塑造董寿平的一生也是很重要的。任复兴说他是"泡故宫",其实,他呱呱坠地就"泡"在字画书海中了。

洪洞董氏是著名的书香世家,藏书颇丰,"汗牛充栋",号称10余万卷。据史书记载,在清中叶以来,山西介休白氏、曹氏、祁县孙氏、太谷曹氏、孙氏等著名藏书者中,洪洞董氏居首。在其宅院之中,有五个藏书楼院分别珍藏着经书、史书、《说文》、《资治通鉴》、《汉魏丛书》、《册府元龟》、《文苑英华》、《连筠簃丛书》、《元六十种曲》、《纳书楹曲谱》、《司空图圣文集》等,且大都是很珍贵的版本。名为"观阜三房"和"梦树萱堂"的堂房之中,收藏的全是字画。碑帖可以说是应有尽有。宋拓本雁塔《圣教序》以及三体石经就占了一个大厅的两面墙壁。金石字画藏品，尤为珍贵。在金石方面，董氏有拓荒之功。三晋金石前人著录，始于洪洞董氏。

少童时代的董寿平，就是在书画之中浸泡和熏陶出来的。他五六岁就跟着母亲听三祖母冯婉林讲《世说新语》等书中的故事，七岁便在家塾中听专门为他邀请来的老师讲课，并让两三个亲邻娃娃伴读。不但读一般私塾必读的《三字经》，而且要读私塾中不读的《朱子小学》，然后读《诗经》、《考经》、《论语》、《孟子》、《大学》、《中庸》。不仅要背熟，还要能讲解。表现不好便要挨板子，有时要挨二三十下。董寿平虽挨的不多，但记忆犹深，因为是背不下《孟子》中的一段名句："天将降大任于斯人也，必先苦其心志，劳其筋骨，饿其体肤，困乏其身，行拂乱其所为……"被打得眼泪鼻涕横流，不但"苦其心志"，而且"苦其皮肉"，记忆咋能不深?! 到了12岁，老师便正式开讲《四书》、《春秋左传》、《诗经》、《战国策》、《史记》、《汉书》、《后汉书》、《三国志》，接着是《尚书》和《易经》等。这就是说，在董寿平未到太原、北京上中学和大学之前的少童时代，就读了这么多的书。正如任复兴所说："从幼年直到三十年代中期，只要在家，董寿平就沉浸在书海之中，像在书中穿穴的蠹鱼一样，贪婪地吮吸着。"

1922年年初，董寿平到北京，先后在世界语专门学校、南开大学、东方大学读书。从此开始了他的"十年画海"漫游生涯。

清宫内府的字画，到乾隆年代藏品最为丰富，虽英法联军火烧圆明园时丧失了一部分外，大部分直至清末仍在内府，只是不对外开放。但由于军阀混战，这些珍品才得以面世。董寿平便乘此机会，不止一次地观看了这些字画。也就是说，如今藏于台湾故宫博物院的中国历代那些名画，董寿平在二三十年代就仔细观赏过了。

这里需要说的是他与众不同的"看"法。他一星期要去故宫看三个下午，就这样从1925年看到1933年。他不是看故宫、跑故宫，而是"泡"故宫。故宫的展品半年换一次，每次数百张他一个人一个人地重点突破，对其画作一张张仔细品赏。品赏其特色、风格、笔法、变化、线条、着墨，一枝一叶，一深一浅，一招一式，均反复琢磨。觉得吃透了，再换一个人。不存门户之见，北宗马远、夏圭的笔道，长斧劈皴，他也要吸取，尤其对名家名作更不放过。看在眼里，藏在心里，用心来收藏。但在这时，他并没有把自己的一生定在绘画上。只是北京3·18的枪声，使他不得不考虑自己的定位，并终于认识到适合自己兴趣和爱好而且有一定基础，现实也允许的、可以自行其是的还是书法与绘画。于是他又开始"泡"牡丹了。

1926年5月，他由北京回到洪洞老家，开始了职业书画家的征程。当他取出家中收藏的字画准备研习时，他无意中拿出的竟是恽寿平的一张未经装裱的没骨花卉绢画《牡丹》。从此他便"泡"牡丹，并"泡"出了自己的别名（董）寿平。

恽寿平（1633—1690）是个不平凡的画家。他初名格，字寿平，号南田先生。他初工山水，重习写生，水墨淡彩，清润明丽，天机物趣，毕集毫端。擅诗名，兼精行楷，风格秀朗，穷困潦倒，度过了一生。死后被书画界崇尚，与四王、吴历被合称为清初的六家。恽氏字画好，人品高，名字也叫得妙。董寿平原来并不叫寿平，而叫董揆，是习恽之书画认为恽氏是人生楷模，才把"寿平"二字作为自己的别号的。天长日久，人们只知他叫董寿平，把他的董揆、谐柏全都忘记了。

老天若是要成就一个人，就不会把他老置于"福圪洞"中，何况那个时代的中国人，大都处在苦难环境中，董家和寿平的日子也不会好过。1928年前后，他的家境已经很惨淡了，常常不得不以卖画度生。但他既选择了"艺途"，就决不动摇徘徊。当时，河北省政府在北京成立，重要官员都是山西人，建设厅厅长温寿全和民政厅厅长孙奂仑，都给董寿平下委任状，头年当科员，薪水每月120块银元，次年即可当县长。这样一个使一般人垂涎三尺的美差，董寿平却不为所动，断然拒绝了。"艺途"再艰辛，他也要走下去。七七事变后，他由山西到河南、陕西后，又到四川，一路艰难挫折不计其数，丢了东西又断了财路，竟弄到身无分文的地步。到了四川，更是连吃饭也成了问题。但是，"祸兮福所倚"，他又被"泡"在巴蜀山水之中，掉进了成为一个著名画家所必不可少的熔炉中。壮丽的秦岭、雄伟的都江堰、峥嵘崔嵬的剑门关、奔腾呼啸的内江，仙雾缭绕的青城山……所有这些都在哺育他、熏陶他、充实他，滋养他胸中磅礴的浩然之气。

特别是 1939 年 5 月，日寇对重庆、成都的不断轰炸，把他轰到了四川灌县，居住在李冰的大王庙下，都江堰宝瓶口上，后又住在西街 60 号。到了夏天，他便到玉垒关的灵岩寺避暑、创作，同和尚们一起用餐，交谈。在这里，他不但可以聆听暮鼓晨钟，松涛悲鸣，还可以不开门即眼望崇山峻岭和滔滔江水。若是站在铁索桥上俯瞰那江流从雪山上奔腾呼啸而来，乱石穿空，吞吐大荒，走云连风，你更会感到寒气逼人，惊心动魄。玉垒关成了他与大自然交流、融合的一块宝地。这也正是他晚年将自己的画室称为"玉垒草堂"的缘故。"玉垒草堂"者，乃董老"天人合一"之"堂"也。

哲学是画

根深而叶茂。正因为董老有如此曲折的阅历，渊博的知识，深厚的文化、理论与艺术底蕴，并刻苦磨炼，日积月累，不断提高自己的书画技艺，才在书画艺术上达到炉火纯青的境界。在他的书画作品中，饱含着丰富深厚的哲学、美学思想。诸如天与人、画家与造化、作品与人格、形似与神似、抽象与具象、抽象思维与形象思维、哲学与书画、阴与阳、虚与实、放与收、深与浅、斜与直、刚与柔、厚与薄、理与趣、垂与缩、奔放与含蓄、压度与速度、对立统一、性灵风神、继承与创新以及中西文化艺术的互补、舍弃与融合等，几乎所有与书画艺术有关的哲学和美学问题，都可以从其中找到答案。甚至一张画，就饱含着无穷的意蕴。

就以他 1987 年给我画的那张《疾风劲竹》来说吧，他为什么要加盖"师造化"印章并落款"玉垒草堂"呢？那就是说明，他艺术的渊源，天与人、书画与造化的关系，而四川灌县的玉垒关正是他"天人合一"的熔炉。他在画旁题诗"菲菲桃李花，竞向春前开；何如此君子，四时清风来。"这说明什么呢？这正是说明"竹君子"的高风亮节，不趋势附炎，不避贫爱富，直道而行，始终如一的人格。同时也体现董老自己的人格。在这里，诗、书、画成了一个有机的整体。他画这幅竹时健笔如飞，流畅豪放，势如破竹，胸中好像燃烧着干柴烈火，但又细腻柔韧，很有讲究。凛冽的风，从西方袭来，劲竹向右倾斜，而被吹到右面的细枝嫩叶反弹回去时，变得更神气。他画这幅画以及题字落款全是一枝笔一气呵成。他从来不对梅竹作逼真的描绘，而是采用象征的手法，使抽象与具象巧妙的统一起来。他抹一笔即竹叶，画一圆或顿一笔即梅蕊。他的笔下几乎找不到细尖秀长的竹叶，而是像一个个狼尾巴，有的则像蝌蚪，而枝干枝节就是骨干、骨节。其特点就是竹不像竹，枝不像枝，叶不像叶，但却又是真真的风中之竹，因为他抓住了它的神。他绘画的境界早已不是求其形而在其神，不求形似，而求神似，神似形也必似了。而且这神亦非竹神，而是人神，人的人格、风格、精神。

尤其这幅劲竹，它不是在疾风面前退缩、萎缩、委靡不振，而是在抗争，在搏斗。画中斗争的弦律，崇高的精神，使人鼓舞，使人振奋。多年来，当我远征归来，精疲力竭时，躺在床上，看到这幅画，顿时疲意全消，精神振奋起来。当我在工作和政治上遇到挫折，失意绝望时，看到墙上这幅画，我又觉得有了力量，看到了光明。

"董先生的墨竹，风枝雨叶，潇洒自然，在墨竹的历史中，一时找不出他是学哪家哪派，从文与可、赵子昂往下数到夏仲昭、郑板桥，都对不上口径……"（启功：《董寿平书画集·序》，山西人民出版社 1991 年版）郑板桥人怪，但他的画，他的竹不怪。董老人不怪，但他的画，尤其他的竹怪。怪就怪在与众不同，自成一格，自成一统。它出于古法，又不乖于古法，不拘于古法。他长久"泡故宫"，"泡书画"，"泡造化"，研究它，琢磨它，吸取它，而后脱颖而出。他的书法，也是出于古法，而别于古法。他提笔悬肘，行笔如风，挥写自如，但又处处合乎草法。点画是那么沉着，行气和章法又是那么匀称自然。看不出它来自哪家帖文，但字字古意盎然。这就是他对古人书画成就的继承、发展和创新。这是一个理论上吃透，实践中磨炼的长期坚持不懈的过程，是一个又一个由量变到质变的过程。王铎的悬笔，是轻易得来的吗？当然不是，而是在反复磨炼中掌握的。但它又与王铎当年有所不同了，变化了，发展了，创新了。师"寿平"（恽寿平），又不同于"寿平"（恽寿平）；师王铎，又不同于王铎；师"造化"又不同于"造化"。来自自然，又不同于自然。因为它变化了，发展了，创新了。他在人品和艺术上，不仅达到了恽寿平，而且超越了恽寿平。

我每去董老家就联想起张岱年，不仅因为他们的住房都很小，还因为他们共同的高尚人格和渊博的学识，尤其是在哲学上的修养。董老在书画艺术和技法上，经过了严格的训练和长期的磨炼。在哲学、美学和书画理论上也有深厚的功底。他的哲学、美学思想和书画艺术理论，不是自发的、偶然的在作品中表现出来，由我们发现、总结出来的，而是他自觉的实践。不仅有自觉——理论的自觉，而且取得了自由——实践的自由。翻开一部《董寿平谈艺录》，精辟之见，跃然纸上。辩证法思想，光芒四射。

关于天人关系，他说：绘画也追求一种"得天籁"的至高境界。"天籁"一词出于庄子的《齐物论》，本谓自然界的音响，后亦被用于文章，以说明文章具有自然之真趣，以及绘画所要达到的一种境界。古人说："画要熟外熟，字须熟中生。"既对自然和客观事物熟悉，有深刻体验，又要有很高的文化和艺术素养，就可以涉笔成趣。如清朝的画家周少白（棠）最善画石，有一次在街上看到一位身体佝偻的卖菜老妇，心有所会，便画出一块极为生动的怪石。古人还说："画者划也，象田畛域也。""近取诸身，远取诸物。"（《董寿平谈艺术》，商务印书馆1998年版，第83页。以下简称《谈艺》）都是说明画家所画的内容无外乎其目之所及、视野以内的东西。

但对"天籁"、生活，要能出之入之。能进入其中，又要能跳出来。要在审美和哲学的高度上来提炼生活。在生活的运用上，既要叫它像我又要像它。要出入于生活与个人的性情、笔墨之中。在笔墨的运用中，会有意想不到的效果，使生活在笔下改变它的形象。他认为这一点很重要，重要就重要在这个"变"字上。一切都在变，一下笔就在变。所以，既要"胸有成竹"，又要"胸无成竹"。（《谈艺》，第85页）一下笔，就要随笔墨的规律，不受"成竹"的约束。构图，脑子里不能没有一个大轮廓，也不能完全根据这个大轮廓。意在笔先。但进入角色后，就要既能进，又能出。不但进得快，出得也快，比刹那间还快。轮廓就像战略，具体表现即战术。但一笔下去了，重了，粗了，怎么办？那就要根据这个粗再变化，甚至推翻原来的计划，而适应这个已经粗了的东西。（《传》，第172—173页）

这是不是反传统？不是，而是在发展传统。古代受理学哲学和社会习惯、审美传统影响，画什么东西都取其完整，连根带梢，并同画家的寿命联系起来理解，好像只有这样有头有尾，才能长寿。画松树，要不就是山水画里的布景，要不就画全松。宋朝以后才画折枝。董老画松既不画松根，也不画松身、松顶，只表现它的交叉点。两松、三松或一松，画它们枝子跟枝子的交叉、枝干交叉、某一小部分的交叉。意在画外，看画人的视线，很自然地就到了画外了。（《传》，第174页）画家创作有个抽象与具象、抽象思维与具象思维的结合问题，观画者也是这样，要充分唤起他们的想象力和思辨力。

如何对待传统文化和外来文化，这也是书画艺术中不可回避的两大重要问题。

董老既懂世界语，英语，又懂德语，学贯中西。他认为世界文化是互相影响的。一个民族的文化虽有其独立性，但不能与世隔绝，而且从来就是相互影响、相互交融的。"如果一个民族完全拒绝外来的东西，那就是固步自封，自取消失；如果一个民族完全吸收外来的东西，不问好坏，不加选择，而放弃自己的东西，那就是自取灭亡。""但外来的东西要为我所用，要容纳在我们的血液里头，还叫你看不出来。"

中西方绘画的区别主要在于："中国画客观反映，西方画反映客观。"但历史发展到今天我们也不能绝对地认为西方画是反映客观。印象派，各种现代派超过了个人意念。中国画也已有几千年的历史。远古的岩画，是自然的，也是理想的。宋元以后，大部分山水画家、花鸟画家所遵循的一条道路，就是客观反映。在客观反映过程中，还有画家本身精神投入画面的每一个笔道中——这是最重要的。王维的弟子张讲自谓："外师造化，中得心源"，可谓道出了"画中三昧"。"师造化"即写生之意，来自自然之意，"得心源"即画家的创意，总起来即融合自然与画家、审美主客体为一体，在画中表现出画家的精神境界、思想情操、高尚人格。若是仅仅形似，而没有体现画家本身在精神、气质、思想上的修养，这个作品达不到最高的境界。（《传》，第184页）

董老认为，中国画与字的精神全在笔道。现在说就是线条。西方画画也用线，而且先用线，但不是我们的墨线，它是素描的开始，然后再擦光，上面再涂色。线在西方只起媒介作用，还是完成的手段，绘画作品以线条完成。西方的线条仅仅停顿在媒介上，而东方线条一直到完成作品。"线条本身的美，包含了整个作者的一生，从精神到思想，全部寄托在这一点一画之中。"好的作品一看就是活的；仿造的东西贸然一看，形似而缺乏精神。

对待外来文化、西方文化的中心思想就是：不能丢掉我们中国的传统。要继承传统，又要走出传统。

董老说："中国的绘画始终不排斥和借鉴外来的东西，但它是在继承和发展中国绘画优秀传统的基础上去学习外来而有益于自身发展的理论和技法，作为营养。中国绘画的传统也不是固定不变的，也是随着时代的发展而发展的，任何事物发展到一定程度都是要变的。变的过程中就有创新，但不能把固有的好的传统丢弃。这样的创新逐渐也就成为新

的传统了。"(《谈艺》,第173页)

董老对中国绘画史有深入的研究,并从远古写到唐代。他认为唐自开元以后,至贞元中(713—802年)即大多历史学家所称的盛唐、中唐前后,诗、文、绘画的一个共同趋势,即现实主义和浪漫主义的艺术思想日益发展。以往单纯讲究写实和形式的作风,日益消失。在绘画上最显著的改革,即变以前徒务细润的风格,而为气魄雄健的风格。促成这一时期伟大艺术成就的原因很多,比较主要的因素则与当时国力强盛、社会繁荣、大兴文教等有关,作者的心情至此大为开旷,思想上获得解放,又因这时间外来艺术不断传入,如尉迟乙僧的绘画之新奇,印度婆罗门图及犍陀罗式艺术品等的输入,都对当时的画家产生了不同程度的感染作用。有志之士无不思欲"别开生面",自立门庭,创造新的风格,从体裁内容以及形式各方面都呈现着极其繁荣、丰富、绚丽、新颖的景象,于是真正能够代表有唐一代的画风始告成立。(《谈艺》,第142—143页)翻开新中国绘画史,也就是在古今中外文化艺术交流融合中创新发展的历史。唐代书家李北海说:"学我者死,似我者俗。"旨在提倡人们创造自己的风格。孙过庭更说:"……古质而今妍。""夫质以代兴,妍因俗易。虽书契之作,适以纪言;而淳醨一迁,质文三变,驰骛沿革,物理常然。贵能古不乖时,今不同弊……"强调的正是学古而不违背时代,趋今而不混同时弊。能借古以开今,随着时代而发展。(《谈艺》,第77、89页)

对立统一

哲学是画,画是哲学。我们从董老的哲学中看到了画,从画中看到了哲学。活生生、活泼泼的哲学。不仅是中国传统哲学而且是现代马克思主义哲学,中国化了的马克思主义哲学。特别是他把唯物辩证法的核心——对立统一理论运用到了一个很高的境界。

他说:"国画离不开哲学。中国哲学思想最基本的就是太极学说。相对的,不等于是对称的。这张画从大处说,左边重,右边轻。轻是太极的一面,重又是太极的另一面。一个阳面,一个阴面,阴阳合起来。一个多,一个少,一个实,一个虚,但它统一起来,成了一个完整的图形。这边是大干,密;那边是斜干,稀。那边的稀与这边的密配合到一块,才是完整的。疏密相间,屈伸有道。再比如这边大干向上,那边如果再画大干,对称了,那边必须是斜的,两边合起来就成了太极。还有,色调有深有浅。如果完全深,就是一片墨了;如果完全浅就看不见了。深中要有浅,又是对立统一。同时,还得把直的与斜的调和起来,一虚一实,一直一斜,也是对立统一。运用笔墨,每当下笔的时候就要考虑到,这一笔为什么要粗,那一笔为什么要细,也是对立统一。"

"松针,如果看真的,很密很黑。在最密的地方,我就留出空白,才能看过去;如果是一片黑,那就看不透了。从笔墨上讲是有深浅,从形象上讲又体现了浓度。因为从这片透过去看,后边还有树。"

"因此,我画画,每下一笔,无论大小,一点一画都离不开对立统一规律"。

董老认为,从构图来讲,这更是哲学的基本原理。中国的哲学基本概念是阴阳,不能脱离时空关系。由于阴阳萌动,而万物滋生。画家也要用这种精神创造艺术。什么叫阴阳,具体地说很容易明白,就是对立统一规律。也就是平常大家所讲的有实才有虚,有深就有浅,有白才有黑。

绘画里有虚实问题存在。这张墨松才画了十分之八,大家可以看到,有重的地方,就有浅的地方,左上角因为有了那个黑,才突出了大的干。一个黑,一个白,用阴阳原理来说,一个是阴,一个是阳;用逻辑来说是对立统一。如果没有深的,就不认识浅的。有这一团实,才看到这一部分虚。黑的、密的与白的、疏的相对,如果没有密,就显不出疏。道理就是对立统一。整体是一个,某一部分每一笔是一个对立统一。比如画松针可以画直,但这个松针为什么画曲一点呢?这个给人的感觉是散的,而那个给人感觉是紧的。这就是对立统一规律在构图上的运用。

一个真正聪明的人、有智慧有学问的人,也是一个思想最稳定的人。他不会在理论上朝三暮四。他说:"对立统一规律,毛泽东的哲学思想是很重要的,应当运用到各个方面。"(以上见《传》,第173—174页)

人们只知道董老是书画艺术家,没有人说过他还是哲学家、美学家。1996年,我们在北京大都饭店召开《当代青工》丛书和《行政管理》丛书座谈会时,没有请他发言,后来我很后悔。因为我后来在同他交谈中,特别是从任复兴所写的传和董老的《谈艺录》中,我形成了一个概念:董老不仅是书画艺术家,而且是当之无愧的哲学家、美学家。正因为他是哲学家、美学家,所以他才成为难得的具有书卷气、文学气、美学气的书画艺术家。也正因如此,以孤傲著称的著名画家范曾曾撰文说:"关于文人画,吾姑祖陈师曾先生早有高论。以余管窥锥测之见,以为所谓文人画,必须具有文人之识见,文人之襟袍,文人之情趣。只有那些学养丰富、内质卓绝的人物,才能当得起文人画之雅号。每每面对董寿平先生的作品,无论是崔嵬的黄山,碧翠的修竹,清幽的蕙兰和傲骨的寒梅,我都能感受到心灵的颤动,在陶醉之中,我们分明悟到了文人画的真髓。"

气为主体

董寿平成为哲学家、美学家,是毫不足怪的。他从小就"泡"在中国哲学之中。他从小时候开始一直到后来读的那些书,都是哲学或渗透着中国古人的哲学思想,而且中国古代的哲学与美学是不分家的。孔孟哲学,尤其是老庄哲学、刘向编的《淮南鸿烈》、阮籍的《乐论》、谢赫的画论《古画品录》、刘勰的《文心雕龙》、王国维的《人间词话》等,包含着极其丰富、深刻、生动的美学思想。而董老对这些著作可以说读得滚瓜烂熟了。他三分之一的时间画画，三分之二的时间读书。他读的就是这些书。不仅读中国古代的哲学美学著作，而且读马克思、毛泽东的哲学美学著作，读朱光潜的《西方美学史》、《文艺心理学》。不是死读，而是活读，把这些书读活了，并深得其精髓。孟子的"浩然之气"，《淮南鸿烈》的道、形、神、气，谢赫的"气韵生动"，刘勰的"笔墨文气"等，深深地渗透在他的思想中，血液中，灵魂中。所以他"下笔如有气"，"下笔如有神"，气贯神中。他的画形神兼备，而又消化了形体，也消化了笔墨和工具材料的性能，生发出气质和魂魄。画家的豪气、浩气、秀气、猛气表现为作品的豪气、浩气、秀气与猛气。听其话，观其画，无不感到一股"浩然之气"。

气的理论是中国特色的哲学。比之西方的哲学，它要深刻得多。自从上古时代的周太史伯阳父提出"天地之气"之后。几千年来，古人甚至今人从未停止过对气的研究。医和、孟子、管子、庄子、荀子、董仲舒、王充、柳宗元、张载、二程（程颢、程颐）、朱熹、王廷相、戴震、罗钦顺等，都对气做了这样那样的研究和阐发，用气来解释自然、宇宙、生命、道、理、善、美、文与质、形与神、气血人才、笔墨文气、人格、艺术作品等，一切的一切。中国的哲学史简直是一部"今古"、"气观"。这个气，对于人格与艺术，尤为重要。孟子的"浩然之气"讲的即人格，中国人的人格，中国式的崇高。他说，是气也，可"塞乎天地之间，充乎宇宙之中"。作为艺术家，就是要把这种气"充乎作品之中"。用董寿平的话讲，就是要"以丹田气行笔"。《淮南鸿烈》第一次将形与神同气联系起来，加以研究，提出"形者生之舍也；气者，生之充也；神者，生之制也"。"气为之充而神为之使也"。形神兼备，气为主体。它也讲性，但"性在气中"，性也好，情也好，都离不开气。在美的创造过程中，既要"体形求其真，"又要"养气"求其"神"，还要有"笔气"传其"神"。"气能通神"——这是董寿平以及一切著名中国书画家经验的结晶。顾恺之讲"以形写神"，谢赫讲"妙在气韵"，姚最讲"气运（韵）精灵"，刘勰讲"穷生动之致"，"吐纳英华"之气，也都讲的是气之对艺术创作的重要性。气为主体——这正是中国美学思想的精髓所在。董老掌握的正是这个精髓。董老在《谈艺录》中有一大段谈谢赫的"六法"。他说:"世人每以为六法论中第一以气韵生动为首似乎不妥,他们以为气韵生动是应在一幅画完成之后才能显示出来。我以为作画应是以气韵生动为第一义,如画出来的东西不生动,则这一幅画就无艺术价值,所以气韵生动应是作画的第一要求。要求达到气韵生动势必应作如下排列:

(一)气韵生动 (二)经营位置

(三)骨法用笔 (四)应物象形

(五)随类赋彩 (六)传移摹写

前人画论中有把气韵与烟云混为一者,此乃大误,殊不知气韵生动是从一幅画的总体效果有活泼泼的气象而言,不但应具备六法论中经营位置、骨法用笔、应物象形等完善的技法,还须要有作者的人格性情、内在的修养,前后两项的融合而后才能有活泼泼的气韵。而不是单一局部形象,或者布满云烟即为气韵也。"(《谈艺》,第22—23页)

董老还强调:"是以必须具凝重之气,而后弥见其气味之沉厚、雄健,摄观者的精神感情于画前。"(《谈艺》,第3页)

这就不仅有力地强调了"气韵生动为第一义"的重要地位,而且道明了作品的气韵与艺术家人格、气质的关系。他好讲孟子所说"吾善养吾浩然之气",又好讲"居移气,养移体"。强调《淮南鸿烈》中所讲的性情和胸中有此种"浩然之气",笔下才有"丹田之气",才能"以丹田之气行笔",才能使"丹田之气""输送到指尖,由指尖达到笔端"。(《传》,第178页)

董老还提出一个"活气"的问题。他说:"有些人的画,挺热闹,但活气不够,不灵活,人的修养不够。活气就是本人的修养。本人要进到画里边去,一画就要体现他这个人的全貌。精神的作用很大,人的神经控制不住就常出错。过分小心就出不来效果,能恰到好处真不容易。"(《传》,第172页)

　　他还通过绘画技术讲"活气"和"浑厚之气"的问题，说："边缘讲笔墨是能看得见，里边一托一托看不见。画画要毛，不能一笔一笔跟刀切一样。皴擦渲染不是死的，到手里不能说这一笔皴，那一笔擦。书上没皴法。我本无法，法自我立。我用了这一笔，可能一辈子再不用这一笔。凡立下法就是死的，应当看需要。最后目的就是活泼，所以人不能呆板了。有刚有柔，刚柔相济。纯刚无柔，就枯槁了，带火气了。画出来就得有毛，不能光。毛是笔里带着的活气，并不是泅出来的毛，可以说是有放射性。厚薄也是一个道理，又要朴厚，又要妩媚，否则浑厚之气容易陷于拙，如果只有妩媚，又陷于笔弱，俗了，流了。这个度的掌握，归根结底是你的做人。又要聪明睿智，又要浑朴，搅到一起，融合到一起。叫人一看，绝不是工匠画的，而是有学问的人画的。就是说，你的精神，由笔墨传达出来。不是说应该平淡天真么？但在不同场合，有不同的对策，要诚于中而形于外，无意露出来。"

　　他还说："意在笔先，进入角色之后，既能进，又能出，不但进得快，出得也快，比刹那间还快。我画松干、松针，用浑身肌肉、气力。画松干用笔，把气一聚，好像戏剧表演艺术。"（《传》，第172—173页）这里谈的则是"生理之气"。

　　这样，董老不仅从理论到技艺论证了"气"以及"活气"、"浑厚之气"、"生理之气"、"气韵生动"和气的放射性问题，而且指出了形神兼备，气为主体以及对立统一的具体运用和所要达到的境界，即"恰到好处"的问题，在哲学上就叫做"度"。形与神、构图以及做人都要掌握这个"度"——恰到好处。中国儒家学说中所讲的"中庸"也就是"度"，不偏不倚，恰到好处。"中庸之道"即"度"的哲学。董老强调绘画与做人都要掌握这个"度"，并且，把它作为用以律己的准则和尺度。他的崇高，也在于此。

（载2006年7月14日至7月21日《太原日报》）

穿越时空的崇高之美

——评顾棣编著《中国红色摄影史录》

捧着沉甸甸的两大卷《中国红色摄影史录》，刚过 81 大寿的著名摄影家顾棣，终于可以长喘一口气了。

这是他伏案多年，呕心沥血完成的一部大作，也是一大批生长和奋战在硝烟弥漫、战火纷飞中的摄影家们的一部壮丽史卷，一首慷慨激越的革命长歌，献给中华人民共和国 60 华诞的珍贵礼物。业内外人士，无不啧啧赞美。我的感觉更为异常。他不仅是我的同人、好友，而且我们就同住在一座楼内。我早已感到我宅旁有一个庞然大物，却朦胧恍惚，不可名状。如今我一下豁然开朗了：我宅旁存在的是一座大山，体现崇高精神的大山；一个海洋，精神财富汹涌澎湃的浩瀚的海洋；或者就是奔腾的黄河、长江，夜以继日在冲决、拼搏，势不可当，一往直前。这就是顾棣！你若是与我有此共识，那么，你就读懂顾棣了。

宏伟画卷　珍贵遗产

这部名为《中国红色摄影史录》的著作，日前刚由山西人民出版社出版，16 开本，分上下两卷，共 1142 页，120 万字，1600 多幅摄影作品，内容分为三个部分：一、关于抗日战争和解放战争时期八路军和解放军及其根据地、解放区摄影工作概况，包括摄影人才的培养、队伍的建设、摄影创作活动，摄影作品的宣传、展览、交流，摄影报刊的创建、出版、发行以及理论研讨与评述等，被称为《叙事篇》；二、《影像篇》，内容为摄影经典名作及赏析，摄影精品的拾遗补缺以及珍藏档案底片的精选等；三、《档案篇》，包括解放区摄影大事记、解放区摄影人物及其代表作，顾棣本人在革命战争年代和新中国成立初期所写日记摘编，历年见诸报刊和尚未发表过的文章以及同人们的文章和资料等。

这部《史录》反映的历史主要起始于 1937 年，至于 1949 年，从抗日战争，经解放战争直至中华人民共和国开国大典。地域包括陕、甘、宁、晋、察、冀、鲁、豫、热河、津、京、东北、西北、东南、中南、西南，抗日战争和解放战争的各类战场、解放区、国（民党）统区。部队涵括了新四军、八路军、解放军东北、华北、西北华东军区及第一、二、三、四、华北等五六个野战军、民兵、游击队及众多日军和国民党的各个集团军。收录了沙飞、石少华、吴印咸、徐肖冰、雷烨、赵烈、袁苓、袁克忠、刘峰等一百多位著名摄影家的经典作品 970 幅和作者、作品简介；606 位摄影战士的条目及 600 多幅经典名作赏析及简介，连各种活动在内共计 1600 多幅照片，近千幅均记录了作者的姓名、拍摄时间、地点、内容背景、首发时间、报刊名称及其所发挥的作用和产生的深远影响。从而构成了一部宏伟的画卷，集成了一个极为珍贵的历史文化遗产。法国著名摄影家何奈·布里有一句名言："一张好照片胜过一部好电影。"这么多好照片又如何估量它们的价值呢？特别是它反映了第二次世界大战中中国人民所作的贡献和解放全中国新民主主义革命胜利的光辉历程，其价值远超过中国国界，具有世界意义。它完全有资格申报国家甚至联合国非物质文化遗产。

而这是顾棣这一代人不断抢救，再抢救，集成再集成，终于完成的这一次大抢救，大集成。这就是顾棣以及很多为之付出艰辛劳动的人们大抢救，大集成的宝贵成果。顾棣不仅从 16 岁参加八路军，跟随著名摄影家沙飞战斗、学艺，不顾生命危险，保存大量红色照片底片，天天写日记，而且从 1980 年前后开始展开大寻访、大收集、抢救、整理、编辑、出版这些摄影作品与撰写摄影发展历史。从他编写或参与编写的《中国解放区摄影史略》、《中国解放区文艺大辞典》、《崇高美的历史再现》、《沙飞纪念集》、《中国摄影史》、《中国解放区文艺史》、《解放军画报五十年风雨》，和在此基础上完成这两大卷《史录》这一"集大成"之作，整整经过了 30 年！而在这个抢救过程中，顾棣自己也不止一次因心脏病发作被抬进医院抢救！"百尺之台，起于垒土。"经过一系列的铺垫，才终于登上这巍峨富丽堂皇的宝殿。称他为"中国红色摄影领域的司马迁"，当不为过！这部集大成之作，也是众多为抢救、集成这些宝藏付出辛勤劳动的人们的心血和成果。《史录》的封面上 29 位头像与书中记载的一千多名摄影工作者的作品及简介，都对此予以明示了。顾棣就是这样看的："这是大家的功劳！"包括照片摄下的那些在烽火中冲锋、战斗以至牺牲的战士、指战员、战斗英雄、革命烈士，他们才是表演这一幕幕威武雄壮的活剧的角色！他们才是美的首创者！而作为我军摄影记者或摄影员，在战争中拍摄的这些照片，应该属于职务作品，是国家的财富。作者虽然拥有版权，亦应享受稿酬，但不应过分计较。只是大家都能有这种共识，并非易事。多年来，因为版权与巨额稿酬，此事成为一个烫手山芋，谁也不敢去碰。历史的重任，落在顾棣身上。而"厚德载物"，"海纳百川"。顾棣德高望重，又孜孜以求，终于感动"上帝"，获得众多摄影家的支持或赞许，使这部具有里程碑意义的"集纳百川"之大作面世。"红色摄影的集结号"，由此起航。

穿越时空的崇高之美

《史录》中的经典名作赏析、精品补遗、案底珍藏，是最灿烂的篇章。

　　在这里,《八路军战斗在古长城》、《平型关机枪阵地》、《狼牙山五壮士》、《战斗在狼牙山上》、《军民共拆日军碉堡》、《解放山海关》、《威震华北铁骑兵》等照片,重现了在中国共产党领导下的军民同仇敌忾,艰苦卓绝,长达8年的抗日战争。来自异国的志愿者也为中国的抗日战争,作出了奉献,甚至像白求恩那样付出了自己宝贵的生命。《强渡微水》、《夜攻单县》、《冲进敌军军部》、《攻克四平》、《解放娘子关》、《延安重回人民怀抱》、《攻克济南》、《进入徐州》、《淮海战场一角》、《先遣队进驻拉萨》等照片,再现了中国共产党领导下的解放军和人民群众,同国民党军队进行的波澜壮阔的解放战争,既有辽沈战役、平津战役、淮海战役博大的战争景观,又有一个个英雄冲杀向敌军、敌营、敌人阵地、炮台的动人镜头,留下了他们英勇善战、不怕牺牲、前赴后继、不达胜利不罢休的真实镜头和光辉形象。而这些镜头和形象所以能够被记录下来,靠的是摄影记者。这些记者甚至比战士们的任务还多了一重。他们不是置身于战争之外,悠闲地搞创作。他们既是摄影员,又是战斗员,在同战士一起冲锋,一起登云梯中,边战斗边进行拍摄,从而使这些动人的场面,精彩的瞬间,在镜头中定格。《史录》记载了38位在战斗中受伤的摄影员,65多位为拍摄作战照片而献出宝贵生命的摄影员。有的摄影记者在第一次上战场,拍摄了第一张照片之后,就牺牲了。

　　所有这些都显示了令人震撼的崇高之美。

　　这种崇高之美还表现在彭德怀、刘伯承、邓小平、聂荣臻等军事指挥员指挥战斗,毛泽东赴重庆同国民党谈判以及聂荣臻营救日本小姑娘美惠子等的镜头中。看着毛泽东赴重庆谈判的照片,就会立刻想到他所作《沁园春·雪》这首被认为具有王者之风的诗词及其中"江山如此多娇,引无数英雄竞折腰"等脍炙人口的诗句。再看《北平入城式》(高梁摄)、《天翻地覆慨而慷》(邹健东摄)和毛泽东登上天安门,举行震惊中外的中华人民共和国《开国大典》(陈正青摄),则知他不仅是诗人也是预言家。他的豪言壮语终于变为现实,而我们作为中国人的自豪感也不禁油然而生。在中国漫长历史的黑夜中，谁能想到，在毛泽东和共产党的领导下，终于推翻了压在中国人民头上的帝国主义、官僚资本主义和封建主义这三座大山并矗立于世界大国之林呢？

崇高从来不单独而行，而是同和谐相伴，相辅而行的。即使在抗日战争，解放战争中那些最残酷的岁月，在解放区、根据地和党内军内、军民之中，仍然到处可见互亲、互爱、互助的和谐景象。《筑坝修梯》（叶曼之摄）、《送军鞋》（冯瑾摄）、《淮海战役支前小车队》（张韫磊摄）、《冀中平原担架队》、《南泥湾垦荒》、《开展大生产运动》、《兄妹开荒》、《八路军战马助春耕》、《重建家园》、《母亲送儿打东洋》、《八路军体育活动》、《给马县长献花》、《戏水、牧羊、提水、灌溉》、《军民一家人》、《实现耕者有其田》以及庆胜利、庆丰收等文艺表演《阜平民主选村长》、《宝塔山下秧歌队》等，则展现的是一片诗情画意的和谐之美。而这和谐中不仅包含着崇高，而且展现了这场史无前例的真正的人民战争奇观。这是第二次世界大战中欧美军队所无法想象和比拟的。从这点上也足见这批红色摄影的非物质文化遗产独特的珍贵价值。

革命的美学时代　美学革命的时代

《史录》第四章解放区摄影事业的独特风格及历史意义这一部分，特别是第八节摄影理论建设，是本书最美丽的理论部分，也是本书又一个灿烂的篇章。

抗日战争与解放战争时期，是社会大动荡、大恐怖，各种社会矛盾白热化，硝烟弥漫，战火纷飞，思想理念大变革，革命队伍与革命群众精神奋发，激情燃烧的时代；是一个"翻天覆地"社会大变革的时代；是向儒家传统理念和"三座大山"挑战的时代；是各种理念大变革的时代。以毛泽东和中国共产党为代表的哲学和美学思想大放异彩的时代，人民，尤其是劳动人民被提到至高无上的地位。劳动人民翻身当家做主人，不靠神仙皇帝，只靠自己救自己。不是奉行儒家的"和为贵，忍为高"，而是要拿起斗争——武装斗争——革命战争的武器。儒家"杀身成仁"，"舍身取义"，"以其人之道还治其人之身"，这些观念也要转型，变革。劳动光荣，劳动人民以及为了民族和人民，在抗日战争、解放战争中奋不顾身，不怕牺牲，前赴后继，登云梯，炸碉堡，抛头颅、洒热血的革命者才是最美的。抬担架、送公粮、支前抗敌的军民才是最美的。这正是红色摄影表现和反映的时代大背景。在这个大背景下，摄影家们既创作了一大批红色摄影作品，同时也创立了一套自成体系的红色摄影美学理论。沙飞提出"摄影是暴露现实的极为有力的武器"，"描写现实诸相的工具"，而不是"一种纪念，娱乐消闲的玩意儿"。他激烈抨击了逃避现实以及无耻帮闲的唯美主义。因为"现实世界中，多数人正给疯狂的侵略主义者所屠杀、践踏、奴役！这个不合理的社会，是人类最大的耻辱，而艺术的任务，就是要帮助人类理解自己，改造社会，恢复自由"。"我们为了增强抗战的力量，为了要使这种有力的宣传工具起到它应有的作用——把我军区（晋察冀军区）军政民各界在华北广泛开展游击战争，坚持持久抗战，坚持统一战线，改善人民生活，实行民主政治等英勇斗争情形，把日寇一切残暴与阴谋以及敌伪军厌战反战事实，反映出来，并广泛地传到全国和全世界去！"摄影既是"造型艺术"，又是"科学的产物"，所以摄影者必须有正确的政治认识、艺术修养、科学知识，技术准备和收集材料的方法。他强调现实性、真实性是摄影作品的生命。强调我们的摄影是集体的活动，呼吁把所有愿意从事新闻摄影工作的同志们联系起来，把所有摄影机动员起来，共同担负起时代给予我们的重大任务。石少华提出"摄影是革命斗争的工具"，"摄影是政治、艺术、技术的统一体，深入生活，深入战斗第一线，是解放区摄影获得重大作用的关键，采访拍照，要全力抓住"事件的主脉、斗争的焦点"，表现"富有革命英雄主义的先进人物和事件"。"要特别注意人物和时间的性格及所处的活动背景，气氛等，抓住其中心、特征、特色，拍摄出成功的照片，使之成为摄影作品的典型"。

吴印咸提出摄影作品要具有"广泛性、通俗性、趣味性"。罗光达分析了摄影与其他文化艺术的异同，提出摄影的特性、规律，任务以及典型论，真实有形论，影响情感，推动现实的价值论，政治性、新闻性与艺术性三者的统一论。他认为关键在于去选择斗争中的典型，同时在取材构图上具有高度的创作能力与艺术素养。重要的在于从整个材料中去找出最突出，最生动的一部分——现实生活中的美与恶，从现实生活中直接的原型取出其最精华的一部分，真实而有形地给人以一定影响——"欢乐与愤怒"。军队英勇斗争、军民团结合作建设解放区、解放区民主政治、敌人对人民所施的残暴罪行这四个方面则是最强烈、最生动、最能引起人们的欢乐与愤怒的题材。从这些题材中选择最中心的题材，从最中心的题材中选择典型，并把典型的内容、同具体特征结合起来，达到真实、具体、生动。加之创造性运用构图法、角度、线条以及光线，从而达到反映现实，推动现实和引起人们欢乐与愤怒的审美效果。他认为解放区摄影是科学与艺术的产物，它反映现实——把解放区现实生活中的各种斗争"有形地带到很远的地方去，给人们最忠实、具体和深刻的印象"，它也"有形地保留现实"，以教育未来的人们和历史的参考。要通过摄影作品，教育人们怎样生活，怎样热爱生活中真正的美，憎恶生活中真正的丑恶。优秀的摄影作品是政治性、新闻性和艺术性三者的统一。政治性如同人的生命，新闻性如人之青春，艺术性为人之灵魂，三者有机连接在一起，才能生成红色摄影的优秀作品。

郑景康则在他的著作《摄影初步》中揭示了摄影的本质、解放区摄影的特性，及其赖以生存的条件。"真实，有影"是它的基本性质，"广泛性和通俗性"，是发展解放区摄影事业的关键。具备这两性，才能突破语言、时间与空间的限制，广泛长久地传播。真实性是"保存着自然必然的运动"。自然和必然是"事物的个性和特征，是一种经常的运动"。"偶然绝不是一种特征，而是一种做作。"做作是经过自动或被动的人工修改，它违反自然与必然，也就是"违反真理"。摄影的"真"

就是要在"实事"里"求是"，"保存着自然与必然的运动"，亦即是"逼真"。要真还要美，摄影就是真善美的结合。摄影既然是科学与艺术的产物，所以必须"技术加艺术的修养，再加上政治上的认识和立场"，通过"合乎真理的表现方法，才能表现真正的美"。政治认识，技术水平，艺术修养，合乎真理的表现方法——这就是实现摄影美的四个要点。所谓"合乎真理的方法"就是将"艺术的灵魂"与"民族的灵魂"融为一体，"如果艺术家从民众中学会心灵的语言，这种契合会造成一种真正的民众的创作，这也就是一种真正的美丽的创造"。所谓政治认识或正确思想认识，就是要把"摄影的理论和技术与马列主义真理联系起来"，"使马列主义'中国化'进而达到'业务化'，使二者混为一片，水乳交融"。摄影作品精神与实质的获得就是要"在各个具体环境、具体对象中抓住特征，从一般现象中寻找摄取有本质意义的东西"。他反复强调："必须找典型。"但找典型不是猎奇搜怪，"穿了高跟鞋在延安街上走路"。找典型就是寻求不同个性的"自然与必然"，"摄取有本质意义的东西"，"在生动丰富的生活现象中保留它的精华"。高凡则指出"一张政治意义充实的作品，同时也一定会具有美的条件的"。"政治意义"要通过"美"的条件来实现，来达到"充实"。他对美的理解达到了一个很高的境界。我们也可以把这句话颠倒一下：政治意义是摄影作品达到充实之美的条件，或者说，美需要政治意味来充实，政治意义需要升华为美的形式，二者是相辅相成，互为条件的，血肉相融的。

总之，这些摄影家对红色摄影美学的论证、阐释，真是太精辟、太精彩了！加上赵启贤在《克服摄影八股的关键》一文，对某些作品"内容上前后重复，形式上相互模仿，千篇一律，贫弱无力"等"党八股"的分析和批判，从而形成一个具有鲜明时代性、政治性、思想性、深厚的哲学底蕴，高度的科学精神和批判精神，充满火药味的光芒四射的红色摄影美学理论体系。他们的美学思想渗透在他们以及众多摄影工作者的摄影作品中，摄影作品则灿烂地展现了他们的美学思想。这些美学思想是解读这些作品的钥匙。这些美学思想反映了那个大变革时代的美学，和那个美的时代。正如本《史录》编著者顾棣所说："中国解放区摄影史虽然只有短短十几年时间，却是中国摄影史上最光荣、最伟大、最辉煌、最高尚、最神圣、最震撼人心，最富有革命性、战斗性和思想目标最统一，也最纯、最真、最善、最美的阶段。在这一阶段里，摄影队伍中没有杂色污染，没有团伙帮派，没有大奖红包，没有版权名利之争，没有金钱诱惑。"这就是那个时代，毛泽东美学的时代。顾棣从红小鬼成长起来，不是作家、哲学家、美学家，但他的文字却像诗一般从心灵深处自然流出，具有强烈的思想穿透力，冲击、感染着今日的一代。也正如郑景康和罗光达所说："他们的摄影是一种真正美丽的创造"，"有形地保留现实"，"推动现实"，"有形地带到很远的地方去"，"作历史上的有形保留，以教育未来的人们和历史的参考"。他们做到了。在今天证实了，将来还将不断被证实。他们的作品和美学思想理论及其所凸显的崇高之美，是永恒的、穿越时空的。

2009 年 12 月 28 日于太原

书苑小居

美学研究的崭新维度

——伦理美学

李增杰

摘要：伦理美学（Ethtical Aesthetics）是当下我国学界一门正在形成之中的新兴边缘学科，在中外思想发展历史之中具有源远流长的传统，但是，当下伦理美学作为一门独立的学科尚未形成完整的理论体系，缺乏学科的规律认识以及相关学术资源的指导，但是，随着学界诸多交叉学科的深入发展，伦理美学作为立足伦理学维度考察美学问题的一个崭新视阈，可以视为伦理学与美学交叉研究的重大创获。

关键词：伦理；美学；善；美；伦理美学

伦理美学（Ethtical Aesthetics）是当下我国学界一门正在形成之中的新兴边缘学科，最早提出这个学科概念的学者是李翔德先生，他在1980年6月举行的首届中华美学会议之中明确阐述这个崭新的提法，并且借助《学术月刊》发表题为《伦理美学》的论文，引起学界和社会的广泛关注和强烈反响。著名哲学家张岱年先生认为李翔德提出伦理美学的概念可以视为"学术界的一个创举，不论在学术上，还是在现实生活中，均有深远的意义"。李翔德先生的伦理美学关注的核心问题在于"和谐社会"，他是国内研究伦理美学与和谐社会之间关系的理论先驱，当下我国政府大力倡导构建"和谐社会",倡导"以人为本"的治国理念,追求经济、社会、环境的协调发展,显然,对于伦理美学与和谐社会的深入研究目前更加凸显自身的现实意义。

虽然伦理美学尚未形成完整的理论体系,缺乏学科的规律认识以及相关学术资源的指导,但是,随着学界诸多交叉学科的深入发展,伦理美学作为立足伦理学维度考察美学问题的一个崭新视阈形成一门独立的学科只是迟早的事情,那么,现在的关键问题在于:究竟应该如何界定伦理美学?伦理美学作为一门独立的学科何以可能?伦理美学的研究对象以及研究方法是什么?这是伦理美学形成一门严格、独立、明晰的学科体系必须首先回答的问题,虽然当下学界基于各自的学科体系提出一些对于伦理美学的基本认识,然而,至今依然没有形成可以普遍接受的共同观点,各个学科系统对于伦理美学的界定众说纷纭,但是,通过对于现有观点的理论梳理,我们对于伦理美学的界定基本可以形成如下一些基本共识:多数学者认为,认为伦理美学是伦理学与美学交叉之中形成的一门新兴边缘学科,研究对象在于考察伦理与审美之间的关系以及伦理与审美之间亲缘的统一状态。伦理维度与审美维度是人类对于自己置身的世界的确证、体认、命名,可以视为人类"在世界之中存在"(Being-in-the-world)的生存方式、人性构成或者理解世界的尺度,分别通过"善"与"美"形成对于事物的基本评价,于是,伦理与审美之间存在一种与生俱来的亲缘关系,对于一个相同的事项,可以作出伦理评判,同时可以作出审美观照,伦理与审美"分有"一个相同的作为客体的审视对象。审美作为一种评判事物的基本尺度,必须合乎德行,成为一种道德的现象,引导人类自身趋向"至善"的终极境界;同样,伦理自身必须或多或少分有审美特质,否则不被承认具有道德维度的"至善",对于任何伦理现象的道德评判,其实是对于社会现象作出的美学说明的一个部分,可以视为"美"的形式以及"善"的内容置身具体的社会语境之中作出的一种"美善合一"的阐释的努力。

伦理美学基本的学术立场是立足既有的伦理学思想资源深入考察美

学问题，力图深拓美学思考的既定路向，传统对于美学的理论沉思更多借助哲学、心理学、社会学的思想资源，运用"自上而下"的抽象思辨或者"自下而上"的实证观察的运思路径，无疑，伦理学理论范式的运用重新开辟追问美学问题的另外一个广阔维度，于是，伦理美学的基本研究对象可以规定成为思考"美"与"善"之间的关系以及"美"、"善"统一的问题，亦即将伦理美作为基本研究对象。何谓伦理美？伦理美意指"美"的形式与"善"的内容的有机统一，当然，对于"美"与"善"的思考并非等量齐观。虽然伦理美学考察美的形式与善的内容的统一，但是，我们适当将善的内容放在更加重要的地位，如前所述，伦理美学基本的学术立场是通过伦理学维度思考美学问题，或者将对于"美"的思考置入"善"的运思语境，借助伦理学与美学交叉优势的思想资源研究伦理学之中的美学问题以及美学之中的伦理学问题，至此，我们可以尝试给予伦理美学一个简单的界定：伦理美学作为伦理学与美学的一门交叉的边缘学科，它将"美"与"善"之间的关系以及"美善统一"作为研究对象，是基于伦理学维度思考审美活动、审美现象、审美关系以及审美规律的人文学科。

基于立足伦理学维度思考美学问题可以发现两者之间的复杂关系。一方面，对于美学的伦理学考察实际强调伦理对于审美主导的优先地位，强调"善"与"美"之间迥异的价值属性，因为"善"是内容，"美"是形式，内容决定形式，由此显现伦理与审美之间并非等值的多元关系。但是，另一方面，伦理美学重新强调"美"与"善"之间统一的亲缘关系，综观中外思想发展的历史，多数思想家虽然强调"善"、"美"之间迥异的价值取向，但是，他们更加趋向认同"美善合一"的基本观点，追求"善"与"美"之间的交互阐释，以此确证对于伦理与审美的不同维度的哲学思考，由此可以见出作为价值形态的"美"与"善"之间复杂多元的辩证关系。

如果对于中外伦理学与美学的发展历史作出一个大致的回顾，我们可以更加明晰洞察"美"与"善"的复杂多元关系，从而加深对于伦理美学研究对象的理解：首先，中国儒家学说的开山鼻祖孔子最早看到"美"与"善"之间的内在联系："子谓《韶》：'尽美矣，又尽善也。'谓《武》：'尽美矣，未尽善也'。"①孔子首次察觉"美"与"善"之间的区别，提出"尽善尽美"的品评概念，《韶乐》不但具备审美的形式，给予受众美感愉悦，而且兼具合乎"周礼"的礼仪规范，故而"尽善尽美"，但是，《武乐》仅仅徒具形式美感，没有兼具"周礼"的礼仪规范，所以只是"尽美，未尽善"，当然，虽然孔子强调"美"与"善"之间的区别，但是，他更加重视两者之间的契合统一："子张曰：'何谓五美?'曰：'君子惠而不费，劳而不怨，欲而不贪，泰而不骄，威而不猛'。"②孔子对于"君子"人格魅力的界定密切契合伦理道德的尺度，形成"美"亦即"善"，"善"亦即"美"的评价标准，他对于"美"与"善"之间关系的深入思考深刻影响了中国传统文化的历史发展，后代"文以载道"、"寓教于乐"等等文艺作品品评范式继续深化孔子的"伦理美"的思想。

同样，置身"轴心时代"（雅斯贝尔斯语），西方世界几乎同时出现对于"美"与"善"之间关系深入思考的思想：古代希腊伟大的哲学家柏拉图最早立足哲学本体论维度思考"美"与"善"之间的关系，众所周知，柏拉图构建一个永恒、绝对、终极的超验"理念世界"，物质世界仅仅分有理念世界的无限完满，他借助"理念"的终极概念，认为只有"理念世界"才能真正存在永恒的真、善、美，至真、至善、至美只有置身"理念世界"才能真正实现自身的统一，亚里士多德承继柏拉图之后，抛开柏拉图"理念至上"的先验哲学，借助朴素唯物主义初步论证真、善、美的内在统一，由此，柏拉图和亚里士多德可以视为西方世界伦理美学的理论先驱。随着西方思想的不断发展，各个时代的思想家力图对于伦理与审美之间的关系作出自己的解答：英国哲学家、美学家、伦理学家夏夫兹博利试图说明人类与生俱来具备辨别真、善、美的能力，认为如果人类打算体验世界的美感，首先必须促使自己获致善良的品行，所以，在夏夫兹博利看来，"美"与"善"处于一种契合统一的关系；德国古典哲学的始祖康德深入考察伦理与审美之间的关系之后，虽然区分两者之间的区别，但是依然提出"美是道德的象征"的命题；黑格尔则借助"绝对理念"的自身运动将"美"与"善"统一进入"真"的范畴。但是，在西方古典哲学发展历史的进程之中真正严格意义之中的伦理美学没有形成，直到19世纪，俄国伦理学家赫尔岑（1812—1870）在世界伦理学、美学历史之中最早提出"伦理美学"的概念，虽然赫尔岑初步揭示伦理与审美之间的辩证关系，然而，他没有能够建立一门独立的学科体系，但是，随着近代以降自然科学、社会科学、人文科学的自身分化，众多分支学科逐渐形成，学科之间交叉趋势的不断深入，伦理美学作为一门独立的学科体系的形成是自然而然的事情。于是，20世纪70年代，苏联先后出版两本关于伦理美学方面的专著：托尔斯德赫的《艺术与道德》以及克瓦索夫的《伦理学与美学》，从而揭开伦理美学发展的崭新一页，可以视为伦理美学作为一门独立学科基本构建形成的标志。

进入20世纪80年代以来，我国大陆学者陆续出版伦理美学方面的研究论著，武汉大学教授陈望衡先生的专著《审美伦理学引论》可以视为国内伦理美学发展的重大成果之一（《审美伦理学引论》原名《心灵的冲突与和谐——伦理与审美》，湖北教育出版社1992年版）。在《审美伦理学引论》一书的《后记》之中，陈望衡先生讲述一些当初写作这本专著的缘由："我的专业是美学。在深入研究美学的一些重大问题时，我常常感到需要借助于伦理学。真善美三者密不可分，而美与善的关系尤为密切。这样，有那么一段时间，我比较集中地思考美与善的问题，在美学与伦理学的碰撞中，经常迸出思想的火花，略有所得，则随手记在本子上。"③诚如陈先生所言，研究美学的过程之中需要经常借助伦理学作为思想资源进行思考，我们不时需要追问这些问题：美是什么？善是什么？美与善之间存在什么关系？美是否可以视为善？善是否可以视为美？美与善之间是否可以相互阐释？正是置身如此这般的疑惑之中，一门新兴的边缘学科——伦理美学呼之欲出。陈望衡先生将伦理学与美学之间相互交叉形成的这门学科称为"审美伦理学"，其实，审美伦理学就是伦理美学……

当下我国学界对于伦理美学的研究方兴未艾，作为一门严格学科体系意义的伦理美学的发展刚刚起步，如前所述，对于伦理美学的研究虽然充满艰辛，但是，这些构建学科体系过程之中的繁难之处恰恰预示伦理美学自身强劲的学术生命与远大的发展前途，而且，种种艰辛投入都是为了能够促使伦理美学成为一门独立的学科体系，无疑，这项重任落在吾辈学人身上，所以，面对时代提出的神圣使命，我们应该尽心竭力、孜孜不倦、上下求索，为了构建一门崭新的学科体系作出自己应有的贡献！

①孔子：《论语—八佾篇第三》，人民文学出版社 2000 年版。
②孔子：《论语—尧曰篇第二十》，人民文学出版社 2000 年版。
③陈望衡：《审美伦理学引论》，武汉大学出版社 2007 年版。

作者简介：

李增杰，山东省滨州市人，山东艺术学院艺术文化学院 2008 级硕士研究生，专业方向为艺术美学。

我省文化建设的一次展示
新闻出版界的一件盛事

——李翔德《美的哲学》座谈会发言摘要

2008年3月26日，中共太原市直属党委，召开了一次《李翔德先生〈美的哲学〉座谈会》。作为一级党委，从机关党的建设出发，召开这样的座谈会，是很有特色的。特别是与会领导与专家、学者的发言，充满激情，字里行间表现出对文化建设和党员、干部马克思主义理想、信念教育的高度重视，认为本书对构建社会主义核心价值体系、构建社会主义和谐社会以及太原文化名城建设具有重要意义，是一本对党员干部进行马克思主义理想、信念教育的优秀读物，对于做好新闻、出版工作，也颇有启示。现摘要刊登，以飨读者。

山西审美文化建设的一次展示

郑学诗（太原市委党校教授、山西省美学学会副会长）：

《美的哲学》一书的现实意义在于：在21世纪转型时期，我国正在进行中国特色和谐社会的建设这样一个大的历史跨度的奋进时代，中国的文化建设需要从各个方面加强对于审美理论的探索，需要对现实做本土化的、大量的审美文化分析，对全面提高全民族的审美素质要起到一个指导作用。现在美学对中国不单纯对美学理论界，对全民族的素质，如何从全民族的角度，来提高审美文化素质的时代已经来到了。

从本土文化视角来说，这一点来说非常感谢维辰书记，从他任宣传部长到现在他已经为世界展示了全方位的晋文化的窗口。他第一次指出："早在四千多年前，三晋大地上就已经出现了人类历史上最早的美学创造与审美活动，诸如具有浓厚本土特色的歌、舞和戏曲这些审美的基本形态，这是我们引以自豪的。"

刚才翔德说要放下包袱，我觉得不能放这个包袱，而且也不能叫包袱，伦理美学这个包袱一定要扛到底。而且随着社会的发展，伦理美学越来越重要，中国古代美学家的伦理美的理想，一直贯穿着整个中国历史，我们就是在讲善与美的结合。

李翔德同志把他的书叫做《美的哲学》，是从理论上论述美的哲学内涵，是很好的。从西方哲学史来看，形而上的哲学，在中世纪的欧洲当时是被教会垄断的。在中国长期由官僚士大夫知识分子独享，而且又将伦理道德的一些弊端深入到了人们的骨髓，从而使哲学约等于宗教，哲学约等于神学。因此，主流的意识形态，成了人们思想的桎梏。什么是审美的发展，从美学来讲就是自由创造。人的自由创造就是审美的核心。就是要解放思想，就是解放人的审美创造力。因此我认为，历史实践证明：发展到了今天的哲学，哲学体系应当是哲学体系重新审定和重构的时代。应该成为为全民审美文化的构建奠定国民精神与灵魂的基石。

从今天市委直接召开这样的专题座谈会来看，我觉得市委不仅是对一位作者、一本书的一般的评价，而是显示了全市最高领导层，已经看到了具有时代特色的审美文化在构建和谐社会中的重要指导意义，我现在为市委这个举动提议大家鼓掌。

把美作为执政的题中之义

郭振中（太原市委副书记）：

我想说三句话，第一句话说点感受，第二句话说点感谢，第三句话说点感慨。

第一说感受：看了这本书以后感觉这本书的命题，书名《美的哲学》我感受很深。我想：仅就美范围太大了，哲学的范畴也实在是太大了，把美变成哲学的体系，把美讲成人的系统和体系，刚才李老，这么大年纪，说他的书不成体统，我看是不成体统倒是成体系，把美讲成一个体系。我刚才就在想：生活当中一个人、一个生活，还有社会，如果离开美那将是太可怕了。那将是冷酷的、僵硬的、无知的、黑暗的甚至是丑恶的。因为有了美，人才有意义。无论一个人也好、生活也好、一个社会也好，现在讲美的时代到了。公务员要讲美，执政党要讲美，我看了这个书上写的谈美的，通过辩证的角度，深入浅出、通俗易懂，谈神话、谈故事、谈历史、谈生活、谈伦理、讲道理、讲人生、讲美、讲哲学，把美上升到一个哲学的境界，非常好。

但是现在到了我们学美讲美身体力行的时候了。正在这样一个时候出版了这样一本书《美的哲学》，把美推介到这样高的一个境地，从哲学体系讲美，正的反的、天上的地下的、国内的国外的、生活当中的、历史上的事情，现代的事情，讲得非常到位。

其实我希望通过今天的座谈会，希望通过这本书的发行，在太原市领导干部特别是公职人员中更多的发行，大家能学习，除了买上这本书学习外，我还衷心希望各级领导机关干部、各级党委和政府，都应该把美作为自己执政的题中之义。如果一个政党，一个政权，没有美，也不可思议。一个人、生活、社会没有美了，是非常可怕的。所以我还是希望领导干部带头学美讲美，通过各方面身体力行地把美讲起来。如果我们共产党执政、政府行政非常美了，那么我们的社会就会非常和谐美好了。邓小平讲发展是硬道理，毛主席说落后就要挨打，江泽民说财大才能气粗，胡锦涛同志讲的科学发展，这一系列也都是一个美的过程。所以我希望各级组织、党委领导、机关干部，从本书中学习汲取一些营养。

用美的视野探求构建一个美的时代

刘锦春（太原市社科院院长、硕士生导师）：

第一个感觉《美的哲学》是一个真真的做学问的哲学，不是板起面孔所谓的做学问的那种学问，而是一种生活化、平民化的非常有亲和力的一种学问。

我觉得《美的哲学》其实您是以一种非常开阔的一种角度，用一种美学的视野看待世界，在探讨什么是美，什么是美学，美学有什么样的价值，最终达到了一种新的境界。就是说要创造一个美的世界。那么当前这样一个时代，要用美的视野和美的哲学，打造一个新的美的时代。

从整部书里，我能感觉到虽然是探讨美的哲学，用非常理论性的柏拉图系列的关于美的哲学，古代的中国文人关于美的哲学，这是一个理论的基础；紧接着又探讨美学的生命，美学是科学的皇后，来探讨美学的价值；最后上升到了您所说的：用理性的伦理的美来构建一个美的时代的这样一个美学研究工作者的一种价值理想。如果具体展开说来是，像是刚才三个层面：什么是美；第二个层面，美学的作用和意义；最后到一个价值理想。我觉得明确的这样一种感受，也不用展开细讲了。我想说的是：出版《美的哲学》这样一部书，对现在是非常有意义的。应该说我们这个时代正在呼唤一种美学。从时代特征这个角度来说：这个时代是一个工业化的和信息化的时代，其实工业文明始终是以理性和效率作为最高的美的价值追求的。但是，正是因为理性和效率使得工业文明更多地追求一种工具理性。我觉得特别突出的表现是对于技术的一种崇拜，对于高科技的一种崇拜，而忽视了人文本身的一些东西。现在整个工业文明我们在讲究技术进步的同时，可能更多地追求了技术的工具的这种性质，在使用工具的过程中忽略了文化上的这种进步，其实是最后造成了一种人性的失真。由于这样一种网络时代的到来，使得技术的民族化的进程大大进步了，但审美的张力蜕化了；出现了网络的技术中虚拟的社区，但是审美的体验蜕化了；由于我们太崇拜信息了，这是一个信息爆炸的时代，我们审美的理性蜕化了。我们只追求数量，忽略了质量。从这个角度来说，技术进步不一定代表文化的进步，文化的进步最终是以人的价值理性的体现。人的价值理性的最高体现在审美，人文精神的最高理想在审美。在人文这句话在原书中有，我没摘录下来，就说我们现在是一个网络社会，是一个信息社会，但是人文性的东西太缺失了，呼唤审美价值的出现，呼唤美的一种探讨。

从我国整个思想界和生活界来说，实用主义的风潮几乎是覆盖了所有社会生活的方方面面。实用主义的价值判断代替了美的价值判断，忽略了对人文价值的提炼，对实用主义的拨正。所以我想，在现实这个时代，应该是一个呼唤美的时代。

把伦理美的世界观和方法论
运用于文化名城创建中

张敦义 （太原市委讲师团团长）：

这本书对我们创建和谐社会，实现我们第九次党代会的目标，全面建设小康太原，具有很大的驱动作用。

哲学是关于世界观的学问，是世界观、方法论、伦理美学，也是讲美的世界观、美的方法论。我感觉到：从哲学的基础、文艺理论的基础上继承了基础理论。从西方的古典的，发展到马克思哲学理论、马克思文艺理论。在此基础上又把我们中国的五千年文明尤其是从先秦开始一直发展到宋、元、辽、金，包括清朝，这是基础理论、西方理论和中国文明的结合。同时又根据我们党的路线、方针、政策，文艺双百方针、构建和谐社会这一系列的创新理论，进行挖掘美的学问，它对和谐社会的构建有很大的驱动作用。从李老在这本书中，特别地谈到一条线：在科学的发展观指导人类的生存、指导社会的发展过程中，以人为本去创造和谐。哲学上讲是认识世界和改造世界。这个书特别突出的是伦理美学。谈到伦理美学，我记得当时 20 多万字的书出版时，引起社会的轰动很大，新闻界和大学生抢购那本书。现在发展到 130 万字，300 篇左右，用伦理美的情操来塑造人，这是对我们当前很有价值的一个伟大的创举！因为在当今社会，伦理美越来越成为一个国家或一个民族凝聚力和创造力重要的源泉，也越来越成为国家综合国力竞争的重要因素。用伦理美的世界观和方法论去指导人生存和发展，去激励人的斗志、去创造和谐社会、和谐世界，在当前是至关重要的大问题。社会和谐有它内容上的伦理美，也有外在的伦理美。各个国家有各个国家自身的特点。在我们国家，十七大提出创建和谐社会，我们太原市根据中央的要求、第九次党代会的精神，提出要搞文化名城，要建三晋文脉和现代体系一体化，在这个过程中，把伦理美的世界观和方法论运用到我们创建的实践中，这个意义是非常重大的。我们要多读多体会李老这本书的内涵，把伦理美的世界观和方法论在自己的思想中形成并付诸自己的行动，这是我们当前应该做的大事情。

加强党员干部理想信念教育的优秀读物

韩勇先（太原市直工委副书记）：
我和李先生以前没见过面，今天是第一次见面。但是，早在 80 年代初，我就购买阅读过他所参与主持出版的多种政治理论读物，今天我都带来了。（展示图书）如赵言丹所著的《思想工作的艺术》、孙友渔主编的《论思想政治工作科学化》、《修身的学问——共产主义道德知识讲话》等。当时我是部队一名基层政工干部，这些书籍对我的工作起到很大的帮助作用。当时部队在此之前，在政治思想工作方面没有一套系统的读本、书籍，都是凭经验来传授，一直到 1980 年邓小平同志提出"加强思想政治工作"后，才逐步系统地出了一些读物。但是，咱们山西人民出版社出得比较早、比较系统、影响也比较大。像赵言丹的《思想工作的艺术》，当时北京军区明文规定是必读的，而且大家从中也受到很多启示。怎样做好新时期的政治思想工作，应该是对部队受到的启示、起到的作用是很大的。

近日来，认真拜读了李先生所著《美的哲学》一书，我感觉李先生的文章不但文字上功力很深，匠心独具、文情并茂，因为我是搞党务工作的，而且我认为他的思想性很强。他的许多关于坚定共产主义理想信念、关于加强社会主义精神文明建设、关于加强思想政治工作等方面的文章，都有很多很独到的见解，包括有些文章虽然是 60 年代发表的，但现在读起来感觉现在发表观点也不过时，我认为是加强党员干部教育的优秀读物。

李先生经历了新旧两个社会，在党的培养教育下，他确立了自己的政治信仰，1955 年加入中国共产党，在党内担任过基层党支部书记。几十年来，经历了反右、"文化大革命"等许多运动，也受到过不公正的待遇。但是，他始终怀着一颗赤子之心，没有动摇过自己的信仰。同时，结合工作，写了许多坚定理想信念方面的文章。

早在 1964 年 5 月 5 日，为了纪念马克思 146 周年诞辰，李先生在《山西日报》发表了《直奔真理》一文。文章理直气壮地提出：直奔真理，而不要东张西望。即为了真理不犹豫彷徨，不怕困难，不怕吃亏，不怕别人反对，不看别人的脸色行事，奋不顾身，勇往直前——这是对待真理的正确态度，也是马克思主义者应有的风格。写这篇文章时，李先生年仅 30 岁，是他文字上一个高产期，事业上也是比较顺利。那个时候正是马克思主义的旗帜在世界上高高飘扬，事业最兴旺之时，世界分为东西方两大阵营，世界上 1/3 的人口生活在社会主义国家。时隔 35 年后，世界形势发生很多变化，社会主义运动处于低潮，仅剩下"一大四小"五个国家还在坚持社会主义制度，李先生也已是年过七旬的老人，经历了许多坎坷曲折，但李先生对真理的追求矢志不移。2002 年 9 月 30 日，他在《太原日报·双塔》撰文《永远的马克思》，文章响亮地提出："马克思之所以是永远的马克思，在于它的科学精神——这是无可非议的，谁也无法否认的。"同时"马克思之所以是永远的马克思，在于它的研究成果是真正的科学。""人们想否定、扭曲和推翻，也不可能。""马克思之所以是永远的马克思，在于他创立的理论已经过 150 多年的实践检验，不但没有推翻，相反更加绚丽夺目，光彩照人，更加深入人心。"李先生还谈到马克思主义理论的发展问题："尽管在马克思、恩格斯之后，列宁、斯大林、毛泽东、邓小平、江泽民等提出很多新的论断，但这并不证明马克思的学说已经消失；相反，证明马克思学说在发展中的鲜活存在和蓬勃发展。"所以我读了以后很有感触，李先生在文章中这些见解，对我们今天党员干部坚持马克思主义、发展马克思主义仍然很有教益。

李先生对待真理的科学态度，还表现在他对毛泽东同志和毛泽东思想的评价上。在 2003 年 10 月作者参观毛泽东故居不久，写下了《永远的毛泽东》一文。李先生写道：毛泽东之所以是永远的毛泽东，首先在于他的"为民"的赤子之心——"为人民服务"，"毫无自私自利之心，"就是他"为民"思想的结晶。李先生还谈到：毛泽东之所以是永远的毛泽东，在于他一生所建立的不朽的功勋和辉煌的业绩——这些辉煌成就，就像一座座丰碑载入史册，铭刻在亿万人民的心中——毛泽东之所以是永远的毛泽东，还在于他在理论上的成就和贡献。且不说他久经实战检验的军事理论和政治学说了，仅以他在哲学理论上的贡献而言，在马克思、列宁之后，还没有一个人像他那样对哲学研究之深刻、贡献之巨大。最后作者指出，毛泽东可以说是既得民心又得民情。他的理论，永远鼓励人民振奋兴起。因此，毛泽东必然是"永远的毛泽东"。我看了以后很有感慨，小的时候就开始通读《四卷》（《毛泽东选集》1—4卷），多少年以后，不管何时，翻开毛泽东的任何一篇文章，都感到讲的道理很深刻，所以作者的这些议论，绝非一般的溢美之词，他既反映了一个老党员对人民领袖的敬仰之情，更是一位理论工作者在作深刻理性思考基础上所得出的结论。李先生在这方面文章还很多，包括 60 年代的很多杂文，这里不一一列举。我觉得就像刚才郭书记揭出的命题，就是机关工委如何从李先生的这本书中汲取政治营养、加强党员干部教育，我觉得李先生这本书和这些文章的出版，对我们当前抓好党员的理论信念教育很有启示。

由浅入深，深入浅出，独具李翔德风格魅力

郭全盛（原山西日报社长、山西新闻摄影学会会长）：

我们年轻的时代，我和老李都是兄弟，去山西日报社理论部的时间差不多，年龄也是一样。在理论部我们俩可能是最小的，去的是最晚的，写的东西是最多的，但是那个时候我写的东西多，大大小小都写，豆腐干也写（李：他是给别人编稿子，我是给自己写文章）。我每年能得个先进工作者，但是他每年得的是作品奖，我还给他的作品写评论。我们俩的侧重点不太一样，没想到这么多年以后人家这几年一下发展到130 多万字。韩美玲最近出了一本非常壮丽的《天书》，我就把翔德的著作称之为"大书"吧。我想从我过去的体会和现在的接触概括为两句话：一句话是"浅入深出"或"由浅入深"；另一句话就是"深入浅出"，独具李翔德风格魅力。浅入：本书绝大部分文章是联系实际从生活中选题，这个和他多年从事新闻工作的经历和积淀是有关系的。积淀

是从读书中做的文章，他也是紧密联系生活实际的，是源头活水般的文章。深出，是深入地研究，他不是平淡庸俗的叙述，而是从细微处调查研究，从理论的高度审视和思考，于平凡中寓于不平凡的思想理念。这点在我们俩在理论部共事的时候就很明显了，后来发展的就更加明显。

由此我就想到还有就是深入浅出。我觉得做文章真正的大学问家深入进去后还得出来，不出来不行。谁也不懂有什么用处。由此，我想到了于丹现象，又想到《论语》，现代人没有一定的古汉语修养看起来很难。但是我就想：如果回到孔子的时代，回到那个政治经济文化背景，回到那个时候的语境，孔子所讲的东西，他的三千弟子和更多的听众和诸侯来讲，肯定大家都能听得懂，只是事过境迁环境不同了，我们看不懂。孔子这样的一个大学问家，讲了那么深的理论，全世界都公认了，人家讲的大家都能懂，我们现在的一些东西反而是越看越不懂，好像以为大家越不懂我的学问就越高。所以我就给搞学术研究的提点希望，一定要让大家能懂，要是追求一种社会效益，你写什么、研究什么，无非是想影响这个社会决策，影响群众的思想观念，达到一种社会效应，如果无所谓，认为哲学就是耐得住寂寞，要在家里面做，我不赞成这种观点。我就认为哲学就是更应该深入到群众中去，到生活中去。不去研究现实研究什么哲学。书本来书本去，自己脑子里转悠不出什么名堂来。翔德的特点我就很同意，一个是联系实际深入实际，用理论的高度来审视实际，然后写出大家都能很懂的文章。他这种特点很明显，我们现在就需要像他这样的学问家、学术研究家。

他的生命寓于美学研究之中

姚军（山西人民出版社副总编）：

我本来是准备了个发言，但我刚才听了这么多专家的发言，我感到不需要了。但是我有几句不得不说的话：简单说几句，代表我们出版社。

一是，今天我们出版集团的总经理、党委书记齐峰同志本来要来，结果临时有事没来，一定要委托我把他对这本书、这个座谈会、对李老师本人的祝贺带到、向大家问候一下。

二是，也算是自责和感慨吧，这本书我是终审，我是读了，但读的没有各位专家那么深入，理解的没有那么深刻，我们有些灯下黑，就是身边有这么一个大的哲人，这么一个热心于痴心于美学研究这么多年的老先生、老领导，而我们更看重他出版的这个方面的东西，而另外的他本身的美，我们本身就发现不够。我们需要好好读一读《美的哲学》、需要发现美。

再就是一个感动，感动李老刚才说的一句话：他说他的生命与他热爱的美学研究紧密地结合在一起，并且从中得到了幸福。我也借此机会祝愿李老，在这么一个创作动力下，能写出更好更华彩的文章。

我们新闻出版界的一件盛事　文化建设的一件盛事

范世康（太原市委常委、宣传部部长）：

我今天下午是专门从人大会上调挤时间专程来参加这个会的。之所以要参加这个座谈会是有这么两点考虑：一是，李翔德先生《美的哲学》这本大作的再版发行，应该说是我们新闻出版界的一件盛事；二是，对我们太原市来说，这还是我们文化建设的一件大事。从党的建设和社会主义精神文明建设，社会主义核心文化建设来说，它大大有助于我们构建以社会主义核心价值体系为主导的文化建设的一件盛事。所以从这个意义上讲，我作为市委一个主管意识形态的领导，理当来参加这个会议。

今天这个座谈会对我第一个启迪是：我们太原怎么去深入地推进我们的文化强市工作？这两天我们提出来要建设集三晋文脉与现代文明为一体的特色历史文化名城。建设特色文化名城，当然要立足本土，树立我们的文脉，从源头上去说，2500 年的建城史，华夏 5000 年的文明史，对我们这种非常优秀、深厚的人文资源进行挖掘、整理、树立，用于构建我们新时期的社会主义文化。毕竟我们现在是在中国共产党的领导下，到今天共和国已经建成快 60 年了，共产党领导的这一段文化史要不要树立一下？中国人写历史不能把共产党给丢了！这个问题也有了一个新的突破，把共产党领导的这段文化史也纳入到我们构建特色文化名城中作为一个重要组成部分。好在是我们大多数跟共产党打天下、构建那一段历史的人还健在，但是也确实年事已高，对过去的一段，我们要抢救要挖掘要保护，那对这一段呢？也不可忽视啊！

今天通过参加这个座谈会，我从李先生身上受到一种很深刻的启发，我们不仅要挖掘优秀的传统文化，树立它，为我们今天的现实服务，当然我们也传承中华文明。对共产党这一段，我们要抓紧时间去树立。

像傅山先生的品格一样坚持自己的人生价值

范世康（太原市委常委、宣传部部长）：

还有，我受到一个启发就是：当代我们在继续构建这个文化体系的这些人也不可忽视。刚才郭社长讲，像李先生与郭社长包括郑教授，这一部分人除了在共产党时期搞过革命建设之外，改革开放这一段他们也经历过了。他们仍然在孜孜以求、坚持不懈地为这个民族，为这个国家，创造着他们自己的业绩。那《美的哲学》这本大作的再版发行，无疑在我们太原文化建设史上，在山西文化建设史上可以说是做了他应有的贡献，给我一个很大的启迪，我们太原市如何构建文化名城、构建社会主义和谐文化，这一部分人和他们所做的贡献，我们同样不可忽视。郭社长都很谦虚，我们过去都很熟悉他，他说他过去都玩了14年，其实他的脑子一天都没有停过，省城有这样一个资源，有这么一个优势，就不能说是退了休的，不在岗的我们就不当回事了，那李先生这个问题就已经足以证明了，他们仍然在为我们的国家、为我们的民族、为我们的大众做贡献。他不做也可，做少一点也可以，从这个意义上讲，启发我们当今的执政者，要追求美、崇尚美、讲点良心，不要把这部分资源弃之不顾，甚至当做包袱来对待，大错特错。

从我的角度来说，你们这几位或者是你们这几位所代表的这一代人，一茬人，依然是我们构建社会主义和谐文化建设的不可或缺的重要力量。你们这几位最近感动我的就是这三四件事了，还有一件，也是在我们机关工委所在地、三桥街道、十九中校长卫中奇先生也是70高龄了，退下来也是孜孜以求地办他的文明市民学校。郑教授退下来了，一旦不让我们教书讲课了，只要能叫我去的我依然去，孜孜以求，锲而不舍的就要从事我的事业。那李先生不仅孜孜以求而且推出了他的大作，这是个优秀的产品啊！而且这些同志或者是先生像傅山先生的品格一样，不为功名所累，始终坚持真理，坚持自己的人生价值。在某种程度上是特立独行、不求索取。假如傅山先生当年像现在一些势利小人一样给皇帝下了跪，恐怕400年后我们大家也就不会像现在这样隆重地纪念他了；李先生假如退下来后放弃了他的人生追求，也就不会到现在有120多万字的大作问世。这不是他个人的财富，这是我们社会的财富，是人类的财富。这样去看待，我们文化名城建设就大有希望。所以，今后我们对当代人这种不可或缺的资源、不可或缺的力量应该充分利用好、保护好。

对我们社会主义核心价值构建是一大贡献

范世康（太原市委常委、宣传部部长）：

　　因为今天大家讨论的是美的哲学，从几位的发言来说，我感受到一点：如果我们真正把美学学科和其他学科一道建设好，把美学与哲学这两门交叉学科、边缘学科建设好，有更多的大作问世，不仅对我们一般意义上的文化建设是一大贡献，更主要的是对我们社会主义核心价值体系的重新构建是一大贡献。

　　爱美之心，人皆有之，人们都希望说真话，在真善美这三个字上，全人类大概能够达成共识，否则你没有一个衡量的标准。但这个标准谁去评判？是统治集团说了算，还是人民大众说了算？如果人民大众说了算，像邓小平说的：人民满意不满意、人民高兴不高兴、人民答应不答应。我们曾经搞过真理标准问题的讨论：真理在哪里，谁是真理的化身？这不就上升到哲学了吗？所以从这个意义上来讲，我们今天讨论的《美的哲学》，这就有意思了。是不是对于我们当前构建社会主义核心价值体系、重新构建社会主义核心价值体系有非常强烈的现实意义？所以李先生这本书出版以后我说至少对美学的学科建设提供了很好的素材，我不敢说的大一点是教材，引发大家去思考。浅入深出也好，深入浅出也好，非常好！不一定看它的形式，关键还是看它的内容。一篇文章能否给人留下一种启迪，对作者来说，我写这一篇文稿能不能自圆其说，就够了。我认为能够自圆其说，别人能够受到一点启迪，这个价值就大了。人类社会不那么简单。但是，人类社会总体上崇尚真善美，追求真善美，以真善美为价值取向，我觉得这个大家都能够达成共识。再说别的恐怕很难达成共识。我们老怕西方资本主义来西化我们，你为什么都怕别人去呢？为什么我们中国人老怕别人西化你？你为什么不去东化他呢？你怕什么呀？恐怕你还是底气不足？底气不足有什么可怕的？怕鬼的人是心中有鬼。你就是个崇尚真善美、追求真善美的人，甚而至于追求到特立独行的地步，还有什么可怕的呢？

所以如果说，李先生这个《美的哲学》能够给到我们一点启迪的话，无论是他的某一篇文章，还是他的整体的这一本书，对我们这个社会能起到作用的话，坦而言之，就是对当前构建社会主义核心价值体系无疑能够起到它的作用，对这门学科的建设起到作用，对这个整体的核心价值体系重新构建能够起到作用。从这个意义上我们也希望这本书能够在全社会引起更加广泛的响应，能够产生更大更强的社会效应，也无愧李先生的一番苦心。恐怕这也是他真正整理出版这部著作的初衷。

（山西大学外事处李玫根据录音整理，载《太原工作》2008年8月号增刊）

后 记

当这部书稿即将付梓时，我忽然想起了希腊人在奥运中创立的一个项目：马拉松。《美的哲学》自发排到付印，用了三年的时间；修订后的《中国美学史话》，从发排到付印也用了两年多时间。这不都是"马拉松"吗？

俗话说："小车不倒只管推"。我则是书不付印就不停地改。自从本书于2008年年初发排后，两年来，我陷入无休止地修改、增删过程之中。我就像穿上了"魔鞋"，几乎不能喘气地跳呀跳，不停地跳。又像踏上"马拉松"运动的跑道，路漫长还不能快跑，备受煎熬，喜怒哀乐，酸甜苦辣，全都经过和尝遍了。

乐从何来？一是对书中文字错误的消灭，就如同治心病。消灭了错处，心里便感到舒服。彻底消灭，彻底舒服。二是我乘机填充，并力争"举一反三"，使文章篇幅增加，新意迭出，价值得到提升。这就把损失（时间）补过来了，乐趣也油然而生。于是我想起了陆放翁的一首诗：

> 六十余年妄学诗，
> 功夫深处独心知。
> 夜来一笑寒灯下，
> 始是金丹换骨时。

这种"金丹换骨"的"骨感"之乐趣，是一般人难以享受到的。

这也使我想起王国维关于"做学问的三个境界"：

"昨夜西风凋碧树，独上高楼望尽天涯路"。

"衣带渐宽终不悔，为伊消得人憔悴"。

"众里寻他千百度，蓦然回首，那人却在灯火阑珊处"。

这既是治学的三个境界，也是审美的三个境界。用在这本书里，具有序言的性质。所以我特意请著名书法家、原山西人民出版社社长宋富盛为本书题了一幅字。

美在积淀。积淀中产生绚丽，拖延中出现辉煌。在刚刚看过《阿凡达》之后，庚寅年爆竹一响，三星堆和金沙遗址文物展，将一个梦幻古蜀之国，送来并州古城，使本书又增加了一些绚丽的篇章。这岂不是"拖出来的辉煌"！是的，太辉煌了！《阿凡达》中的生命之树只不过是一种艺术幻境，而三星堆的青铜神树是真实的存在。这才是真正的神奇与辉煌！

在本书即将付印时，三位大师的形象，又一次浮现在我的眼前。这就是著名美学家、复旦大学教授蒋孔阳先生，著名语言学家、思想家、北京大学教授季羡林先生，他们为我的书作了序。哲学大师、宗教学家任继愈先生的哲学史著作，让我获益匪浅，且留下了对美学的系统见解。这三位大师均已与世长辞，借此书出版之际，特向三位大师致以深深的哀悼和感谢。

中共山西省委常委、太原市委书记申维辰同志，是一位年富文强也力强、热爱文化事业的领导，他曾在任省委常委和宣传部长时，为我的《美的哲学》一书作序，书出版后又责成太原市直工委为本书出版召开座谈会，会后又为此出版了一期《太原工作》特刊。2009年11月，他虽已赴中央党校学习，又在学习期间为这本《史话》写了《祝辞》，使我深为感动。我在这里所能做到的也只是表示由衷的敬佩和感谢了。

在本书审稿过程中，责任编辑郭永慷作出了重要贡献。他不仅提出大量宝贵的修改意见，还纠正和消灭了许多文字上的错误，包括用词遣句，有关人名、地名、时间、地点等。

在这本书出版过程中，还得到山西人民出版社社长、总编辑李广洁，洪洞县委常委、宣传部长晋廷瑞，山西省美学学会的任丽强、雷永莉，山西大学外事处、亚美尼亚孔子学院院长李玫的帮助和支持。得到原省文物局局长、现山西关公文化研究会会长张希舜，原文物处处长、文物专家王永先，山西艺术博物馆馆长薛超，摄影家李瑞芝、高玉柱等同志和好友的关怀与支持，并为本书提供了许多珍贵的照片。

在本书制作和印制过程中，得到了山西人民出版社印制部主任赵宏生、山西新华印刷集团领导和制版中心的大力支持。特别是制版中心的闫旭芳同志，跟着我全程参加了这场"马拉松"运动，付出了艰辛的劳动。在反复修改和补充中，我生怕她厌烦，便对她说："这是最后一次了，不再改了。"她虽不厌烦，却觉得挺逗，因为这话说过不止一次了，所以便耐人寻味地一笑，我也撑不住笑了起来。借此书出版之际，特向以上关怀和支持过本书工作的所有领导、同人、好友和同志表示最真诚的谢意，并向我的合作者郑钦镛先生致以歉意，尤其当我去年得知他早于两年前即患不治之症后，更是心急如焚。他早已在病床上引颈期盼本书的出版了！可以想见，他比我受的煎熬更大呵！

最后，我深感"堕入史河"是一件可怕的事。"十月怀胎，一朝分娩"，人们已觉不易。一个人生百把十年，一个朝代几百年，已感漫长。而写史，何止"千年走一回"，"万年走一回"。如此漫长的巡礼，任何史学家皆可谓难以胜任，何况我就像一个无知而鲁莽的"牛仔"，撞进这个领域！所以，尽管我经历了这场"马拉松"，却并不期望得到"奖牌"。因为它留给我的仍然是深深的遗憾。我们献给读者的这本书，既不完美，也非精品。所期望的是读者和专家们的指正和批评。在本书中，引用或参考了众多专家、学者的著作，亦尽量在本书中或文末加以注明，也会有未注明之处，在此，除致谢外，亦请谅解。在本书后又附录了几篇文章，为的是对朱光潜、季羡林、任继愈、董寿平这些哲学、美学、书画大师以及沙飞、石少华、郑景康等所代表的一批红色摄影大

师的怀念，同时对本书内容也是一种补充。他们的美学思想，本来就是
中国美学史应有的内容。

李翔德

2010 年 1 月 24 日

于太原书苑小居，2 月 18 日修改

图书在版编目（CIP）数据

中国美学史话/李翔德，郑钦镛著. —北京：人民出版社，2011
（人民·联盟文库）
ISBN 978－7－01－010232－0

Ⅰ.①中⋯　Ⅱ.①李⋯ ②郑⋯　Ⅲ.①美学史-研究-中国
Ⅳ.①B83－092

中国版本图书馆 CIP 数据核字（2011）第 186425 号

中国美学史话

ZHONGGUO MEIXUE SHIHUA

李翔德　郑钦镛　著

责任编辑：郭永慷　安新文
封扉设计：曹　春
出版发行：人 民 出 版 社
　　　　　北京朝阳门内大街 166 号　　邮　编：100706
网　　址：http://www.peoplepress.net
邮购电话：(010) 65250042/65289539
经　　销：新华书店
印　　刷：三河市金泰源印装厂
版　　次：2011 年 9 月第 1 版　2011 年 9 月北京第 1 次印刷
开　　本：710 毫米×1000 毫米　1/16
印　　张：37.75
字　　数：530 千字
彩　　插：80 页
书　　号：ISBN 978－7－01－010232－0
定　　价：86.00 元

《人民·联盟文库》第一辑书目

分 类	书 名	作 者
政治类	中共重大历史事件亲历记（2卷）	李海文主编
	中国工农红军长征亲历记	李海文主编
哲学类	中国哲学史（1—4）	任继愈主编
	哲学通论	孙正聿著
	中国经学史	吴雁南、秦学顾、李禹阶主编
	季羡林谈义理	季羡林著，梁志刚选编
历史类	中亚通史（3卷）	王治来、丁笃本著
	吐蕃史稿	才让著
	中国古代北方民族通论	林幹著
	匈奴史	林幹著
	毛泽东评说中国历史	赵以武主编
文化类	中国文化史（4卷）	张维青、高毅清著
	中国古代文学通论（7卷）	傅璇琮、蒋寅主编
	中国地名学源流	华林甫著
	中国古代巫术	胡新生著
	徽商研究	张海鹏、王廷元主编
	诗词曲格律纲要	涂宗涛著
译著类	中国密码	[德]弗郎克·泽林著，强朝晖译
	领袖们	[美]理查德·尼克松著，施燕华等译
	伟人与大国	[德]赫尔穆特·施密特著，梅兆荣等译
	大外交	[美]亨利·基辛格著，顾淑馨、林添贵译
	欧洲史	[法]德尼兹·加亚尔等著，蔡鸿滨等译
	亚洲史	[美]罗兹·墨菲著，黄磷译
	西方政治思想史	[美]约翰·麦克里兰著，彭维栋译
	西方艺术史	[法]德比奇等著，徐庆平译
	纳粹德国的兴亡	[德]托尔斯腾·克尔讷著，李工真译
	资本主义文化矛盾	[美]丹尼尔·贝尔著，严蓓雯译
	中国社会史	[法]谢和耐著，黄建华、黄迅余译
	儒家传统与文明对话	[美]杜维明著，彭国翔译
	中国人的精神	辜鸿铭著，黄兴涛、宋小庆译
	毛泽东传	[美]罗斯·特里尔著，刘路新等译
人物传记类	蒋介石全传	张宪文、方庆秋主编
	百年宋美龄	杨树标、杨菁著
	世纪情怀——张学良全传（上下）	王海晨、胡玉海著

《人民·联盟文库》第二辑书目

分　类	书　名	作　者
政治类	民族问题概论（第三版）	吴仕民主编、王平副主编
	宗教问题概论（第三版）	龚学增主编
	中国宪法史	张晋藩著
历史类	乾嘉学派研究	陈祖武、朱彤窗著
	宋学的发展和演变	漆侠著
	台湾通史	连横著
	卫拉特蒙古史纲	马大正、成崇德主编
	文明论——人类文明的形成发展与前景	孙进己、于志耿著
哲学类	西方哲学史（8 卷）	叶秀山、王树人总主编
	康德《纯粹理性批判》句读	邓晓芒著
	比较伦理学	黄建中著
	中国美学史诂	李翔德、郑钦镛著
	中华人文精神	张岂之著
	人文精神论	许苏民著
	论死生	吴兴勇著
	幸福与优雅	江畅、周鸿雁著
文化类	唐诗学史稿	陈伯海主编
	中国古代神秘文化	李冬生著
	中国家训史	徐少锦、陈延斌
	中国设计艺术史论	李立新著
	西藏风土志	赤烈曲扎著
	藏传佛教密宗与曼荼罗艺术	昂巴著
	民谣里的中国	田涛著
	黄土地的变迁——以西北边陲种田乡为例	张峻、刘晓乾著
	中外文化交流史	王介南著
	纵论出版产业的科学发展	齐峰著
译著类	赫鲁晓夫下台内幕	［俄］谢·赫鲁晓夫著，述弢译
	治国策	［波斯］尼扎姆·莫尔克著，［英］胡伯特·达克（由波斯文转译成英文），蓝琪、许序雅译，蓝琪校
	西域的历史与文明	［法］鲁保罗著，耿昇译
	16～18 世纪中亚历史地理文献	［乌］Б. А. 艾哈迈多夫著，陈远光译
	亲历晚清四十五年——李提摩太在华回忆录	［英］李提摩太著，李宪堂、侯林莉译
	伯希和西域探险记	［法］伯希和等著，耿昇译
	观念的冒险	［美］A. N. 怀特海著，周邦宪译
人物传记类	溥仪的后半生	王庆祥著
	胡乔木——中共中央一支笔	叶永烈著
	林彪的这一生	少华、游胡著
	左宗棠在甘肃	马啸著